Dausien's großes Pilzbuch in Farbe

Verlag Werner Dausien · Hanau

Dausien's großes Pilzbuch
in Farbe
Text von Mirko Svrček
Illustrationen von Bohumil Vančura
Ins Deutsche übertragen von Jürgen Ostmeyer
Fachliche Bearbeitung von Klaus Groh
Graphische Gestaltung von Aleš Krejča

Verlag Werner Dausien • Hanau
3/13/06/52-01
ISBN 3-7684-2343-3

Dausien's großes Pilzbuch in Farbe

Vorwort

Für den Pilzsammler gibt es heute eine Fülle von handlichen Bestimmungsbüchern, die er in seine Tasche stecken kann, um am wachsenden Pilz Vergleiche anstellen zu können.

Das hier vorliegende neue Buch enthält auch alle die Angaben, die der Pilzsammler braucht, geht aber in vieler Beziehung weit darüber hinaus.

Schon die Zahl der abgebildeten Pilze sprengt den für solche handlichen Bestimmungsbücher üblichen Rahmen. Auf den 256 Farbtafeln mit 789 farbigen Einzelabbildungen, die selbst wieder aus mehreren Pilzdarstellungen bestehen, werden 260 Pilzarten ausführlich beschrieben, daneben werden 182 Arten abgehandelt. Von diesen 442 Arten sind 357 farbig abgebildet.

Die zeichnerische Darstellung ermöglicht die Abbildung in verschiedenen Wachstumsstadien, auch mit Längsschnitten und mit Farbreaktionen, daher wurde ihr der Vorzug gegeben vor der Fotografie.

Daneben findet der interessierte Pilzsammler eine ausführliche Behandlung der Pilzsporen, er findet übersichtliche Verbreitungskarten und – für den fachlich Versierten wichtig – Angaben über die histologischen Merkmale.

Viele Pilze haben landschaftlich sehr unterschiedliche Namen. Es ist praktisch unmöglich, sie alle aufzuführen. Daher ist die wissenschaftliche Bezeichnung mit den lateinischen Namen bei den Pilzen besonders wichtig. Dieser lateinische Name besteht aus zwei Wörtern (er ist binomisch), aus dem Gattungsnamen in Form eines Substantives und dem Artnamen in Form eines Attributes. Das erste Wort ist der groß geschriebene Gattungsname. Hinter dem wissenschatlichen Namen wird immer der Name bzw. abgekürzte Name des Autors angegeben, der den Pilz zum ersten Mal beschrieben hat.

Die Wissenschaft steht nie still, und so kommt es vor, daß eine Art in eine andere oder eine neue Gattung eingeordnet wird. Dann wird der Name des ursprünglichen Autors in Klammern gesetzt und der Name desjenigen, der die neue Zuordnung vertreten hat, wird – wenn sie akzeptiert wird – hinter der Klammer zusätzlich angeführt. In diesem Buch sind die Namen nach *Moser, Blätterpilze,* bezeichnet.

Der Bauplan der Pilze

Pilze (Fungi) sind Thalluspflanzen ohne Blattgrün (Chlorophyll), deren Zellen einen Kern enthalten; ihre Fortpflanzung geschieht durch Sporen. Da Pilze nicht wie grüne Pflanzen zur photosynthetischen Assimilation befähigt sind, müssen sie die lebensnotwendigen organischen Stoffe aus der Substanz anderer, sowohl lebender als auch abgestorbener Organismen beziehen; diese Ernährungsweise wird als heterotroph bezeichnet. Der Pilzthallus besteht entweder aus einer einzigen Zelle oder aus mehrkernigen oder mehrzelligen Fäden (Hyphen). Eine größere Anzahl dieser verästelten Hyphen bildet das Pilzgeflecht (Myzel), an dem meist anders geformte, Sporen produzierende Zellen entstehen. Diese Sporen sind ein- oder mehrzellig. Bei einem Großteil der Pilze sind die sporenbildenden Zellen (Basidien, Schläuche, Konidiogenzellen) Bestandteil eines besonderen Gebildes, das aus Hyphengewebe besteht und Fruchtkörper (Sporokarp) genannt wird. Form, Größe und Färbung dieser Fruchtkörper sind außerordentlich mannigfaltig, jedoch für die einzelnen Pilzgruppen im wesentlichen konstant und charakteristisch. Dasselbe gilt für die Sporen. Auf der äußeren und inneren Morphologie der Fruchtkörper sowie dem Bau und

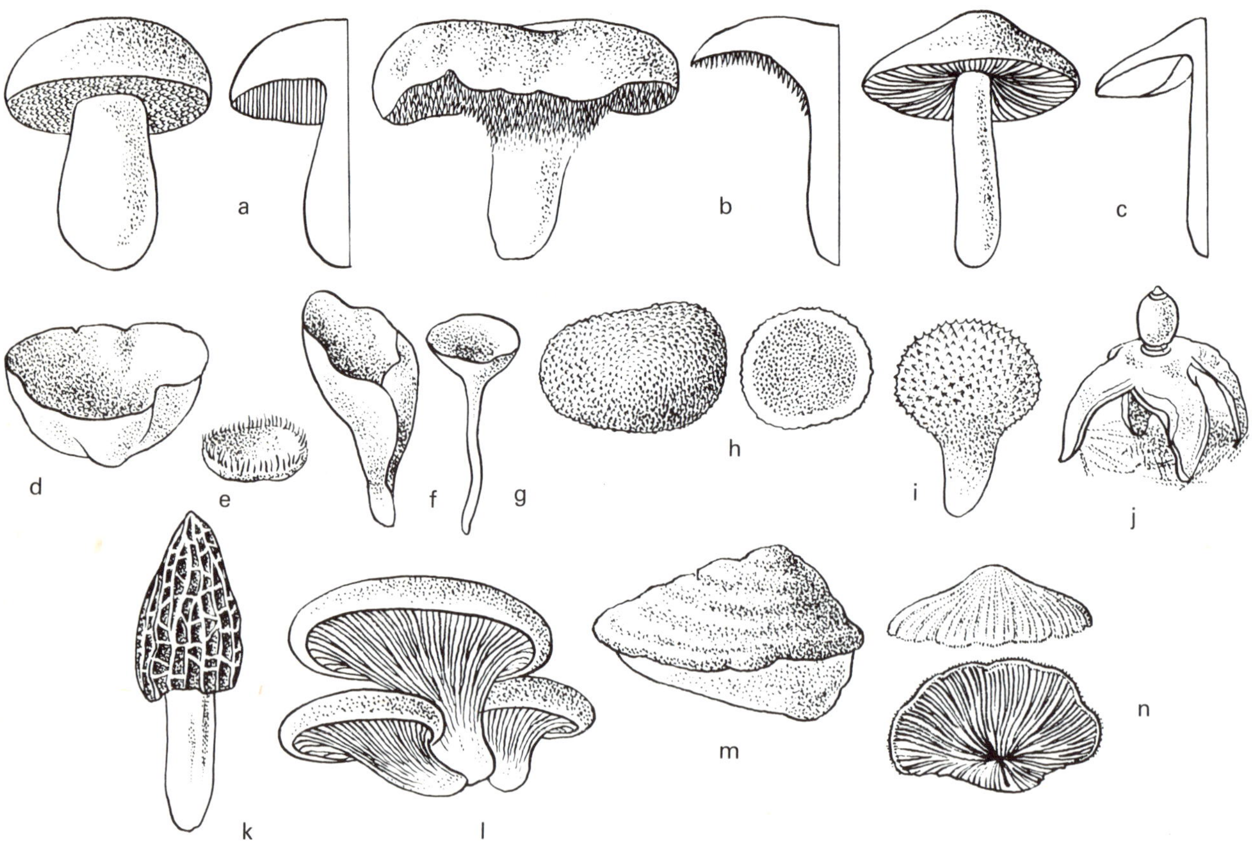

1) Verschiedene Fruchtkörperformen:
a – in Hut und Stiel gegliederter Fruchtkörper von Röhrenpilzen mit röhrenförmigem Hymenophor an der Hutunterseite;
b – Fruchtkörper von Stachelpilzen mit stachelförmigem Hymenophor an der Hutunterseite; **c** – Fruchtkörper von Blätterpilzen mit Lamellen an der Hutunterseite;
d – schalenförmiger Fruchtkörper eines Becherpilzes *(Peziza);*
e – schalenförmiger Fruchtkörper (Apothecium) eines Schildborstlings *(Scutellinia)* mit Wimpern am Rand und auf der Außenfläche; **f** – aufrechtes, an einer Seite offenes Apothecium der Öhrlinge *(Otidea);* **g** – kelchförmiges, langstieliges Apothecium von *Microstoma;* **h** – knollige Fruchtkörper der Hirschtrüffel *(Elaphomyces),* rechts im Schnitt;
i – Stäublingsfruchtkörper *(Lycoperdon);*
j – Erdsternfruchtkörper *(Geastrum);* **k** – Morchelfruchtkörper *(Morchella);* **l** – Blätterpilzfruchtkörper mit seitlichem Stiel (Seitling – *Pleurotus);* **m** – Porlingsfruchtkörper ohne Stiel, mit der Seite am Substrat angewachsen (Tramete – *Trametes*);
n – hütchenförmiger Fruchtkörper ohne Stiel mit lamellenartigem Hymenophor (Spaltblätterpilz, *Schizophyllum)* in der Seitenansicht von unten

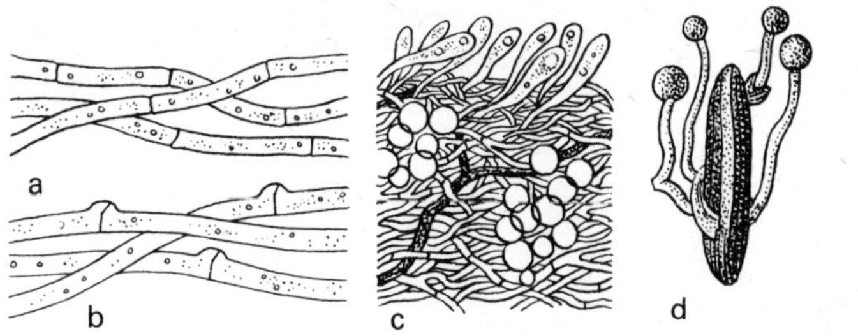

2) Verschiedene Zelltypen:
a – unterteilte Hyphen ohne Schnallen, **b** – Hyphen mit Schnallen, **c** – Fruchtkörpergewebe aus der Stieloberfläche von Täublingen; oben keulenförmige Dermatozystiden, darunter kugelige Sphaerozystiden; dunkelgefärbt sind die zwischen den normalen zylindrischen Hyphen eingestreuten Safthyphen, **d** – Sklerotium des Mutterkornpilzes *(Claviceps purpurea),* aus dem die gestielten Stromata wachsen. In ihre keulig verdickten Terminalteile sind die Perithecien eingelassen, die nur mit ihrer warzigen Mündung an die Oberfläche kommen

der Entstehungsweise der Sporen beruht das wissenschaftliche System der Pilze. Die Pilzfruchtkörper werden entsprechend ihren Gemeinsamkeiten in Bau und Funktion, die als Ausdruck von Verwandtschaftsbeziehungen zu werten sind, systematisch zugeordnet.

Die einfachsten Pilztypen haben einen einzelligen Fadenthallus, der sich verzweigt und im Zytoplasma eine größere Anzahl Zellkerne enthält, zwischen denen keine Trennwände (Septa) ausgebildet sind. Solch einen Thallus haben Echte Schimmelpilze (Phycomycetes). Höher entwickelte Pilze werden durch das Vorhandensein von Trennwänden charakterisiert; bei diesen sind die Myzelfasern also in eine größere Anzahl von Segmenten gegliedert. Unter bestimmten Bedingungen bringen die Pilze sporenbildende Zellen hervor. Bei den primitiven Vertretern können diese direkt aus dem Pilzgeflecht entstehen. Bei den übrigen Pilzen entwickeln sich zuerst Fruchtkörper und erst an diesen sporenbildende Zellen.

Der Fruchtkörper ist ein überaus vielgestaltiges Gebilde. Dies gilt sowohl in Bezug auf seine Ausmaße (von mikroskopischer Größe bis zu einigen Dezimetern) als auch für Form und Färbung. Fruchtkörper der einfacheren Formen können aus einem Hyphenknäuel um die sporenbildenden Zellen bestehen. Bei den Schlauchpilzen (Ascomycetes) ist der Fruchtkörper entweder kugelförmig, dauernd geschlossen (das Kleistothecium, z. B. bei Echten Mehltaupilzen – Erysiphales) oder er öffnet sich an einer vorgebildeten regelmäßigen Öffnung (wie das Perithecium bei den Kernpilzen – Pyrenomycetes) oder auch unregelmäßig. Ein mehr oder weniger offener, schüsselbecher- oder scheibenförmiger Fruchtkörper ist das Apothecium, wie es charakteristisch für Scheibenpilze (Discomycetes) ist.

Im Hinblick auf die Zielsetzung und den Umfang dieses Buchs wird hier nur die Fruchtkörpermorphologie der höheren Pilze („Macromycetes") behandelt. Bei ihnen werden je nach Lage des sporenbildenden Gewebes zwei Grundtypen unterschieden. Im ersten Fall sitzt es im Inneren des Fruchtkörpers, wobei dieser häufig Kugelform hat, z. B. bei den Bauchpilzen (Gasteromycetes); solche Fruchtkörper bezeichnet man als angiokarp. Im zweiten Fall liegt der sporenbildende Teil des Fruchtkörpers an der Oberfläche entweder überall oder nur auf einen bestimmten Abschnitt beschränkt. Das ist der sog. gymnokarpe Fruchtkörper, der bei allen Ständerpilzen (Basidiomycetes) anzutreffen ist. Bei den Blätter- (Agaricales) und Röhrenpilzen (Boletales) sowie den Nichtblätterpilzen (Aphyllophorales) und einigen Schei-

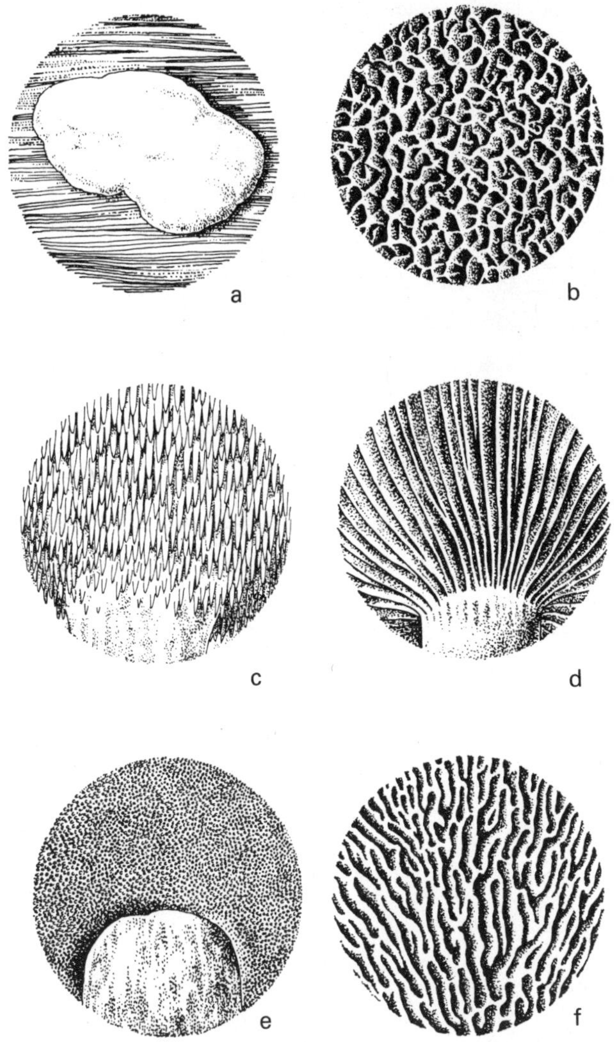

3) Verschiedene Hymenophorgestalt:
a – glatt (resupinat = auseinanderfließender Fruchtkörper);
b – mit unregelmäßigem Netzmuster, lakunen- bis wabenartig;
c – in Stachelform; **d** – lamellenartig (Lamellenansatz am Stiel);
e – röhrenartig (Blick auf die Röhrenmündungen in Stielnähe);
f – unregelmäßig leistenartig gekrümmt, vielfach untereinander verbunden (anastomosiert)

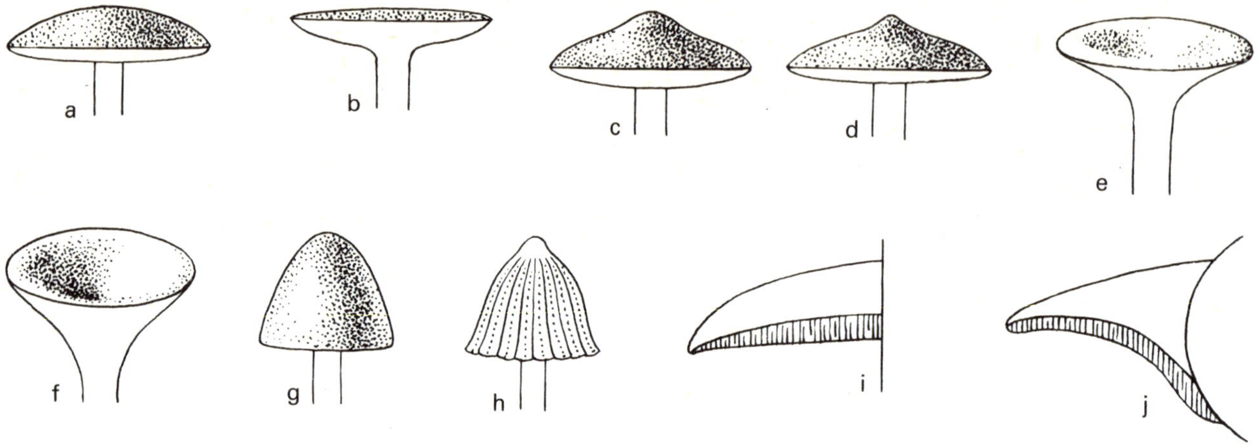

4) Verschiedene Hutformen:
a – niedrig gewölbt; **b** – flach ausladend; **c** – mit stumpfem Höcker in der Mitte; **d** – mit zugespitzter Warze; **e** – vertieft; **f** – tief trichterförmig; **g** – kegelförmig; **h** – glockenförmig, bis zum Zentrum radial gerieft; **i** – Schnitt durch einen seitlich angewachsenen Porlingshut; **j** – Schnitt durch einen halbzerfließenden Hut (bei einigen Porlingen)

benpilzen (Discomycetes) unterscheidet man zwischen zwei verschiedenen gymnokarpen Fruchtkörpertypen:

1. Resupinate Fruchtkörper bilden z. B. die *Tomentella*-Arten und viele Nichtblätterpilze wie u. a. die Rindenpilze (z. B. *Peniophora*-Arten). Das sind mehr oder weniger auffällige Beläge mit unbestimmtem oder scharf umgrenztem Rand, von unterschiedlicher Konsistenz (wattig, filzig, spinnwebartig, häutig, ledrig), die entweder sehr dünn oder aber einige Millimeter dick sind. Die Basidien sitzen in der Fruchtschicht (Hymenium), welche die ganze Fruchtkörperoberseite bedeckt, oft jedoch von dem Substrat abwärts, also der Erde zugewendet ist. Resupinate Fruchtkörper findet man an der Unterseite abgefallener Äste und umgestürzter Stämme. Manchmal kann es ansatzweise zur Ausbildung eines seitlichen Huts kommen oder man beobachtet Formen mit teilweise abstehendem oder angehobenem Rand.

2. Aufrechte Fruchtkörper kommen sowohl bei den Ständer- als auch bei einigen Scheibenpilzen vor. Ihr Hymenium bedeckt entweder die ganze Außenfläche oder nur deren Oberteil (z. B. bei den Keulenpilzen – *Clavariaceae*). Der höchstentwickelte Typ ist der in Stiel (Stipes) und Hut (Pileus) gegliederte Fruchtkörper. Ihm gehören die meisten Blätter – und Röhrenpilze sowie einige Stachelpilzarten an; das Hymenophor, also der das Hymenium tragende Teil ist für gewöhnlich auf die Hutunterseite beschränkt. Stiellose Fruchtkörper, die am Substrat entweder mit dem Rücken oder der Seite festwachsen, haben sowohl einige Blätterpilze (z. B. die Stummelfüßchen – *Crepidotus*) als auch zahlreiche Baumporlinge *(Polyporaceae, Poriaceae)*.

Das Hymenophor ist vielgestaltig. Es kann entweder völlig glatt oder verschieden gefurcht (geadert, gerunzelt) sein, bzw. die Form von Stacheln, Lamellen oder Röhren haben. Alle genannten Formen kommen bei allen oben erwähnten Fruchtkörpertypen vor.

Hut und Stiel haben ebenfalls ganz unterschiedliche Formen. Im Laufe des Wachstums ändert sich oft die Hutform von der Jugend bis ins Alter. Überdies unterliegt sie einer gewissen artspezifischen Variationsbreite, d. h., daß die gleichalten Hüte von Einzelexemplaren einer bestimmten Art nicht immer gleich aussehen. Bei der Zuordnung und Bestimmung von Pilzen kommt den Blättern (Lamellen) eine bedeutsame Rolle zu. Wichtig ist z. B. die Art ihres Ansatzes am Stiel. Dieses Merkmal wird am besten im Längsschnitt durch einen frischen Fruchtkörper sichtbar, der möglichst jung und unbeschädigt sein soll, da sich bei älteren Exemplaren dieses Merkmal nicht

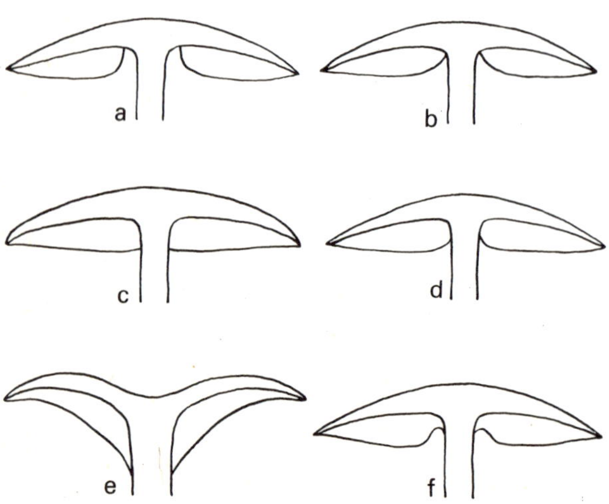

5) Lamellenansatz am Stiel bei den Blätterpilzen (schematischer Hutschnit):
a – abgesetzt; **b** – frei; **c** – angewachsen; **d** – breit (gerade) angewachsen; **e** – lang (bogenförmig) herablaufend; **f** – ausgeschnitten und mit einem Zahn angewachsen

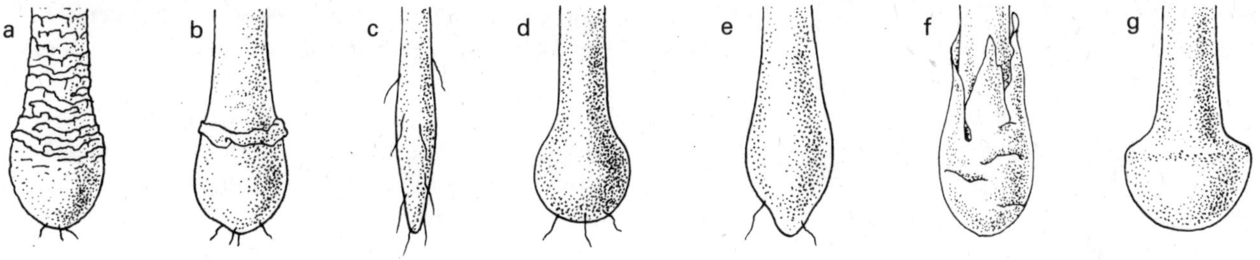

6) Verschiedene Stielbasisformen bei Blätterpilzen:
a – mit ringartigen Gürtelstreifen; **b** – mit einem Ring im oberen Teil der knollig verbreiterten Basis; **c** – spindelförmig gestreckt, im Erdreich wurzelnd; **d** – kugelig verdickt; **e** – verbreitert, rübenförmig zulaufend; **f** – mit hoher ledriger oder häutiger Scheide; **g** – mit gestufter oder abgesetzter Knolle

immer mit Sicherheit beurteilen läßt. Nicht weniger wichtig ist die Färbung der Lamellen, die sich mit zunehmendem Alter der Fruchtkörper ändert. Ihre ursprüngliche Farbe wird später durch die Farbe der an den Basidien heranreifenden Sporen beeinflußt, die manchmal in solchen Mengen produziert werden, daß sie die Lamellen völlig als weißer oder farbiger Staub bedecken. Gleiches gilt auch für die Röhren der Röhrenpilze und das Hymenophor anderer Pilze. Zwar wird die Färbung des Sporenstaubs heute nicht mehr als Hauptmerkmal zur Klassifizierung höherer Pilze herangezogen, doch ist sie für die Bestimmung immer noch bedeutsam.

Die Haut des Hutes liefert viele wichtige und konstante Merkmale für die Bestimmung. Viele ihrer Eigenschaften wie Ablösbarkeit, Schleimigkeit, Klebrigkeit, Trockenheit, Faserigkeit, Schuppigkeit usw. liegen in ihrem mikroskopischen Bau begründet. Näheres darüber findet sich im Kapitel „Feinbau der Pilze“. Am auffälligsten ist jedoch die Färbung der Huthaut, da sie als erstes die Aufmerksamkeit erregt. Die Benennung der Farben und ihrer verschiedenen Schattierungen ist normalerweise ein ziemlich subjektives Merkmal. Objektiver kann man es durch Vergleich der Farbe mit gedruckten Farbtafeln (sog. Chromotaxien) beschreiben. Hierin sind die Farben systematisch geordnet und nummeriert oder benannt. Es gibt eine ganze Reihe solcher Chromotaxien, jedoch sind die meisten für den normalen Interessenten unerreichbar. Eine der vollkommensten und in grundlegenden mykologischen Werken immer wieder zitierte ist z. B. die „Colour Standards and Colour Nomenclature“ von R. Ridgeway aus dem Jahr 1912. In anderen Chromotaxien fehlen häufig gerade die Farbtönungen, die an den Pilzfruchtkörpern am häufigsten vorkommen, d. h. braune, gelbe und rote. In den meisten Fällen genügt jedoch die Moser's Bestimmungswerk „Die Röhrlinge und Blätterpilze“ 1978 beigefügte Farbtafel.

Die ganz jungen Fruchtkörper von Blätter- und Röhrenpilzen sind nicht selten in eine Hülle eingeschlossen, die als Velum bezeichnet wird. Diese Hülle kann in zwei verschiedenen Ausbildungen vorkommen: 1. Als Gesamt- oder Außenhülle (Velum universale oder generale) und 2. als Teilhülle oder Schleier (Velum partiale). Erstere hinterläßt am erwachsenen Fruchtkörper schorfartige Überreste auf der Hutoberseite und eine Scheide an der Stielbasis,

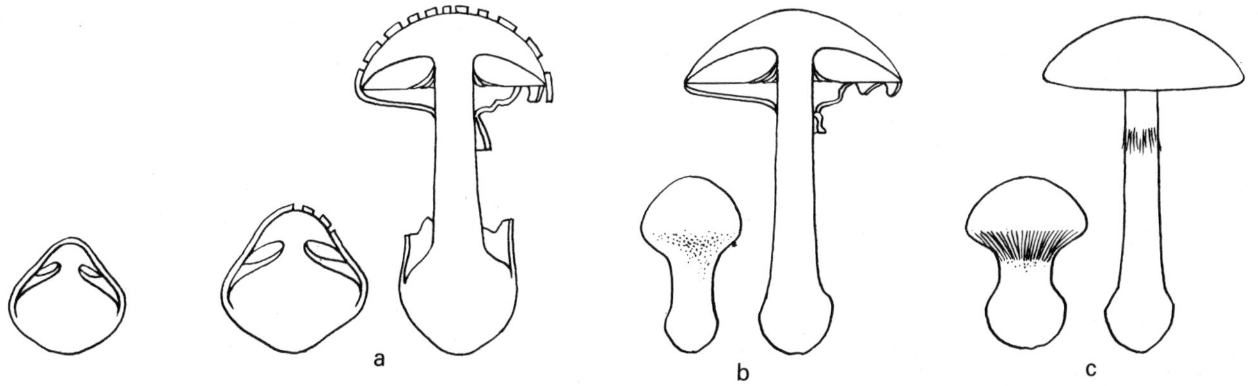

7) Hüllen (Velum) der Fruchtkörper von Blätterpilzen:
a – Entstehung von Scheide und Warzen aus der Allgemeinhülle (Velum universale) und des Rings am Fuß aus der Teilhülle (Velum partiale) bei den Knollenblätterpilzen (zwei junge und ein ausgewachsener Fruchtkörper); **b** – junger und ausgewachsener Fruchtkörper mit entwickelter Teilhülle (Velum partiale), die am Stiel einen Ring hinterläßt; **c** – Teilhülle, nur als faseriger Schleier ausgebildet (Haarschleier, Cortina), der bei ganz jungen Fruchtkörpern Hutrand und Stieloberfläche verbindet, die Lamellen verdeckt und später am Stieloberteil als faseriger Ring oder einzelne Fasern zurückbleibt

die zweite verbindet Hutrand und Stiel, sie hinterläßt Reste am Hutrand und einen Ring um den Stieloberteil. Da das Velum recht verschiedenartig – von feinen Fasern bis zu einer festen Hauthülle angelegt ist, muß man zur genauen Bestimmung mancher Gattungen (z. B. von Schleierlingen – *Cortinarius*) sowohl ganz junge als auch ausgewachsene Fruchtkörper zur Verfügung haben.

Das Fleisch von Pilzen besitzt verschiedenartige Konsistenz – es kann sehr spröde, apfelähnlich mürbe, fleischig, wäßrig, saftig, trocken, faserig, ledrig, zäh oder holzig sein. Eine Reihe von Merkmalen wird am Schnitt durchs Fleisch oder an einer Bruchstelle sichtbar. Das sind insbesondere Farbänderungen, die bisweilen in Hut und Stiel verschieden sind; im Stiel wiederum können Färbungsunterschiede zwischen dem Basalteil und dem Rest auftreten. Bei bestimmten Familien rinnt aus dem verletzten Fleisch Latex, eine farblose oder milchtrübe Flüssigkeit, deren Färbung entweder konstant ist oder sich an der Luft verändert. Ein nicht minder wichtiges Merkmal ist der Geschmack des Fleisches; bei der Bestimmung gehört somit eine kleine Kostprobe oft zu den unerläßlichen Bestimmungsschritten. Mit den verschiedenen Gerüchen bzw. Düften von Pilzen könnte man ein ganzes Kapitel füllen. Diese sind sehr vielgestaltig und sie werden normalerweise mit bekannten oder auch weniger bekannten Gerüchen von Tieren, Pflanzen oder chemischen Verbindungen verglichen. Ihre Beurteilung ist oft recht subjektiv, jedoch sind die Gerüche einzelner Pilzarten so spezifisch, daß der Kenner einen Pilz oft bereits anhand eines kleinen Stückchens nur am arteigenen Geruch bestimmen kann. Manche Pilze (z. B. Stachelpilze) behalten ihren spezifischen Geruch auch als Trockenpräparate (Exsiccate) über eine Reihe von Jahren hinweg.

Der Feinbau der Pilze

Auch in diesem Kapitel wird ausschließlich den Großpilzen Aufmerksamkeit geschenkt. Die Zeiten, in denen man glaubte diese ohne die Verwendung einer Optik bestimmen zu können, sind längst vorbei. Bei Pilzbestimmungen und -studien kommt man heute ohne ein gutes Mikroskop mit Immersionsobjektiv nicht mehr aus. Mit dem bloßen Auge kann man zwar einige Hundert Pilzarten unterscheiden, doch hat diese Erkenntismethode ihre Grenzen und in vielen Fällen bleibt eine nicht durch eine mikroskopische Untersuchung überprüfte Bestimmung zweifelhaft. Man muß also von Anfang an abwägen, ob man die Möglichkeit hat, verhältnismäßig viel Zeit der Mikroskopie zu widmen. Ist dies der Fall, öffnet sich vor dem Auge des Betrachters die faszinierende Welt des Mikrokosmos, die sich durch eine Fülle an außergewöhnlichen, ästhetisch anmutenden Formen auszeichnet. Außer den normalen Okular- und Objektivsätzen ist dann auch ein Okularmikrometer zur Größenmessung von Sporen, Hyphen und anderen Elementen notwendig.

Das Pilzgeflecht, also der eigentliche Körper des

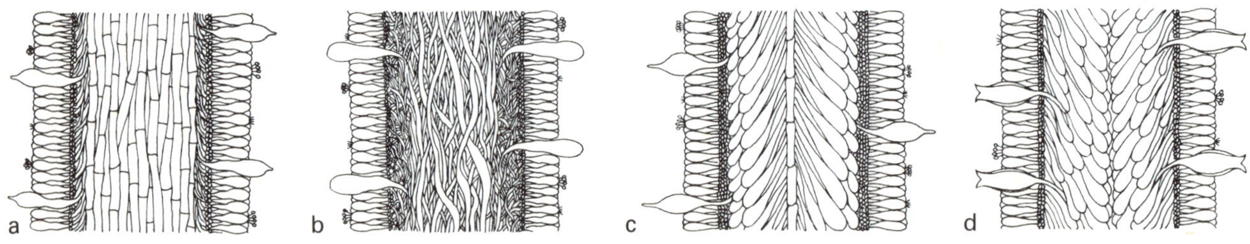

8) Tramatypen der Lamellen (Tangentialschnitt): **a** – regelmäßig (regulär); **b** – unregelmäßig (irregulär); **c** – zerfranst (bilateral); **d** – umgekehrt (invers); die Schicht aus feineren Zellen unter den Basidien (die eine zusammenhängende Schicht – das Hymenium – bilden) heißt Subhymenium; zwischen den Basidien ragen Zystiden hervor

Pilzes, ist ein relativ einförmiges Gebilde aus langen zylindrischen, unterteilten, farblosen oder gefärbten Hyphen, die bei verschiedenen Gruppen mit Schnallen versehen sein können. Die Hyphenwände sind glatt, dünn oder dick, gelegentlich inkrustiert.

Eine Differenzierung in einzelne Organe sieht man erst an den Fruchtkörpern der Pilze. Das wichtigste Organ ist der Träger der Fruchtschicht, das Hymenophor; sein Feinbau ist für die einzelnen Gattungen konstant. Am besten ist dieser in einem Tangentialschnitt durch die Lamellen zu sehen, den man mit einer Rasierklinge von Hand anfertigen kann. Mit ein wenig Fingerspitzengefühl und Geduld gelingt es sicher, aus einer größeren Zahl angefertigter Schnitte einen hinreichend dünnen auszuwählen, an dem im mikroskopischen Präparat der Aufbau des Fleisches (Trama) zu sehen ist. Es läßt sich einer der vier Grundformen zuordnen: der regulären, irregulären, bilateralen oder inversen. Nähere Einzelheiten gehen aus Abb. 8. hervor.

Die Fruchtschicht (Hymenium) ist die eigentliche sporenbildende Schicht, die entweder nur aus fruchtbaren Basidien oder einem Gemisch aus Basidien und sterilen Zellen von unterschiedlicher Form zusammengesetzt ist. Diese sterilen Zellen werden Zystiden genannt, die in verschiedenen Typen auftreten. Im Hymenium sind sie meist länger als die Basidien und sehr verschieden gestaltet. Ihre Oberfläche ist kahl oder inkrustiert, sie sind dünn- oder dickwandig und wachsen vielfach aus den tieferliegenden Gewebeschichten der Lamellen hervor. Die Zystiden an den Lamellenschneiden, die sog. Cheilozystiden, bilden oft eine zusammenhängende Reihe; eine solche Lamellenschneide sieht unter der Lupe dann fransig oder borstig aus. Manchmal sind die Cheilozystiden mit Farbpigment gefüllt, so daß die Schneide farbig von der Lamellenfläche abgesetzt ist. Die Zystiden auf den Lamellenflächen und Röhrenwänden heißen Pleurozystiden; ihre Form kann sich von jener der Cheilozystiden erheblich unterscheiden. Die Gloeozystiden, die bei den Nichtblätterpilzen am häufigsten sind, zeichnen sich durch einen körnigen oder lichtbrechenden Inhalt aus, der manchmal ölig aussieht. Zwischen den Basidien sitzen manchmal Basidiolen, sterile Zellen, die sich in Form und Größe nicht von den Basidien unterscheiden; wenn sie anders geformt sind als diese, werden sie als Zystidiolen bezeichnet. Während bei den Blätter- und Röhrenpilzen die Basidiengestalt im ganzen einheitlich, vorwiegend keulenförmig ist, differiert sie bei den Nichtblätterpilzen ziemlich stark und spielt bei der taxonomischen Einordnung eine wichtige Rolle.

An den Spitzen der Basidien sitzen normalerweise vier Stielchen (Sterigmen), von denen jedes nur eine Spore trägt. Nicht selten treten jedoch auch Basidien mit zwei Sterigmen, seltener nur mit einem bzw. mit mehr als vier auf. Die entwicklungsmäßig primitiveren Ständerpilze haben unterteilte (quergeteilte oder zwei zueinander senkrecht stehende Trennwände) bzw. in zwei Arme aufgeteilte Basidien. Siderophile Basidien sind für einige Gattungen der Ritterlinge *(Tricholomataceae)* wie z. B. Raslinge *(Lyophyllum)*, Graublattrüblinge *(Tephrocybe)* u. a. charakteristisch; ihr Plasma enthält Körnchen, die sich durch die Reaktion mit Eisenacetonkarmin dunkel verfärben.

9) Tangentialschnitt durch den Lamellenteil bei Täublingen: im Hymenium sitzen einerseits unfruchtbare keulige Basidiolen, andererseits fruchtbare Basidien mit vier Sterigmata und warzigen Sporen an deren Spitzen, ferner die Basidien überragenden Zystiden. Das Lamellengewebe besteht aus größeren, fast kugeligen Zellen (Sphaerocysten), zylindrischen Hyphen und dicht gekörnten langen Safthyphen, die stellenweise bis ins Hymenium vordringen

Mit Trama wird im weiteren Sinne jegliches Fruchtkörpergewebe bezeichnet, in engerem Sinne versteht man darunter das Fleisch von Lamellen, Hut und Stiel ohne die Oberflächengewebe. Das eigentliche Fleisch, die Fruchtkörpertrama, ist ein Geflecht aus einem bis drei der folgenden Hyphentypen: generative, ligative und Skeletthyphen. Am häufigsten sind Fruchtkörper, die nur aus Generativhyphen (sog. Grundhyphen) bestehen, die verzweigt, mit oder ohne Schnallen und Trennwände sind (monomitisches System). Ist darüber hinaus noch ein weiterer Hyphentyp, entweder Ligativhyphen (mehr oder weniger

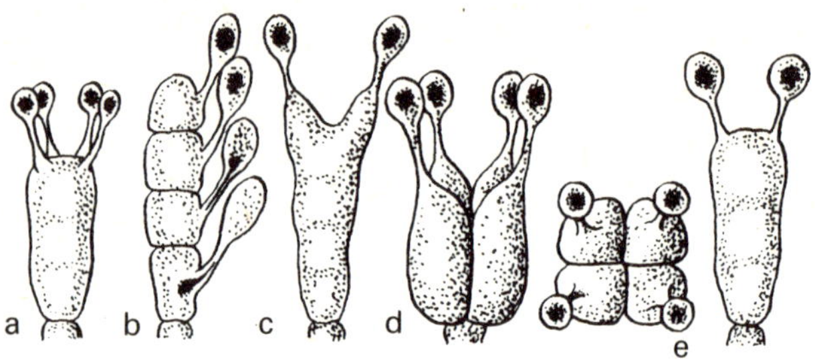

10) Verschiedene Basidientypen:
a – einzellige Basidie (Holobasidie) mit vier Sterigmata an der Spitze; **b** – Basidie mit drei Querwänden (Fragmobasidie), aus jeder dieser Zellen wächst seitlich ein einziges Sterigma; **c** – Basidie, an der Spitze in zwei Äste geteilt, die in einem Sterigma enden; **d** – von vier Längswänden bis zur Basis geteilte Basidie (von der Seite und von oben)

dickwandige, stark strauchförmig verästelte Hyphen ohne Trennwände und Schnallen) oder Skeletthyphen (dickwandige, unverzweigte lange Hyphen ohne Trennwände) beteiligt, handelt es sich um ein dimitisches System. Sind in einem Gewebe alle drei Typen vorhanden, nennt man es trimitisch. Im Fruchtkörpergewebe einiger Pilzgattungen kommen darüber hinaus Safthyphen vor. Das sind sehr lange, gekrümmte, gewöhnlich ungekammerte Hyphen, die mit einem dicken Plasma angefüllt sind, das oft milchigen Charakter hat. Ein Beispiel ist das Latex bei den Reizkern *(Lactarius)*.

Die Reizker *(Lactarius)* und Täublinge *(Russula)* enthalten in ihrem Fleisch außer Faden- und Safthyphen zusätzlich noch Ansammlungen aus kugeligen Zellen, sog. Sphaerozysten, welche die typische, apfelähnliche Mürbheit des Fleisches hervorrufen.

Von den Oberflächengeweben ist in erster Linie die Hutoberhaut bedeutsam, welche ein- oder mehrschichtig sein kann. Bei mehrschichtigen Häuten nennt man die Oberschicht Epikutis, die Schicht zwischen ihr und dem Hutfleisch Hypoderm oder Subkutis. Besteht die Haut aus keuligen bis rundlichen Zellen, wird sie als hymeniform bezeichnet.

Die Farbigkeit der Fruchtkörper hängt einerseits von den physikalischen Vorgängen in den äußeren Gewebeschichten, zum andern von der Anwesenheit von Farbstoffen und Pigmenten ab, deren Verteilung gleichfalls taxonomische Bedeutung hat. Pigmente im Zellinneren (Intrazellularpigmente) sind entweder im Plasma oder in Vakuolen zu finden, doch sitzen Pigmente auch in den Hyphenwänden oder in den Zellzwischenräumen. Weiße Farben rühren von der die Zellzwischenräume ausfüllenden Luft her; sind diese mit Wasser gefüllt, erscheint das Gewebe glasig-farblos (hyalin).

Die Sporen gehören zu den taxonomisch eindeutigsten und konstantesten Merkmalen. Sie haben die unterschiedlichsten Formen, sind ein- oder mehrzellig und weisen vom Farblos bis zum Schwarz die ganze Farbskala auf. Für Detailstudien betrachtet man die Sporen immer unter dem Immersionsobjektiv, zuerst in einem farblosen Medium (in Wasser, 10%iger Kalilauge, Ammoniak usw.). Das nächste Präparat wird mit Melzer's Reagens, Baumwollblau oder mit einem anderen Farbstoff eingefärbt. Man beachtet nun alle Details, die bei einer Betrachtung des mikroskopischen Präparats nicht immer klar werden: Stärke der Sporenwand, Vorhandensein eines Apikulus, Form und Größe des Keimporus, Ornamentik auf der Sporenwand, Vorhandensein von Suprahilarblöße oder -depression.

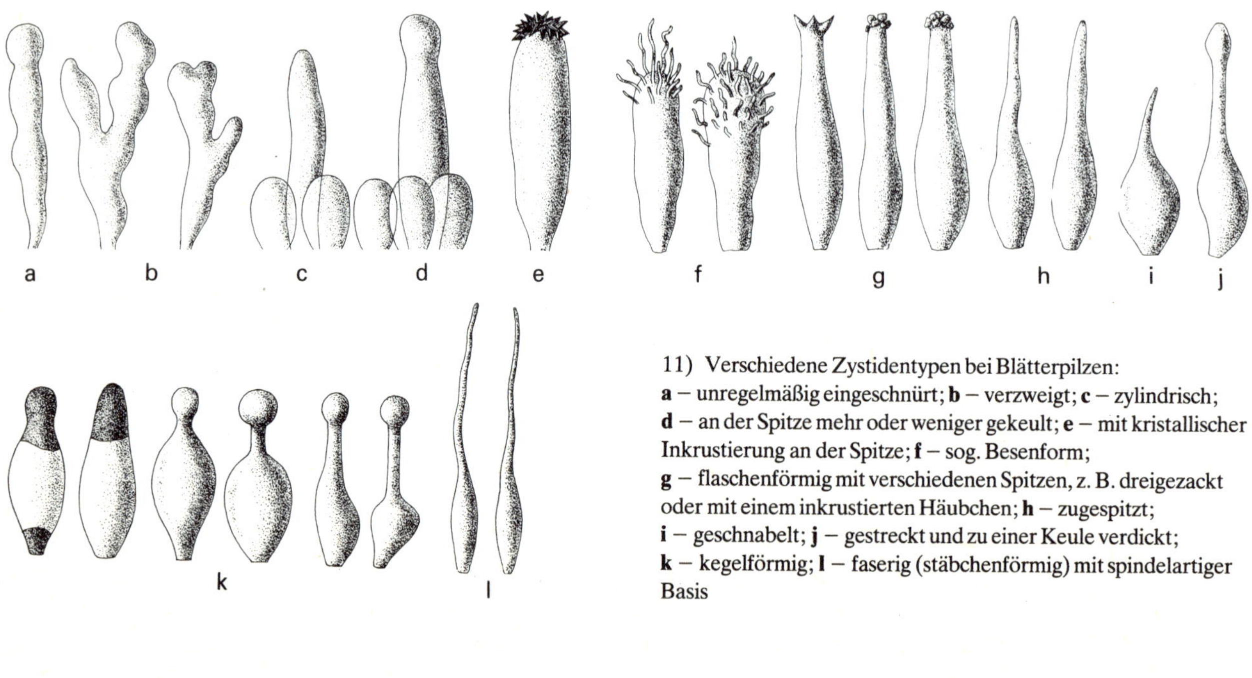

11) Verschiedene Zystidentypen bei Blätterpilzen:
a – unregelmäßig eingeschnürt; **b** – verzweigt; **c** – zylindrisch; **d** – an der Spitze mehr oder weniger gekeult; **e** – mit kristallischer Inkrustierung an der Spitze; **f** – sog. Besenform; **g** – flaschenförmig mit verschiedenen Spitzen, z. B. dreigezackt oder mit einem inkrustierten Häubchen; **h** – zugespitzt; **i** – geschnabelt; **j** – gestreckt und zu einer Keule verdickt; **k** – kegelförmig; **l** – faserig (stäbchenförmig) mit spindelartiger Basis

Eine der wichtigsten Entdeckungen, die zur Aufklärung der Verwandtschaftsbeziehungen zwischen Blätter- und anderen Pilzen beigetragen hat, war die Amyloidität der Sporenwand. Sie wird durch die Reaktion mit Melzer's Reagens festgestellt, durch das sich die Wände von Sporen und Hyphen entweder in verschiedene Blautöne (das ist die amyloide Reaktion) oder in gelbbraune, rot- bis purpurbraune Töne (dextrinoide Reaktion) färben. Eine neuere Entdekkung ist die Cyanophilie, eine Reaktion, bei der sich die Sporen- und Hyphenwände mit einer Baumwollblaulösung verfärben.

Nur kurz soll hier der Feinbau der Scheibenpilze angeschnitten werden, obwohl der Pilzsammler sie häufiger antrifft. Ihre Fruchtkörper (Apothecien) haben eine aus Schläuchen und Paraphysen zusammengesetzte sporenbildende Schicht. Die Schläuche (Asci) haben Zylinder- oder Keulenform und enthalten meist acht Sporen (Ascosporen), die entweder durch eine Öffnung in der Schlauchspitze oder einen sich öffnenden Deckel frei werden. Die Schlauchwände sind bei einigen Gattungen amyloid. Die Paraphysen, das sind die unfruchtbaren Fäden zwischen den Schläuchen, sind oft pigmentiert und bewirken so die Färbung der als Thecium bezeichneten Fruchtschicht (Hymenium). Für den Feinbau der Ascosporen gilt im großen und ganzen dasselbe, was über die Sporen der Ständerpilze gesagt wurde. Das Fleisch des Apotheciums, das entweder fest auf dem Substrat oder auf einem unfruchtbaren Stiel sitzt, hat einen recht einfachen Bau; seine Außenhaut trägt bisweilen verschiedene Strukturen wie Borsten oder Haare.

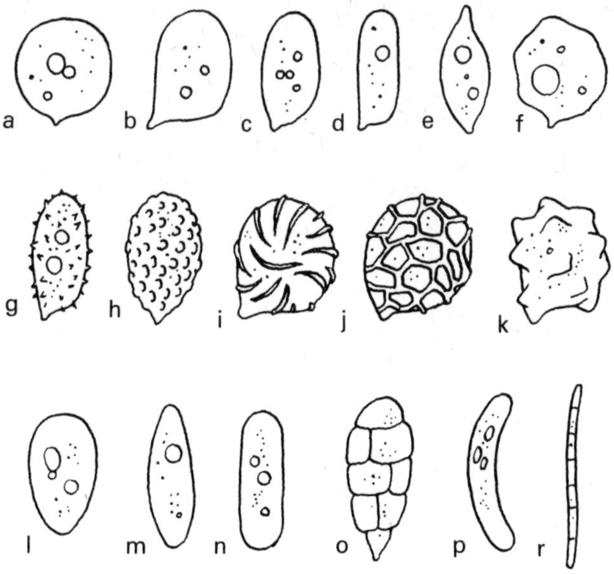

12) Verschiedene Sporen- und Ornamentiktypen:
a – kugelig; **b** – eiförmig; an der Basis schräg zu einem Apikulus ausgezogen; **c** – ellipsoid; **d** – zylindrisch; **e** – spindelförmig; **f** – kantig; **g** – stachelig; **h** – warzig; **i** – mit Kammornamentik; **j** – mit Netzornamentik; **k** – buckelig; **l** – eirund ohne Apikulus; **m** – stumpf spindelförmig; **n** – zylindrisch; **o** – durch Quer- und Längswände gekammert; **p** – wurstförmig (allantoid); **r** – fadenförmig mit Querwänden

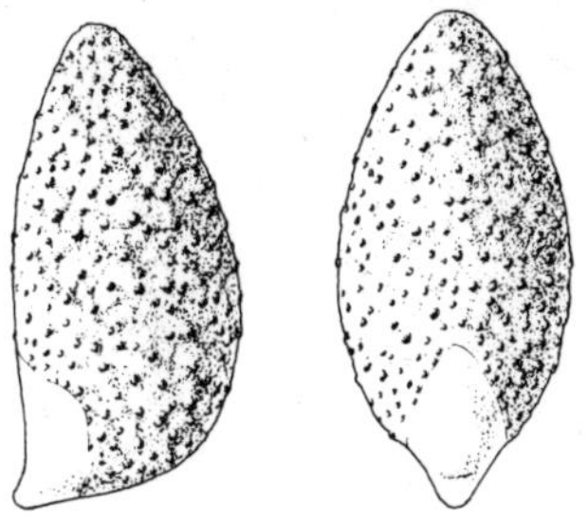

13) Sporen eines Häublings *(Galerina)* mit Warzenornamentik und Suprahilarblöße in der Region des Apikulus; die Spore links im Profil (Suprahilardepression dicht über dem Apikulus sichtbar) und rechts von vorn

Die Fortpflanzung der Pilze

Pilze können sich auf zwei verschiedene Arten fortpflanzen, geschlechtlich und ungeschlechtlich; beides kommt nebeneinander vor. Unter geschlechtlicher Fortpflanzung versteht man die Vereinigung der Materie zweier verschiedengeschlechtlicher Kerne, also z. B. von Sporen (+ und –). Die Sporen keimen zu einem Pilzgeflecht mit unterschiedlichem „Geschlecht" (Primärmyzel) heran, das aus Hyphen mit einkernigen Zellen besteht. Jede dieser Zellen besitzt nur einen Kern mit einem einfachen (haploiden) Chromosomensatz (n). Dieses Primärmyzel kann sehr lange wachsen, doch bringt es keine Fruchtifikationsorgane hervor. Treffen einkernige, „verschiedengeschlechtliche" Pilzgeflechte aufeinander, verbindet sich das Plasma von zwei sich begegnenden Zellen zu einer einzigen Zelle, dem Dikaryon, das dann zwei Zellkerne hat. Auch darin unterscheiden sich die Pilze von den grünen Pflanzen. Das Dikaryon wächst zu Hyphen aus zweikernigen Zellen heran, dem Sekundärmyzel. Auch dieses Myzel kann sehr lange wach-

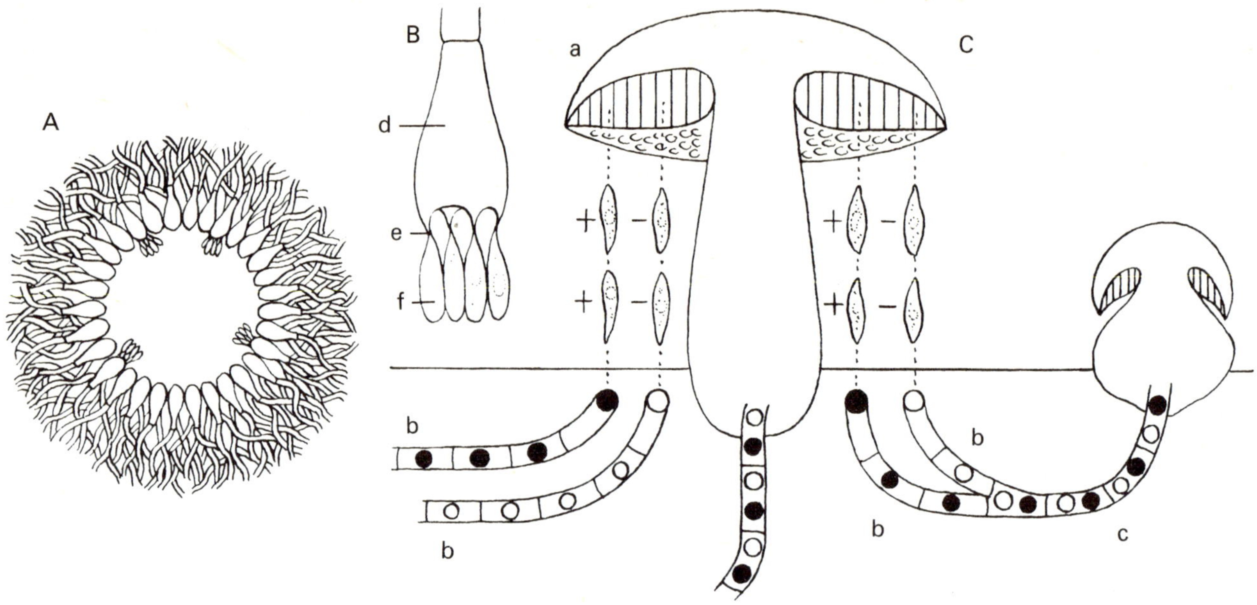

14) Fortpflanzung und Vermehrung bei Ständerpilzen:
A – Querschnitt durch die Röhre eines Röhrenpilzes;
B – Sporenbildung an der Basidie; **C** – Entstehung des Fruchtkörpers aus dem Pilzgeflecht; **a** – Hymenium;
b – Primärmyzel; **c** – Sekundärmyzel; **d** – Basidie; **e** – Sterigma;
f – verschiedengeschlechtliche Sporen

sen, unter günstigen äußeren Bedingungen entstehen an ihm aber Fruchtkörper. Diese bestehen also aus Hyphen mit zweikernigen Zellen.

Zur Verschmelzung zweier Dikaryonkerne kommt es erst an den Hyphenenden in den sog. Terminalzellen, wenn diese sich zu Basidien oder Asci umbilden. Dieser einzige, durch Verschmelzung der zwei Dikaryonkerne entstehende Kern, hat einen doppelten (diploiden) Chromosomensatz (2n). Erst durch eine anschließende Reife- oder Reduktionsteilung sinkt die Chromosomenzahl in den Tochterkernen auf den ursprünglichen haploiden Stand (n). Um diese Zellkerne entstehen Sporen und zwar an den Basidien Basidiosporen, in den Schläuchen Ascosporen. Dieses Schema weist zwar viele Ausnahmen auf, doch reicht es zum grundsätzlichen Verständnis der geschlechtlichen Fortpflanzung bei Pilzen.

Der ungeschlechtlichen Vermehrung geht nie eine

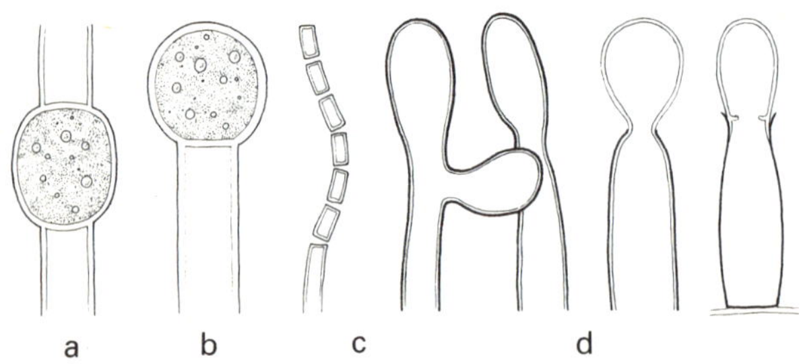

15) Entstehung von ungeschlechtlichen Sporen:
a, b – dickwandige Chlamydosporen (**a** – interkalar, **b** – terminal);
c – kettenartige Sporen (Arthrosporen); **d** – verschiedene Entstehungsweisen von Konidien

Verschmelzung der Kerne von zwei Zellen voraus. Ihre einfachste Form ist der Zerfall des Pilzgeflechts in einfache Bruchstücke (Fragmente), die sog. Arthrosporen. Eine andere Form ist die Abschnürung selbständiger Vermehrungssporen, der sog. Konidien von besonderen Hyphen (Konidiophoren). Die Konidien haben verschiedenste Gestalt, Größe und Färbung, sie sind ein- oder vielzellig. Chlamydosporen sind dickwandige, aus den Myzelzellen entstandene Sporen. Sie haben die Funktion von Ruhezellen, die befähigt sind, langanhaltende ungünstige Lebensbedingungen zu überdauern. Allgemein werden Zellen, aus denen ungeschlechtliche Sporen entstehen, konidiogen genannt. Bei der Klassifizierung der Konidienstadien, von denen eine große Zahl selbständig vorkommt, welche vorläufig in die Formklasse der Imperfekten Pilze (Deuteromycetes, früher auch „Fungi imperfecti") eingeordnet werden, kommt besonders der Entstehungweise der ungeschlechtlichen Sporen eine große Bedeutung zu.

Sämtliche, gleich auf welche der hier beschriebenen Weisen entstandene Sporen, werden von den Pilzen in Riesenmengen produziert, so daß nicht nur die ganze Biosphäre unseres Planeten voll davon ist, sondern auch die Atmosphäre beträchtliche Mengen enthält. Als Sporen sind die Pilze praktisch allgegenwärtig. Obwohl die meisten die Fähigkeit haben, ungünstigen Einflüssen zu trotzen und im Latenzstadium zu verharren, ohne ihre Lebensfähigkeit einzubüßen, ist eine Sporenüberproduktion für die Arterhaltung wichtig.

Zur Biologie der Pilze

Die Lebensweise der Pilze ist eines der interessantesten Kapitel der Mykologie. Die heterotrophe Ernährung, das Hauptmerkmal dieser riesigen, heute neben dem Tier- und Pflanzenreich als selbständiges Reich angesehenen Organismengruppe, bedingt eine Reihe von Anpassungen und Eigenheiten. Die beiden Hauptlebensweisen, Saprophytismus und Parasitismus, unterscheiden sich stark in ihrer Beziehung zur Umwelt. Unterschiedliche Substrate, aus denen die Pilze organische Stoffe zum Aufbau ihrer Thalli beziehen, drücken sich in z. T. eigenwilliger Weise bei der Pilzentwicklung aus und haben im Laufe der Evolution zur Ausbildung von unzähligen, nicht nur in ihrer Gestalt, sondern auch physiologisch und genetisch verschiedenen Pilzarten geführt. Ihre Klassifizierung ist Aufgabe der Taxonomie.

Die saprophytischen (fäulnisbewohnenden) Pilze, zu denen der überwiegende Teil der Großpilze (Macromycetes), aber auch viele andere gehören, leben als Myzel in einem Milieu, das aus unterschiedlichsten abgestorbenen tierischen und pflanzlichen Überresten in verschiedenen Zersetzungsstadien besteht. Ihre Hyphen durchdringen den Boden, Humus, Waldstreu (Detritus), das Holz abgestorbener Stämme, Stümpfe und Äste oder leben auf verrottender Laub- und Nadelstreu, Kraut- oder Grasstengeln usw. Viele saprophytische Pilze sind jedoch in ihrer Existenz an eine ganz bestimmte, oft eng beschränkte Umwelt gebunden.

Ein allgemein verbreitetes Phänomen ist die Symbiose (Lebensgemeinschaft zum Vorteil beider Partner) von Pilzen mit den Wurzeln höherer Gefäßpflanzen, seltener mit den Rhizomen von Farnen und Moosen. Es wird als Mykorrhiza (Pilzwurzel) bezeichnet. Das Pilzgeflecht umgibt die Wurzeln entweder von außen (ektotrophe Mykorrhiza) oder dringt ins Innere des Wurzelgewebes ein (endotrophe Mykorrhiza). Die ektotrophe Mykorrhiza läßt sich mit bloßem Auge erkennen, die Würzelchen sind meist kurz, aber stark und oft gegabelt, so daß sie ein korallenähnliches Aussehen annehmen können. Die Hyphen des Pilzgeflechts bilden um sie herum eine zusammenhängende, filzartige Hülle, aus deren Oberfläche kurze Auswüchse ragen. Demgegenüber ist eine endotrophe Mykorrhiza nicht sofort zu erkennen, denn die Hyphen durchdringen die Zellzwischenräume des Wurzelgewebes. Dieser Mykorrhizatyp ist häufiger als der erste. Mykorrhitisch an die Wurzeln lebender Gehölze gebundene Pilze kann man im Labor nur schwer in Reinkultur züchten; nur selten gelingt es, sie zum Fruchtkörperansatz zu bringen. Andere saprophytischen Pilze, namentlich Holzpilze, lassen sich hingegen verhältnismäßig leicht züchten.

Die Beziehungen zwischen der grünen Pflanze und dem Pilz in einer Mykorrhiza war und ist noch immer Gegenstand vieler Studien, da diese Problematik besonders für die Forst- und Landwirtschaft eine große praktische Bedeutung hat. In Mykorrhiza leben Pilze aus den verschiedensten Systemgruppen. Besonders häufig ist die Mykorrhiza bei Ständerpilzen, sie kommt aber auch bei anderen Gruppen vor (z. B. bei Schimmel- und Schlauchpilzen). Dabei kann ein Baum auch mit mehreren Pilzarten gleichzeitig Mykorrhizen haben, doch normalerweise bringt von diesen dann nur eine davon Fruchtkörper hervor (oft auch nur dann, wenn der Baum ein gewisses Alter erreicht hat). Auch diesem Umstand ist die Vielgestaltigkeit und Reichhaltigkeit der Mykoflora in unseren Wäldern zu verdanken, deren Artenzusammensetzung sich mit dem Alter des Waldes verändert. Für die Existenz einiger Pflanzen, z. B. für die Keimlinge vieler wildwachsender Orchideenarten, sind Mykorrhizapilze lebensnotwendig.

Eine beachtenswerte Erscheinung ist auch die Symbiose zwischen Pilzen und Tieren. So gründen und pflegen z. B. die Termiten *(Isoptera)* in ihren Nestern Pilzkulturen, an deren Myzel kugelige Körperchen entstehen, welche den Termiten wiederum als Nahrung dienen. Verschiedene Termitenarten halten sogar verschiedene Pilzarten. Charakteristisch sind die Pilze der Gattung *Termitomyces* aus der Familie der Ritterlinge, deren große, aus den Termitenbauten herauswachsenden Fruchtkörper von den afrikanischen Eingeborenen zu Speisezwecken gesammelt werden. Manchen in Stämmen und Stümpfen lebenden Ameisen *(Formicidae)* dienen die Fruchtkörper gehaltener Pilze als Nahrung; ähnlich ist es bei den Larven von Borkenkäfern *(Ipidae)*, die in ihren Gängen sog. Ambrosiapilze züchten. Eine ganze Gruppe von mikroskopischen Schlauchpilzen (Laboulbeniomycetes) lebt auf der Körperoberfläche von verschiedensten Insekten, vor allem von Arten, die sich in feuchterer Umgebung aufhalten; ihren Wirten schaden sie offensichtlich nicht.

Das enge Zusammenleben von Pilzfasern und Algen ließ im Laufe der Evolution sogar eine völlig neue Organismengruppe entstehen, die als Flechten

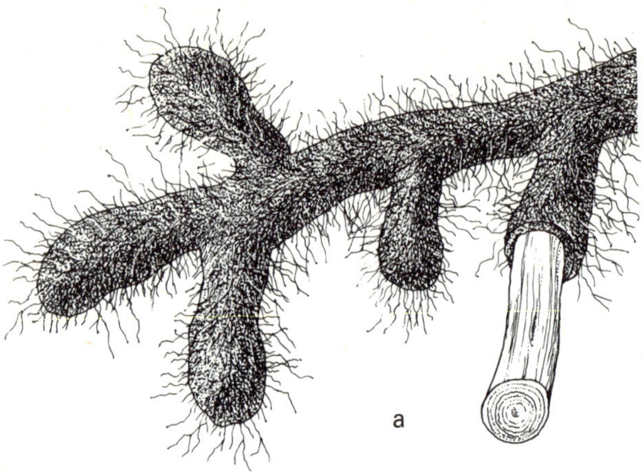

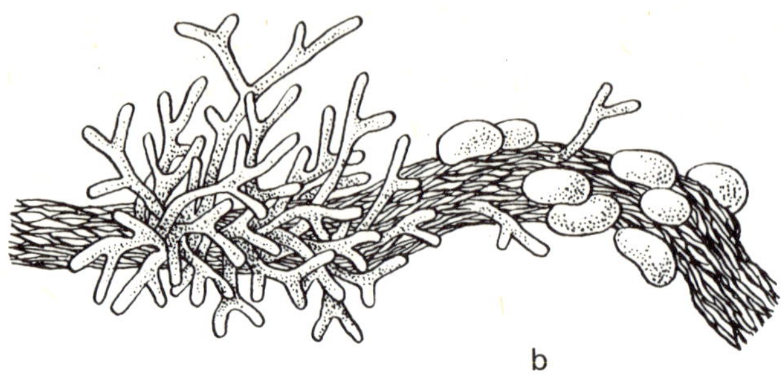

16) **a** – ektotrophe Mykorrhiza; **b** – strauch- und zwiebelförmige Mykorrhiza an Kiefernwurzeln

(Lichenes) bezeichnet wird. Die Pilzkomponente eines Flechtenthallus wird meist von einem Schlauchpilz gebildet. Daher trägt diese Flechtengruppe den Namen Ascolichenes; als Fruchtkörper bilden sie Apothecien oder Perithecien aus. Bei einem weitaus kleineren Teil der Flechten gehört die Pilzkomponente zu den Ständerpilzen – dann wird die Flechtengruppe Basidiolichenes genannt. In der jüngsten Zeit sehen einige Mykologen verschiedene Blätterpilzarten als lichenisierte Basidiomyceten an, da sich ihre Fruchtkörper von denen der übrigen Blätterpilze durch die Anwesenheit von Algen in einigen Gewebepartien unterscheiden.

Bei einigen Pilzen wächst das Myzel, wenn es die Nährstoffe an einer bestimmten Stelle aufgezehrt hat, in Form von Streifen bzw. mehr oder weniger regelmäßigen Ringen in die Umgebung weiter. Sein Wachstum wird für uns jedoch erst nach dem Ansatz von Fruchtkörpern sichtbar. Am auffälligsten sind die sog. „Hexenringe" der Korallen *(Ramaria),* Stachelpilze *(Hydnum),* Trichterlinge *(Clitocybe),* Ritterlinge *(Tricholoma)* und Schwindlinge *(Marasmius).* Die Ringform hängt nicht nur vom Nährstoffgehalt des Bodens, sondern auch vom Verlauf der Baumwurzeln bzw. der Feuchtigkeit des Untergrundes ab. Den ringförmigen Wuchs von Pilzmyzel kann man besonders deutlich bei der Zucht von Pilzen in Reinkultur auf Agar-Nährböden beobachten.

Saprophytische Pilze sind in hohem Maß an der Zersetzung von Zellulose und Lignin des toten Holzes beteiligt, in welches ihr Myzel eindringt. Häufig rufen sie dann ganz typische Zersetzungen hervor (z. B. würfelartige Rotfäule, Fasern-Weißfäule usw.). Einige saprophytische Holzpilze gehen auch auf geschwächte, aber noch lebende Bäume über, deren Untergang sie dadurch beschleunigen. Sie werden also zu Gelegenheitsparasiten (Fakultativparasiten, Saproparasiten). Sie können entweder durch Frostrisse oder Verletzungen durch Astbruch, Beschädigung bei Holzeinschlag usw. in den Stamm gelangen. Pilzbefallenes Holz verfärbt sich manchmal ganz spezifisch, so ist das herrlich grün gefärbte Holz von Buchen oder anderen Laubbäumen vom Myzel des winzigen Scheibenpilzes *Chlorosplenium aeruginosum* durchdrungen, das die wasserunlösliche Xylochlorsäure ausscheidet. Bekannt ist auch das Phosphorezieren von Holz, das unter anderem vom Myzel des Hallimasch *(Armillaria mellea)* herrühren kann. In den Tropen sind Pilze verbreitet, deren Fruchtkörper ein in der Nacht sichtbares bläuliches Licht ausstrahlen; in Südeuropa gesellt sich der Leuchtende Ölbaumpilz *(Omphalotus olearius)* mit seinen phosphoreszierenden Lamellen zu diesen Arten.

Andere saprophytische Pilze haben sich auf eine ökologisch eng beschränkte Umwelt spezialisiert, außerhalb derer sie nicht anzutreffen sind. Anthrakophile Pilze leben z. B. ausschließlich auf brandgeschädigten Böden oder alten Feuerstellen, also dort, wo Holz verbrannt wurde und einige Zeit ein geeignetes Mikroklima herrscht. In so einem begrenzten Lebensraum kann man auch sehr anschaulich die allmähliche Folge (Sukzession) verschiedener Arten beobachten. Einer der ersten Siedler ist der kleine, aber durch massenhaftes Auftreten auffällige *Pyronema confluens,* der den verbrannten Boden oft mit großen rosaroten Teppichen aus vielen Apothecien bedeckt. Etwas später wird er von anderen Vertretern der Scheibenpilze abgelöst (*Geopyxis carbonaria,* verschiedenen Becherpilzen – *Peziza subviolacea, P. echinospora*). Als letzte, wenn die Feuerstelle allmählich wieder von Laub- und Lebermoosen überwuchert wird, wachsen hier Blätterpilze, wie z. B. der Kohlenschüppling *(Pholiota carbonaria),* Graublattrübling *(Tephrocybe anthracophila)* u. a.

Eine eigenwillige Pilzgesellschaft wächst auf den Exkrementen verschiedener Tiere; diese Pilze werden koprophil genannt. Es gibt sehr viele verschiedene „Dungspezialisten" aus so gut wie allen Gruppen. Am auffälligsten sind die Tintlinge *(Coprinus),* deren kurzlebige, sich rasch entwickelnde Fruchtkörper am häufigsten zu finden sind. Koprophile Pilze lassen sich unter Laboratoriumsbedingungen erfolgreich züchten und studieren, wenn man sie auf Exkrementen in feuchter, aber luftiger Umgebung hält. Aus diesem Grund werden sie oft für physiologische und genetische Experimente gezüchtet.

Pilze, die ihre Nährstoffe den lebenden Körpern anderer Organismen entziehen, bezeichnet man als Parasiten. Dabei ist der Wirtsorganismus, auf dem sie leben, immer benachteiligt. Er wird entweder vom Pilz mehr oder weniger geschädigt oder sogar nach und nach ganz zerstört. Ein Großteil der parasitischen Pilze sind mikroskopisch klein, obwohl es unter den „Micromyceten“ noch sehr viel mehr Saprophyten gibt. Rostpilze (Uredinales) und Brandpilze (Ustilaginales) sind große Gruppen ausschließlich parasitärer Basidiomyceten, die auch wirtschaftliche Bedeutung haben, da sie den Ertrag von Kulturpflanzen ganz empfindlich mindern können. Ihre Entwicklung durchlaufen die Rostpilze entweder auf nur einem Wirt oder sie machen einen Wirtswechsel durch, wobei sich ihre verschiedenen Stadien auf unterschiedlichen Wirten entwickeln. Ein Teil der parasitischen Pilze lebt im Gewebeinneren des Wirtes als Endoparasiten, während die Ektoparasiten auf dessen Oberfläche leben und nur ihr Myzel ins Innere entsenden. Unter den Schlauchpilzen (z. B. Echte Mehltaupilze – Erysiphales), gibt es wie auch unter den Kernpilzen viele Parasiten. Bei den Ständerpilzen ist der Anteil der Parasiten wesentlich geringer; trotzdem sind Fälle bekannt, in denen ein Großpilz auf einem anderen schmarotzt. Beispiele sind der Schmarotzerröhrling *(Xerocomus parasiticus),* der auf Kartoffelbovisten *(Scleroderma)* wächst oder der Parasitische Scheidling *(Volvariella surrecta),* der auf den faulenden Fruchtkörpern des Nebelgrauen Röteltrichterlings *(Lepista nebularis)* gedeiht. Häufig parasitieren auch Zwitterlinge *(Asterophora)* auf Täublingen *(Russula)* oder Kernkeulen *(Cordyceps)* auf den unteridisch wachsenden Hirschtrüffeln (Elaphomyces). Weitere Vertreter der Gattung *Cordyceps,* die vor allem in den Tropen verbreitet ist, parasitieren auf Insekten.

Mikroskopische, wiederum auf Pilzen parasitierende Pilze gibt es ebenfalls in großer Zahl. Im Herbst sitzen auf den Fruchtkörpern einiger Röhrlingsarten die auffälligen goldgelben staubartigen Überzüge des Hyphomyceten *Sepedomium chrysospermum,* die eigentlich nur das Konidienstadium von *Apiocrea chrysosperma* darstellen. Auf den Hüten von Helmlingen *(Mycena)* parasitieren nicht selten feine Schimmelpilze der Gattung *Spinellus,* auf den Hüten verschiedener Blätterpilze sind die braun-filzigen Schimmelüberzüge von *Sporodinia* zu sehen. Aber selbst die Parasiten haben ihre Schmarotzer. So werden Rostpilze der Gattung *Puccinia* von dem Kernpilz *Darluca filum* befallen. Man spricht in so einem Falle von Hyperparasitismus.

Eine ökologisch stark angepaßte Gruppe stellen die im Wasser lebenden Pilze dar. Am häufigsten sind die Vertreter der Wasserschimmelarten (Monoblepharidales, Saprolegniales u. a.), die auf abgestorbenem organischem Material unter der Wasseroberfläche leben. Einige parasitieren auch an Wasserlebewesen. Noch winzigere Wasserschimmelarten parasitieren auf ins Wasser gefallenen Pollenkörnern oder im Zellinneren von Wasseralgen. Verrottendes Laub, das in seichtem, strömendem, sauberem Wasser liegt, wird von ganzen Gesellschaften aus mikroskopischen Hyphomyceten bewohnt, die Konidien von ganz außergewöhnlicher Gestalt bilden. Größere Pilze, die auf ins Wasser gefallenem Holz und Ästen wachsen, sind sowohl Vertreter der Kernpilze als auch einige Scheibenpilze. Eine hochspezialisierte Gruppe sind verschiedene Kernpilze, die auf Holz in Meerwasser wachsen.

Sowohl parasitische als auch saprophytische Pilze rufen durch die Wirkung ihrer Enzyme (Fermente) verschiedene Veränderungen am Substrat bzw. im Wirtskörper hervor. Am bedeutsamsten und vom Menschen am meisten genutzt sind die Pilz-Enzyme, die Akoholgärungen hervorrufen. Stark verbreitet sind auch amylolytische (diastatische) Fermente, die Stärke in Zucker umwandeln.

Die Pilze, eine entwicklungsgeschichtlich sehr alte Organismengruppe, sind über die gesamte Erdoberfläche verbreitet; ihre Sporen kommen sogar praktisch überall vor. Das bedeutet aber nicht, daß alle Pilze weltweit (kosmopolitisch) verbreitet sind. Viele Arten haben zwar große Verbreitungsareale, viel mehr Arten kommen jedoch nur in ganz bestimmten, oft sehr kleinen Gebieten vor. Das Vorkommen solcher Pilze ist nicht nur vom Vorhandensein des geeigneten Wirts oder Biotops, sondern auch von Klimafaktoren, der geologischen Unterlage, chemischer Zusammensetzung des Substrats usw. abhängig. Darüber hinaus ist die Zusammensetzung der Mykoflora in einem bestimmten Gebiet das Resultat eines sehr langanhaltenden Entwicklungsprozesses. In vielen europäischen Ländern wachsen die gleichen Pilzgattungen und -arten, während sich die Mykoflora des wesentlich artenreicheren Nordamerikas nur etwa zu

17) Die Fruchtkörper vieler Blätterpilzarten wachsen in „Hexenringen“, z. B. Trichterlinge *(Clitocybe),* Schwindlinge *(Marasmius),* Maipilze *(Calocybe)* und Ritterlinge *(Tricholoma)*

einem Drittel mit den europäischen Arten deckt. Eine der Ursachen, welche den Pilzreichtum im Laufe einer langen Entwicklung gefördert hat, ist der größere Artenreichtum an Gehölzen und Kräutern in Nordamerika. Während in den gemäßigten Zonen beider Hemisphären die Saprophyten überwiegen, sind in den Tropen die parasitischen Pilzarten ungeheuer zahlreich. Weitaus nicht alle der eng an einen Wirt gebundenen Parasiten kommen überall dort vor, wo auch der Wirt auftritt. Oft ist ihr Verbreitungsgebiet wesentlich kleiner bzw. es sind nur isolierte Funde bekannt. Bisweilen ist ein Umsteigen auf Ersatzwirte festzustellen. Was die Höhenverbreitung angeht, so besteht zwischen den Pilzen und den Gefäßpflanzen kein markanter Unterschied. Ungeachtet dessen kommen zahlreiche Arten nur im Hochgebirge (auch oberhalb der Baumgrenze) bzw. ausschließlich in tieferen Lagen vor.

Adventivpilzarten wurden aus ihren ursprünglichen Verbreitungsgebieten in entfernte Gegenden eingeschleppt (z. B. mit Verkehrsmitteln). Ein klassisches Beispiel ist die Einschleppung einiger Rutenpilze *(Phallaceae)* aus Nordamerika und Australien nach Europa.

Die Bedeutung von Pilzen für Mensch und Umwelt

In der Natur begegnet man auf Schritt und Tritt Pilzen, ohne sich dessen bewußt zu werden. Sie sind ebenso allgegenwärtig wie etwa Bakterien oder Viren. Ihre Anwesenheit bleibt aber dem menschlichen Auge meist verborgen, denn die Sporen, in welchen die für jede Art spezifischen Erbinformationen enthalten sind, haben nur mikroskopische Ausmaße. Sie bewegen sich, wie das übrige Aeroplankton, in der Atmosphäre um den ganzen Erdball. Vor allem in den erdnahen Schichten und in Bereichen, in denen sie sich unter günstigen Bedingungen vermehren und ihre Vitalität erneuern können, ist die Luft erfüllt davon. Die meisten Menschen kennen Pilze nur in Form ihrer Fruchtkörper, die durch ihre Gesamterscheinung, welche sie ja wesentlich von den übrigen Pflanzen unterscheidet, schon immer das Interesse des Naturbeobachters fesselten. Dabei bildet nur ein ganz kleiner Teil der Pilze einen charakteristischen Fruchtkörper aus. Die Größe der übrigen ist viel zu winzig, um ohne ein entsprechendes optisches Gerät wahrgenommen zu werden. In der Natur kommt aber sowohl den großen als auch den mikroskopisch kleinen Pilzen eine bedeutende, durch keinen anderen Organismus ersetzbare Rolle zu. Nach menschlichen Maßstäben geurteilt, also vor allem aus gesundheitlichen und wirtschaftlichen Gesichtspunkten, gibt es unter den Pilzen Arten, die für den Menschen nützlich, aber auch solche, die schädlich sind. Zu den ersteren zählen jene, die sich praktisch in irgendeinem Zweig der Nahrungsmittelindustrie verwerten oder nutzen lassen. Beispielsweise beruht die ganze Alkoholindustrie auf der Fähigkeit der Hefepilze, Zucker in Alkohol und Kohlendioxid umzuwandeln. Hefepilze werden nicht nur bei der Herstellung alkoholischer Getränke, sondern auch in der Back- und Molkereiindustrie genutzt. Hier wird überall mit veredelten Stämmen von Hefen aber auch anderen Pilzen gearbeitet (z. B. mit den Arten der Gattung *Penicillium* bei der Käseherstellung). Eine Revolution in der Behandlung verschiedener Krankheiten bei Mensch und Tier bedeutete die Entdeckung von antibiotischen Wirkstoffen in Pilzkulturen. Erwähnt sei nur das Penicillin, das Produkt eines Stammes des Schimmelpilzes *Penicillium notatum.* Im Lauf der letzten Jahrzehnte wurden viele weitere Pilze unter diesem Gesichtspunkt untersucht und aus einigen wurden mit Erfolg weitere Antibiotika isoliert.

Die Pilzsuchertradition, also das Sammeln von Großpilzen zu Speisezwecken, verdankt in vielen Ländern ihre Entstehung dem Umstand, daß die Fruchtkörper verschiedener Pilze eine gute Ergänzung der Kost darstellen. Aus diesem Sammeltrieb hat sich so etwas wie ein Sport oder Hobby entwickelt, welches für die Menschen neben der Bereicherung des Speisezettels einen nicht zu unterschätzenden Erholungswert hat. Die Schattenseite dieses Hobbys ist eine Zunahme der Pilzvergiftungen, da der Kenntnisstand der Pilzsucher der steigenden Popularität der

Pilzsammelei nicht schritthielt. Die erhöhte Nachfrage nach Speisepilzen wird in gewissem Maß durch die Produktion von Zuchtchampignons in einigen Ländern gedeckt. Bei der Suche nach weiteren züchtbaren Arten scheinen besonders der Austernseitling *(Pleurotus ostreatus)* und die Träuschlingsart *Stropharia rugosoannulata* aussichtsreich zu sein.

Pilze sind ein unschätzbarer Helfer des Menschen, wenn er ihre biologischen Eigenschaften zu seinem Nutzen einsetzen kann. Einige erweisen sich dagegen als Feinde. Sie befallen lebende Organismen, also Pflanzen, Tiere und auch den Menschen. Im und auf dem menschlichen Körper parasitierende Pilze führen zu oft langwierigen und gefährlichen Erkrankungen von Haut, Haaren oder inneren Organen, sog. Mykosen. Die Urheber sind meist Hyphomyceten, Hefepilze und echte Schimmelpilze. In letzter Zeit zeigen die Mykosen eine zunehmende Tendenz und die längere Anwendung von Antibiotika zu ihrer Behandlung führt wiederum zur Gefahr einer Hefepilzinfektion. Auch die Sporen einiger Hyphomycetenarten können, wenn sie in die Atemwege gelangen, auskeimen und dort starke Beschwerden verursachen.

Ein ganzer Zweig des Pflanzenschutzes (Phytopathologie) befaßt sich mit den von parasitischen Pilzen hervorgerufenen Krankheiten, von denen sowohl Zuchtgemüse, -blumen und -früchte betroffen sind als auch Obst-, Zier- und Waldbäume. Hier sollen nur die Rost- und Brandpilze erwähnt werden, die auf Getreide parasitieren *(Ustilago, Tilletia, Puccinia),* der Kartoffelschimmel *(Phytophthora infestans),* der Kartoffelkrebs *(Synchytrium endobioticum),* der falsche Rebenmehltau *(Plasmopara viticola)* und der Hopfenmehltau *(Sphaerotheca humuli)* sind andere weitverbreitete Pilzerkrankungen unserer Kulturpflanzen. Polyporosen nennt man die von Porlingen an Bäumen hervorgerufenen Krankheiten. In manchen Gegenden ist ein beträchtlicher Prozentsatz der Waldbestände vom Wurzelschwamm *(Heterobasidion annosus)* befallen, aber auch der Hallimasch *(Armillariella mellea)* ist ein gefürchteter Holzzerstörer und selbst in Häusern erscheint der sämtliches Holz vernichtende Echte Hausschwamm *(Serpula lacrymans).*

Die größte Bedeutung kommt den Pilzen aber durch ihre Beteiligung an allen Zersetzungsvorgängen und anderen chemischen Prozessen zu. Verwesung und Fäulnis von organischen Stoffen, die eine äußerst wichtige Komponente bei der Erhaltung des natürlichen Gleichgewichts darstellen, sind das Ergebnis des Zusammenwirkens von Bakterien und vor allem Pilzen, die als sog. Reduzenten die angehäuften organischen Verbindungen wieder in pflanzenverwertbare anorganische Verbindungen zurückführen. Daher spielen die Pilze eine wichtige Rolle für die Fruchtbarkeit des Bodens. Der Waldhumus ist von Myzel und Sporen geradezu durchsetzt und eine Mykorrhiza erlaubt Holzgewächsen oft erst, an Stellen zu wachsen, an denen sie ohne Pilze nicht gedeihen könnten. Pilze sind in allen Ökosystemen gegenwärtig. Sie sind ungeheuer alte Organismen; gemeinsam neben den Algen existierten sie wohl schon im Präkambrium, also vor rund 2,7 Milliarden Jahren. Im Laufe dieser unendlich langen Zeit haben sie eine ungeheure Entwicklung durchgemacht, wovon die rezenten Pilzarten als das einstweilige Endglied dieser langen Kette oft kompliziert verschlüsselte Zeugnisse ablegen. Die Mykologen bemühen sich um deren Dechiffrierung und blicken mit Besorgnis auf Erscheinungen, die gegenwärtig fast ein Katastrophenausmaß annehmen: Das Zugrundegehen von Organismen unter dem Einfluß stürmischer Industrialisierung und die unerbittliche Ausrottung der Natur in der Folge ihrer Ausbeutung. Das, was für das zunehmend schnellere Aussterben von Pflanzen- und Tierarten gilt, besitzt in gleichem Maß auch für die Pilze Gültigkeit. Die Zahl der bisher bekannten und beschriebenen Pilzarten liegt über 100 000. Modernen Ansichten zufolge bewegt sich die Anzahl der tatsächlich existierenden Arten wahrscheinlich zwischen 250 und 300 Tausend, also etwa in der gleichen Größenordnung wie die Zahl der Samenpflanzenarten. Wenn, wie manche Wissenschaftler annehmen, bis zum Ende des 20. Jahrhunderts 40–50 % aller Samenpflanzen vom Aussterben bedroht sind, ist es höchstwahrscheinlich, daß gemeinsam mit ihnen ein gleicher Anteil Pilzarten für immer von der Oberfläche unseres Planeten verschwindet, da die meisten mit den bedrohten Pflanzen existenziell verbunden sind. Sie verschwinden, ohne daß viele von ihnen überhaupt erst entdeckt, erkannt oder vielleicht auch zum Wohl des Menschen genutzt werden konnten. Das Gesetz der Ethik steht hier in einem tiefen Zwiespalt mit den ungehemmten Ausbeutungspraktiken des Menschen. Das muß rechtzeitig geändert werden, solange noch Hoffnung auf Rettung besteht.

Giftpilze und Pilzvergiftungen

Viele Pilzarten enthalten Stoffe, die für den menschlichen Organismus schädlich sind. In alten Zeiten galten die meisten Pilze als giftig oder wenigstens verdächtig und die Menschen mieden sie, anstatt mit ihnen ihre Kost zu bereichern. Später, mit fortschreitendem Vertrautwerden mit den Arten und mit zunehmenden mykologischen Kenntnissen vergrößerte sich das Sortiment der genießbaren Pilze. Das Pilzsammeln wurde – wenigstens in einigen europäischen Ländern – eifrig propagiert. Das ging manchmal so weit, daß fast alle Pilze als eßbar angesehen wurden. Erst eine zunehmende Anzahl an Vergiftungsfällen, von denen nicht wenige tragisch endeten, wurden zum Warnsignal und führten wieder zu erhöhter Vorsicht. Heute ist die verantwortungsvolle Beurteilung von Eßbarkeit oder Giftigkeit vieler Pilzarten eine oft problematische Angelegenheit, denn immer wieder stellt sich heraus, daß früher gängig gesammelte und verzehrte Arten gar nicht so harmlos sind, wie angenommen wurde. Es handelt sich dabei nicht nur um unmittelbar toxisch wirkende Stoffe, die akute Vergiftungen hervorrufen, sondern auch um weitere, zum großen Teil noch unbekannte Toxine, die sich durch wiederholten Genuß bestimmter Pilze im menschlichen Körper ansammeln und die Tätigkeit verschiedener Organe, vor allem im Bereich des Verdauungstrakts, ungünstig beeinflussen können.

Die Vergiftungen kann man je nach Symptomen oder Toxintypen grob in mehrere Kategorien einteilen. In jeder werden hier nur solche Giftpilzarten behandelt, die als häufigste Verursacher der genannten Vergiftungen in Frage kommen.

1. **Phalloidvergiftungen.** Vergiftungen, welche die Leberfunktion stören, werden so bezeichnet. Diese Bezeichnung ist vom Namen des Grünen Knollenblätterpilzes – *Amanita phalloides* abgeleitet, der am häufigsten die Ursache solcher Vergiftungen ist. Die Fruchtkörper des Knollenblätterpilzes enthalten zwei Giftstoff- oder Toxingruppen in hoher Konzentration, Amatoxine und Phallotoxine. Beide Toxingruppen sind auch in den eng verwandten Arten der sog. „weißen" Knollenblätterpilze, im Frühlings- *(A. verna)* und dem Spitzhütigen Knollenblätterpilz *(A. virosa)* sogar in noch höherer Konzentration als beim Grünen Knollenblätterpilz enthalten. Außerdem wurden sie auch in einigen kleineren Schirmpilzarten *(Lepiota helveola, L. josserandii)* und Häublingsarten *(Galerina)* festgestellt. Die Phallotoxine haben 80–95 % aller tödlich ausgehenden Pilzvergiftungen auf dem Gewissen und gehören zu den heimtückischsten Giften, da sich die Vergiftungssymptome erst nach längerer Zeit einstellen.

Den Grünen Knollenblätterpilz sollte jeder, der zum Pilzsuchen in den Wald geht und sich nicht nur mit Röhrlingen oder Pfifferlingen zufrieden geben will, unbedingt kennen. Obwohl er in der Farbe recht veränderlich ist, hat er so auffällige Merkmale, daß man ihn auch erkennen kann, wenn er nicht typisch gefärbt ist. Seine starke Giftigkeit macht sich bereits nach dem Genuß einer geringen Menge von einer mit diesem Pilz zubereiteten Speise bemerkbar. Angaben behaupten, daß bereits ein ausgewachsener Fruchtkörper den Tod von zwei Personen herbeiführen kann. Die ersten Anzeichen einer Phalloidvergiftung machen sich erst nach einer verhältnismäßig langen Zeit (sog. Latenzzeit), frühestens 6 Stunden nach dem Essen (nach dem Genuß roher Pilze früher), normalerweise erst nach 8–24 Stunden bemerkbar. Manchmal ist die Latenzzeit sogar noch länger. Als erste Vergiftungssymptome stellen sich infolge einer Reizung des Verdauungstrakts hartnäckiges Erbrechen und Durchfall ein. Das kann zwei Tage und zwei Nächte anhalten, wobei es zu großen Flüssigkeits- und Mineralstoffverlusten kommt, so daß der Betroffene stark erschöpft ist. Dann stellen sich Beinkrämpfe, Nierenstörungen bis zum völligen Nierenversagen und völlige Apathie ein, da der Organismus unter einer Vergiftung durch nicht ausgeschiedene Abfallstoffe leidet. Sobald Durchfall und Erbrechen aufhören, tritt eine scheinbare Erleichterung ein, die jedoch nur die anschließende Phase einleitet, in der es zu starken Schädigungen des Lebergewebes kommt. Das ist der kritische Punkt der Vergiftung. Wenn zuvor nicht rechtzeitig für ausreichende ärztliche Hilfe gesorgt wurde oder der Betreffende eine große Menge Pilze gegessen hat, verliert er das Bewußtsein und stirbt am 5.–6. Tag an den Symptomen von Leberversagen oder Gehirnschwellung.

Noch vor 30 Jahren starben an Vergiftungen durch den Grünen Knollenblätterpilz bis zu 80 % der Betroffenen. Heute, bei immer weiter verbesserten und neuen Behandlungsmethoden, die im Rahmen der Intensivpflege eingesetzt werden, ist die Todesrate stark gesunken und liegt nicht mehr über 15 %. Auf jeden Fall stellt eine Phalloidvergiftung aber noch immer eine sehr ernste Lebensgefährdung dar.

Der Dank für heute erfolgreiche Behandlungen von Phalloidvergiftungen gebührt all denen, die zur

Erforschung der im Grünen Knollenblätterpilz enthaltenen Toxine sowie zur Entdeckung und Durchsetzung neuer Heilmethoden beigetragen haben.

Erste Versuche mit dem Grünen Knollenblätterpilz wurden schon 1793 an Hunden durchgeführt, doch erst im 19. Jahrhundert gelang es, in ihm einen Stoff mit hämolytischer Wirkung (d. h. der die roten Blutkörperchen zersetzt) festzustellen. Später kam man dann auch weiteren Toxinen auf die Spur. So wurden schon bald die beiden Haupttoxine, Amanitin und Phalloidin, unterschieden. Mit Hilfe von Methoden der Chromatographie wurden in den 30er Jahren unseres Jahrhunderts weitere wertvolle Erkenntnisse gewonnen, 1940 wurde die chemische Formel des Phalloidin veröffentlicht, ein Jahr darauf die des Amanitins. In den folgenden Jahren wurden weitere Teilverbindungen entdeckt. Gegenwärtig werden zwei Toxingruppen unterschieden, die sich in ihrer chemischen Zusammensetzung voneinander unterscheiden: Phallotoxine und Amatoxine. Zu den Phallotoxinen gehören Phalloidin, Phalloin, Phallisin, Phallacin und Phallacidin. Die Amotoxine werden mit dem griechischen Buchstaben Alpha bis Omega bezeichnet, ferner gehören noch Amanin und das ungiftige Amanulin hierher. Die Mehrzahl dieser Stoffe wurden mittlerweile auch künstlich hergestellt und einige wurden synthetisch für Tierversuche produziert. Dank dieser Versuche wurde ein Stoff entdeckt, der die Wirkung der Amanitine neutralisieren kann; er wurde Antamanid genannt. 100 g des frischen Pilzes enthalten durchschnittlich 10 mg Phalloidin, 8 mg Alpha-Amanitin, und 5 mg Beta-Amanitin, 0,5 mg Gama-Amanitin, andere Toxine sind nur spurenweise enthalten.

Die Behandlung von Vergiftungen durch den Grünen Knollenblätterpilz zielt auf eine möglichst rasche Entfernung der Giftstoffe aus dem Blut des Patienten (wo sie noch 24–36 Std. nach dem Verzehr vorhanden sind). Zunächst müssen Magenspülung sowie mehrfache Darmspülungen durchgeführt werden, um auch die sehr toxischen Sporen aus den Schleimhautfalten zu entfernen. Anschließend werden Flüssigkeit und Mineralstoffe im Körper des Patienten ergänzt und gegf. Sorbitlösung mit hohen Dosen der Vitamine C und B infundiert. Je nach Laborwerten werden ebenfalls in Dauerinfusion große Mengen von Tioktansäure (500 ml und mehr täglich) verabreicht. Bei stärkeren Vergiftungen, bei denen der Patient das Bewußtsein verliert, bzw. wenn die Vergiftung erst spät erkannt wurde, ist die weitere Behandlung auf der Intensivpflegestation eines Krankenhauses unerläßlich.

Die genaue Diagnose, daß es sich tatsächlich um eine Vergiftung durch den Grünen Knollenblätterpilz handelt, ist oft recht schwierig und nur dann absolut zuverlässig, wenn Pilzreste im Organismus des Betroffenen gefunden wurden. Manchmal helfen hierbei auch Pilzreste, die nicht bei der Zubereitung verwendet wurden. Nach Wieland und Palysa kann man das Vorhandensein von Amanitin in jedem Pilz durch folgende einfache Methode feststellen: Aus einem frischen Fruchtkörper wird ein Tropfen Saft auf Zeitungspapier, evtl. auch auf Sägespäne gedrückt bzw. der Pilz aufgeschnitten mit der Schnittfläche auf Papier gelegt, so daß dies etwas Saft aufsaugt. Den Fleck läßt man trocknen und beträufelt ihn dann mit Salzsäure. Zeigt sich eine Blaufärbung, enthält der Pilz Amanitine und ist folglich tödlich giftig.

Bei Verdacht auf Vergiftung durch den Grünen Knollenblätterpilz oder verwandte Arten muß der Betroffene so schnell wie möglich ins Krankenhaus, wenn es geht, in eine größere Klinik, die mit den entsprechenden Einrichtungen ausgestattet ist, gebracht werden, da jede Minute kostbar ist. Bei Erbrechen gibt man dem Patienten viel zu Trinken, am besten Mineral- oder anderes Wasser, keinesfalls aber Alkohol oder Milch.

Phalloidvergiftungen können, wie bereits erwähnt, auch von kleinen Schirmpilzen aus der Verwandtschaft von *Lepiota helveola* hervorgerufen werden. Es handelt sich um wärmeliebende Schirmpilzarten, die häufiger nur in einigen warmen Gebieten Mitteleuropas sowie in Südeuropa vorkommen.

Vergiftungen, die von einigen Häublingsarten *(Galerina)* herrührten, blieben relativ lange unbeachtet. Erstmalig wurden sie schon 1912 in Nordamerika nach dem Verzehr von *G. autumnalis* verzeichnet. Bei dieser und einigen anderen, vorwiegend nordamerikanischen Arten wurde später das Vorhandensein von Amanitin festgestellt, doch erst Anfang der 60er Jahre wurden in der UdSSR Vergiftungen durch den europäischen Nadelholzhäubling *(G. marginata)* nachgewiesen. Chemische Untersuchungen ergaben das Vorhandensein von Alpha-Amanitin in etwa 40 % der Menge eines Grünen Knollenblätterpilzes. Vergiftungen kommen bei Unachtsamkeit oder Unkenntnis durch Verwechslung mit dem ähnlichen, aber eßbaren Stockschwämmchen *(Kuehneromyces mutabilis)* vor. Daher muß vor dem Genuß sowohl von *G. marginalis* als auch der übrigen, sehr ähnlichen Häublingsarten wie dem Buntstieligen Häubling *(G. badipes)* und dem Einfarbigen Häubling *(G. unicolor)* gewarnt werden. Auch bei einigen weiteren *Galerina*-Arten, hauptsächlich bei solchen, die in Moos wachsen, wurde Amanitin festgestellt.

Paraphalloidvergiftungen ähneln in ihrem klinischem Verlauf den Phalloidvergiftungen, doch lassen sich dabei keine Phallotoxine nachweisen. Hierher gehören die seltenen Vergiftungsfälle nach dem Genuß größerer Scheibenpilze (Pezizales), vor allem der Frühjahrslorchel *(Gyromitra esculenta)* und vereinzelt auch nach Verzehr des Grünblättrigen Schwefelkopfes *(Hypholoma fasciculare)*. Rätselhaft sind die gelegentlichen Vergiftungen durch die Frühjahrslorchel *(Gyromitra esculenta)*, denn viele Leute sammeln und essen den Pilz ohne jegliche Folgen. 5–10

Stunden nach dem Essen stellen sich Übelkeit, Kopf- und Bauchschmerzen und wiederholtes Erbrechen ein, das aber nicht so lange anhält wie bei Knollenblätterpilzvergiftungen. Ziemlich häufig kommt es zu Kreislaufversagen und Gehirndruck, (gewöhnlich stellt sich auch eine mehr oder weniger starke Gelbsucht ein). Die Vergiftung endet manchmal mit dem Tod des Betroffenen durch Leberkoma.

Diese Vergiftung wurde lange einer sog. Helvellasäure zugeschrieben. Erst kürzlich wurde jedoch nachgewiesen, daß diese Säure überhaupt nicht existiert, sondern daß es sich um eine Mischung aus mehreren nicht toxischen Stoffen handelt. Gleichzeitig wurde aber ein neuer Wirkstoff, das Gyromitrin, entdeckt, der sich schnell zum sehr giftigen Methylhydrasin zersetzt. Beide Stoffe sind aber sehr flüchtig und verschwinden bereits nach 10 Minuten Kochen völlig. Bei normal gekochten frischen Lorcheln kann man also weder Gyromitrin noch Methylhydrasin als Vergiftungsursache ansehen. In der Lorchel wurden noch vier weitere, dem Gyromitrin verwandte Stoffe entdeckt, darunter vor allem das die roten Blutkörperchen zersetzende Hämolysin, das gleichfalls durch Kochen vernichtet wird. Am wahrscheinlichsten ist, daß manche alte infizierte Fruchtkörper der Lorcheln erst sekundär giftig werden.

Einen ähnlichen Verlauf wie die Frühjahrslorchelvergiftungen nehmen die manchmal nach dem Verzehr anderer großer Scheibenpilzarten auftretenden Vergiftungen, etwa der Riesenstocklorchel *(Maublancomyces gigas)*, der Bischofsmütze *(Gyromitra infula)*, des Kronenbecherlings *(Sarcosphaera eximia)* u. a.

Bei einigen von diesen wurde sowohl Gyromitrin als auch Methylhydrasin festgestellt.

Vergiftungen durch den Grünblättrigen Schwefelkopf wurden wiederholt aus der UdSSR sowie einigen mittel- und südeuropäischen Ländern bekannt. Ihr Verlauf war typisch phalloid. Aus Angaben in der japanischen Literatur geht hervor, daß dieser Schwefelkopf in Japan mit zu den häufigsten Vergiftungsursachen gehört. Im Hinblick darauf, daß er einen abstoßend bitteren Geschmack hat, ist das fast unbegreiflich.

2. **Muscarinvergiftungen.** Die Bezeichnung stammt vom Artennamen des Roten Fliegenpilzes *Amanita muscaria* her. Früher hat man dessen Fruchtkörper in Milch ausgelaugt, die dann zum Vergiften von Fliegen verwendet wurde. Erst in unserem Jahrhundert wurde festgestellt, daß sowohl der Fliegen- als auch Pantherpilz *(A. pantherina)* nur geringe Muscarinmengen enthalten und daß ihre Giftigkeit auf einem anderen Stoff beruht. Dafür wurden aber große Muscarinmengen in anderen Pilzen, namentlich in Rißpilzen *(Inocybe)* und einigen blassen Trichterlingen *(Clitocybe)* gefunden.

Eine Muscarinvergiftung macht sich manchmal noch während des Essens bemerkbar, tritt normalerweise aber spätestens innerhalb von zwei Stunden auf. Es kommt zu Schweißausbrüchen, Speichel- und Tränenfluß, Erbrechen, Durchfall, Blutdrucksenkung, Pulsverlangsamung und Schüttelfrost. Auffällig sind vor allem Pupillenverengung und Sehstörungen. Als bewährtes Gegenmittel wird Atropin verabreicht, allerdings nie bei Vergiftungen durch Fliegen- oder Pantherpilz. Die meisten Muscarinvergiftungen in ganz Europa gehen auf das Konto des Ziegelroten Rißpilzes *(Inocybe patouillardii)*, der etwa 500 mal mehr Muscarin enthält als der Fliegenpilz; eine für den Menschen tödliche Dosis ist bereits in 100–150 g. Pilzmasse enthalten. Auch andere Rißpilzarten enthalten relativ viel Muscarin, so z. B. der Gemeine Wirrkopf *(I. lacera)*, der Erdblättrige Rißpilz *(I. geophylla)* und der Kegelige Rißpilz *(I. fastigiata)*; nur in wenigen Inocybe-Arten ließ es sich nicht nachweisen, wie z. B. in *I. jurana*. Auch unter den weißen Trichterlingen gibt es einige, die recht viel Muscarin enthalten, namentlich der Feldtrichterling *(Clitocybe dealbata)* und der nahe verwandte Rinnigbereifte Trichterling *(C. rivulosa)*, der Laubfreund-Trichterling *(C. phyllophila)* und der Bleiweiße Firnistrichterling *(C. cerussata)*. Ein geringer Muscaringehalt wurde auch in einigen Fälblingen gefunden, wie etwa in dem Rettichfälbling *(H. sinapizans)* oder dem Tonblassen F. *(Hebeloma crustuliniforme)*, sogar im Hallimasch *(Armillariella mellea)* und im Ölbaumpilz *(Omphalotus olearius)* wurde Muscarin nachgewiesen. Nach ihrem Genuß stellen sich schwache Muscarinvergiftungen ein. Der häufiger in Südeuropa verbreitete Ölbaumpilz ruft darüberhinaus Symptome hervor, die für die Anwesenheit eines weiteren, bisher unbekannten Giftstoffes sprechen. Einigen Autoren zufolge kommt der echte Ölbaumpilz nur im äußersten Süden Europas vor, während die weiter nördlich (z. B. in Deutschland) wachsenden Pilze eine andere Art darstellen. Sie sind wohl mit einer der giftigen Knäulingsarten aus Nordamerika verwandt, welche die Toxine Illudin S und M enthalten. Auch der Rosahelmling *(Mycena rosella)* führt zu muscarinähnlichen Vergiftungen, doch wurde sein Toxin bisher noch nicht gefunden.

3. **Psychotrope Vergiftungen.** Dies sind ernstzunehmende Intoxikationen, in deren Verlauf es zur Reizung des Gehirngewebes kommt. Die Vergiftung durch den Roten Fliegenpilz war lange die einzige bekannte, von psychischen Störungen begleitete Pilzvergiftung. Erst in den 50er Jahren unseres Jahrhunderts wurden weitere sog. kultische Pilze entdeckt, nach deren Genuß es ebenfalls zu psychischen Störungen kommt. Man unterscheidet zwei psychotrope Vergiftungstypen: psychotonische Vergiftungen, hervorgerufen durch das sog. Mykoatropin und psychodysleptische Vergiftungen, die vom Psilocybin herrühren.

Vergiftungen durch das sog. Mykoatropin werden in Europa von drei Knollenblätterpilzarten hervorgerufen. Am häufigsten tritt Vergiftung nach Genuß von Pantherpilzen *(Amanita pantherina)* auf; weniger häufig sind Fliegenpilzvergiftungen und Vergiftungen durch den Königsfliegenpilz *(A. regalis)* sind nahezu unbekannt. Die giftigen Inhaltsstoffe dieser Knollenblätterpilze sind bis heute noch nicht genau identifiziert und daher wird immer noch der unzutreffende Ausdruck „Mykoatropinvergiftung" gebraucht.

Der Vergiftungsverlauf ist bei allen drei Arten im wesentlichen gleich. 1/2 bis 3 Std. nach dem Essen stellen sich Übelkeit, Erbrechen, Kopfschmerzen und Herzklopfen ein. Die Pupillen sind anhaltend stark erweitert, wodurch es manchmal zu Sehstörungen kommt. Oft ähnelt der Zustand des Betroffenen einem Alkoholrausch, der Patient spricht sehr viel, schimpft, lacht oder weint grundlos, schlägt sich selbst oder läuft umher. Diese Erregungszustände können ihm gefährlich werden und müssen daher gedämpft werden. Im weiteren Verlauf fällt der Vergiftete in einen Betäubungszustand, aus dem er hin und wieder zu sich kommt, Halluzinationen hat, schreit, sich gegen eine unsichtbare Gefahr wehren will, um schließlich in einen tiefen Schlaf zu fallen, aus dem er in der Regel im Normalzustand erwacht, ohne sich an sein Verhalten erinnern zu können. Die Vergiftung geht meist nach 2 oder 3 Tagen günstig aus. Als erste Hilfe fördert man das Erbrechen und bringt den Vergifteten ins Krankenhaus. Milch oder Alkohol dürfen aber nicht gereicht werden. Die Heilbehandlung beginnt mit einer Magenspülung, die psychische Erregung wird durch Medikamente von Typ des Chlorpromasin gedämpft, als Gegengift zum Mykoatropin wird Physostigmin verabreicht (auf keinen Fall Atropin!).

Psilocybinvergiftungen entstehen nach dem Verzehren verschiedener Kahlkopfarten *(Psilocybe)* oder von Pilzen aus verwandten Gattungen, über die heute bereits eine umfangreiche Literatur existiert. Verbreitungsschwerpunkte dieser Pilze sind Mexiko und einige weitere mittelamerikanische Staaten. Diese Pilze enthalten halluzinogene Stoffe, weswegen sie von alters her bei religiösen Riten benutzt werden; bis in unser Jahrhundert hinein wurden sie von den Indianern geheimgehalten. Ihre Entdeckung verdankt die Wissenschaft dem amerikanischen Ethnographenehepaar Wasson, dem es gelungen ist, halluzinogene Pilze zu sammeln und sie mit Hilfe von Mykologen zu studieren und zu bestimmen. Die Inhaltsstoffe der Pilze wurden chemisch analysiert und einige Arten ließen sich sogar züchten. Es gelang sogar, den Wirkstoff künstlich herzustellen, was eine experimentelle Erprobung an freiwilligen Versuchspersonen und letztlich seine Nutzung zu Heilzwecken ermöglichte. Pilze, die Halluzinogene enthalten, haben durchweg kleine, unscheinbare Fruchtkörper und wachsen auf Mist oder Exkrementen. Sie gehören in die Gattungen der Kahlköpfe *(Psilocybe,* z. B. dem Spitzkegeligen Kahlkopf – *P. semilanceata),* Düngerling *(Panaeolus),* Heu-Düngerlinge, *(Panaeolina)* und Träuschlinge *(Stropharia).* Der Wirkstoffgehalt in den Fruchtkörpern schwankt, vor allem bei den europäischen Vertretern der genannten Gattungen. Ihre halluzinogene Wirkung ist im Vergleich zu den mexikanischen Arten wesentlich schwächer.

Die psychischen Symptome nach Genuß von halluzinogenhaltigen Pilzen sind recht unterschiedlich. Bei einigen äußern sie sich in Form von Euphorie, bei anderen als Sehstörungen und Halluzinationen, Farbvisionen und Kaleidoskopeffekt mit Objektverdoppelung in verfremdenden Farben. Wieder andere empfinden im Gegenteil hierzu Angst oder haben Grauensvisionen; diese Zustände können zu Delirium und Selbstmordversuchen führen. Im Hinblick auf ihren wesentlich geringeren Wirkstoffgehalt rufen europäische Pilze jedoch viel schwächere Symptome hervor.

In den halluzinogenen Pilzen sind vier verschiedene Wirkstoffe enthalten: Psilocybin, Psilocin, Baeocystin und Norbaeocystin. Als Hauptträger der halluzinogenen Eigenschaften gilt das Psilocin. Vergiftungen durch diese Pilze sind aber sehr selten und auch mißbräuchliche, vorsätzliche Intoxikationan drohen in Europa vorerst nicht.

4. **Orellaninvergiftungen.** Sie werden durch Haarschleierpilze *(Cortinarius)* hervorgerufen. Die erste umfangreichere Vergiftung durch den Orangefuchsigen Hautkopf *(Cortinarius orellanus)* zu der es 1962 in Polen kam, erregte überall bei den Mykologen Aufsehen. Seither wurden bei einer Reihe weiterer Haarschleierpilze, die ursprünglich als harmlos galten, stark toxische Stoffe nachgewiesen und jährlich kommen neue hinzu.

Charakteristisch für Orellaninvergiftungen ist die relativ lange Frist zwischen Verzehr und den ersten Vergiftungssymptomen. Sie besitzen die längste Latenzzeit bei Pilzvergiftungen, die bis zu 17 Tage betragen kann, so daß die ersten Anzeichen der Vergiftung gewöhnlich nicht mehr mit dem Verzehr von Pilzen in Verbindung gebracht werden. Die Vergiftung macht sich als akuter oder chronischer Nierenschaden bemerkbar. Eine anfangs erhöhte Urinbildung geht allmählich zurück und setzt schließlich ganz aus, Magenschmerzen stellen sich ein, es kommt zu Erbrechen gepaart mit Trockenheit im Mund und Durst. Der Patient stirbt an einem Nierenversagen.

Das toxische Wirkstoff-Gemisch heißt Orellanin, weil er erstmalig aus *C. orellanus* isoliert wurde. Es ist wirksamer als die Toxine des Grünen Knollenblätterpilzes und besteht aus einer Mischung von etwa 10 Verbindungen, von denen die wichtigste das Grzymalin ist (nach dem polnischen Entdecker Grzymala benannt). Die Behandlung von Orellaninvergiftungen ist nur in Spezialabteilungen gut ausgerüsteter Kliniken möglich, wo der Patient an eine künstliche Niere angeschlossen werden kann. Weitere Vergiftungen wurden nach dem Genuß von *C. specissimus* und von *C. gentilis* beobachtet. Mit Recht wird angenommen, daß auch weitere Haarschleierpilzarten giftig sind, wie etwa der Rasige Schleimkopf *(C. claricolor* var. *turmalis)* und der Rotschuppige Schleierling *(C. bolaris)*. Das Sammeln von Haarschleierpilzen sollte daher unterlassen werden.

5. **Vergiftungen durch den Genuß verschiedener anderer Pilze.** Hier werden nur die gängigsten Arten behandelt, über die der Leser dieses Buches informiert sein sollte. Es handelt sich in erster Linie um den Kahlen Krempling *(Paxillus involutus)*, der noch vor kurzem als eßbar galt und häufig gesammelt wurde. Bisher ließen sich in diesem Pilz keine Toxine feststellen. Die Vergiftungen haben eher Allergieform, denn auch bei Personen, die in der Vergangenheit diesen Pilz häufig ohne Folgen gegessen haben, können auf einmal bei erneutem Verzehr Übelkeit, Bauchschmerzen, Durchfall, aber auch hohes Fieber, Urinrötung durch Hämolyse und akute Nierenfunktionsstörungen eintreten. Diese Symptome können sich ganz allmählich einstellen, wodurch der Nierenschaden chronisch wird. Heute wird daher durchweg vor dem Verzehr dieses Pilzes gewarnt.

In Südeuropa kommt es manchmal zu Vergiftungen durch den Tigerritterling *(Tricholoma pardinum)*, die sich 1/2 bis 2 Std. nach dem Essen durch Erbrechen und Durchfall äußern, also zu Flüssigkeits- und Mineralverlusten führen, durch die ein Nierenschaden entstehen kann. Einen ähnlichen Verlauf nimmt eine Vergiftung durch den Riesenrötling *(Entoloma sinuatum)* bzw. durch andere giftige Rötlingsarten, etwa durch den Niedergedrückten Rötling *(E. rhodopolium)* oder den „Alkalischen" Rötling *(E. nidorosum)*. Hartnäckige Durchfälle, die einige Tage anhalten können und Entkräftung des Organismus begleiten die Vergiftung durch den Frühjahrs-Giftrötling *(Rhodophyllus cucullatus = Nolanea verna)*, deren erste Anzeichen sich innerhalb von 2–4 Stunden einstellen, manchmal auch erst nach 24 Stunden. In einigen Gebieten kommen Vergiftungen durch den Karbolegerling *(Agaricus xanthoderma)* vor, der mit ähnlich aussehenden eßbaren Champignonarten verwechselt wird. Die Vergiftung stellt sich erst nach dem Genuß einer größeren Pilzmenge als hartnäckiges, mehrere Stunden anhaltendes Erbrechen ein. Auch der Verzehr größerer Mengen von Pilzen, die bisweilen als Gewürz verwendet werden, kann zu Verdauungsstörungen führen, wie z. B. von Maggipilzen *(Lactarius helvus)*, dem Spindeligen Rübling *(Collybia fusipes)*, Dick- und Dünnschaligem Kartoffelbovist *(Scleroderma citrinum, S. verrucosum)*. Beim letzteren zeigt sich eine Vergiftung sehr schnell, wenn die Pilze in Fett gebraten wurden.

Die Angaben über Eßbarkeit oder Ungenießbarkeit vieler Pilzarten sind in der Literatur oft widersprüchlich. Allgemein kann man sagen, daß mit zunehmender Erkenntnis in dieser Hinsicht die Zahl der ungenießbaren und giftigen Arten eher größer wird als umgekehrt. Es empfiehlt sich daher ganz dringend, das Pilzsammeln für die Küche nur auf ein kleineres Sortiment aus bewährten Arten zu beschränken und keinerlei Risiko einzugehen.

Die Regel, daß man eßbare Täublinge und Reizker am Geschmack der frischen Fruchtkörper erkennen kann, hilft alle Täublings- und Reizkerarten mit brennendem Geschmack als ungenießbar auszuscheiden, obwohl einige von ihnen sich nach einer entsprechenden Zubereitung essen lassen (wie es tatsächlich in einigen Ländern geschieht). Brennende Täublinge und Reizker z. B. der Tannenreizker *(Lactarius necator)* und Birkenreizker *(L. torminosus)* können zu Vergiftungen mit Magen- und Darmbeschwerden führen. Das kommt von Stoffen, deren chemische Zusammensetzung bisher noch unbekannt ist, die aber thermolabil sind. Daher werden in verschiedenen, vor allem in nördlichen Ländern diese Pilze gesammelt, abgekocht und in Salz eingelegt oder gesäuert. In Süd- und Mitteleuropa gelten diese Arten als ungenießbar bis giftig.

Abschließend soll noch kurz von Pilzen die Rede sein, die ganz gängig als eßbar gelten, nach deren Genuß sich aber manchmal trotzdem unangenehme Beschwerden oder individuelle Unverträglichkeit zeigen. Diese Fälle sind bisher noch nicht hinreichend geklärt. Selbstverständlich kennt man auch noch nicht die dazu führenden Inhaltsstoffe. Unerklärlich bleiben z. B. Vergiftungen durch den Hallimasch, die sich nicht nur nach dem Genuß roher oder ungenügend gegarter, sondern auch gut durchgekochter Pilze einstellten. Die Fachleute setzen das Vorkommen einer anderen, giftigen Art im Rahmen eines Art-Komplexes (den der Hallimasch in Wirklichkeit darstellt) voraus, die bisher noch nicht unterschieden werden konnte. Auch unter den braungefärbten Ritterlingen *(Tricholoma)*, vor allem solchen, die aus Nadelwäldern im Bergvorland und hier vor allem aus Kiefernwaldungen stammen, existieren verdächtige Arten, bei denen Vergiftungssymptome festgestellt wurden. Verschiedene gelbe oder grünliche Ritterlinge, oft mit brennendem Bittergeschmack, werden gelegentlich mit dem eßbaren Grünling *(T. flavovirens)* verwechselt und führen zu Magenbeschwerden. Die vielerorts häufig gesammelten Korallen *(Ramaria)*, deren einzelne Arten von den Pilzsammlern so gut wie nicht unterschieden werden, enthalten den abführenden Stoff Emodin, der vor allem in den Astspitzen der Fruchtkörper lokalisiert ist. Dies gilt vor allem für die Schöne Koralle *(R. formosa)*, die starke Beschwerden hervorruft. Daher ist auch bei der Verwendung von Korallenpilzen Vorsicht am Platze. Allergiebildende Eigenschaften haben wahrscheinlich eine Vielzahl weiterer Pilzarten, die in der Literatur als eßbar beschrieben werden und in den allermeisten Fällen auch ohne irgendwelche Folgen genießbar sind.

Allgemein bekannt ist die Erfahrung, daß nach einem aus bestimmten Arten zubereitetem Pilzessen kein Alkohol getrunken werden darf, da es sonst zu Vergiftungen kommt. Am bekanntesten ist hierfür der Grüne Faltentintling *(Coprinus atramentarius)* der ein anatabusähnliches Toxin, das Coprin, enthält. Die Vergiftung tritt meist unmittelbar nach dem Essen auf und bewirkt Hautrötung, Herzklopfen, Atemnot, Erbrechen, Durchfall und Beklemmungszustände. Diese Symptome verschwinden binnen 2 Stunden, können sich aber nach erneutem Alkoholgenuß wiederholen. Ähnliches gilt auch von anderen Pilzarten.

Eßbare Pilze sammeln und verwenden

Eine Definition des Begriffs „eßbarer Pilz“ ist wirklich schwierig. Aus den im Lauf der letzten Jahrzehnte gewonnenen Erkenntnissen geht hervor, daß hier eher eine gewisse Zurückhaltung am Platze ist und strengere Kriterien angelegt werden müssen, nach denen die einzelnen Pilzarten bewertet werden. Allgemein gelten solche Pilzarten als eßbar, die nach ausreichender Wärmebehandlung (gekocht, gebraten, gebacken) keinerlei Beschwerden hervorrufen. Eine 100–200 g Portion ist dabei die zugrundegelegte Pilzmenge. Der Verzehr von rohen Pilzen sollte überhaupt unterbleiben, denn auch kleinere Mengen roher Fruchtkörper einiger gängiger Pilzarten (die nach dem entsprechenden Garen ohne jegliche Probleme gegessen werden können) sind in der Lage, nach dem Verzehr zu plötzlicher Übelkeit zu führen, wie z. B. der Hallimasch. Die für die Wärmebehandlung nötige Zeit ist je nach Art verschieden, denn sie hängt von der Fleischkonsistenz ab. Bei weichfleischigen Fruchtkörpern dauert sie etwa 10 Minuten, bei zäherem Fleisch sind mindestens 20 Minuten nötig. Für die Küche sammelt man nur einwandfreie junge oder erst kürzlich herangewachsene Fruchtkörper. Sie dürfen weder überreif oder aufgeweicht noch von Schimmel oder Insekten befallen sein. Fruchtkörper mit stark schleimiger Hutoberhaut wie z. B. die Butterröhrlinge *(Suillus)* muß man gleich an der Fundstelle säubern und abziehen, so erspart man sich viel Arbeit beim Putzen zuhause. Auch große, weiche Hüte, wie z. B. die der Rotkappen *(Leccinum),* die keinen Transport vertragen, sammelt man besser nicht. Gesammelte Pilze kommen in einen Weidenkorb. Völlig ungeeignet für den Transport sind Plastikbeutel, denn darin werden die Fruchtkörper gedrückt und schwitzen stark. Zuhause verwahrt man Pilze am besten im Kühlschrank bei 5–8 °C. So bleiben sie bis zu 24 Stunden in gutem Zustand, doch vertrocknen sie rascher.

Ein Pilzgericht sollte nach Möglichkeit auf einmal verzehrt werden, erneutes Aufbewahren (natürlich im Kühlschrank) und Aufwärmen entwerten es und beeinträchtigen seine Bekömmlichkeit ganz wesentlich. Pilzspeisen bereitet man am besten nach erprobten und bewährten Rezepten zu, evtl. kann man Pilzgerichte durch eine besondere Zubereitung variieren, bei der die Geschmackseigenschaften einiger Arten am besten zur Geltung kommen.

Die Grundregel lautet – wenn man keine häufig mit ernsten Gesundheitsschäden verbundene Vergiftung riskieren will – zum Essen ausschließlich solche Arten zu sammeln, die man mit absoluter Sicherkeit kennt. Will man trotzdem sein Sortiment und seine Kenntnisse um weitere Arten bereichern, tut man am besten daran, mit einem Fachmann Kontakt aufzunehmen, der die Pilze bestimmt oder die Richtigkeit der Bestimmung bestätigt. Es ist auch gut, Pilzberatungsstellen aufzusuchen, die in vielen Großstädten existieren. Auch kann man Vorträge oder Kurse besuchen, die von mykologischen Gesellschaften oder Klubs veranstaltet werden. Die Pilzbestimmung nur durch den Vergleich mit Farbabbildungen ist meist recht unzuverlässig (z. B. wegen der beträchtlichen Farb- und Formenvariationsbreite vieler Arten, ungenauer Farbwiedergabe usw.); ausschlaggebend und entscheidend ist immer die detaillierte fachkundige Beschreibung.

Die Verdaulichkeit der Pilze steht in unmittelbarem Zusammenhang mit dem Zellaufbau ihrer

Fruchtkörper. Sie sind insgesamt etwas schwerer verdaulich, denn ihre Zellwände bestehen vorwiegend aus Chitin, einem stickstoffhaltigen Polysaccharid, das den Verdauungssäften des menschlichen Organismus widersteht. Das Zellplasma enthält 70–95 % Wasser und einen verschwindend geringen Prozentsatz an Zucker und Fetten, die den Hauptbestandteil der Nährstoffe ausmachen. In der Pilztrockenmasse sind etwa 3–9 % Eiweiß enthalten, dessen Hauptbausteine Aminosäuren sind. Bei den Pilzen wurden insgesamt 20 verschiedene Aminosäuren festgestellt, deren Verhältnis zueinander sogar bei den Einzelexemplaren einer einzigen Art schwankt. Zucker stellt 1–6 % des Gewichts, vorwiegend in Form von hochvernetzten Polymeren, doch sind auch Glykogen, Mannit, Spuren von Sorbit, Arabit u. a. vorhanden. Ferner enthalten Pilze 0,5–3,5 % Fette, meist Glyceride und Glykolipide, seltener Phospholipide (z. B. Lezithin), häufig in Form von Tropfen in Sporen und Gewebe. Auch Vitamine sind in den Pilzen enthalten, hauptsächlich das Provitamin A, das Carotin, ferner Vitamine aus der B-Gruppe, in kleinen Mengen auch Vitamin D, E und K, am wenigsten Vitamin C. Außerdem kommen in den Pilzen verschiedene Enzyme und Stoffe mit antibiotischer Wirkung vor. Von den Mineralstoffen finden sich in den Pilzen vor allem Kalium, Phosphor, Kalzium und Eisen. Man nimmt an, daß Pilze eine größere Fähigkeit als Grünpflanzen haben, dem Boden solche Mineralstoffe (Spurenelemente) zu entziehen, die ja für viele enzymatische Vorgänge im menschlichen Organismus wichtig sind. Andererseits reichern Pilze jedoch auch giftige Schwermetalle, wie z. B. Kadmium in stärkerem Maße an. Die Konzentration von Spurenelementen im Pilzkörper hängt jedoch stark vom jeweiligen Standort ab.

Eine Empfehlung, welche Speisepilze gesammelt werden sollen, ist eine recht problematische Angelegenheit. Das hängt von verschiedenen Umständen ab, wobei auch Tradition, Erziehung, Ökonomie, individueller Geschmack usw. eine große Rolle spielen. Allgemein kann man sagen, daß in Ländern, in denen das Sammeln von Speisepilzen in freier Natur nicht üblich ist, gezüchtete Champignons bevorzugt werden. Von den in der Natur gesammelten Pilzen werden die Röhrlingsarten am höchsten geschätzt, da sie meist leicht zu erkennen sind und einen angenehmen Geschmack und Geruch und eine feste Konsistenz haben. Am beliebtesten und bekanntesten ist der Echte Steinpilz *(Boletus edulis)*. Ansonsten ist es ratsam, Pilze als Mischgericht zu konsumieren, wobei spezifische Geschmackseigenschaften, Konsistenz und Duft einzelner Arten zur Geltung kommen sollten. Pilze mit kräftigem Aroma oder schärferem Geschmack kombiniert man mit weniger ausgeprägt schmeckenden Arten. Bei richtiger Zubereitung werden die Pilze schmackhafter und bekömmlicher; zähe Arten werden in dünne Scheiben zerschnitten, getrocknete Pilze zu Pulver zermahlen und als Gewürz verwendet. Viele Arten können in Salz oder Essig eingelegt werden. Zu allen Pilzgerichten reicht man am besten leicht verdauliche Beilagen wie z. B. Kartoffeln oder Gemüsesalate. Spezielle Pilz-Kochbücher bieten Rezepte in großer Zahl an, unter denen jeder nach Geschmack auswählen kann.

Ungenießbare Pilze

In populären Pilzhandbüchern und auf Pilzausstellungen werden die beschriebenen, abgebildeten oder ausgestellten Arten normalerweise in drei Gruppen eingeteilt – in giftige, eßbare und ungenießbare. Darunter ist wohl die Kategorie „ungenießbar“ am problematischsten und am schwersten zu definieren. Meist versteht man darunter Pilze, die weder eßbar, noch giftig sind, gegf. auch solche, über deren Eßbarkeit man bisher noch nichts Genaues weiß. Für gewöhnlich haben sie irgendeine Eigenschaft, deretwegen sie nicht verwendet werden: zu kleine Fruchtkörper, unangenehmen Geruch und Geschmack, zu zähes Fleisch, manchmal auch abstoßendes Aussehen bzw. Standort (z. B. koprophile Arten). Die meisten Merkmale können aber rein subjektiv sein. Mit zunehmender Kenntnis der einzelnen Pilzarten werden einige aus der Kategorie „ungenießbar“ allmählich in die Kategorie „giftig“ überführt. In Zukunft wäre es wohl richtiger, von dem Begriff „ungenießbare Pilze“ abzusehen und nur zwischem geeigneten, also im Hinblick auf ihre gesundheitliche Unbedenklichkeit überprüften Speisepilzen und solchen, die dem menschlichen Organismus schaden, zu unterscheiden.

Pilze sammeln – wann und wo

Ein großer Unterschied besteht darin, ob man Pilze nur für den praktischen Gebrauch, also zur Bereicherung der Speisekarte sammeln will oder zum Gegenstand von wissenschaftlichem Interesse macht. Beides läßt sich als Hobby betreiben.

Der praktische Pilzsucher interessiert sich meist nur für eine begrenzte Anzahl von Pilzarten (normalerweise nur für ganz wenige), die er zuverlässig ansprechen kann und die er bevorzugt. Nur notfalls, wenn er seine beliebten Arten nicht findet oder aber auf Anraten anderer Pilzsucher greift er auch zu anderen Arten. Die Pilz-Saison ist für ihn relativ kurz und konzentriert sich hauptsächlich auf Sommerende und Herbstanfang, also auf die Zeit von August bis Oktober, in der die meisten Pilze wachsen. Dabei muß man auch das Wetter im Auge behalten, denn die günstigsten Voraussetzungen treten während einer Wärmeperiode nach ausgiebigen Regenfällen ein. Pilze lieben jedoch weder Wind noch zu starke Temperaturschwankungen.

Aber auch im Frühjahr, wenn das Wetter feuchtwarm ist, lassen sich eßbare Pilze finden. Zu dieser Zeit erscheinen die größeren Scheibenpilze wie Morcheln *(Morchella)* und Lorcheln *(Discina, Gyromitra)*, von den Blätterpilzen der Märzschneckling *(Hygrophorus marzuolus)*, die auf Nadelholzzapfen wachsenden Nagelschwämme *(Strobilurus)*, später der Maipilz *(Calocybe gambosa)* und der Frühjahrsrötling *(Entoloma clypeatum)*. Pilzsammler richten ihr Augenmerk im Frühling auf sonnige Stellen im Windschatten, etwa auf Waldränder mit Südlage, Rasenflächen (in Parks), Gärten, Waldlichtungen usw. Es empfiehlt sich eher, lichte Laub- oder Mischwälder aufzusuchen, da im Frühjahr die großen Nadelholzmonokulturen nämlich fast pilzlos sind. Herrscht hingegen im Sommer zu trockene Witterung, muß man schattige Plätze an Nordhängen, in Fluß- und Bachtälern aufsuchen.

Einige Speisepilze kann man vom Frühjahr bis in den Herbst hinein an Baumstümpfen sammeln, wie z. B. das Stockschwämmchen *(Kuehneromyces mutabilis)*. In der Zeit des Wachstumsmaximums kann man in praktisch allen Waldtypen mit Erfolg Pilze finden, doch sind nicht alle Waldbestände gleichermaßen pilzreich. Manchmal muß man größere Gebiete durchstreifen, bis man auf einen Waldabschnitt stößt, in dem sich, dann aber gewöhnlich meist mehrere Arten beieinander, viele Pilze finden. Es gibt Pilzsammler, die Bäume, unter denen sie z. B. Echte Steinpilze gefunden haben, markieren. So eine Stelle kann nämlich oft mehrere Jahre hindurch fruchtbar sein, da es sich um einen Pilz handelt, der mykorrhitisch an eine bestimmte Baumart gebunden ist und dort eine gewisse Zeit hindurch regelmäßig wächst. Gute Kenntnis der Gehölzarten ist beim Suchen von Mykorrhizapilzen nützlich (eine Reihe von Röhrlingsarten wächst ausschließlich unter Espen, Birken, Pappeln). Dort, wo die Natur vielgestaltiger und reicher ist, was vor allem Zusammensetzung und Artenreichtum der Hölzer angeht, ist auch ihre Mykoflora reich an Arten. Im Humus zwischen Laub- und Nadelstreu wachsende Erdpilze bevorzugen Waldungen ohne Kraut- und Buschunterwuchs. Dort, wo der Wald stark vergrast ist, eine üppige, dichte Krautvegetation besitzt oder der Boden zusammenhängend mit herumliegenden Ästen und Zweigen bedeckt ist, gibt es nur wenige Erdpilze.

Auch außerhalb des Waldes lassen sich Speisepilze sammeln, z. B. auf Wiesen, Feldern, Weiden; nach Sommerregen tauchen hier manchmal Champignons *(Agaricus)* in ganzen Scharen auf. Nach dem Höhepunkt der Saison – gewöhnlich ist das der September – kann man auch während der kühleren Jahreszeit, ja sogar in einem milden Winter verschiedene eßbare Holzpilzarten an Stubben und abgestorbenen Stämmen finden, z. B. den Samtfußrübling *(Flammulina velutipes)* oder den Austernseitling *(Pleurotus ostreatus)*.

Wer sich den Pilzen hauptsächlich aus wissenschaftlichem Interesse zuwendet, hat Möglichkeiten, seinem Hobby in wesentlich größerer Breite nachzugehen und kann sich Pilzsammelei und -studien fast das ganze Jahr über widmen, je nachdem, welche Gruppe er auswählt. Wenn man einmal alle mikroskopisch kleinen Pilze beiseite läßt, für die sich heute kaum ein Amateurmykologe interessiert, gibt es noch eine Menge wenig bekannter (manchmal auch unbekannter, noch nicht beschriebener) Arten, deren Finden in der Natur, Mikroskopieren und Bestimmen für einen Naturfreund, der sich für die Formenvielfalt und Lebensweise der Pilze interessiert, viel Befriedigung bringen. Man kann sie vom Frühling bis in den Winter an allen möglichen Standorten in- und außerhalb des Waldes suchen. Auf einer solchen Exkursion geht man ohne Hast und richtet sein Augenmerk auf Boden, Stubben, absterbende, liegende und aufragende Äste, umgestürzte Stämme, aber auch auf die Überreste von Kräutern und Gräsern, verwesende Laub- und Nadelstreu, Tierkot, Brandstellen, mit niedrigem Moos bewachsene Weg- und Grabenränder sowie alte

Mauern. Gute Ergebnisse liefert die systematische Untersuchung verschiedener ausgewählter kleiner Biotope (z. B. Quellgründe, Erlenhaine), die man in regelmäßigen Zeitabständen das ganze Jahr hindurch untersucht. Besser geschieht das über mehrere Jahre hinweg, wobei man alle Funde, zusammen mit einer eingehenden Beschreibung der Ansprüche der einzelnen Arten aufzeichnet und dokumentiert. Ein aus Pilzexsiccaten (Trockenpräparaten) bestehendes mykologisches Herbarium ist eine unentbehrliche Ergänzung zu den Beschreibungen und Notizen, die bei diesen Beobachtungen aufgeschrieben werden, denn es dient nicht nur als Beleg, sondern gleichzeitig als wertvolles Vergleichsmaterial für weitere Studien.

Pilze sammeln und bestimmen

Im Hinblick auf die Zielsetzung des Buches soll auch in diesem Kapitel ausschließlich von Höheren Pilzen gesprochen werden, die in der Natur am auffälligsten sind und auch die Mehrzahl der Naturfreunde am stärksten interessieren. Der Großteil der Höheren Pilze sind sog. Hutpilze, deren Fruchtkörper normalerweise in Hut und Stiel gegliedert ist. Zu ihnen werden darüberhinaus die Fruchtkörper von Bauchpilzen – Stäublinge *(Lycoperdon),* Boviste *(Bovista)* und Hartboviste *(Scleroderma),* aber auch andere Pilzgruppen mit auffälligen Formen, wie z. B. Rutenpilze *(Phallus)* oder Erdsterne *(Geastrum)* gezählt. Weiterhin gehören hierher auch einige größere Arten von Scheiben-, Hart- und Nichtblätterpilzen. Damit ist in groben Zügen diese künstlich aufgestellte Gruppe umrissen und es liegt auf der Hand, daß es sich vorwiegend um Ständerpilze (Basidiomycetes) und in geringer Zahl um Schlauchpilze (Ascomycetes) handelt.

Alle Pilze, deren Fruchtkörper man mit der Absicht, sie zu studieren und zu bestimmen im Gelände sammelt, legt man gleich an Ort und Stelle jeden Pilz getrennt für sich in entsprechend große Metall- oder Plastikdosen. Auf Holz wachsende Nichtblätterpilze schneidet man zusammen mit ein wenig Substrat ab und packt sie in Zeitungspapier oder Papiertüten. Dabei darf der Vermerk über die Wirtspflanze nicht fehlen, oder, was schneller geht, ein Stückchen der Pflanze, auf welcher der Pilz gefunden wurde, wird hinzugefügt; bei Holzpilzen genügt ein frisches oder trockenes Blatt vom entsprechenden Baum. Es hat sich bewährt, zu kleinen und spröden Fruchtkörpern von Blätterpilzen ein frisches Blatt von einer Pflanze beizulegen, das durch seine Wasserverdunstung die Luft in der Schachtel feucht hält und so ein Vertrocknen des Pilzes verhindert. Nach der Heimkehr schreibt man auf den Rand des Papiers, in das die einzelnen Sammelstücke verpackt waren, Angaben über Fundort (Lokalität), Standort, Substrat und Datum. Nach der Verarbeitung des Materials schnei-

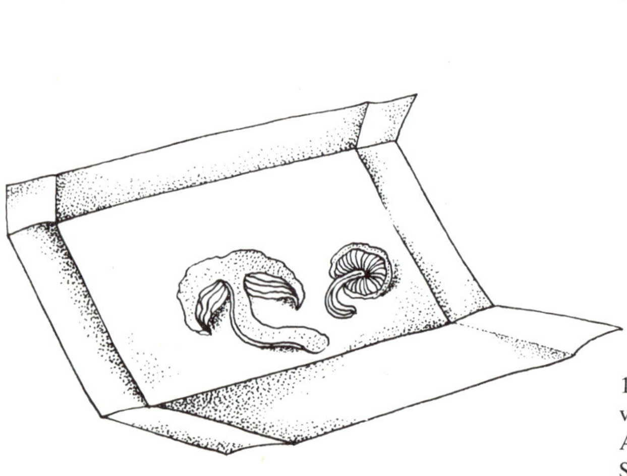

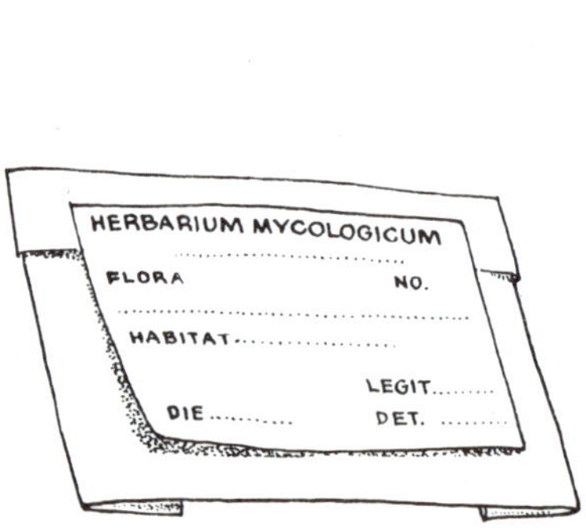

18) Herbariumsumschlag aus festerem Papier zur Aufbewahrung von Pilzexsiccaten und das aufgeklebte Etikett für unerläßliche Angaben (Name des bestimmten Pilzes, Fundort, Standort, Substrat, Funddatum, Sammler, Determinator)

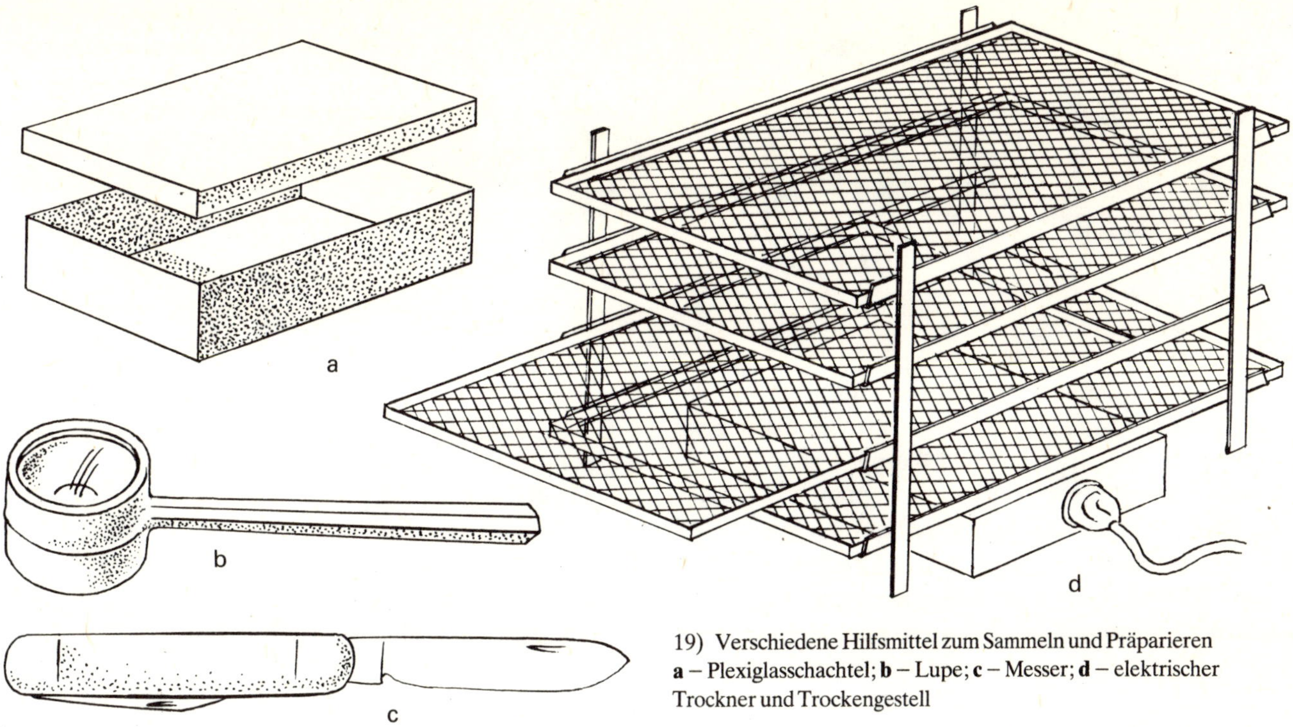

19) Verschiedene Hilfsmittel zum Sammeln und Präparieren
a – Plexiglasschachtel; **b** – Lupe; **c** – Messer; **d** – elektrischer Trockner und Trockengestell

det man diese Notiz aus und legt sie zusammen mit dem Sammelgut zuerst in die Trockenanlage, dann in den Herbariumsumschlag; sie sind später maßgeblich für die Beschriftung der Herbarienetikette. Bei Holzpilzen, vor allem bei solchen mit resupinaten Fruchtkörpern, ist eine möglichst rasche Trocknung des Sammelguts unerläßlich, denn nur so gelingt es, auf Exsiccaten auch die Eigenschaften des Hymeniums (besonders die Basidienform) zu erhalten, die für die Bestimmung unentbehrlich sind.

Das derzeitige Blätterpilzsystem beruht vorwiegend auf Merkmalen, die sich nur unter dem Mikroskop beobachten lassen (Sporenform, -größe, -ornamentik, Fruchtkörpergewebe, Lamellentramaaufbau, Haut von Hut und Stiel u. a.). Trotzdem ist es ungeheuer wichtig, eine eingehende Beschreibung oder wenigstens Notizen über die Makromerkmale anzulegen (Farbe, Geschmack, Duft, chemische Reaktion des Fleisches). Diese Merkmale gehen meist nach dem Trocknen verloren oder verändern sich so, daß sie nicht mehr zuverlässig festzustellen sind. Sporen und Bau des Fruchtkörpers lassen sich zwar an frischen Stücken am besten studieren, doch ist das auch später jederzeit an gut getrockneten Exsiccaten möglich. Normalerweise trocknet man Fruchtkörper ganz, nur große Stücke zerschneidet man längs in zwei oder mehr Teile. Getrocknet wird bei mäßiger, aber anhaltender Temperatur (40–60 °C) so lange, bis die Pilze knochenhart oder spröde geworden sind. Anschließend steckt man sie für einige Stunden zusammen mit einem im Wasser angefeuchteten Stück Papier oder Wattebausch in ein Plastiktütchen. Die Fruchtkörper nehmen dabei ein wenig Feuchtigkeit auf und werden ein bißchen elastischer. Erst dann legt man sie in Herbarienumschläge aus zähem, festem Papier und drückt sie vorsichtig mit der Hand glatt, um so beim späteren Hantieren ein eventuelles Zerbrechen zu vermeiden. Pilzherbarium oder Exsiccatensammlung muß man gut trockenhalten und wenigstens einmal im Jahr desinfizieren (am besten mit Schwefelkohlenstoffdämpfen) oder ständig chemisch vor Insekten schützen.

Ein wichtiges Bestimmungsmerkmal ist die Farbe des Sporenstaubs. Sporenstaub gewinnt man, wenn man einen frischen, reifen, nicht von Insekten befallenen Hut vom Fuß abschneidet und ihn mit den Lamellen nach unten auf weißes Papier legt (evtl. auf schwarzes, wenn man annehmen kann, daß der Sporenstaub weiß ist). Den Hut mit dem darunterliegenden Papier steckt man vorsichtig in einen Plastikbeutel oder eine Blechdose bzw. deckt das Ganze mit einem Gefäß ab. Normalerweise zeigt sich schon nach einigen Stunden herausgefallener Sporenstaub. Beim Mikroskopieren zeichnet man Form und Größe der Sporen auf (gemessen werden sie, wie alle Mikroelemente mit dem Mikrometerokular). Die Ornamentik der Sporenwände wird unter einem Ölimmersionsobjektiv nach der Einfärbung mit Melzer's Reagenz oder Baumwollblau festgestellt. Außerdem fertigt man Schnitte von den Lamellen und der Haut an Hut und Stiel an. Mit einer Rasierklinge nimmt man winzige Gewebeteilchen aus der Fruchtkörperoberfläche und begnügt sich meist mit der Anfertigung von sog. Quetschpräparaten, die weniger arbeitsaufwendig und für die gängige Bestimmungsarbeit normalerweise ausreichend sind. In ein Wassertröpfchen auf dem

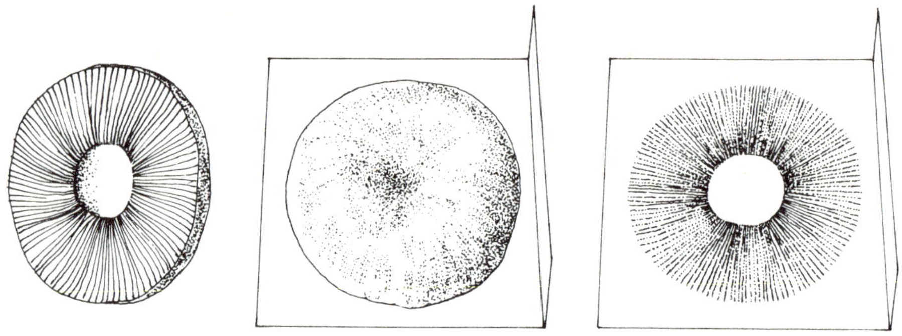

20) Sporenstaub von Blätterpilzen gewinnt man, indem man den Hut abschneidet und auf weißes (ggf. schwarzes) Papier legt

Trägerglas kommt z. B. ein Lamellenstück, darauf wird das Deckglas leicht angedrückt. Mikroskopische Präparate aus frischen Fruchtkörpern stellt man in Wasser her, Präparate aus Exsiccaten in Ammoniaklösung, 10%iger Kalilauge oder Laktophenol.

Alle Beobachtungen notiert oder zeichnet man auf lose Blätter, die grundsätzlich für jeden Fund bzw. jedes Herbarienstück gesondert numeriert werden. Diese Technik hat sich am besten bewährt; sie gestattet ein einfaches Hantieren und eine große Anzahl Beschreibungen läßt sich so leicht nach einem bestimmten System bzw. alphabetisch einorden und leicht wiederfinden. Die Beschreibungen können durch Farbskizzen oder Fotos ergänzt werden. Jeder, der sich etwas ernsthafter mit der Mykologie befassen will, muß sich die Grundbegriffe der Mikroskopie aneignen, denn ohne ein gutes Mikroskop läßt sich diese Disziplin nicht mehr betreiben. Ein geschickter Zeichner hat Vorteile, denn auch die beste Mikro-, oft noch nicht einmal die Makrofotografie kann eine gut angelegte, deutliche Zeichnung eines untersuchten Fruchtkörpers ganz ersetzen.

Für die Pilzbestimmung gibt es heute umfangreiche Literatur (s. Literaturverzeichnis), die von einfachen Bestimmungswerken bis zu monographischen Bearbeitungen von Gattungen oder ganzen Familien reicht. Es empfiehlt sich, immer die neuesten Bearbeitungen zu benutzen und diese stets den älteren Arbeiten gegenüberzustellen. Für den Anfänger ist es am besten, Kontakt mit einem Spezialisten für die ausgewählte Pilzgruppe zu suchen, der ihm beim Überwinden der größten Anfangsschwierigkeiten hilft.

Makroskopische und mikroskopische Merkmale bei Blätterpilzen

Bearbeiter, Datum, genauer Fundort, Sammlungsnummer

Angaben zum Standort, dem Substrat, ggf. dem Wirt

Gesamtzahl der zur Bestimmung verwendeten Fruchtkörper

Makroskopische Merkmale von:

Hut: Größe (Dicke und Durchmesser) Form (bei jungen, reifen, alten Exemplaren), Ansatz des Stiels, Form des Randes, Beschaffenheit der Oberhaut, Färbung der Oberhaut, Vorhandensein oder Fehlen eines Velums (universale, partiale, Cortina), Konsistenz, Verfärbung im Schnitt

Lamellen: Ansatz am Stiel, Dichte der Lamellen, Lamelletten vorhanden, Höhe der Lamellen, Dicke der Lamellen, Färbung der Fläche, Färbung der Schneide, Ansatz am Rand, Konsistenz, Verfärbung bei Verletzung

Stiel: Größe (Länge und Dicke), Form, Verbindung mit dem Hut, Beschaffenheit der Oberfläche, Ansatz des Myzels an der Basis (Rhizoide, Rhizomorpha), Vorhandensein oder Fehlen eines Velums (Ring, Scheide, Schuh), Aussehen im Längsschnitt und Querschnitt, Konsistenz, Verfärbung im Schnitt (Basis, Mittelteil)

Fleisch allgemein: Färbung im frischen Zustand, Färbungen an Verletzungen, Vorhandensein oder Fehlen von Latex, Veränderungen des Latex an der Luft, Geruch, Geschmack, Konsistenz

Sporenstaub: Färbung (frisch und alt)

Chemische Reaktionen: der Hutoberhaut, der Stieloberfläche, der Lamellen, des Fleisches im Anschnitt: Eisenvitriol, Phenol, Sulphovanillin, Guaiako-Tinktur, Ammoniak, Kalilauge, Natronlauge, Formol, Salzsäure, Salpetersäure, Silbernitrat, Sulphoformol, Benzidin, Schwefelsäure usw.

Mikroskopische Merkmale: Form und Bau der Basidien, Basidiolen, Zystiden, Zystidiolen, Sporen (hier Größe, Form, Wandstärke, Farbe, Ornamentik, Sitz des Apikulus, der Keimpore, der Suprahilardepression), Typ des Hyphensystems, Typ der Lamellentrama, Feinbau der Hut- und Stielhaut, Feinbau der Hyphen (Schnallen, Pigmente, Inkrustierungen, etc.)

Mikrochemische Merkmale: Amyloidität, Cyanophilie, Siderophilie, Metachromasie

Dokumentation der gefundenen Ergebnisse durch Exkursionsprotokoll, Foto vom Standort, Foto des Pilzes, Protokoll der makroskopischen, makrochemischen, mikroskopischen und mikrochemischen Untersuchung, Zeichnungen zu den durchgeführten Untersuchungen

Hinweis auf die verwendete Literatur zur Bestimmung

Belege (Nummer im Exsiccatenherbar, dem Sammlungskatalog)

Kurze Pilzsystematik

Die Ansichten über die Klassifizierung der Pilze (Fungi) sind nicht einheitlich und je nach Autor gehen die Einstufung, manchmal auch der Inhalt von höheren und niederen Kategorien auseinander. Was für den einen als Klasse gilt, ist für den anderen eine Abteilung oder ein Stamm, von Unterschieden in der Bewertung niederer Kategorien (Ordnungen, Familien, Unterfamilien u. a.) und ihrer Einordnung ins System einmal ganz abgesehen. Im Hinblick auf die Zielsetzung des Buches ist dies Kapitel nur auf eine grundlegende Übersicht der Ordnungen aus zwei Klassen der sog. echten Pilze Unterabteilung (Eumycotina) reduziert, auf die Ständer- und Schlauchpilze, die auch zusammen mit den Deuteromyceten als Höhere Pilze bezeichnet werden. Aus jeder dieser Ordnungen werden nur die hier im Buch behandelten Familien aufgezählt und kurz charakterisiert. So erhält der Leser ein komplettes Bild von der Stellung der hier abgebildeten Arten im Pilzsystem. Unberücksichtigt bleibt die gesamte zweite Unterabteilung der Schleimpilze (Myxomycotina), die heute allgemein zu den Pilzen gezählt werden. Über die Imperfekten Pilze (Deuteromycetes) wurden dann Bemerkungen angefügt, wenn sie eine gewisse Bedeutung für das Studium der Großpilze („Macromycetes“) haben.

Abteilung: **PILZE – FUNGI**
Unterabteilung: **Echte Pilze – Eumycotina**
Klasse: **Schlauchpilze – Ascomycetes**
  Unterklasse: **Protoascomycetidae**
    Ordnung: **Eurotiales**
    Ordnung: **Microascales**
    Ordnung: **Onygenales**
    Ordnung: **Laboulbeniales**
  Unterklasse: **Ascohymenomycetidae**
    Ordnung: **Echte Mehltaupilze – Erysiphales**
    Ordnung: **Becherpilze – Pezizales**
    Ordnung: **Echte Trüffeln – Tuberales**
    Ordnung: **Helotiales**
    Ordnung: **Phacidiales**
    Ordnung: **Xylariales**
    Ordnung: **Hypocreales**
  Unterklasse: **Ascoloculomycetidae**

Klasse: **Ständerpilze – Basidiomycetes**
  Unterklasse: **Heterobasidiomycetidae**
    Ordnung: **Protoclavariales**
    Ordnung: **Auriculariales**
    Ordnung: **Gallertartige Pilze – Tremellales**
    Ordnung: **Rostpilze – Uredinales**
  Unterklasse: **Holobasidiomycetidae**
    Ordnung: **Nichtblätterpilze – Aphyllophorales**
    Ordnung: **Porlinge – Polyporales**
    Ordnung: **Röhrenpilze – Boletales**
    Ordnung: **Blätterpilze – Agaricales**
    Ordnung: **Täublingsartige Pilze – Russulales**
Klasse: **Bauchpilze – Gasteromycetes**
Form-Klasse: **Imperfekte Pilze – Deuteromycetes**

Schlauchpilze – Ascomycetes

Die Ascomyceten, wie diese Pilze auch bezeichnet werden, gelten zusammen mit den Ständerpilzen (Basidiomycetes) als sog. Großpilze. Das gemeinsame Merkmal aller Schlauchpilze ist die Bildung der Sporen in Schläuchen (Asci), in denen meist je acht Ascosporen entstehen. Das Myzel ist stets septiert und die Trennwände besitzen eine einfache Öffnung, die ein Passieren von Plasma und Kern gestattet. Die Myzelwände – ähnlich wie die Wände aller Hyphen im Fruchtkörper – bestehen für gewöhnlich aus Chitin. Die Schlauchpilze bringen aus ihrem Myzel im wesentlichen zwei unterschiedlich geformte Fruchtkörper hervor, anhand derer sie Hauptgruppen zugeordnet werden. Der Fruchtkörper kann kugelig, geschlossen sein und sich nach dem Heranreifen entweder durch Zerfall öffnen (das ist das Kleistothecium) oder in seinem Oberteil öffnet sich eine kleine Öffnung – das ist das Perithecium oder Pseudothecium. Der zweite Typ hat einen von Anfang an bzw. in einem späteren Stadium frei geöffneten Fruchtkörper – das Apothecium. Außer den Schläuchen sind im Hymenium normalerweise auch sterile, d. h. unfruchtbare Fäden (Paraphysen) entwickelt. Bei zahlreichen Arten sind auch noch ungeschlechtliche Stadien (Konidienstadien) bekannt, für die die Bezeichnung Anamorpha verwendet wird, während man die geschlechtlichen Schlauchstadien Telomorpha nennt.

Klassifizierung und Bestimmung von Schlauchpilzen stützen sich ausschließlich auf das Schlauchstadium. In diese riesige Pilzgruppe, die bisher rund 40 000 beschriebene Arten zählt, gehören vorwiegend winzige Pilze mit Fruchtkörperchen, die nicht einmal einen Millimeter groß sind und in der freien Natur auf allen möglichen Substraten vorkommen.

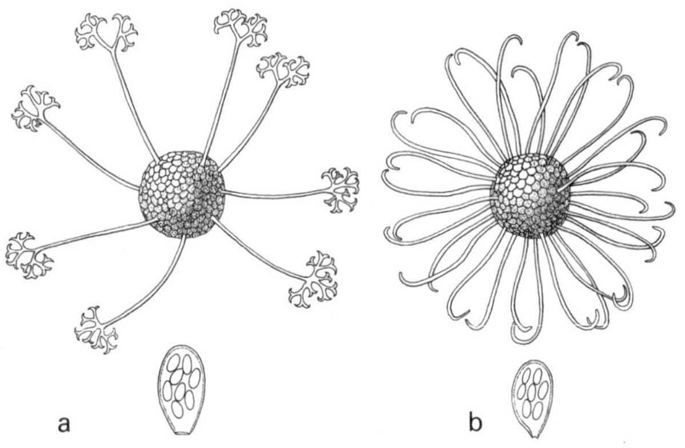

21) Echte Mehltaupilze:
Kleistothecien mit Anhängen, Schläuche mit Sporen:
a – *Microsphaera* sp., **b** – *Uncinula* sp.

Traditionsgemäß werden sie hier in Kernpilze (Pyrenomycetes) und Scheibenpilze (Discomycetes) eingeteilt, in Wirklichkeit enthalten aber beide Gruppen mehrere selbständige Entwicklungslinien, deren Abgrenzung nicht einheitlich ist. Im Prinzip existieren drei Gruppen, denen der Rang von Unterklassen zuerkannt wird: *Protoascomycetidae, Ascohymenomycetidae* und *Ascoloculomycetidae.*

Die Pilze der Unterklasse ***Protoascomycetidae*** haben kugelige Schläuche mit dünner Wand ohne Öffnungsapparat, die in der Reifezeit verschleimt und zerfällt. Sie umfaßt fünf durchweg aus mikroskopisch kleinen Arten bestehende Ordnungen:

Die Pilze der Ordnung **Eurotiales** sind häufige, in Boden und Humus verbreitete Saprophyten, die dort organische Reste zersetzen. Hierher gehören auch die sog. Schimmel der Gattungen *Penicillium* und *Aspergillus,* doch beziehen sich diese beiden Namen nur auf die Konidienstadien; der für das viel seltenere Schlauchstadium der Gattung *Penicillium* gültige Name lautet *Talaromyces,* der für *Aspergillus Eurotium.* In diese Ordnung gehören auch einige größere Pilze mit z. T. sogar mehrere Zentimeter großen kugeligen Fruchtkörpern. In unseren Wäldern werden sie von der Gattung der Hirschtrüffeln *(Elaphomyces)* repräsentiert.

Die Ordnung **Microascales** ist vor allem durch den mikroskopischen Pilz *Ceratocystis ulmi* bekannt, dessen massenhaftes Auftreten in den letzten Jahrzehnten zur Vernichtung der meisten Ulmen in Europa geführt hat. Die von ihm hervorgerufene Krankheit heißt Ulmengraphiose, die durch den Ulmensplintkäfer übertragen wird.

Die Pilze der Ordnung **Onygenales** haben winzige gestreckte bis kugelige Fruchtkörper, die auf der Hornmasse von Klauen, Hufen, Hörnern, aber auch im Gefieder verendeter Tiere wachsen. Es handelt sich also um keratinophile Pilze, bei uns vertreten durch die Gattung *Onygena.*

Die Pilze der Ordnung **Laboulbeniales** werden von einigen Wissenschaftlern für eine selbständige Klasse der Schlauchpilze gehalten; ihre exakte Stellung im System ist immer noch ungeklärt. Sie sind eng spezialisierte Insekten- (vor allem auf Käfern) und Spinnenepisiten, die ihren Wirten keinen sonderlichen Schaden zufügen. Ihre winzigen spindelförmigen Fruchtkörperchen sind mit einem „Fuß“ an der Körperoberfläche des Wirts befestigt.

Die Pilze der Unterklasse ***Ascohymenomycetidae*** besitzen typische Schläuche, die länger als breit sind und an der Spitze einen Öffnungsapparat oder Deckel zum Freisetzen der Sporen besitzen. Die Schlauchwand ist dünn, in der Regel verschleimt sie nicht. Meist wird die Unterklasse in acht Ordnungen gegliedert:

Die Ordnung **Erysiphales** (Echte Mehltaupilze) stellt die häufigsten und auch auffälligsten Gefäßpflanzenparasiten. Ihr freiliegendes Myzel bildet vor allem auf Blättern ausgedehnte Beläge, die entweder weißlich-mehlig (Fam. *Erysiphaceae*) oder braun bis schwärzlich (*Meliolaceae,* fast nur in den Tropen und Subtropen verbreitet) sind. Die winzigen, kugelig

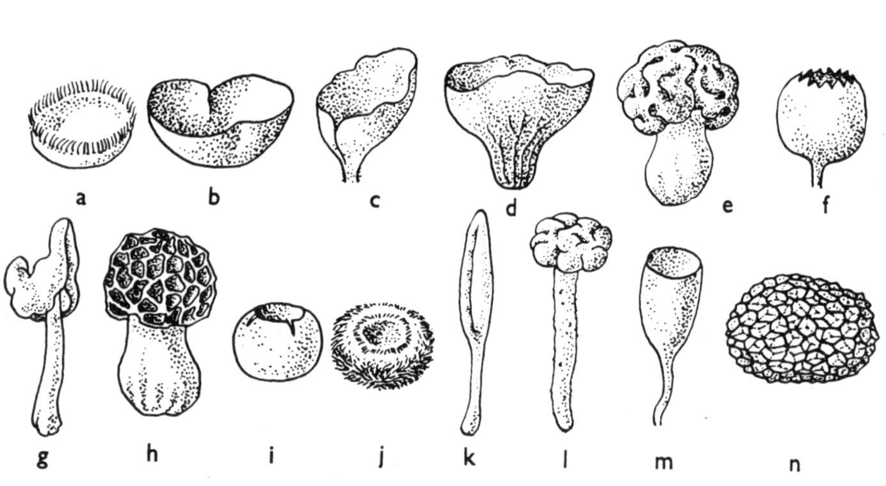

22) Beispiele für Schlauchpilzfruchtkörper:
a – Schildborstling *(Scutellinia);*
b – Becherling *(Peziza);* **c** – Öhrling *(Otidea);* **d** – Lorchel *(Helvella);*
e – Lorchel *(Gyromitra);*
f – Becherling *(Tarzetta);*
g – Lorchel *(Helvella elastica);*
h – Speisemorchel *(Morchella esculenta);* **i** – Blasiger Becherling *(Peziza vesiculosa);* **j** – *Mycolachnea hemisphaerica;* **k** – Erdzunge *(Geoglossum);* **l** – Gallertkäppchen *(Leotia lubrica);* **m** – *Urnula craterium;* **n** – Sommertrüffel *(Tuber aestivum)*

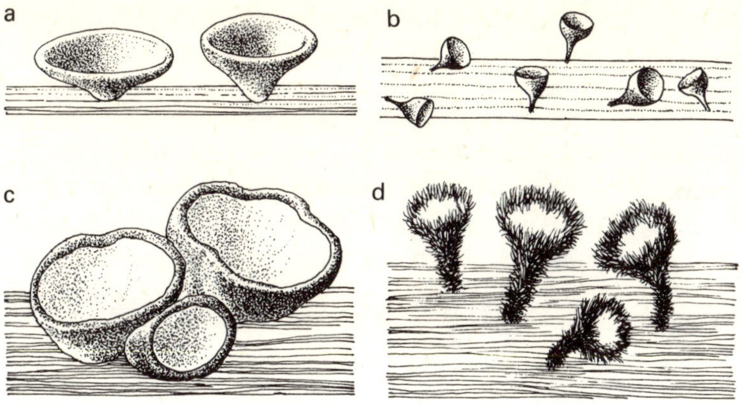

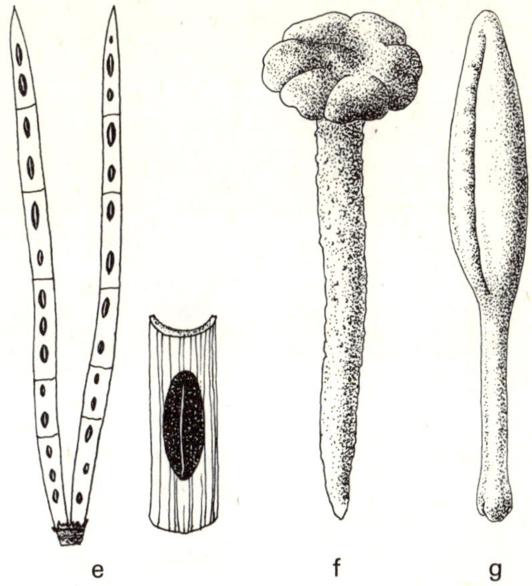

23) Beispiele für Scheibenpilzapothecien:
a – *Orbilia;* **b** – *Hymenoscyphus;* **c** – *Ascocoryne;*
d – *Dasyscyphus;* **e** – Hysterothecien von *Lophodermium pinastri;*
f – Gallertkäppchen *(Leotia lubrica);* **g** – Erdzunge
(Geoglossum)

geschlossenen Fruchtkörper (Kleistothecien), die oft verschieden gestaltete Haustarien haben, erscheinen dem bloßen Auge wie dunkle Punkte. Zu ihnen gehören viele Kulturpflanzenschädlinge, z. B. *Uncinula necator* – Rebenmehltau (vor allem im Konidienstadium als *Oidium tuckeri* bekannt), *Podosphaera leucotricha* – Apfelmehltau, *Microsphaera quercina* – Eichenmehltau u. a. Die Ordnung Erysiphales wurde früher zur vorangehenden Unterklasse Protoascomycetidae gezählt, wird aber im Hinblick auf die sich mit einem Deckel öffnenden Schläuche hier in der Unterklasse der Ascohymenomycetidae geführt.

Die folgenden vier Ordnungen werden üblicherweise als Scheibenpilze (Discomycetes) bezeichnet.

Die Fruchtkörper der **Pezizales** sind typische Apothecien, die nur in der Jugend kugelig geschlossen sind, sich aber bald öffnen und die endgültige halbkugelige, schüssel- oder scheibenförmige Gestalt annehmen. Oft sind sie auch flach ausgebreitet bis gewölbt. Die als Fruchtscheibe (Thecium) bezeichnete Innenfläche ist von palisadenartigen Schläuchen und Paraphysen geformt. Die höchstentwickelten Formen, die Lorcheln *(Helvellaceae)* und Morcheln *(Morchellaceae)* haben einen in Hut und Stiel differenzierten Fruchtkörper. Die Schläuche öffnen sich in einem Deckel, die Ascosporen werden hinausgestoßen. Die Schlauchwände sind bei einigen Gattungen typisch amyloid. Zu den Pezizales gehören – neben zahlreichen Vertretern von winziger Größe – auch die größten und folglich auffälligsten Scheibenpilzarten. Einige sind auffällig gefärbt, hauptsächlich rotorange oder gelb. Sie wachsen fast ausschließlich als Saprophyten auf dem nackten Boden, im Moos, morschendem Holz oder anderen Pflanzenresten, viele auf Kot, Mist oder Feuerstellen. Normalerweise werden sie in sechs Familien eingeordnet, neben anderen Merkmalen ist für ihre Bestimmung die Ornamentik der Ascosporen von Bedeutung. In diesem Buch finden sich Arten der Familien *Humariaccae, Otideaceae,* Schüsselbecherlinge *(Pezizaceae),* Lorcheln *(Helvellaceae)* und Morcheln *(Morchellaceae).*

Die Ordnung **Tuberales** (Trüffelpilze) stellt Pilze mit unterirdisch wachsenden Fruchtkörpern vor. Die knolligen Fruchtkörper bleiben geschlossen, selten münden Sporenöffnungen an der Oberfläche. Die Schläuche sitzen normalerweise an Gängen und Kammern im Pilzinneren, die Sporen sind oft groß, ornamentverziert und werden im Gegensatz zur vorigen Ordnung nicht aus den Schläuchen ausgestoßen, sondern durch den Zerfall des ganzen Fruchtkörpers freigesetzt. Trüffelpilze sind Mykorrhizapilze, deren Verbreitung sich hauptsächlich über Laubwälder auf Kalksteinunterlage in wärmeren Gebieten erstreckt. Hierher gehören auch die Familien der Trüffeln *(Tuberaceae)* und der Weißtrüffeln *(Terfeziaceae).*

Die Ordnung **Helotiales** ist die umfangreichste Gruppe der Scheibenpilze. Sie hat deckellose Schläuche, die sich an der Spitze durch einen ringförmigen Apparat öffnen, aus dessen Mitte die Sporen hinausgestoßen werden. Ihre Fruchtkörper sind typische Apothecien von meist winzigen Ausmaßen (1 mm und weniger im Durchmesser), die sitzend oder gestielt, kahl oder behaart, beborstet und befilzt, bei einigen Arten zunächst im Substrat verborgen und dann zur Oberfläche hervorbrechend sind. Die höherentwickelten Formen haben aufrechte, langstielige, zylindrische oder hütchenförmige Fruchtkörper wie z. B. die Familie der Erdzungen *(Geoglossaceae).* Sie wachsen hauptsächlich als Saprophyten, seltener als Parasiten auf Stengeln, Blättern, Holz oder Rinde von grünen Pflanzen.

Die Pilze der Ordnung **Phacidiales** haben Fruchtkörper, die Pseudoapothecien genannt werden; sie sind ins Gewebe der Wirtspflanzen eingesenkt und von einer schwarzen Stromaschicht bedeckt, die in der Reife aufplatzt und die Scheibe freigibt; bei Trockenheit ist die Scheibe zugedeckt. Fruchtkörper, die sich an einem Längsspalt öffnen, nennt man Hysterothecium; sie sind für die Familie der *Hypodermataceae* typisch. Hierher gehört z. B. die Gattung *Lophodermium,* von der einige Arten auf lebenden Nadeln schmarotzen und an den befallenen Koniferen eine Erkrankung hervorrufen, die man als Schütte bezeichnet. Von den übrigen typischen Vertretern dieser Ordnung sollen noch die Gattungen *Rhytisma,* deren Konidienstadium Schwarzfleckigkeit an Ahornlaub hervorruft und *Colpoma* mit der Art *C. quercinum,* die regelmäßig an abgestorbenen Eichenästen erscheint, genannt werden.

Die letzten beiden Ordnungen werden zusammenfassend als Kernpilze („Pyrenomycetes") bezeichnet. Dazu zählt ferner die folgende Unterklasse Ascoloculomycetidae mit Ausnahme der Ordnung **Lecanorales.** Der Fruchtkörper ist ein typisches, Schläuche enthaltendes Perithecium; die Schläuche sind bei den Ordnungen Xylariales und Hypocreales einwändig, an der Spitze öffnen sie sich durch eine amyloide Öffnung bzw. einen besonders gestalteten Öffnungsapparat. Das kugelige oder flaschenförmige Perithecium hat eine eigene, aus Pseudoparenchym bestehende Wand und zwar auch dann, wenn es ins Stroma eingelassen ist. Für gewöhnlich öffnet es sich in eine kleine rundliche Öffnung (Porus) am oft zu einem Hals verlängerten Scheitel (Ostiolum), dessen Kanälchen mit Hyphen (Periphysen) ausgepolstert sind.

Die Ordnungen der **Xylariales** ist eine äußerst artenreiche Gruppe mit mehreren Familien, welche von manchen Mykologen als selbständige Ordnungen angesehen werden. Vorherrschend sind es Saprophyten an Holzästen und -stämmen sowie Kräuterstengeln; viele Arten sind koprophil. Größere und auffälligere Kernpilze findet man hauptsächlich in der Familie der Holzkeulenpilze *(Xylariaceae).* Einige sind recht häufig auf abgestorbenem Holz, Stämmen und Stubben zu finden.

Die Pilze der Ordnung **Hypocreales** unterscheiden sich von der vorigen Ordnung besonders durch die Färbung. Ihre Perithecien oder Stromata sind meist lebhaft rot oder gelb gefärbt. Die Ordnung enthält eine große Anzahl meist über die Tropen verbreitete Gattungen und Arten. In der gemäßigten Zone der Nordhalbkugel werden sie z. B. durch die Gattung *Nectria* repräsentiert; *Nectria cinnabarina* ist ein Holzkernpilz, dessen unter dem Namen *Tubercularia vulgaris* bekanntes Konidienstadium zu den gängigsten Kleinpilzen auf abgestorbenden Ästen verschiedenster Holzarten gehört. Hier hat auch der bekannte auf Getreide wachsende Mutterkornpilz, das Sklerotium von *Claviceps purpurea* seinen Platz, der heute zur Heilmittelherstellung gezüchtet und industriell verarbeitet wird.

Die Unterklasse der ***Ascoloculomycetidae*** umfaßt einerseits drei Kernpilzordnungen, andererseits lichenisierte Pilze, d. h. den größten Teil der Flechten, mit deren Studium sich die Lichenologie als ein selbständiges Fach befaßt. Charakteristische Merkmale dieser Unterklasse sind Schläuche, deren Wände aus zwei Schichten bestehen (bitunicare Schläuche); zur Sporenreife reißt die Außenhaut an der Spitze auf, die Innenwand kann sich durch die entstandene Öffnung beträchtlich verlängern und die Ascosporen werden frei. Die kleinen Fruchtkörper sehen wie ein Perithecium aus, gelten aber als ein besonderes, Ascokarp genanntes Gebilde (auch Pseudothecium oder Ascostroma). Das ist ein besonderes Stroma, das aus einem oder einer Vielzahl von Hohlräumen besteht, die aber nicht durch eine besondere Wand voneinander getrennt sind. Hierher gehören eine große Anzahl von Gattungen und Arten sowohl von Saprophyten als auch Parasiten auf allen möglichen Pflanzenteilen. Die Klassifizierung von Ordnungen und Familien ist bisher noch nicht einheitlich.

Ständerpilze — Basidiomycetes

Das ist die entwicklungsmäßig höchstentwickelte Pilzklasse, die mindestens 20 000 Arten umfaßt. Gemeinsames Merkmal aller Ständerpilze ist die Bildungsweise der Sporen (Basidiosporen), die an besonderen Zellen, den sog. Basidien entstehen. Die junge Basidie hat zwei Zellkerne, die miteinander zu einem einzigen verschmelzen. Dieser wiederum teilt sich zweimal durch Reduktionsteilung, so daß vier Tochterkerne entstehen, welche durch Terminal- oder Seitenstiele (Sterigmen) in die Basidiosporen an den Enden der Sterigmen gelangen. Niedere Ständerpilzformen haben meist geteilte oder gekammerte Basidien. Die Basidienform ist konstant, ihr kommt eine erstrangige Bedeutung bei der taxonomischen Beurteilung von Verwandschaftsverhältnissen zu. Basidiosporen sind einzellig, in den jeweiligen Taxa sind ihre Form und Größe konstant; auch ihre Wand ist ein wichtiges Erkennungsmerkmal, da sie durch allerhand Auswüchse verziert sein kann und bei vielen Arten bzw. Gattungen amyloid ist. Die Basidien sind normalerweise in einer zusammenhängenden Schicht angeordnet (Hymenium oder Fruchtschicht), in der auch noch besondere unfruchtbare Zellen (Paraphysen, Zystiden) sitzen. Das Myzel besteht aus einfachen oder verzweigten Hyphen, die das Substrat durchdringen und manchmal recht auffällig sind. Die Myzelfäden sind meist aus Chitin aufgebaut. Jede Trennwand hat einen sog. Doliporus, eine Öffnung im beidseitig verdickten Wandmittelteil, die von einer halbkugeligen Membran verschlossen ist. Der eigentliche Fruchtkörper ist bei den primitiven Formen zu einer Fruchtschicht reduziert, die das Hymenium oder nur einzelne Basidien trägt und normalerweise Beläge bildet; sie werden als resupinate, d. i. flächig ausgebreitete Fruchtkörper bezeichnet. Entwicklungsmäßig höhere Formen haben meist aufrechte Fruchtkörper, die in einen hutartigen (Hut, Pileus) und stielarti-

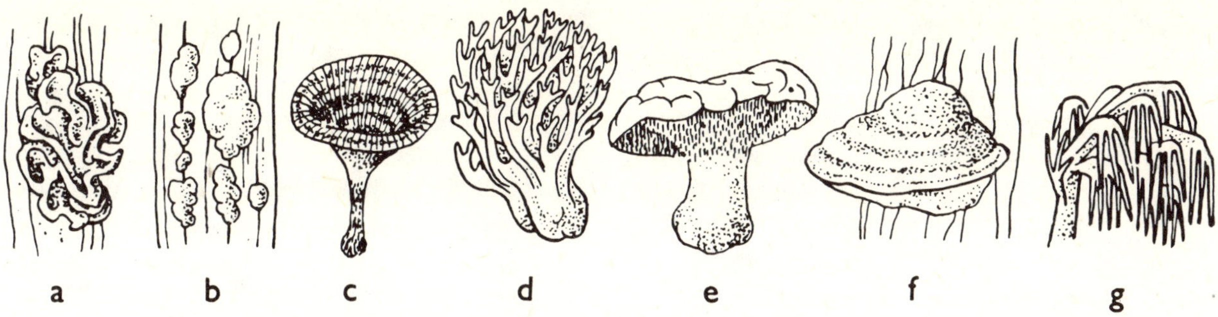

24) Beispiele für Nichtblätter- und Gallertpilze:
a – Drüsling *(Exidia)*; **b** – Tränenpilz *(Dacrymyces)*;
c – Dauerporling *(Coltricia perennis)*; **d** – Koralle *(Ramaria)*;
e – Semmelstoppelpilz *(Hydnum repandum)*; **f** – Zunderschwamm *(Fomes fomentarius)*; **g** – Eiskoralle *(Hericium coralloides)*

gen Teil (Stiel, Stipes) differenziert sind. Das bei den einfacheren Formen die ganze Oberfläche überziehende Hymenium ist bei den höheren auf eine bestimmte, genau begrenzte Partie, das sog. Hymenophor beschränkt, das sich meist an der Hutunterseite befindet. Die Hymenophoroberfläche ist durch Auswüchse, Röhren oder Lamellen vergrößert. Die Fruchtkörper haben entweder keine sichtbare Hülle (dann sind sie gymnokarp) oder sind wenigstens in den ersten Entwicklungsphasen von einer besonderen Hülle (Velum) umgeben. Manchmal entsteht das Sporengewebe auch im Fruchtkörperinneren, wie z. B. bei den Bauchpilzen (Gasteromycetes).

Ständerpilze leben meist als Saprophyten auf abgestorbenen Pflanzenresten oder direkt auf dem Boden in Humus und Detritus. Viele bilden Symbiosen mit den Wurzeln von grünen Pflanzen (Mykorrhiza). Der größte Teil aller Arten ist an Wälder gebunden, in denen sie eine große Bedeutung als Destruenten haben und wo ihre Fruchtkörper vor allem im Sommer- und Herbstaspekt der Pflanzengesellschaften eine auffällige Erscheinung darstellen. Ihre Funktion besteht hauptsächlich in der Mitwirkung bei der Humusbildung und Holzzersetzung.

Anhand der Basidienform werden die Pilze in zwei Unterklassen, in die Heterobasidiomycetidae und die Holobasidiomycetidae eingeteilt.

Die Unterklasse der ***Heterobasidiomycetidae*** umfaßt Ständerpilze mit einfachen, meist aber septierten (also mehrzelligen) bzw. mit mehr oder weniger tief unterteilten Basidien. Sie gehören vier Ordnungen an:

Die Pilze der Ordnung **Protoclavariales** haben Basidien, die aus einem kugeligen oder zylindrischen Teil (Hypobasidie) bestehen, auf dem längliche oder aufgeblähte Epibasidien sitzen, welche die Sterigmen mit den Sporen tragen. Die Fruchtkörper sind überwiegend stark gallertartig oder elastisch. Diese Pilze sind meist winzige Saprophyten auf abgestorbenem Holz. Sie gehören zwei Familien an, den *Tulasnellaceae* und den Tränenpilzen *(Dacrymycetaceae)*; häufige Vertreter der letzgenannten Familie sind die Hörnlinge *(Calocera)*.

Die Pilze der Ordnung **Auriculariales** haben zylindrische oder keulige, von Querwänden in mehrere Zellen gegliederte Basidien. Aus jeder wächst ein in einer Spore endendes Sterigma. In diesem Buch wird die Familie der Ohrlappenpilze *(Auriculariaceae)* behandelt.

Bei den Gallertartigen **(Tremellales)** sind die Basidien fast kugelig, durch eine oder zwei senkrechte, schräg zueinander stehende Trennwände in zwei oder vier Abschnitte unterteilt. Die Fruchtkörper sind meist gallertartig und verschieden geformt. Hierher gehören vorwiegend Holzsaprophyten; zu den größeren zählen hauptsächlich Arten der Gattungen *Tremella* und *Pseudohydnum* aus der Familie der Gallertpilze *(Tremellaceae)*.

Die Rostpilze **(Uredinales)** sind auf grünen Pflanzen schmarotzende Kleinpilze. Sie rufen die sog. Rosterkrankungen hervor. Die befallene Pflanze ist mit winzigen rostig, orange-, braun- bis schwarzgefärbten Infektionslagern in Form kleiner Häufchen oder Erhöhungen bedeckt. Das Gewebe der befallenen Pflanzen geht oft zugrunde, in anderen Fällen wird der Rost zur Ursache von krankhaften Wucherungen. Kulturpflanzen, besonders Getreide befallende Rostpilze haben eine beträchtliche wirtschaftliche Bedeutung. Viele Rostarten bringen vier Sporentypen hervor: Aeciosporen (Frühjahrs-,) in becherförmigen Aecien, Urediosporen (Sommer-,) in Uredien, Teliosporen (Winter-,) in Telien. Die Teliosporen keimen zum Promyzel heran, an dem Sporidien (also der vierte Sporentyp) entstehen. Charakteristisch für die Rostpilze ist der Wechsel von geschlechtlichen und ungeschlechtlichen Generationen, bei einigen auch ein Wirtswechsel sowie eine ganz enge Spezialisierung auf eine bestimmte (häufig einzige) Wirtsart. Ein Großteil der Arten gehört zu den Gattungen *Puccinia* und *Uromyces*.

Als nächste Ordnung kamen früher die Brandpilze (Ustilaginales) an diese Stelle. Jetzt werden sie zur

Klasse der Endomycetes gezählt, die den Übergang zwischen echten Schimmel- und den primitiven Schlauchpilzen darstellt. Andere Autoren fassen die Brandpilze gemeinsam mit den Rostpilzen zur selbständigen Klasse der Teliomycetes zusammen. Genau wie die Rostpilze sind auch die Brandpilze auf Gefäßpflanzen parasitierende Mikromyzeten.

Die Unterklasse ***Holobasidiomycetidae*** ist die entwicklungsmäßig am weitesten fortgeschrittene Ständerpilzgruppe. Die Basidien der Pilze aus dieser Unterklasse sind einzellig und haben an der Spitze meist vier Sterigmen mit Sporen. Das Hymenium liegt entweder offen oder ist im Fruchtkörpergewebe eingeschlossen. Sie werden in sechs Ordnungen eingeteilt. Die ersten fünf sind sog. Hymenomycetes, bei denen das Hymenium schon vor der Sporenreife offen liegt und entweder die ganze Fruchtkörperoberfläche oder nur einen Teil davon einnimmt. Die Sporen werden von den Basidien aktiv abgestoßen und bilden den herausfallenden Sporenstaub. Eine eventuelle sechste Ordnung, die Bauchpilze (Gasterales), umfaßt Pilze mit geschlossenen Fruchtkörpern, in deren Inneren die Sporen entstehen, die aber nicht von den Basidien aktiv fortgeschnellt werden.

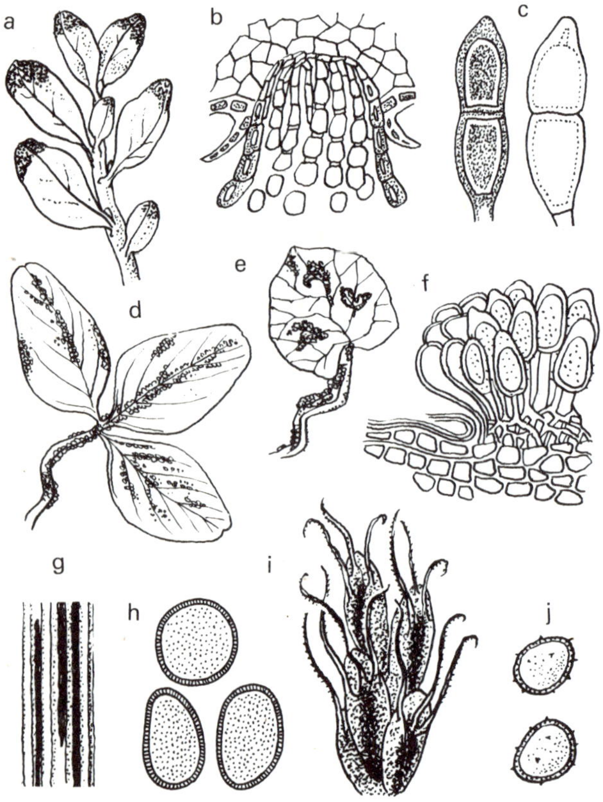

25) Beispiele für einige parasitische Rost- und Brandpilze:
a – *Exobasidium vaccinii* auf Preißelbeerblättern;
b – Rost-Aecium im Schnitt; **c** – Teliosporen eines Rostes *Puccinia* sp.; **d** – Teliosporenlager des Rostpilze *Uromyces trifolii* auf einem Kleeblatt; **e** – Telia des Rostes *Uromyces ficariae* auf dem Feigwurz; **f** – Teliosporen von *Uromyces ficariae;*
g – Brandpilzherd von *Ustilago longissima* auf Wasserschwadenblättern; **h** – Sporen von *Ustilago longissima;*
i – von dem Brandpilz *Ustilago segetum* befallene Getreidekörner;
j – Sporen von *Ustilago segetum*

Die Bauchpilze sind keine entwicklungsmäßig einheitliche Gruppe, sondern im Gegenteil recht verschiedenartig. Möglicherweise stellen sie die Endstadien mehrerer Entwicklungszweige mit jeweils anderem Ursprung dar. Daher treten bei ihrer Klassifikation auch verschiedene Meinungen zutage, die sich in der unterschiedlichen Einschätzung der einzelnen Verwandtschaftsbeziehungen äußern. Viele Mykologen sehen die Bauchpilze nur als Ordnung (Gasterales) an, andere (darunter wir) als eine höhere Kategorie, als Klasse (Gasteromycetes).

Pilze aus der Ordnung **Aphyllophorales,** der Nichtblätterpilze – haben entweder unbestimmt umgrenzte flächig ausgebreitete (resupinate) Fruchtkörper oder solche von fester Form. Die resupinaten Arten findet man am häufigsten an der Unterseite liegender Stämme, Äste, vermorschender Holzstücke, in Hohlräumen von Stümpfen usw. Die Fruchtkörper sitzen entweder fest an ihrer Unterlage oder stehen teilweise von ihr ab. Die Klassifizierung dieser ausgedehnten Ordnung ist bisher noch nicht definitiv festgelegt; sie wird in einige Familien mit sehr vielen Gattungen unterteilt.

Die folgende Übersicht bringt nur die in dieses Buch aufgenommenen Familien.

Die Schichtpilze *(Stereaceae)* sind Holzpilze mit zähen, oft mehrjährigen, auseinanderfließenden bis hütchenförmigen Fruchtkörpern, welche oft dicht übereinander angeordnet sind.

Die Erdwarzenpilze *(Thelephoraceae)* haben braungefärbte, meist stachelige oder warzige Sporen. Das gilt sowohl für die Gattungen *Tomentella* und *Thelephora* als auch für die hutartigen Fruchtkörper der Stachelpilze, wie z. B. des Habichtspilzes *(Hydnellum sarcodon)* und des Schwarzen Korkstachelings *(Phellodon niger).* Braungefärbte Sporen haben auch die Holzpilze aus der Familie der Lackpilze *(Ganodermataceae),* doch sind diese gekappt und ornamentiert. Ihre Fruchtkörper sind zäh bis holzig.

Die Familie der *Coniophoraceae* hat relativ große, gefärbte glatte Sporen, wie z. B. der Hausschwamm *(Serpula)* und der Holzschwamm *(Coniophora).* Die Keulen- *(Clavariaceae)* und Gluckenpilze *(Sparassidaceae)* haben aufrechte, walzen- oder keulenförmige, einfache oder verästelte Fruchtkörper, deren Hymenium den größten Teil der Außenfläche einnimmt. Von den Gattungen sollen wenigstens die Keulen *(Clavaria),* Korallen *(Ramaria)* und Glucken *(Sparassis)* erwähnt werden.

Die Stachelpilze *(Hydnaceae)* und Ohrlöffelpilze *(Auriscalpiaceae)* sind Pilze mit einem Hymenium in Stachelform. Typische Vertreter sind die Ohrlöffelpilze *(Auriscalpium),* Eiskorallen *(Hericium)* und Stoppelpilze *(Hydnum).*

Zur Familie der *Poriaceae* gehören die meisten

Porlinge, die ein röhrenartiges, vom zähen Fleisch nicht ablösbares und fest mit ihm verwachsenes Hymenophor haben. Außer einer Reihe echter Porlinge wie dem Schafporling *(Albatrellus ovinus),* dem Zunderschwamm *(Fomes fomentarius),* dem Schwefelporling *(Laetiporus sulphureus),* den Trameten *(Trametes),* dem Birkenporling *(Piptoporus betulinus)* und anderen gehört auch der Leberreischling *(Fistulina hepatica)* hierher, der in die selbständige Familie der Leberpilze *(Fistulinaceae)* gestellt wird. Ein Teil der Porlinge, genauer gesagt, die Gattung *Polyporus,* wurde als Familie der *Polyporaceae* in die Ordnung der Polyporales überführt und einigen Gattungen mit zwar lamellenförmigem Hymenophor, aber gleichem anatomischem Bau an die Seite gestellt.

Die Leistenpilze *(Cantharellaceae)* und Zählinge *(Lentinellaceae)* sind Pilze mit gut entwickelten Fruchtkörpern, deren gesamte Unterseite mit dem Hymenium überzogen ist. Diese Fläche ist entweder glatt oder durch stumpfe, niedrige, oft miteinander verbundene Falten, Leisten oder Rippen vergrößert. Von den bekannten, als Speisepilze gesammelten Gattungen finden sich hier Pfifferlinge *(Cantharellus),* die Totentrompete *(Craterellus cornucopioides)* und das Schweinsohr *(Gomphus clavatus),* welches manchmal in einer selbständigen Familie der *Gomphaceae* geführt wird.

Die Spaltblätterpilze *(Schizophyllaceae)* haben ein Hymenophor aus falschen Lamellen, die an den Schneiden längsgespalten sind.

Die Ordnung der **Polyporales,** der Porlinge, ist durch ein Lamellen- oder Röhrenhymenophor gekennzeichnet. Die Fruchtkörper sind meist einjährig, in lebendem Zustand fleischig, vertrocknet dann oft zäh, elastisch oder fast holzig mit einem zentralen, exzentrischen oder seitlichen Stiel. Die Hyphen sind verhältnismäßig dickwandig. Der Sporenstaub ist weiß, creme- oder fliederfarben (grauviolett). Sie sind überwiegend Holzpilze aus den Familien der Porlinge *(Polyporaceae)* und Knäulinge *(Pleurotaceae).*

Bei den Pilzen aus der Ordnung der Röhrenpilze **(Boletales)** ist das Hymenophor meist röhrenartig und bildet an der Hutunterseite eine vom Hutfleisch leicht abzulösende Schicht. Die Fruchtkörper sind vorwiegend fleischig und haben oft eine Hülle (Velum), in den meisten Fällen einen zentralen Stiel. Sie wachsen auf dem Boden und bilden normalerweise Mykorrhizen mit Holzgewächsen. In diese Ordnung gehören folgende Familien:

Die eigentlichen Röhrlinge *(Boletaceae)* können eine Hülle haben, die Haut des Huts ist schleimig oder trocken, glatt oder filzig. Die Poren sind weiß, gelb, blaßoliv, rosa oder rot, ihr Fleisch färbt sich nach Verletzung manchmal blau, grün oder rot. Die Sporen sind elliptisch bis gestreckt spindelförmig und meist glatt. Die Pilze sind mykorrhizabildend. Zu den bekanntesten gehören die Gattungen der Steinpilze *(Boletus),* Gallenröhrlinge *(Tylopilus),* Butterröhrlinge *(Suillus),* Maronenröhrlinge *(Xerocomus)* und Rotkappen *(Leccinum).*

Die Krempenpilze *(Paxillaceae)* sind eng mit der vorigen Familie verwandt. Ihr Hymenophor ist jedoch lamellenartig, die Lamellen sind manchmal untereinander verbunden bzw. gegabelt, relativ schmal, am Stiel herablaufend, gelb, orange oder braun, der Hutrand ist nach unten eingerollt. Der Sporenstaub ist weißlich, cremefarben, gelb oder braun, die Sporen selbst sind elliptisch bis eirund, cyanophil und nicht amyloid. Hierher gehören die Gattungen Kremplinge

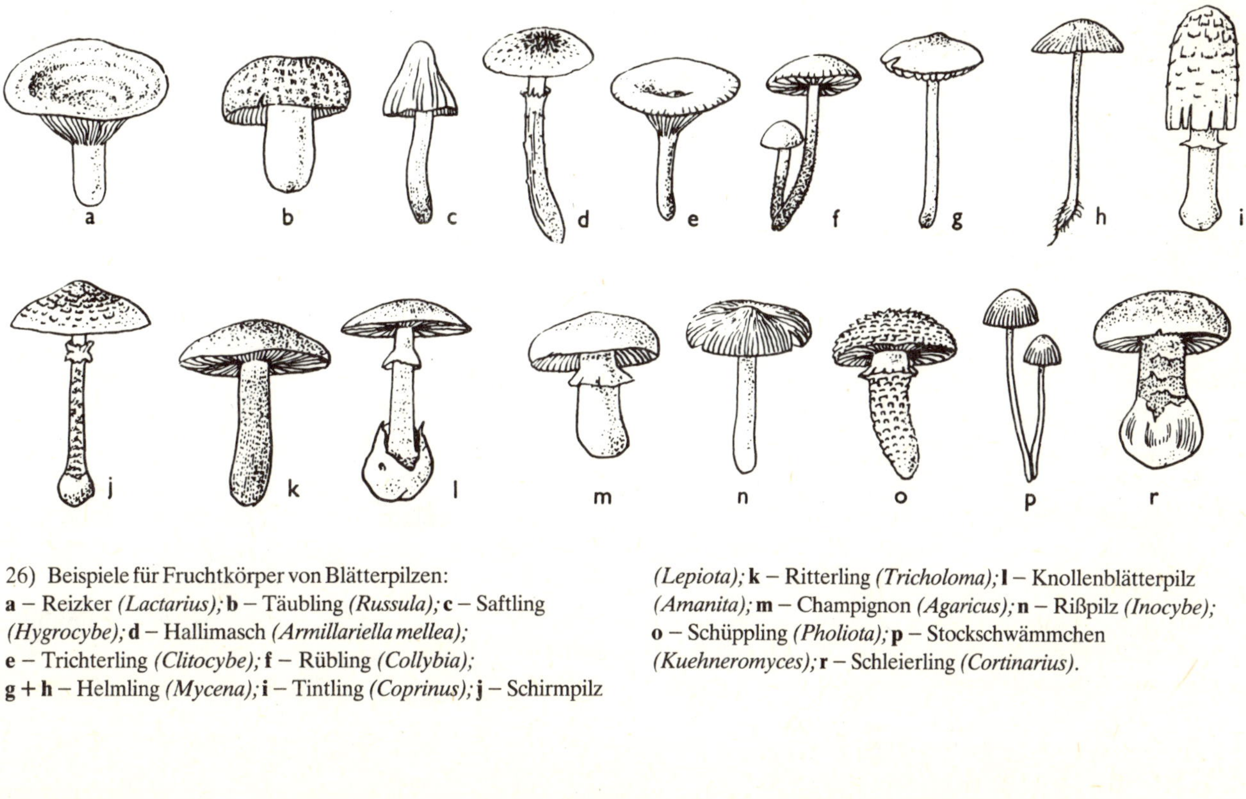

26) Beispiele für Fruchtkörper von Blätterpilzen:
a – Reizker *(Lactarius);* **b** – Täubling *(Russula);* **c** – Saftling *(Hygrocybe);* **d** – Hallimasch *(Armillariella mellea);* **e** – Trichterling *(Clitocybe);* **f** – Rübling *(Collybia);* **g + h** – Helmling *(Mycena);* **i** – Tintling *(Coprinus);* **j** – Schirmpilz *(Lepiota);* **k** – Ritterling *(Tricholoma);* **l** – Knollenblätterpilz *(Amanita);* **m** – Champignon *(Agaricus);* **n** – Rißpilz *(Inocybe);* **o** – Schüppling *(Pholiota);* **p** – Stockschwämmchen *(Kuehneromyces);* **r** – Schleierling *(Cortinarius).*

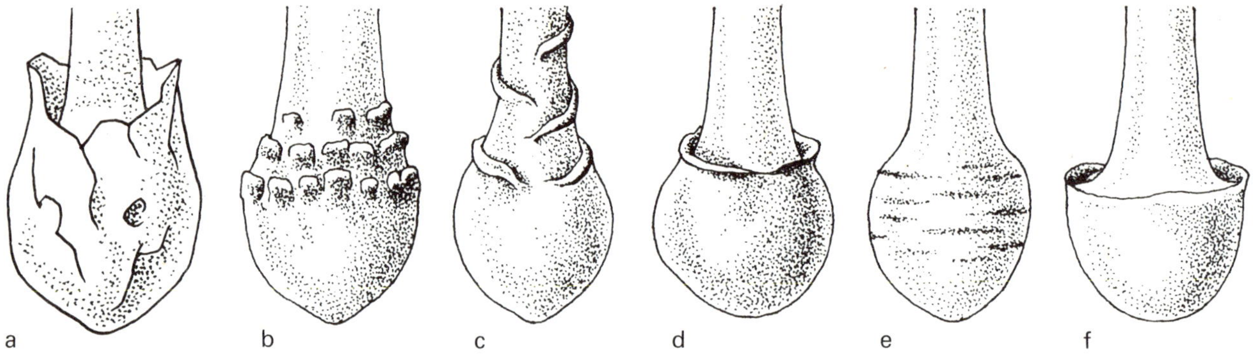

27) Beispiele für verschiedene Stielbasen bei einigen Knollenblätterpilzen:
a – Grüner Knollenblätterpilz *(Amanita phalloides);* **b** – Fliegenpilz *(A. muscaria);* **c** – Pantherpilz *(A. pantherina);* **d** – Narzissengelber Wulstling *(A. gemmata);* **e** – Perlpilz *(A. rubescens);* **f** – Gelber Knollenbläterpilz *(A. citrina)*

(Paxillus), Afterleistlinge *(Hygrophoropsis)* und Ölbaumpilze *(Omphalotus).*

Die Gelbfußpilze *(Gomphidiaceae)* haben dicke herablaufende, locker stehende Lamellen, fleischige Fruchtkörper mit trockenem bis stark schleimigem Hut sowie schwarzem oder olivfarbenem Sporenstaub aus spindelförmigen glatten cyanophilen und nicht amyloiden Sporen. Zystiden sind ausgebildet. Von der Gattung der Schmierlinge *(Gomphidius)* werden neuerdings in Gattungen *Chroogomphus* und *Cystogomphus* abgetrennt.

Die Ordnung der **Agaricales** oder Blätterpilze hat saftige oder festfleischige Fruchtkörper, die meist in Hut und Stiel differenziert sind. Manchmal kann der Stiel auch reduziert sein, so daß der Fruchtkörper direkt auf dem Substrat sitzt. Das Hymenophor ist lamellenartig, in Ausnahmefällen sind die Lamellen niedrig, ader- oder rippenartig bzw. das Hymenophor völlig glatt. Der Sporenstaub ist verschieden gefärbt, die Sporen sind farblos oder farbig, manchmal dextrinoid oder amyloid, glatt oder ornamentiert. Der Fruchtkörper ist in der Jugend meist von einer Hülle (Velum) umgeben, die auf seiner Oberfläche verschiedene Reste hinterläßt (Fetzen auf dem Hut, Fasern oder Schuppen am Stiel, eine Scheide an der Stielbasis usw.). Die Ordnung Blätterpilze wird meist in elf Familien gegliedert.

Die Wachsblätterpilze *(Hygrophoraceae)* haben weichsaftige oder wächserne, oft schleimbedeckte, hell- bis buntgefärbte Fruchtkörper mit einem verschwindenden Velum, das bisweilen fehlen kann, dicke, schüttere Lamellen, auffällig lange und schmale Basidien sowie glatten und farblosen Sporen.

Die Familie Ritterlinge *(Tricholomataceae)* ist eine der größten Blätterpilzfamilien. Sie umfaßt Pilze von unterschiedlicher Größe, mit oder ohne Velum, mit fleischigem bis festem Gewebe und einem zentralen oder seitlichen Stiel mit daran angewachsenen bzw. lang herablaufenden Lamellen. Ihr Sporenstaub ist weiß oder gelblich, in Ausnahmen blaßrosa oder hellviolett. Die Sporen sind vielfach amyloid, selten cyanophil, glatt oder ornamentiert. Im Hinblick auf den Gattungsreichtum wird hier auf eine Auswahl verzichtet und der Leser auf den Bildteil des Buchs verwiesen, wo er eine ganze Reihe von Vertretern dieser Familie findet.

Die Rotblätterpilze *(Entolomataceae)* ähneln im Aussehen der vorigen Familie und enthalten ebenfalls Pilze verschiedener Größe und Färbung mit Zentral- oder Seitenstiel bzw. ohne Stiel. Von den Ritterlingen unterscheiden sie sich durch den hell- bis sattrosagefärbten Sporenstaub. Die Sporen sind meist kantig, länglich, nicht amyloid, cyanophil. Eine typische Gattung ist die der Rötlinge *(Entoloma).* Diesen Namen verwenden heute einige Mykologen als einzige Gattungsbezeichnung für alle Arten dieser Gruppe, die der ursprünglichen Auffassung nach fünf selbständige Gattungen bildeten: *Entoloma, Leptonia, Nolanea, Claudopus* und *Eccilia.* Die franzözischen Mykologen fassen alle erwähnten Gattungen unter dem Sammelnamen *Rhodophyllus* zusammen, während sich z. B. ihre tschechischen Kollegen vorwiegend an die klassische Unterteilung halten.

Die Dachpilze *(Pluteaceae)* sind fleischige Pilze mit Zentralstiel, dünnen, hohen, gedrängten, am Stiel freien bis abgesetzen Lamellen, die aus inverser Trama aufgebaut sind. Bei einigen Gattungen ist unten am Stiel eine Scheide ausgebildet. Der Sporenstaub ist hellrosa, die Sporen sind glatt, ohne Keimpore, nicht amyloid, aber cyanophil. Die Dachpilze wachsen häufig auf Holz. Hierher gehören die Gattungen der Scheidlinge *(Volvariella)* und der Dachpilze *(Pluteus).*

Die Knollenblätterpilze *(Amanitaceae)* haben fleischige Fruchtkörper, bei denen der Stiel sich leicht aus dem Fleisch des Huts herausbrechen läßt.

In der Jugend sind die Pilze vom Velum umhüllt, das Warzen oder Fetzen auf der Hutoberhaut und einen Ring am Stiel zurückläßt. An der Stielbasis ist oft eine Scheide (Volva) ausgebildet, die verschiedene Formen haben kann und manchmal bis auf Flöckchen reduziert ist. Die Lamellen sind frei und hoch, die Lamellentrama ist bilateral gebaut, der Sporenstaub ist weiß, selten grünlich, die Sporen sind farblos, meist glatt, manchmal amyloid. Hierher werden die sehr artenreiche Gattung der Knollenblätterpilze *(Amanita)* und die weniger umfangreiche Gattung *Limacella* gerechnet, die früher zu den Schirmpilzen gezählt wurde.

Die Edelpilze *(Agaricaceae)* haben fleischige Fruchtkörper mit zentralem Stiel, der sich leicht vom Hut lösen läßt und einen Ring trägt. Die Lamellen sind dicht, frei, hoch und dünn. Die Haut auf dem Hut ist oft geschuppt oder geflockt, die Lamellentrama regelmäßig oder unregelmäßig gebaut. Der Sporenstaub ist weiß, grünlich, rosa, rotbraun, rost- oder purpurbraun, die Sporen sind glatt, selten gewarzt aber häufig dickwandig. Die Fruchtkörper wachsen auf Erde, Mist und Humus. Von den Hauptgattungen nennen wir hier Egerlinge, *(Agaricus)*, Schirmpilze *(Lepiota, Macrolepiota)* und Körnchenschirmlinge *(Cystoderma)*.

Die Tintenpilze *(Coprinaceae)* haben fleischige Fruchtkörper mit Zentralstiel, dünne Lamellen, die frei oder breit angewachsen sind; ihre Trama ist regulär. Bei den Tintlingen *(Coprinus)* entwickeln sich die Fruchtkörper ungeheuer schnell. Mit dem Ausreifen der Sporen zerfließen zuerst die Lamellen und schließlich die ganzen Fruchtkörper zu einer breiigen Masse (Autolyse). Bei den Gattungen Düngerlinge *(Panaeolus)*, Heu-Düngerlinge *(Panaeolina)* und Zärtlinge *(Psathyrella)* kommt es nicht zur Autolyse. Der Sporenstaub ist dunkelbraun, purpurbraun oder schwarz gefärbt, die Sporen sind glatt oder ornamentiert und haben meist eine deutliche Keimpore. Die Tintenpilze wachsen auf Erde, Dung, Holz, aber auch auf Kraut- oder Grasresten.

Die Nistpilze *(Bolbitiaceae)* sind kleine, oft dünnfleischige Pilze mit Zentralstiel. Ihre Lamellen sind dünn, hoch, am Stiel angewachsen; ihre Trama ist regelmäßig, der Sporenstaub rostbraun oder rostokker bis umbrabraun; die Sporen sind glatt, mit einer Keimpore. Die Hutoberhaut besteht aus rundlichen bis birnenförmigen Zellen; oft sind charakteristisch geformte Cheilozystiden ausgebildet. Die Mistpilzartigen wachsen auf Exkrementen, Erde, Holz und anderen Pflanzenresten. Wichtige Gattungen sind die Sammethäubchen *(Conocybe)*, die Mistpilze *(Bolbitius)* und Erdschüpplinge *(Agrocybe)*.

Zu den Schuppenpilzen *(Strophariaceae)* gehören unterschiedlich große fleischige Pilze mit Zentralstiel. Die Haut auf dem Hut besteht aus langen Hyphen, das Velum ist manchmal deutlich entwickelt und hinterläßt auf dem Stiel einen Ring oder andere Reste. Der Sporenstaub ist hellviolett oder hat verschiedene Brauntöne. Die Sporen sind glatt und meist mit einer Keimpore versehen. Cheilozystiden sind vorhanden, häufig kommen auch Pleurozystiden vor und einige Gattungen haben Chrysozystiden. Die Schuppenpilze wachsen auf dem Boden, oft auch auf verrottendem Holz oder anderen Pflanzenresten, bisweilen auch auf Dung. Die wichtigsten Gattungen sind Träuschlinge *(Stropharia)*, Schwefelköpfe *(Hypholoma)*, Kahlköpfe *(Psilocybe)* und Schüpplinge *(Pholiota)*.

Die Haarschleierpilze *(Cortinariaceae)* ähneln den Ritterlingen stark und sind nach diesen auch die artenreichste Blätterpilzfamilie. Gemeinsames Merkmal der Haarschleierpilze ist die Färbung des Sporenstaubs, der alle möglichen Schattierungen von Braun oder Rostfarben aufweist (meist lehm- oder rostbraun) und nur in Ausnahmen weiß ist. Die Sporen sind oft ornamentiert, warzig und meist ohne sichtbare Keimpore. Die Hutoberhaut besteht aus radial angeordneten Hyphen, die Lamellentrama ist regulär gebaut. Die Allgemeinhülle (Velum generale) ist ausgebildet oder fehlt, der Schleier ist normalerweise als Cortina vorhanden. Oft sind Zystiden anzutreffen. Haarschleierpilze wachsen auf Humus, Holz oder im Moos und zahlreiche Arten bilden eine ektotrophe Mykorrhiza. Die Familie erhielt ihren Namen nach der artenreichsten Blätterpilzgattung *Cortinarius*, die etwa 500 Arten enthält und in einige Untergattungen gegliedert ist, die früher oft als selbständige Gattungen angesehen wurden. Von den übrigen Gattungen, die ebenfalls praktische Bedeutung haben, werden Rißpilze *(Inocybe)*, Fälblinge *(Hebeloma)* und Häublinge *(Galerina)* hier genannt.

Ordnung **Russulales** – Täublingsartige. Ursprünglich wurden die Täublinge zur Ordnung der Agaricales gezählt, gegenwärtig werden sie aber als selbständige Ordnung angesehen. Ihr charakteristisches Merkmal ist der Bau des Fleisches, das – außer den langen zylindrischen Hyphen – Gruppen kugelförmiger Zellen (Sphaerozystiden) enthält, die nesterartig im Gewebe verteilt sind. Diese Sphaerozystiden bewirken die charakteristische Mürbheit und apfelartige Sprödigkeit beim Bruch. Im Fleisch erscheinen auch Safthyphen, die bei den Reizkern *(Lactarius)* mit Latex, d. h. mit einer milchig-trüben Flüssigkeit gefüllt sind, die an verletzten Stellen aus den frischen Fruchtkörpern rinnt. Die Hutoberhaut ist oft buntgefärbt, der Sporenstaub ist weiß bis sattgelb, die Sporen sind breit, fast kugelig, breit eirund oder elliptisch und haben auf der Oberfläche eine kräftige, stark amyloide Ornamentik. Im Hymenium sitzen Zystiden. Die Ordnung enthält nur die Familie *Russulaceae* mit den Gattungen der Täublinge *(Russula)* und Reizker *(Lactarius)*, die in den europäischen Wäldern in großer Artenzahl vertreten sind. Meist handelt es sich um Pilze, die eine ektrotrophe Mykorrhiza mit Waldbäumen bilden.

Bauchpilze – Gasteromycetes

Zur Klasse der Bauchpilze gehören Pilze mit angiokarpen, vorwiegend kugelförmigen, entweder dauernd geschlossenen oder sich erst mit der Reife der Basidiosporen öffnenden Fruchtkörpern. Sie bestehen aus einer Außenhülle (Peridium) und der darin eingeschlossenen Fruchtmasse (Gleba), die das sporenbildende Gewebe enthält. Die Fruchtschicht ist oft gekammert, wobei die Kammerwände teilweise von dickwandigen Hyphen gebildet werden, die sich im reifen Fruchtkörper zu Kapillitiumfasern verwandeln. Die Basidien sind im Fruchtkörper entweder gleichmäßig oder nesterartig verteilt, können aber auch palisadenartig die Innenwände der Kammern oder Hohlräume bedecken. Die reifen Sporen werden nicht aktiv losgeschnellt (wie z. B. bei den Blätterpilzen). Die Ausbildung der Fruchtschicht ist für die einzelnen Familien und Gattungen der Bauchpilze typisch.

Die Rutenpilze *(Phallaceae)* sind auffällige und oft sehr dekorative Pilze. Die jungen Fruchtkörper haben Eiform; ihr Peridium ist meist dreischichtig mit einer dicken gallertigen Mittelschicht. Der unfruchtbare Teil der Gleba bildet ein Receptaculum, das zur Reifezeit die Hülle an der Spitze aufreißt. Die Rute trägt den fruchtbaren Teil aufwärts, während der Peridiumrest (Volva) unten in Becherform zurückbleibt. Die fruchtbare Schicht an der Rutenspitze zerfließt in der Reife breiig und riecht abstoßend nach Aas; dieser Geruch lockt Insekten an, welche so für die Verbreitung der in der breiigen Masse enthaltenen Basidiosporen sorgen. Hierher gehört eine ganze Reihe tropischer Gattungen, von denen einige nach Mitteleuropa eingeschleppt sind; in Europa ursprünglich sind die Gattungen Stinkmorcheln *(Phallus)* und Hundsruten *(Mutinus)*. Die Gattungen Gitterpilze *(Clathrus)*, Tintenfischpilze *(Anthurus)* und *Lysurus*, Schleierdamen *(Dictyophora)* werden manchmal zur selbständigen Familie der Blumenpilze *(Clathraceae)* gezählt.

Die *Hysterangiaceae* haben hypogäische, knollige oder fast kugelige Fruchtkörper, die oft mit starken Myzelschnüren versehen sind, und deren knorpel- oder gallertartige Fruchtschicht aus einem strahlenförmig aus der unfruchtbaren Basis bzw. einer gallertigen Säule (Columella) hervorwachsenden Gewebe besteht. Die Sporen sind glatt, elliptisch oder zylindrisch und fast farblos. Hierher gehört die Gattung *Hysterangium.*

Die Erdsternartigen *(Geastraceae)* sind terrestrische, in den Tropen auch holzbewohnende Pilze. Ihre kugel- oder birnenförmigen Fruchtkörper sind in der Jugend normalerweise im Boden verborgen. Bei den reifen Exemplaren platzt die Außenhaut auf und hebt die Fruchtkörper über die Erdoberfläche. Die Außenhaut reißt zipfelartig auseinander, in ihrer Mitte sitzt die Innenhaut mit der kugeligen Fruchtschicht, die Kapillitiumfasern und Sporen enthält. Erdsterne sind an ihrem Standort normalerweise sehr ausdauernd.

Die Stäublinge *(Lycoperdaceae)* wachsen meist auf der Erdoberfläche. Sie haben Kugel-, Birnen-, oder Keulenform. Ihre Fruchtschicht füllt das ganze Innere aus bzw. geht an der Fruchtkörperbasis in ein steriles Gewebe über. Die Haut besteht aus einer dünnen, zerfallenden Außenschicht (Exoperidium) und einer meist papierartig dünnen Innenschicht (Endoperidium), die sich an einer kleinen Mündung öffnet oder unregelmäßig zerfällt. Bei den Erdsternen *(Geastrum)* platzt sie zu regelmäßigen Zipfeln auf, die Innenhaut liegt an der äußeren an oder ist mit ihr nur durch ein Stielchen verbunden; die Mündung sitzt auf dem Scheitel der Innenhülle. Normalerweise sind die Kapillitiumfasern gut ausgebildet. Die Sporen sind kugelig, klein, farblos.

Zu den wichtigsten Gattungen gehören Stäublinge

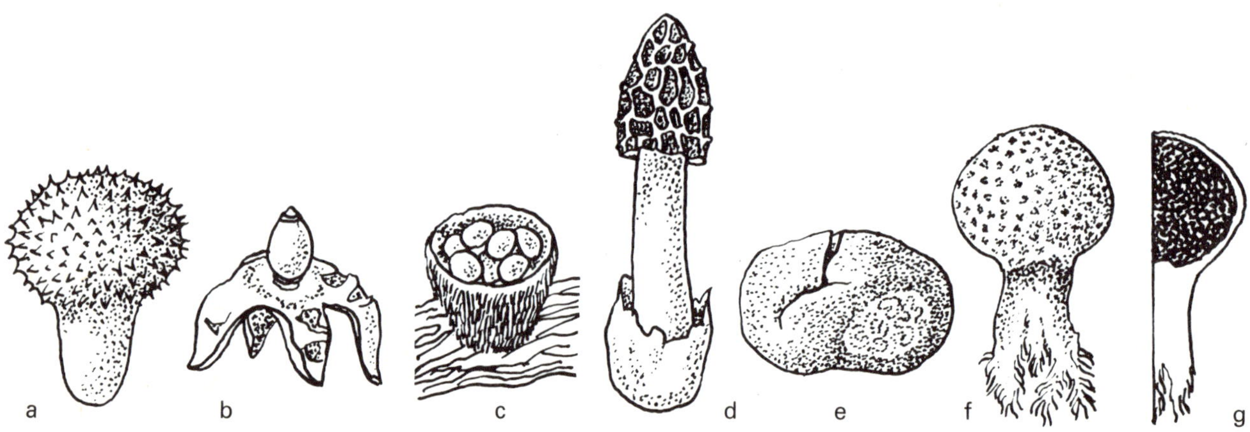

28) Beispiele für Fruchtkörper einiger Bauchpilze:
a – Stäubling *(Lycoperdon)*; **b** – Erdstern *(Geastrum)*; **c** – Tiegel-Teuerling *(Crucibulum laeve)*; **d** – Gemeine Stinkmorchel *(Phallus impudicus)*; **e** – Wurzeltrüffel *(Rhizopogon)*; **f + g** – Dünnschaliger Kartoffelbovist *(Scleroderma verrucosum)*, Ansicht und Schnitt

29) Beispiele für einige mikroskopische Pilze aus der Gruppe Deuteromycetes:
a – Pykniden von *Phoma* sp.;
b – Schnitt durch eine Pyknide von *Septoria* sp. mit Konidien;
c – Konidiophor von *Penicilum* sp. mit Konidien; **d** – Konidiophor von *Aspergillus niger* mit Konidien;
e – Konidie von *Aspergillus* sp.;
f – Konidiophor von *Alternaria tenuis* mit Konidienketten

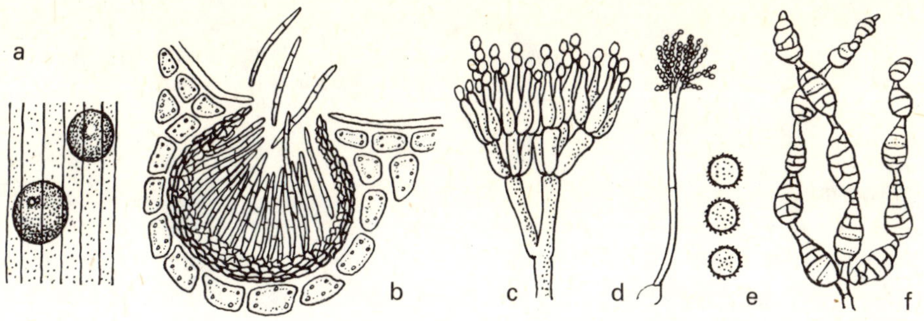

(Lycoperdon), Boviste *(Bovista, Calvatia),* Riesenboviste *(Langermannia)* und Erdsterne *(Geastrum).* Der Riesenbovist *Langermannia gigantea* gehört mit seinen Fruchtkörpern bis zu 50 cm Durchmesser mit zu den größten Pilzen überhaupt.

Die Hartboviste *(Sclerodermataceae)* haben knollige, fleischige, manchmal gestielte, unterirdisch oder an der Erdoberfläche wachsende Fruchtkörper. Das Peridium öffnet sich an einer Scheitelmündung oder zerreißt unregelmäßig. Die Fruchtschicht zerfällt in der Reife entweder direkt zu Staub oder zuvor in kernförmige Gebilde. Die Basidien sind in ihrem Inneren regelmäßig angeordnet, bilden Nester oder füllen den Hohlraum ganz aus. Die Sporen sind kugelig, ornamentiert und gefärbt. Zu den bekanntesten Gattungen dieser Familie gehören Kartoffelboviste *(Scleroderma)* und Erbsenstreuling *(Pisolithus).*

Enge Beziehungen zu den Hartbovisten hat die Familie der Wettersterne *(Astraeaceae),* auch wenn ihr Aussehen dem der Erdsterne *(Geastrum)* näherkommt, denen sie verwandtschaftlich aber fernstehen.

Die Teuerlinge *(Nidulariaceae)* haben kugel- oder kelchförmige angedrückte Fruchtkörper mit einer gekammerten Fruchtschicht, die zu einzelnen Kügelchen oder Kernen zerfällt. Diese bleiben entweder an der Hülleninnenwand befestigt oder werden hinausgeschleudert. Die Basidien bilden ein die Wand dieser Kerne bedeckendes Hymenium oder sind nesterartig in der Fruchtschicht zusammengeballt. Die Sporen sind ellipsoid, glatt und farblos. Die Teuerlingsartigen wachsen auf verwesenden Pflanzenresten oder altem Dung. Sie sind durchweg Arten mit interessanter Gestalt und Biologie.

Imperfekte Pilze – Deuteromycetes

In diese Riesengruppe gehören alle Arten, die sich nur auf ungeschlechtlichem Weg (ohne Kernverschmelzung) vermehren, bzw. von denen die geschlechtlichen Vermehrungsstadien nicht bekannt sind. Dies geschieht entweder nur durch Hyphenteilung oder Ausbildung besonderer ungeschlechtlicher Sporen, den Konidien. Sie sind entweder nur in dieser vegetativen Form bekannt, für die heute der Ausdruck Anamorpha benutzt wird oder gehören nachweislich als bestimmte Entwicklungsstadien zu anderen Pilzen, meist Schlauchpilzen. Es handelt sich durchweg um winzige Organismen, die sich meist nur unter der Lupe ausmachen lassen. Bestimmen oder studieren kann man sie nur mit einem guten Mikroskop. Sie kommen so gut wie überall als Saprophyten oder auch Parasiten vor, bislang wurden rund 30 000 Arten beschrieben. Diese Gruppe teilt sich in zwei Hauptgruppen, die Coelomycetes und die Hyphomycetes. Bei den Coelomycetes entstehen die Konidien meist an Konidiophoren oder direkt aus Konidiogenzellen, die aus dem unfruchtbaren Hyphengewebe wachsen, das geschlossene oder offene Fruchtkörper bildet. Hierher gehören einige hundert Gattungen mit vielen tausend Arten.

Bei der Gruppe Hyphomycetes entstehen die Konidien entweder direkt aus dem Myzel oder häufiger an Konidiophoren aus besonderen Konidiogenzellen. Es werden jedoch keine Fruchtkörper gebildet, sondern die Konidiophoren wachsen als faserige, haarige oder filzige Beläge frei auf dem Substrat. Diese sog. unechten Schimmel haben eine beträchtliche Bedeutung in der Phytopathologie, technischen Mykologie, Tier- und Humanmedizin als Organismen, die verschiedene Erkrankungen bei Pflanzen, Tieren und Menschen hervorrufen. Je nach Färbung der Konidiophoren teilt man sie in farblose (Moniliales bzw. *Moniliaceae*) und dunkelgefärbte (Dematiales bzw. *Dematiaceae*) ein. Als wichtigste sollen hier wenigstens die Gattungen *Aspergillus, Penicillium, Botrytis, Monilia, Cladosporium* und *Fusarium* genannt werden. Auch die Hyphomyceten umfassen viele Gattungen und Arten.

Unter dem Namen Blastomycetes wird eine Gruppe von mikroskopischen Pilzen ausgesondert, die sich ausschließlich durch Wucherung vermehrt, daher werden sie auch „asporogene (oder anaskosporogene) Hefepilze“ genannt. Hierher gehören z. B. die Gattungen *Candida* und *Cryptococcus.* Einige von ihnen rufen Haut- und andere Krankheiten beim Menschen hervor.

Glossarium

acyanophil – nicht cyanophil; Zellwände, die sich nicht mit Baumwollblau anfärben

Aecidie – becherförmige Fruchtkörper von Rostpilzen auf höheren Pflanzen, in denen sich die Aecidiosporen entwickeln

Aethallium – polster- oder halbkugelförmige Fruchtkörper einiger Schleimpilze, die durch die Verschmelzung einer größeren Sporangienzahl entstehen

allantoid – Bezeichnung der Form von gekrümmten zylindrischen Sporen; gelegentlich auch als wurstförmig bezeichnet

amorph – formlos; ohne feste Form

amyloid – Reaktion von Zellwänden, wenn sie sich mit jodhaltigen Lösungen blau verfärben. In der Mykologie wird zur Feststellung der Amyloidität Melzer's Reagens benutzt. Die Farbreaktion führt im Falle amyloider Gewebe zu verschiedenen Blautönen von bläulichgrau bis fast schwarz

Anamorpha – Organe eines Pilzthallus, die entweder unfruchtbar sind (z. B. Sklerotien, Rhizomorphen) oder nur ungeschlechtliche Sporen (z. B. Konidien, Chlamydosporen) hervorbringen

angiocarp – Bezeichnung für Fruchtkörper mit innenliegender Fruchtschicht

Annulus – Ring; meist Überrest des Schleiers (Velum partiale) am Fruchtkörperstiel; normalerweise in Form eines häutigen Kragens

Antheridium – Bildungsort von Geschlechtszellen männlichen Geschlechts

anthrakophil – Vorliebe für Brandstätten; entweder auf verbranntem Boden oder direkt auf verkohltem Holz wachsend

apikal – scheitelständig; auf dem Scheitel stehend

Apikulus – kleiner Auswuchs am unteren Sporenpol, wo die Spore mit dem Sterigma verbunden war

Apothecium – Fruchtkörperform der Scheibenpilze, bei der die Fruchtschicht (sog. Thecium) zur Zeit der Reife offenliegt

Appendix – siehe Apikulus

Archegonium – Bildungsort von Geschlechtszellen weiblichen Geschlechts

Arthrosporen – ungeschlechtliche Sporen, die durch Zerfall eines Myzels entstehen; einfachste Form der ungeschlechtlichen (vegetativen) Vermehrung

Ascocarp – siehe Pseudothecium

Ascospore – geschlechtliche Spore der Schauchpilze, in einem Schlauch (Ascus) entstanden

Ascus, Mz. Asci – Schlauch; große sackartige, zylinder- oder keulenförmige Zellen in der Fruchtschicht der Schlauchpilze, in denen sich nach Kernverschmelzung und anschließender Reifeteilung meist 8 geschlechtliche Sporen (Ascosporen) entwickeln

Assimilationsfarbstoff – photosynthetisch wirksamer Farbstoff; bei den grünen Pflanzen z. B. Chlorophyll

Außenhülle – siehe Peridium

Autotrophie – die Fähigkeit, aufgenommene anorganische Stoffe mit Hilfe von Licht oder chemischer Energie in organische Substanzen umzuwandeln, sich also ausschließlich von anorganischen Stoffen zu ernähren (vgl. Heterotrophie)

Basidien – Zellen in der Fruchtschicht der Ständerpilze, an denen nach Kernverschmelzung und anschließender Reifeteilung zwei oder meist vier geschlechtliche Sporen (Basidiosporen) gebildet werden. Diese hängen meist an kleinen Stielchen (Sterigmen)

Basidiolen – unfruchtbare Basidien ohne Sterigmen oder andere sterile Zellen, die in Form und Größe Basidien ähneln

Basidiospore – geschlechtliche Spore der Ständerpilze

Baumwollblau – siehe Cottonblau

bilateral – siehe Lamellentrama

bitunikat – doppelwandig; z. B. doppelwandige Schläuche

Caulozystide – aus der Stielhaut wachsende Zystide

Cheilozystide – an der Lamellenschneide wachsende Zystide

chemische Reagenzien – für die Bestimmung und Anfertigung mikroskopischer Präparate werden in der Mykologie hauptsächlich benutzt: 3–10 %ige Ammoniaklösung, 2–5 %ige Kalilauge, Laktophenol, Milchsäure, Melzer's Reagens, Baumwollblau, Azetokarmin. Farbreaktionen auf dem Fleisch frischer Fruchtkörper werden z. B. durch Eisenvitriol, Phenol, Sulphovanillin, Benzidin, Silbernitrat, Naphtol, Formol oder Guaiak-Tinktur hervorgerufen

Chlamydospore – meist dickwandige ungeschlechtliche Dauerspore, die durch Abschnürung aus Hyphenzellen entsteht

Chromosomen – Bestandteile des Zellkerns, in denen die Erbsubstanz konzentriert ist

Chrysozystide – keulige Zystiden bei Blätterpilzen; mit einer amorphen, oft gelbgefärbten Masse gefüllt

Columella – Säule; unfruchtbarer Teil eines Sporangiums, für gewöhnlich die Fortsetzung von Stiel oder Basis in den sporenbildenden Teil von Schleim-, Schimmel- und einigen Bauchpilzen

Cortina – Haarschleier; faserige, schleierartige

Fruchthülle, die das Hymenium bedeckt und sich eventuell in die oberste Hautschicht des Hutes fortsetzen kann

Cottonblau (CB) – auch Baumwollblau; wird, in Milchsäure gelöst, zur Färbung von Zellwänden und besonders zur Darstellung der Sporenornamentik verwendet

cyanophil – Zellwände, die sich durch Baumwollblau blau bis violett anfärben

Dendrophysen – stark, oft baumartig verästelte Zellen in der Fruchtschicht oder der Huthaut

Dermatozystiden – auf der Haut des Fruchtkörpers wachsende Zystiden (vgl. Piloz.; Cauloz.)

Detritus – Schicht aus abgestorbenem organischem Material, hauptsächlich pflanzlichen Ursprungs an der Bodenoberfläche

dextrinoid – auch pseudoamyloid; Reaktion von Zellwänden, wenn sie sich mit Melzer's Reagens gelb- bis rotbraun oder wein- bis purpurrot anfärben

Dikaryon – Kernpaar; eine Besonderheit der Pilze, die durch die Existenz zweier haploider Kerne in einer Zelle gekennzeichnet ist

dimitisch – siehe Hyphensysteme

diploid – mit zwei gleichartigen Chromosomensätzen versehen

ektotroph – siehe Mykorrhiza

Endoperidium – siehe Peridium

endotroph – siehe Mykorrhiza

epigäisch – auf der Bodenoberfläche wachsend

Epikutis – die Oberschicht einer mehrschichtigen Huthaut von Blätterpilzen, die sich in ihrem Feinbau von den übrigen Schichten unterscheidet

Excipulum – äußerste Schicht des Apotheciums eines Schlauchpilzes

Exoperidium – siehe Peridium

exzentrisch – außerhalb der Mitte; meist für Stiele verwendet, die nicht in der Hutmitte sitzen

fimikol – auf Exkrementen wachsend

Fruchtkörper – speziell geformte Thallusteile von Pilzen, die aus Hyphen und Fortpflanzungszellen (Sporen, Konidien) produzierenden Geweben aufgebaut sind

Fruchtschicht – siehe Gleba; Hymenium

Fruktifikation – Zeit oder Zustand, zu dem ein Pilz Fruchtkörper hervorbringt

Gametangium – Gameten, also geschlechtliche Fortpflanzungszellen produzierende Organe (vgl. Antheridium, Archegonium)

Gelifikation – gallertig werden

Generativhyphen – dünnwandige, unterteilte (septierte), plasmagefüllte Pilzfäden mit oder ohne Schnallen (vgl. Hyphensysteme)

geschlechtliche Fortpflanzung – das Verschmelzen des Plasma- und Kerninhalts zweier verschiedengeschlechtlicher Zellen zu einer Zygote, aus der durch Reifeteilung Sporen entstehen; nicht immer mit einer Vermehrung verbunden

Gleba – innenliegende Fruchtschicht der Bauchpilze mit gekammerter Gewebemasse

Gloeozystiden – dünnwandige Zystiden mit meist lichtbrechendem, feinkörnigem oder öligem Inhalt; länglich keulig oder zylindrisch; normalerweise tief ins Hymenium eingelassen, aber auch in der Trama oder der Huthaut vorkommend

gymnocarp – Bezeichnung für Fruchtkörper mit an der Oberfäche liegender Fruchtschicht

Haarschleier – siehe Cortina

haploid – nur mit dem einfachen Chromosomensatz versehen; immer bei den Gameten verwirklicht

Heterotrophie – Ernährungsweise, bei der organische Stoffe benötigt werden, die von anderen Organismen gebildet wurden; heterotrophe Organismen besitzen keine Assimilationsfarbstoffe und haben nicht die Fähigkeit, aus anorganisch-chemischen Prozessen Energie zu gewinnen

Hilardepression – schwach vertiefte Stelle an der Bauch- (Ventral-)wand der Sporen dicht über dem Apikulus; sie ist oft amyloid und dann als sog. Hilarfleck erkennbar

hyalin – glasig; farblos; durchscheinend

hydnoid – Bezeichnung für ein stachelförmiges Hymenophor

hygrophan – Bezeichnung für das Verhalten von Pilzhüten bei Feuchtigkeit; bei vielen Blätterpilzen ist der Hut im feuchten Zustand dunkler als im trockenen; während des Austrocknens verblaßt er und zeigt oft zwei farbliche Kontrastzonen (an Rand und Scheitel) oder erscheint strahlig zweifarbig geflammt

Hymeniderm – Bezeichnung für eine Huthaut, die einen ähnlichen Feinbau hat wie ein Hymenium (alle Zellen in der gleichen Ebene angeordnet)

hymeniform – im Feinbau dem Hymenium ähnlich; Bezeichnung für Gewebe aus kugeligen, birnenförmigen, kurz zylindrischen oder keuligen Zellen, die palisadenartig angeordnet sind

Hymenium – Fruchtschicht; Schicht aus fertilem Gewebe, das Basidien bzw. Asci enthält; oft sind sterile Elemente (z. B. Basidiolen, Zystiden) eingemischt

Hymenophor – Fruchtkörperteil, der das Hymenium trägt

Hyphen – Pilzfäden; fadenförmige Grundbausteine des Pilzkörpers; meist durch Trennwände (Septen) in mehr oder weniger große Zellen geteilt. Sowohl das Pilzgeflecht (Myzel) als auch der größte Teil der Fruchtkörper besteht aus Hyphen

Hyphensysteme – Fruchtkörper können aus einem, zwei oder drei Hyphentypen aufgebaut sein. Das (1.) monomitische System enthält ausschließlich verzweigte Generativhyphen mit oder ohne Schnallen; das (2.) dimitische System ist entweder aus Generativ- und Ligativhyphen oder aus Generativ- und Skeletthyphen aufgebaut; das (3.) trimitische System setzt sich schließlich aus allen drei Hyphentypen (Generativ-, Ligativ- und Skeletthyphen) zusammen

Hypoderm – siehe Subkutis

hypogäisch – unterirdisch wachsend

Hypothallus – auch Subikulum; die Unterlage aus verflochtenen Hyphen in Oberflächennähe, auf der der Fruchtkörper entsteht. Auf einem Subikulum entwickeln sich immer mehrere kleine Fruchtkörper

Hypothecium – die Gewebeschicht unter dem Thecium der Scheibenpilze. Diese ist oft vom Excipulus eingeschlossen

Hysterothecium – Fruchtkörperform einiger Schlauchpilze; meist länglich mit einem schmalen Mittelspalt

Inkrustierung – der Zustand von Hyphenwandungen, deren Oberfläche von einer harten Schicht, Körnchen oder Kristallen aus einem meist lichtbrechenden farblosen Material bedeckt ist

invers – gegenläufig; vgl. Lamellentrama

irpexoid – Bezeichnung für ein Hymenophor mit flachen, lamellenartigen Stacheln oder kurzen Leisten

irregulär – unregelmäßig; vgl. Lamellentrama

Kapillitium – Haarfasern; unfruchtbare Hyphen zwischen dem sporenbildenden Gewebe in den Fruchtkörpern einiger Bauch- und Schleimpilze

karminophil – siehe siderophil

Keimpore – meist abgeflachte Stelle der verdünnten Sporenwand, an der die Spore auskeimt

keratinophil – bevorzugt auf Horn (oder hornhaltigen Stoffen) wachsend

Kleistothecium – geschlossener, kugelförmiger Fruchtkörper von Schlauchpilzen, der sich durch Zerfall öffnet

Konidien – ungeschlechtlich (vegetativ) an einer Hyphe oder einem Konidiophor entstandene Sporen

Konidiogenzelle – Konidien bildende Zelle

Konidiophor – besondere selbständige, einfache oder verzweigte Hyphe, an der Konidiogenzellen und Konidien entstehen

koprophil – bevorzugt auf Exkrementen wachsend

Kopulation – die Verschmelzung von Geschlechtszellen

Kragen – eine kragenartige Verbindung von Lamellen rings um den Stiel

Lamellen – blattartige Träger des Hymeniums, welche radial vom Stiel zum Hutrand verlaufen; typisch für Blätterpilze

Lamellenschnitte – ein Schnitt durch die Lamellen eines Pilzes ist in drei Richtungen möglich: (1.) tangential; der Tangentialschnitt wird quer zu den Lamellen in der Randpartie des Huts geführt. (2.) longitudinal = radial; der Längsschnitt wird durch die Mitte des Huts senkrecht geführt, so daß er entweder zwischen den Lamellen verläuft oder diese längs halbiert. (3.) transversal; der Querschnitt durch die Lamellen wird parallel zur Hutunterseite geführt

Lamellentrama – die Trama der Lamellen von Blätterpilzen werden nach ihrem Hyphenverlauf in vier Gruppen eingeteilt: 1. regulär; Trama mit parallelem Hyphenverlauf. 2. irregulär; Trama, bei denen einige Hyphen in verschiedenen Richtungen zwischen den parallel verlaufenden Hyphen verflochten sind. 3. bilateral; Trama, bei denen die Hyphen nur im Mittelteil der Lamelle parallel verlaufen, sich an den Rändern hingegen krümmen und bogenförmig zum Hymenium liegen. 4. invers; Trama, die dem bilateralen Typ ähneln, bei denen die Hyphen jedoch gegen die Mitte der Lamelle geneigt erscheinen

Lamelletten – kurze, vom Hutrand ausgehende Lamellen, die nicht bis zum Stiel reichen

Lamprozystide – dickwandige Zystiden von Blätterpilzen

lateral – seitlich sitzend; für Stiele verwendet, die seitlich am Hut angewachsen sind

Leisten – Hymenophor in Gestalt dicker flacher Rippen

Ligativhyphen – meist dickwandige, reich strauchartig verästelte Hyphen mit kurzem Basalstamm und ohne Septen und Schnallen

lignikol – auf (ligninhaltigem) Holz wachsend

„Makromyzeten" – Hilfsbegriff für sog. Großpilze, deren Fruchtkörper mit bloßem Auge gut sichtbar sind (größer als 5 mm)

Margo – Rand bzw. Saum eines Apotheciums

Meiose – zur Reduktion des Chromosomensatzes führende Reifeteilung. Ein diploider Zellkern (meist nach der Verschmelzung zweier Gameten) teilt sich zweimal hintereinander, wobei eine der Teilungen eine Reduktionsteilung ist. Das Resultat sind vier Tochterkerne mit haploidem (einfachem) Chromosomensatz.

Melzer's Reagens – wässrige Lösung von Chloralhydrat mit einem Zusatz von Kaliumjodid und Jod (22 g Chloralhydrat, 1,5 g KJ, 0,5 g J, 20 ml destilliertes Wasser), welche man zur Feststellung der Amyloidität benutzt. Erstmals von dem tschechischen Mykologen Melzer zusammengestellt und verwendet, gehört es zu den wichtigsten und meistverwendeten Reagenzien zur Pilzbestimmung

metachromatisch – Zellen oder Hyphenschichten, die sich zwar durch ein bestimmtes Mittel färben, jedoch eine andere Farbe zeigen als der verwendete Farbstoff (z. B. Rotfärbung durch Kresylblau). Dieser Begriff darf nicht auf die Amyloidität angewendet werden!

Metuloide – dickwandige, an ihrer Oberfläche stark inkrustierte Zystide, die ihren Ursprung tief im Hymenophor haben und an ihrer Spitze häufig Kristallausscheidungen zeigen

„Mikromyzeten" – Hilfsbegriff für eine künstliche

Gruppierung von mikroskopisch kleinen Arten, deren Fruchtkörper meist nicht mit bloßem Auge sichtbar sind. Hierher gehören alle Imperfekten, Rost-, Brand- und Schimmelpilze sowie die meisten Schlauchpilze

Mikron – Maßeinheit; 1 µm = 1/1000 mm. Die Größe aller Mikroelemente werden in der Mykologie in Mikron angegeben

monomitisch – siehe Hyphensysteme

Morphologie – die Lehre vom äußeren Bau der Organismen

Mycel – Pilzgeflecht; der Teil des Pilzthallus, der dem Substrat die Nährstoffe entnimmt

Mykologie – die Lehre von den Pilzen

Mykorrhiza – Pilzwurzel; durch das Zusammenleben mit Pilzhyphen veränderte Wurzeln von grünen Pflanzen. Da dieses Zusammenleben beiden Partnern Vorteile bringt, spricht man von einer Symbiose. Man unterscheidet ektotrophe (aufsitzende) und endotrophe (ins Wurzelgewebe eindringende) Mykorrhizen

Ochrea – siehe Schuh

„Oidium“ – Sammelbegriff für dünnwandige ungeschlechtliche Vermehrungszellen (Arthrokonidien, Thallokonidien), die durch Zerfall von vegetativen Hyphen entstehen

Oogon – ein einfach gebautes, festsitzendes Gametangium, das eine Eizelle enthält

Oosphäre – Eizelle

Oospore – starkwandige Dauerspore, die sich aus einer befruchteten Eizelle bildet

Ostiolum – halsartig verengter Peritheciumsteil mit einem fasergepolsterten Kanal und einer vorgebildeten Mündung

Palisadengewebe – mehr oder weniger parallel angeordnete keulige oder zylindrische Hyphenelemente, die meist auf der Hutoberfläche liegen

Paraphysen – unfruchtbare Fasern, welche die Zwischenräume der Schläuche ausfüllen; sie haben oft eine charakteristische Form und besitzen Farbstoffeinlagerungen

Parasit – Schmarotzer; ein Organismus, der in (Endop.) oder auf (Ektop.) anderen Organismen immer (obligat) oder gelegentlich (fakultativ) lebt und diese dabei schädigt oder zerstört

Peridium – die Fruchtkörperwand der Bauchpilze; man unterscheidet eine äußere (Exoperidium) und eine innere (Endoperidium) Fruchtkörperwand

Perithecium – geschlossener, mehr oder weniger kugeliger Fruchtkörper bei Hartpilzen, mit einem gewöhnlich scheitelständigen Ostiolum

Phialiden – siehe Konidogenzellen

Pileozystide – aus der Huthaut wachsende Zystide

Plage – auch Blöße; mehr oder weniger umgrenzter, nicht ornamentierter Fleck dicht über dem Apikulus

Plasmodiokarp – gestreckte, ansitzende und verzweigte Fruchtkörper von Schleimpilzen

Pleurozystiden – Zystiden auf den Seiten der Lamellen und den Wänden der Röhren

Pore – 1. Öffnung am Ende einer Röhre. 2. Öffnung am Ende eines Ascus. 3. Ostiolum des Peritheciums

poroid – mit Poren versehenes Hymenophor bei Röhrlingen und Porlingen

pseudoamyloid – siehe dextrinoid

Pseudoparaphysen – unfruchtbare Fasern bei einigen Hartpilzen, die einzelne Schläuche eines Pseudotheciums voneinander trennen; im Gegensatz zu Paraphysen sind sie mit Boden- und Deckgewebe verbunden

Pseudoparenchym – Gewebetyp, der aus kugeligen oder fast kugeligen Zellen besteht

Pseudothecium – Fruchtkörper einiger Hartpilze, welcher einem Perithecium ähnelt. Entwicklungsmäßig ist es ein Stroma aus bitunikaten Schläuchen und Pseudoparaphysen als Überreste eines Innengewebes

Pykniden – geschlossene, meist kugelige Bildungen, in denen ungeschlechtliche Sporen (Konidien) entstehen

radial – vom Zentrum zum Rand strahlenartig auseinandergehend

regulär – regelmäßig; vgl. Lamellentrama

resupinat – flach auseinanderfließend und meist mit der Unterlage verwachsen; Fruchtkörpertyp zahlreicher Nichtblätterpilze

Rezeptabulum – 1. anderer Ausdruck für den größten Teil eines Apotheciums. 2. Trägerteil der Rutenpilze

Rhizoid – schnur- oder wurzelartiger Myzelstrang an der Fruchtkörperbasis

Rhizomorphen – Myzelstränge mit verdickter, sklerotisierter Außenschicht

Ring – siehe Annulus

Röhren – senkrecht angeordnete Röhren, die das Hymenophor der Röhrenpilze bilden

Safthyphen – lange, ungekammerte Hyphen, die mit dickem, körnigem Plasma oder Latex (Milch) gefüllt sind

Saprophyt – ein Organismus, der von totem organischem Material lebt

Scheibe – 1. mittlerer Teil der Hutoberfläche. 2. siehe Thecium

Schleier – Velum partiale; vgl. Velum

Schnallen – kurze, bogige Gebilde neben den Hyphentrennwänden zahlreicher Ständerpilze; sie stehen mit dem Verlauf von Kernteilungen im Zusammenhang

Schuh – Rest des Velum universale am Fußunterteil; teilweise häutig scheidenartig am Fuß angewachsen mit einem deutlichen Oberrand. Typisches Merkmal für Haarschleierpilze aus der Untergattung der Schleierlinge *(Telamonia)*

Septum, Mz. Septa – Trennwand; Quer- oder Längswand in Hyphen und Sporen *siderophil* – „eisenliebend“; Zellen, die in ihrem Plasma zahlreiche Körner besitzen, die sich mit Azetokarmin dunkel färben; daher bisweilen auch karminophil genannt

Skeletthyphen – dickwandige, lange unverzweigte Hyphen ohne Trennwände

Sklerotium – knollen- oder linsenförmiges bzw. unregelmäßiges Gebilde aus fest verflochtenen Hyphen; besonderes Ruhestadium, aus dem bei günstigen Bedingungen Hyphen und Fruchtkörper wachsen

Sphaerozysten – kugelige Zellen in der Huthaut oder der Trama von Täublingsartigen (Täublinge, Reizker)

Sporangiophor – Sporangienträger

Sporangium – Zellen oder einzellige Organe, welche einen oder mehrere Keime bilden. Sporangien mit sexueller Funktion heißen Gametangien

Sporen – ein- oder mehrzellige Fortpflanzungszellen der Pilze; sie entsprechen funktionell den Samen der höheren Pflanzen, sind aber ohne Embryo

Sporenornamentik – Strukturen der Sporenwandoberfläche, die alle möglichen Formen annehmen können (Warzen, Stacheln, Kämme, Netze)

Sporokarp – Fruchtkörper.

Sterigma – Stielchen an der Basidienoberfläche, an dem die Basidiospore gebildet wird

Stroma – zähes Gebilde aus dichtgepackten Hyphen, in das Fruchtkörper eingelagert sind (meist bei Kernpilzen) oder aufsitzen

Subhymenium – Gewebeschicht unter dem Hymenium, die manchmal einen anderen Feinbau als die Trama aufweist

Subiculum – siehe Hypothallus

Subkutis – Unterhaut; tieferliegendes Gewebe einer mehrschichtigen Huthaut

Substrat – Nährboden bzw. Untergrund (z. B. Erde, Detritus, Holz, lebendes Gewebe von Tieren, Dung), auf dem ein Organismus wächst und dem er die Nährstoffe entzieht

Suprahilarblöße – siehe Plage

Taxonomie – die Lehre von den systematischen Einheiten (Taxa)

terrestrisch – auf festem Boden wachsend

Thallus – Der Körper von niederen Pflanzen und Pilzen; niemals in Wurzel, Sproß und Blatt differenziert wie bei höheren Pflanzen

Thecium – der das Hymenium tragende Oberteil des Fruchtkörpers von Scheibenpilzen

Trama – 1. Fruchtkörperfleisch der Pilze im weitesten Sinne. 2. Gewebe im Hymenophor der Ständerpilze

Trennwand – siehe Septum

Trichoderm – Hutoberschicht, bei der die Hyphen senkrecht zur Oberfläche stehen und so den Eindruck von Härchen erwecken

trimitisch – siehe Hyphensysteme

ungeschlechtliche Vermehrung – die Teilung von Zellen ohne vorherige Kopulation verschiedengeschlechtlicher Zellen

vegetative Vermehrung – siehe ungeschlechtliche V.

Velum – Hülle; ein Gebilde, das den jungen Fruchtkörper ganz oder teilweise umschließt. Man unterscheidet: 1. die Allgemeinhülle (Velum universale), die den ganzen Fruchtkörper umhüllt und 2. die Teilhülle (Velum partiale) oder den Schleier, welche Hutrand und Stieloberteil verbindet und in der Jugend das Hymenophor bedeckt

Volva – Scheide; der Teil des häutigen Velum universale, welcher die Stielbasis scheidenförmig umgibt

Wirt – der Organismus, mit dem der Lebenszyklus eines Parasiten oder Symbionten ganz oder teilweise unmittelbar verbunden ist

Zygospore – Dauerspore, die nach der Verschmelzung zweier Gametangien oder Gameten entsteht

Zystiden – sterile Zellen oder Haare, die zwischen den Basidien in der Fruchtschicht der Ständerpilze stehen und tief im Hymenophor entspringen

Zystidiolen – sterile Zellen, die die Funktion der Zystiden haben, jedoch nicht tiefer im Hymenophor entspringen, sich aber in der Form von den Basidien und Basidiolen unterscheiden

Bildteil

Erklärung der Symbole:

eßbar

wertlos oder bedingt eßbar

giftig

tödlich giftig

Gemeiner Orangebecherling

Aleuria aurantia (FR.) FUCKEL

Die Scheibenpilze (Discomycetes) sind neben den Hartpilzen (Pyrenomycetes) die zweitgrößte Gruppe der Schlauchpilze (Ascomycetes). Der überwiegende Teil ihrer Vertreter ist jedoch so klein und unauffällig gefärbt bzw. wächst an so versteckten Stellen, daß sie dem Auge des Betrachters leicht entgehen. Zu den größeren Arten, die durch ihre Färbung auffallen, gehört der Gemeine Orangebecherling. Er wächst häufig gruppenweise auf nacktem, feuchtem, vorwiegend lehm-sandigem Boden von Waldwegen und Gräben. Er erscheint erst zum Ende des Sommers oder Herbstanfang. Seine Apothecien, deren Größe beträchtlich schwankt, sehen von weitem wie weggeworfene Apfelsinenschalenstücke aus. Sie haben Schüsselform mit zunächst regelmäßig, später vielfach unregelmäßig verbogenem Rand. Die schöne Färbung der Fruchtkörper kommt von einem Orangepigment her, das in Gestalt von vielen Körnchen und Tröpfchen im Gewebe, vor allem in den faserigen Paraphysen sitzt. In Melzer's Reagens verfärben sich die Paraphysen schnell blaugrün, während die Schlauchwände farblos bleiben. Das ist ein wesentlicher Unterschied zur Gattung der Becherpilze *(Peziza),* bei denen die Schlauchwände blau werden, also amyloid sind. Die Sporenoberfläche dieses Becherlings ist durch ein regelmäßiges Netz aus großen sechseckigen Maschen verziert.

Auch wenn der Gemeine Orangebecherling ein unschädlicher Pilz ist (manchmal dient er zum Garnieren von Gemüsesalaten), empfiehlt er sich doch nicht zum rohen Verzehr.

Dem Gemeinen Orangebecherling ähnelt im Aussehen der Zinnoberrote Kelchbecherling- *Sarcoscypha coccinea* (FR.) LAMBOTTE aus der Familie der Kelchbecherlinge *(Sarcoscyphaceae),* der jedoch eine scharlachrote Scheibe hat. Er wächst gegen Winterende/Frühjahrsanfang auf morschen Ästen und Stämmen von Laubbäumen.

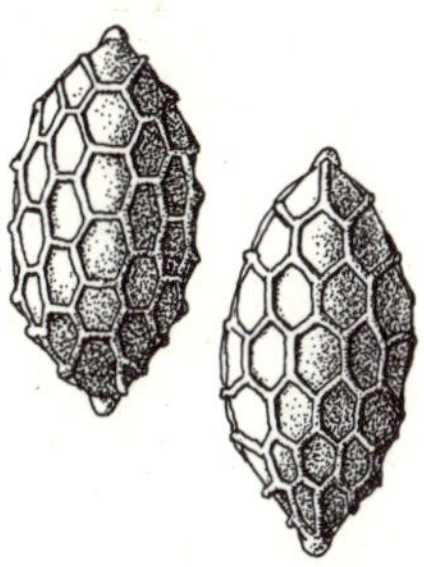

Sporen des Gemeinen Orangebecherlings: 16–24 × 8–10 µm, ellipsoid

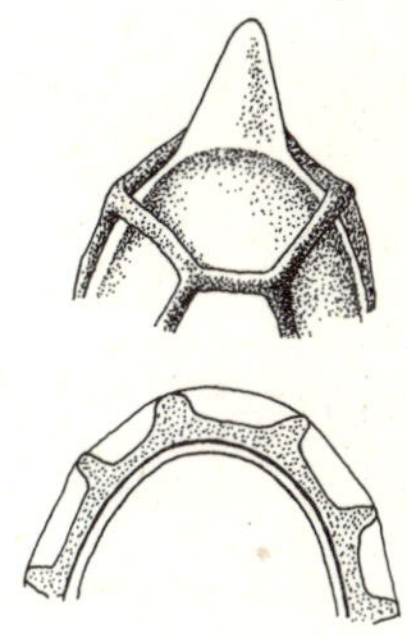

Sporenornamentik – Detail und Querschnitt farblos

Zinnoberroter Kelchbecherling

Gemeiner Orangebecherling

Eselsohr

Otidea onotica (PERS.) FUCKEL

Ähnlich wie die meisten übrigen Arten der Öhrlinge *(Otidea)* sind die Fruchtkörper des Eselsohrs in vertikaler Richtung gestreckt, so daß sie senkrecht zur Unterlage wachsen. Auf einer Seite sind sie bis zur Basis längsgeteilt und haben eingedrehte Ränder; unten sind sie verjüngt und oft kurz stielartig abgesetzt. Ihre Farbe ist ockergelb oder braun, das Fruchtfleisch ist kaum saftig und ziemlich dünn. Ihre Form erinnert an Hasen- oder Kaninchenohren. Die einzelnen Arten der Gattung *Otidea,* von denen mehrere Dutzend bekannt sind, lassen sich nur schwer voneinander unterscheiden, da sie sich weitgehend ähneln.

Das Eselsohr ist aber eine der Arten, die man leicht erkennt, da sie sich von allen übrigen in Größe und Farbe unterscheidet. An der Außenseite ist es cremegelb bis orange, auf der Scheibe hat es einen warmen rosaroten Farbton. Die Fruchtkörper werden bis zu 12 cm hoch und 1–3 cm breit. Das Eselsohr gehört damit zu den größten Arten der Familie. Es wächst meist in kleineren Büscheln, aber auch einzeln in Humus und dicken Streuschichten in Nadelwäldern, selten im Laubwald, dann oft unter Haselsträuchern, Hainbuchen und Eichen.

Charakteristisch für alle Öhrlingsarten sind am Ende gekrümmte Paraphysen, die kurze Auswüchse besitzen und breit elliptische glatte Sporen, die zwei große Tröpfchen enthalten. Die Schlauchwand ist nicht amyloid.

Für den praktischen Pilzsammler sind die Öhrlinge sowohl wegen des vereinzelten Vorkommens als auch wegen des trockenen, dünnen Fleisches nahezu wertlos.

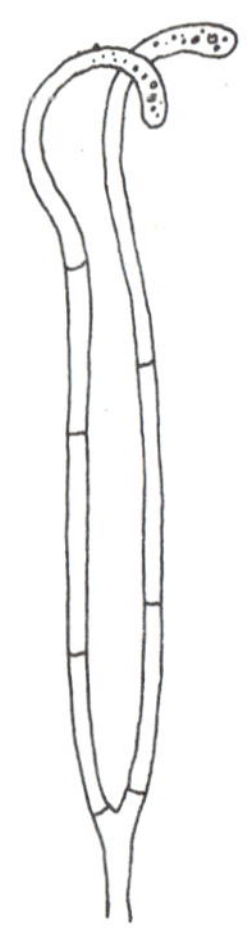

2 Paraphysen

Schlauch mit 8 Sporen

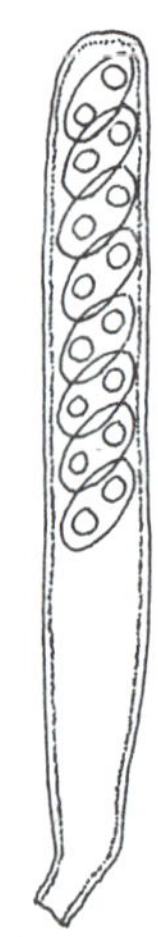

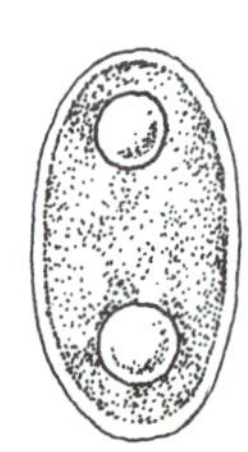

Spore 12–15 × 6–8 µm, farblos

Riesenbecherpilz, Violetter Kronenbecherling

Sarcosphaera eximia (DUR. et LÉV.) R. MRE.

Die Lebensweise des Riesenbecherpilzes ist ziemlich einzigartig. Seine Fruchtkörper entstehen unter der Erdoberfläche in den oberen Bodenschichten als weißliche hohle Kugeln, so daß sie an verschiedene unterirdische Pilze z. B. an die Trüffeln erinnern. Die Fruchtkörper öffnen sich aber bald an der Spitze, indem sie zu einigen großen dreieckigen Zipfeln aufplatzen, so daß ein dekoratives sternförmiges Gebilde zustandekommt. Zu diesem Zeitpunkt sind die Fruchtkörper schon an der Substratoberfläche zu sehen, doch bleiben sie mit ihrem tief konkaven Unterteil im Boden verborgen. Sie fallen durch ihre beträchtliche Größe (8–25 cm breit), besonders aber durch die herrlich amethystfarbene Scheibe auf, die später verblaßt. An den geeigneten Orten findet man für gewöhnlich ganze Gruppen der kugelförmigen Apothecien.

Der Riesenbecherpilz wächst hauptsächlich auf schwereren Lehmböden; daher kommt er häufiger als Gast in Wäldern auf Kalkunterlage vor. Der Pilz erscheint mit Vorliebe unter Tannen, aber auch unter Kiefern und Fichten. Er ist giftig. Zu Vergiftungen kam es nach dem Verzehr frischer Fruchtkörper, die früher zum Garnieren von Gemüsesalaten benutzt wurden.

Die Gattung *Sarcosphaera* steht durch ihre mikroskopischen Merkmale der Gattung *Peziza* nahe; beide haben ausgesprochen amyloide (durch Einwirkung von Melzer's Reagens blauwerdende) Schlauchwände. In der mykologischen Literatur wird der Riesenbecherpilz oft unter ungültigen Namen *Peziza coronaria* JACQ. und *S. macrocalyx* AUERSW. geführt.

Spore 15–18 × 8–9 μm, glatt, farblos

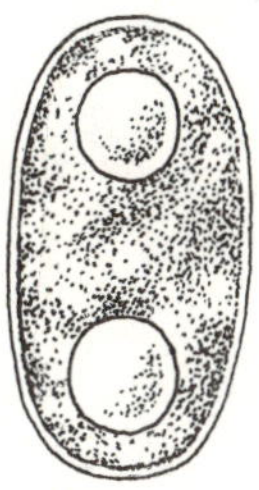

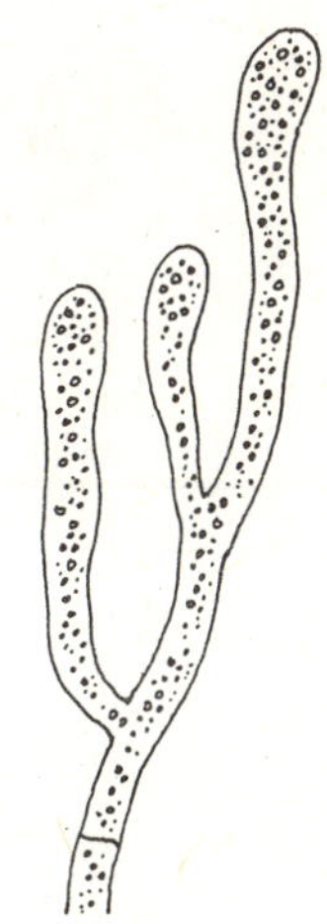

Paraphysenspitzen

Perllorchel, Größter Scheibling

Discina perlata (FR.) FR.

Der Pilz gehört zu den charakteristischen Scheibenpilzarten, deren Fruchtkörper bald nach der Schneeschmelze und Erwärmung des Waldbodens erscheinen. Die Apothecien findet man vorwiegend auf der Schnittfläche oder an den Wurzeln von moosüberwachsenen Fichtenstubben, oft auf Lichtungen oder an Schneisen. Für gewöhnlich wachsen die Pilze gesellschaftlich und fallen sowohl durch ihre Scheibenform als auch durch die hübsch kastanienbraune, am Rand gewellte Scheibe auf. Die jungen Fruchtkörper haben an der Unterseite einen kurzen, tief gefurchten weißen Stiel, so daß sie der Gattung der Rippenbecherlinge *(Paxina = Acetabula)* ähneln. Von dieser Gattung unterscheidet sich der Pilz aber durch völlig andere Sporen. Die Sporen dieser Lorchelart sind von einem feinen Netzmuster überzogen, das weitgehend dem Netz auf den Sporen der Riesenlorchel ähnelt. Auch sie haben an beiden Polen Warzen, so daß man diese beiden Arten anhand der Sporen nur schwer voreinander unterscheiden kann. Sowohl Perllorchel als auch Riesenlorchel wachsen an ähnlichen Standorten und in der gleichen Jahreszeit. Beide Arten sind eßbar und werden in Gebieten, wo sie die Pilzsammler kennen, für die verschiedensten Zubereitungsarten gesammelt.

In Form und Färbung ähnelt der Perllorchel die Gewellte Wurzellorchel – *Rhizina undulata* (SCHFF.) ex P. KARST. Leicht kann man sie jedoch an der Unterseite unterscheiden, aus der zahlreiche senkrecht stehende wurzelähnliche Gebilde hervorwachsen. Mit ihnen ist die Gewellte Wurzellorchel an der Unterlage festgewachsen. Oft kommt sie im Sommer und Herbst massenhaft auf Brandflächen, besonders auf verkohlten Wurzeln von Kiefernstümpfen vor, denn das Pilzgeflecht lebt im Kiefernholz. Die Gewellte Wurzellorchel ist ungenießbar.

Spore der Perllorchel: 30–40 × 12–15 µm, bootsförmig, farblos

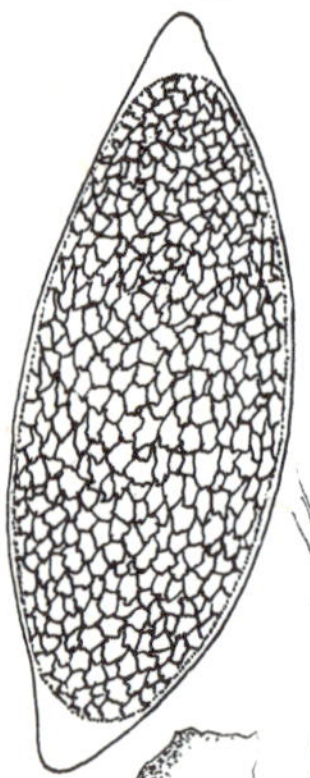

Gewellte Wurzellorchel von oben und von der Seite

Perllorchel

Gewellte Wurzellorchel

Frühjahrslorchel, Stockmorchel

Gyromitra esculenta (PERS.) FR.

Auch die Frühjahrslorchel ist ein typischer Vertreter der Frühlings-Mykoflora in Nadel-, hauptsächlich Kiefernwaldungen. Ihre Fruchtkörper erscheinen hier im Mai/Anfang Juni, für gewöhnlich auf dem nackten Waldboden. Sie bevorzugt offene Stellen, z. B. Lichtungen, auf denen man sie in der Nähe von Baumstümpfen finden kann, auf die bzw. auf deren Wurzeln sie manchmal übergeht. In einigen Gebieten, besonders in Kiefernwäldern auf Sandunterlage, ist sie ein häufiger Pilz.

Vielerorts wurde die Frühjahrslorchel als Speisepilz gesammelt. Ihre Genießbarkeit bzw. Giftigkeit ist jedoch immer noch strittig; in der neuesten Fachliteratur wird die Frühjahrslorchel daher nicht zum Verzehr empfohlen bzw. direkt unter den giftigen Pilzen genannt. Die Vergiftungen durch diesen Pilz sind etwas rätselhaft. Zwar sind junge Fruchtkörper ohne jegliche Gesundheitsschäden genießbar, doch nach dem Verzehr älterer Exemplare kam es – wenn auch selten – zu schweren Vergiftungsfällen. Daher ist in einigen Ländern der Verkauf verboten. Der die Vergiftung verursachende Stoff sowie der Mechanismus der Vergiftungen sind bisher ungeklärt.

Der Frühjahrslorchel ähnelt die Riesenstockmorchel – *Maublancomyces gigas* (KRBH.) HERTER, die allerdings stattlicher aussieht. Ihr hellockerfarbener „Hut" besitzt große freie Lappen, während der Hut der Fühjahrslorchel kleinere und stärker gerundete Lappen hat. Mikroskopisch sind die Arten völlig verschieden. Die Riesenstockmorchel ist weniger häufig als die Frühjahrslorchel. Sie kommt zur gleichen Zeit vorwiegend auf alten Baumstümpfen und Wurzeln bzw. auf im Boden moderndem Holz vor. Sie ist eßbar und wohlschmeckend.

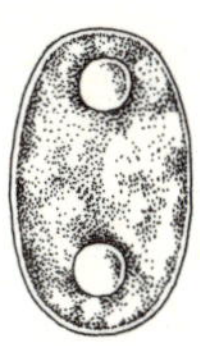

Spore der Frühjahrslorchel:
16–20 × 8–11 µm, elliptisch, farblos

Fruchtkörper der Riesenstockmorchel

Riesenstockmorchel

Frühjahrslorchel

Herbstlorchel, Krause Lorchel

Helvella crispa (SCOP.) ex FR.

Die Pilze aus der Familie der Lorcheln gehören zu den entwicklungsmäßig vollendetsten Scheibenpilzen. An ihren Fruchtkörpern kann man einen unfruchtbaren Teil (in Form eines Stiels oder Fußes) vom fruchtbaren Teil, der die sporenbildende Schicht mit Schläuchen und Paraphysen trägt, unterscheiden. Der fruchtbare Teil hat die Form einer Schüssel oder eines unregelmäßig geformten Hutes, der oft zu einem Sattel oder unterschiedlich großen Lappen verbogen ist. Charakteristisch für alle Lorchelarten sind die elliptischen, meist glatten Sporen mit einem auffallend großen Öltropfen im Zentrum. Oft sind sie mit weiteren kleinen Tröpfchen angefüllt. Die Lorcheln wachsen im Sommer und Herbst im Wald, seltener außerhalb des Waldes auf nacktem, feuchtem Boden.

Eine der häufigsten Arten ist die Herbstlorchel *H. crispa,* der man sowohl in Laub- als auch in Nadelwäldern begegnen kann. Sie läßt sich gut anhand der fast weißen oder sahnegelb-gefärbten Fruchtkörper mit dem unregelmäßig gelappten Hut und tief gerieften Stiel erkennen. Die Hutoberfläche ist fein befilzt; dies steht im Gegensatz zur ziemlich ähnlichen Grubenlorchel – *H. lacunosa* AFZ. ex FR., deren Hutoberfläche völlig kahl ist. Die Grubenlorchel ist meist in grauen, graubraunen oder schwärzlichen Schattierungen gefärbt; nur ganz selten können auch fast weiße Formen auftreten. Auch diese Art wächst auf dem Boden in schattigen und eher feuchten Zonen von Laub- und Nadelwäldern sowie unter Gebüsch. Beide Arten sind eßbar. *Leptopodia elastica* (BULL.) BOUD. – Elastische Lorchel. Sie besitzt einen ocker- bis zimtbraunen Hut und im Gegensatz zu den beiden vorigen Arten einen glatten Stiel. Auch diese Art ist eßbar und wächst an ähnlichen Orten wie die Grubenlorchel, bevorzugt unter Gebüsch.

Grubenlorchel

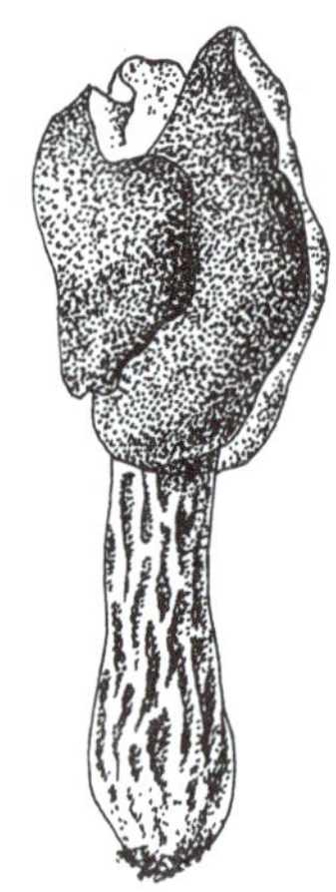

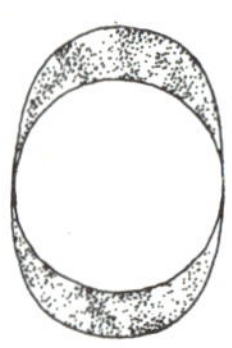

Spore der Herbstlorchel:
17–20 × 10–12 µm

Herbstlorchel

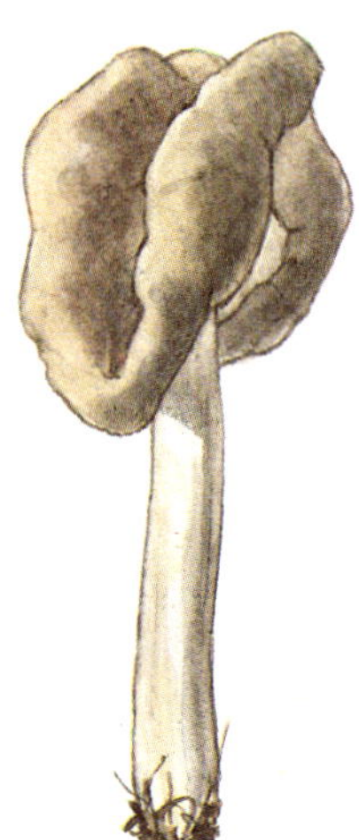

Elastische Lorchel

Speisemorchel

Morchella esculenta PERS. ex ST.-AMANS

Morcheln sind die am höchsten entwickelten Scheibenpilze und gleichzeitig auch die bekanntesten Pilze dieser Klasse. Von alters her werden sie gesammelt und sind wegen ihres ausgezeichneten Geschmacks sehr beliebt. In einigen europäischen Ländern, deren günstige Klimabedingungen im zeitigen Frühjahr ein reiches Wachstum von Morcheln gestatten, sind sie mit einer größeren Artenzahl sowie deren Unterarten und Formen vertreten. In Form, Größe und Färbung der Fruchtkörper sind die Morcheln unendlich variabel und die Mykologen sind sich in der Bewertung aller dieser Abweichungen bis heute nicht einig. Sogar in einer einzigen Population, sofern sie gleichzeitig durch eine größere Anzahl Fruchtkörper repräsentiert ist (ein gar nicht so seltener Fall), kann man die beträchtliche Veränderlichkeit der einzelnen Merkmale beobachten.

Die Fruchtkörper aller Morcheln sind hohl und spröde. Die Speisemorchel gehört zu den Arten, deren Hut mit dem Unterrand am Stiel festgewachsen ist und unregelmäßig geformte Längsrippen aufweist. Diese Rippen sind gekrümmt und durch Vertiefungen (Lakunen) voneinander getrennt. Diese Lakunen haben rundliche bis abgerundet vieleckige Formen und sind an der Hutunterseite frei geöffnet. Die typische Form der Speisemorchel hat einen eiförmigen, ellipsoiden Hut, der manchmal auch stumpf kegelförmig oder sogar zylindrisch aussehen kann. Normalerweise ist er 4–8 cm hoch und bis zu 4 cm breit, ockergelb, bräunlich oder blaßgrau gefärbt. Die Speisemorchel wächst im April/Mai an sonnigen Stellen in Wäldern, aber auch auf Rasenflächen, in Parks und Gärten.

Der Speisemorchel ähnelt in der Größe die Spitzmorchel – *M. conica* PERS. Diese hat aber einen kegelförmigen, dunkler gefärbten Hut mit parallel verlaufenden Hauptrippen und viereckigen Lakunen, die am Unterrand geschlossen sind. Sie ist ebenfalls eßbar.

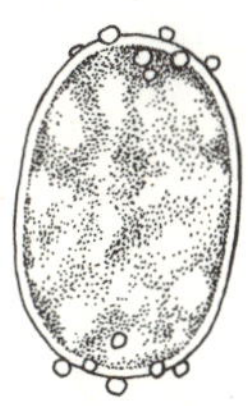

Spore der Speisemorchel:
18–24 × 11–15 μm, elliptisch, farblos

Spitzmorchel

Speisemorchel

Hohe Morchel, Hohlmorchel

Morchella elata FR.

Dieser Pilz gehört zu den größten Arten seiner Gattung; seine Fruchtkörper werden 10–25 cm hoch und 8 cm breit. Von der Speisemorchel unterscheidet sich die Art nicht nur in der Größe, sondern auch durch den gestreckt-zylindrischen, manchmal nur leicht zugespitzen kugeligen Hut mit graubrauner, dunkelbrauner oder braungrünlicher, nur selten rosa- oder purpurschwärzlicher Färbung. Die Hauptrippen des Huts sind ziemlich dünn, mehr oder weniger parallel und durch dünne, niedrige Schräg- oder Quersprossen verbunden, wodurch längliche, viereckige Zwischenrippengruben entstehen, die am Hutunterrand geschlossen sind. Der mit länglichen Gruben bis Furchen überzogene Stiel hat sehr häufig einen knollenförmig verbreiterten Unterteil, der 8 cm Durchmesser haben kann.

Die Hohe Morchel wächst im April/Mai, in höheren Lagen auch erst im Juni hier und da auf dem Boden von Laub- und Nadelwäldern, Gärten, alten Parks, häufig auf Schuttplätzen und Höfen in der Stadt. Sie ist eßbar.

An vom Menschen stark beeinflußten Stellen, z. B. auf Fabrikhöfen, Baustellen, Lagerplätzen, Bahngleisen, ja oft sogar im Zentrum großer Industriestädte kommt im Osten Europas eine weitere große Art, die Prager Morchel – *M. pragensis* SMOTL., vor. Ihr Hut ist beidseitig zusammengedrückt, so daß der Pilz einem Tennisschläger gleicht. Er ist stark gestreckt und gelb- bis olivbraun gefärbt. Die Größe seiner Fruchtkörper schwankt stark zwischen 6–28 cm Höhe und 4–8 cm Breite. Diese Art ist ebenfalls eßbar.

Spore: 19–26 × 11–16 μm, elliptisch, farblos, an den Polen kleine Tröpfchen

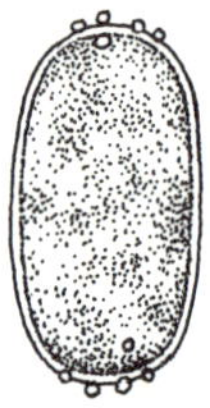

Schlauch mit 8 Sporen

Paraphyse

Runzelverpel, Böhmische Glockenmorchel

Ptychoverpa bohemica (KRBH.) BOUD.

Die Runzelverpel ist ein weiterer wichtiger Frühjahrspilz. Man erkennt sie leicht am zylindrischen, hohlen, schlanken Stiel, an dessen Spitze wie ein Mützchen der glockenförmig gewölbte Hut sitzt. Dieser ist nur mit einer kleinen Fläche ganz oben festgewachsen, sonst steht er von der Stieloberfläche frei ab, was sich gut im Längsschnitt sehen läßt. Die Hutoberfläche ist uneben und gewellt mit dicken abgerundeten, länglichen, ocker- oder gelbbraunen Falten. Die Gesamtlänge der Fruchtkörper kann 15 cm betragen, nicht selten findet man aber auch ganz kleine Exemplare mit ganz kurzem Fuß. Die Sporen, die mit ihren riesigen Abmessungen zu den größten Pilzsporen überhaupt zählen, entstehen immer nur zu je 2 in den Schläuchen.

Die Runzelverpel wurde von dem tschechischen Mykologen J. V. Krombholz vor 150 Jahren aus der Umgebung Prags beschrieben. Sie wächst von März bis Anfang Mai auf humusreichen Böden zwischen der Streu von Laubwäldern und bevorzugt wärmespendende, eher kalkhaltige Unterlagen, kommt aber auch auf etwas saureren Böden vor. Häufig begleitet sie Espen oder Ebereschen. Sie ist ein sehr schmackhafter Speisepilz, den man höchstens mit der Glockenmorchel – *Mitrophora semilibera* (DC ex FR.) LÉV. verwechseln kann, die jedoch gleichfalls eßbar ist.

Bei *M. semilibera* ist der Hut mit der ganzen Länge seiner Oberhälfte am Stiel festgewachsen, während die Unterhälfte absteht. Auch hat seine Hutoberfläche eine andere Struktur; sie besteht aus schmalen, dünnen, querverbundenen Längsrippen. Die Art hat auch wesentlich kleinere Sporen als die abgebildete Böhmische Glockenmorchel, nur 22–30 × 13–17 µm groß. Sie wächst in feuchteren Wäldern, namentlich in Auwäldern der Bachtäler mit Erlen- oder Eschenbeständen.

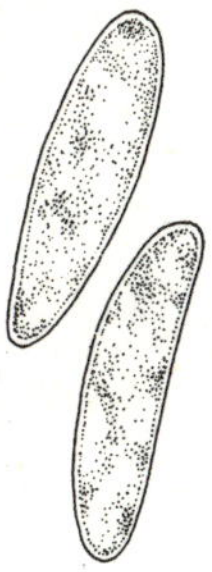

Sporen der Runzelverpel: 60–80 × 17–22 µm, lang elliptisch, gelblich

Schnitt durch den Fruchtkörper

Glockenmorchel

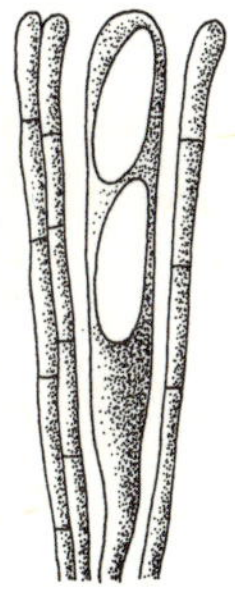

Paraphysen und Schlauch der Runzelverpel mit zwei Sporen

Verbreitung der Runzelverpel in Europa

Runzelverpel

Weißtrüffel

Choiromyces meandriformis VITT.

Viele Berichte über Trüffelfunde, die aus den Reihen nur mit der oberirdischen Pilzwelt vertrauten Naturfreunde zu hören sind, gehen auf die Weißtrüffel zurück. Ihre unregelmäßig knollenförmigen Fruchtkörper sind 5–15 cm groß, sehr hart und verhältnismäßig schwer (sie können bis zu 500 g erreichen). Ihre Oberfläche ist zunächst weißlich oder graubraun, später werden sie gelb bis braun. Im Schnitt erkennt man eine feste Innenmasse (die sog. Gleba), die von sehr vielen, äußerst dünnen, labyrinthartig verzweigten Gängen durchzogen ist, die als feine, unterschiedlich breite und lange Adern zu sehen sind. Die Gleba ist weiß, in der Zeit der Sporenreife braun geädert. Die in diesen „Adern" aufgereihten Schläuche haben Keulenform und bringen 2, 4 oder 8 Sporen hervor.

Aus ökologischer Sicht gehört die Weißtrüffel zu den unterirdisch (hypogäisch) fruchtenden Pilzen, da ihre Fruchtkörper unter der Erdoberfläche entstehen. Erst später ragen sie teilweise aus dem Boden hervor. Die Weißtrüffel wächst im Sommer und Herbst bevorzugt in Laubwäldern sowohl auf sandigen als auch auf schwereren Lehmböden. Sie ist über die gesamte gemäßigte Zone der Nordhalbkugel verbreitet, also auch in den Gebieten, in denen die Echten Trüffeln (Gattung *Tuber*) nicht wachsen. Es empfiehlt sich nicht, reife Fruchtkörper der Weißtrüffel in geschlossenen Räumen zu bewahren, da ihr Geruch so durchdringend ist, daß er bald den ganzen Raum durchsättigt und unerträglich wird. Der Pilz ist eßbar, wird den Speisen aber nur in geringen Mengen als Gewürz zugesetzt.

Spore: 16–22 µm (einschl. Stacheln), kugelig, kurz und stumpf bestachelt, hellgelb

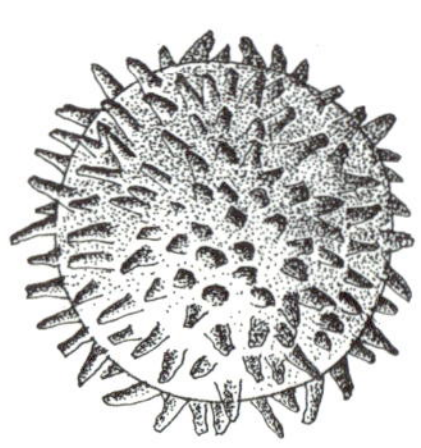

Schlauch mit 8 Sporen

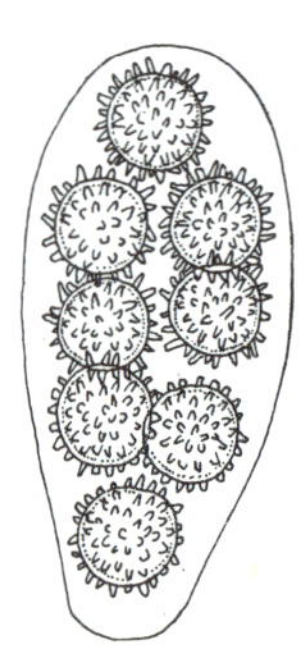

Sommertrüffel

Tuber aestivum VITT.

Die Echten Trüffeln sind wegen ihres Aromas berühmt und werden vom Altertum bis in die heutige Zeit in vielen Rezepten verwendet; hauptsächlich als Füllung von Fleischspeisen und zum Würzen. Seit jeher gehören sie zu den bekanntesten und geschätztesten Pilzen. Ihre Heimat sind in ersten Linie die Mittelmeerländer wie z. B. Südfrankreich und Italien. Als eine der wenigen großen Trüffelarten kommt die Sommertrüffel auch in verschiedenen warmen Gebieten Mitteleuropas vor. Sie wächst ausschließlich in Eichenwäldern (symbiotisch an Eichen gebunden) und wird von einer wärmeliebenden Flora begleitet, die sich vor allem auf Kalksteinunterlage reich entwickelt.

Die knollenförmigen Fruchtkörper, deren Größe von 1–10 cm schwankt, sind zusammenhängend mit fast schwarzen, kegelförmigen Warzen bedeckt. Sie wachsen verhältnismäßig tief unter der Erdoberfläche in Humus heran. Ihre zunächst gelbliche oder weißliche, schließlich bräunliche, mit hellen Adern durchzogene Gleba ist in der Reife stark aromatisch. Die Sporen entstehen in kugeligen Schläuchen zu je 1–6; ihre Oberfläche hat eine grobmaschige, kantig-erhabene Netzornamentik. Die Fruchtkörper wachsen vom Hochsommer bis in den Winter. Auch wenn die Sommertrüffel nicht so schmackhaft wie die Winter- und Perigordtrüffel ist, gehört sie doch zu den wertvollsten Speisepilzen. Die verhältnismäßig groben Warzen muß man vor der Zubereitung entfernen.

Spore: 18–45 × 14–32 µm, kugelig-ellipsoid, gelbbraun

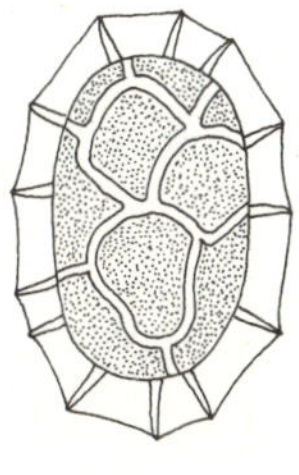

Schlauch mit zwei Sporen

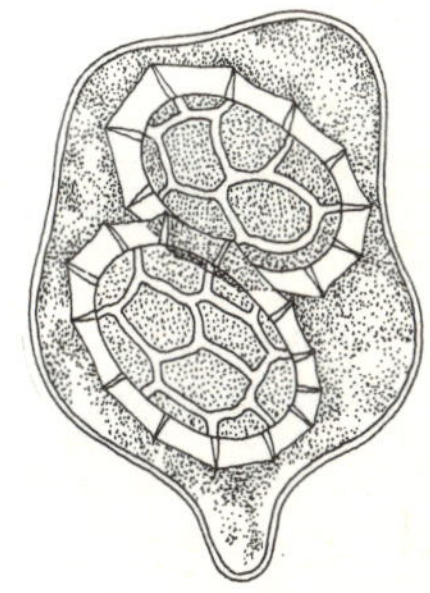

Wintertrüffel

Tuber brumale VITT.

Die Wintertrüffel ist eine der Echten Trüffeln, die aus kulinarischen Gründen besonders hoch geschätzt sind. Zwar erreicht die Stärke ihres Aromas nicht die der berühmten Perigordtrüffel – *T. melano-spermum* VITT., doch übertreffen ihr Duft und Geschmack die Sommertrüffel. Die knolligen Fruchtkörper der Wintertrüffel von Haselnuß- bis Faustgröße sind von flachen, breiten, vier- bis sechseckigen, dunkel-graubraun bis schwärzlichen Warzen bedeckt. Die aschgraue Gleba ist von schmutzig-weißlichen Adern durchzogen. Die Sporen entstehen zu je 1–6 in kurzstieligen rundlichen bis eiförmigen Schläuchen und sind dicht mit langen Stacheln besetzt.

Die Wintertrüffel ist ein unterirdisch wachsender Pilz, der an Waldhumus und kalkreiche, oft laubstreubedeckte Böden gebunden ist. Hauptsächlich kommt er in warmen Eichenwäldern, mancherorts aber auch in Buchen- und Hainbuchenbeständen vor. Sie reift im Spätherbst und Winter heran. Der zunächst angenehme Duft der Fruchtkörper wird mit fortschreitender Reife von einem nahezu widerlich intensiven bis unerträglichen Geruch abgelöst, vor allem dann, wenn man reife Pilze mehrere Tage in einem geschlossenen Raum aufbewahrt.

Die in einigen Gebieten Frankreichs und Italiens häufige und weit verbreitete Wintertrüffel kommt ganz selten auch in nördlicheren Teilen Westeuropas (z. B. im Rheinland) vor.

Spore: 21–42 × 17–28 μm,
ellipsoid, braun, bestachelt

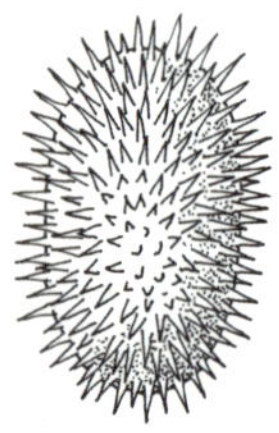

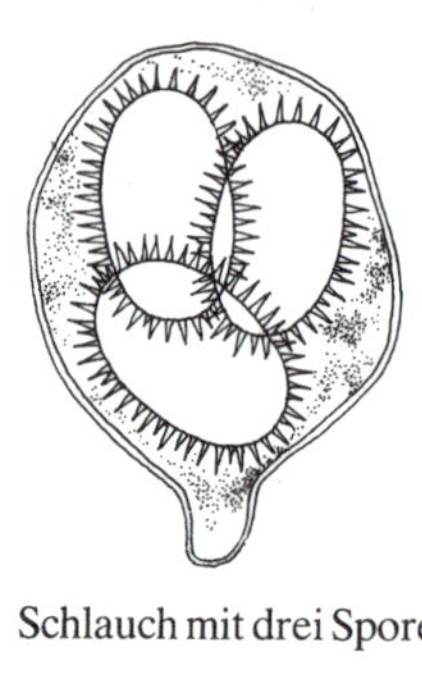

Schlauch mit drei Sporen

Kleinwarzige Hirschtrüffel

Elaphomyces granulatus FR.

Die Kugelform und der unterirdische Wuchs dieser Pilze führen dazu, daß sie von Sammlern oft als eine Trüffelart angesehen werden. Mit den Echten Trüffeln *(Tuber)* haben die Hirschtrüffeln aber nichts gemein; sie gehören systematisch in eine ganz andere Gruppe.

In der freien Natur kommen die Hirschtrüffeln meist in Fichten- und Kiefernwaldungen vor. Für gewöhnlich findet man vom Wild ausgescharrte Fruchtkörper, ggf. deren Überreste auf der durchwühlten Oberfläche des Waldbodens. Manchmal ist er auch unter entwurzelten Bäumen zu entdecken. Man kann auch versuchen, ihn – häufig erfolgreich – flach unter der Erdoberfläche dicht an Kiefernwurzeln oder am Stamm selbst auszugraben. Da die Konsistenz der Fruchtkörper sehr fest und zäh ist, überdauern sie an ihren Standorten lange Zeit. Normalerweise findet man Pilze mit ocker- oder semmelgelber, von feinen Warzen dicht überzogener Außenschicht (Peridium), von der die innere Fruchtschicht (Gleba) umschlossen ist. In der Reife verwandelt sich die Gleba zu einer violett-schwarzen, stark staubenden Masse, in der man unter dem Mikroskop große Mengen warzig ornamentierter Sporen entdecken kann. Junge Fruchtkörper findet man seltener; ihre Gleba ist fest, weißlich, später gelblich, oft schwach gerötet, ohne jegliche Äderung.

Die Kleinwarzige Hirschtrüffel wird parasitisch von der Zungen-Kernkeule – *Cordyceps ophioglossoides* (EHRENBG. ex FR.) LINK befallen, deren schwefelgelbes Myzel in die Fruchtkörper eindringt und sie vernichtet. Oberirdisch wächst *Cordyceps* zu einem zylindrischkeuligen Stroma heran, in das die kugeligen Fruchtkörperchen (Perithecien), die nur unter der Lupe sichtbar werden, eingelassen sind.

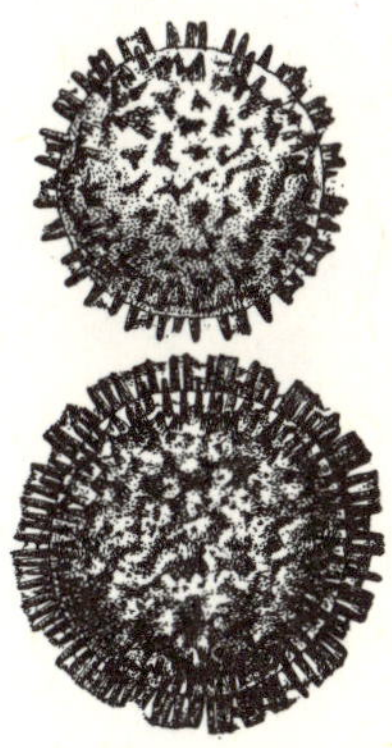

Sporen: 28–32 µm, kugelig, schwarzbraun

Stroma der Zungen-Kernkeule

Dickschaliger Kartoffelbovist

Scleroderma citrinum PERS.

Auch dieser in unseren Wäldern sehr verbreitete Pilz, der vor allem in sandigen Kiefernwaldungen gedeiht, wird nicht selten als Trüffel angesehen. Zusammen mit einigen weiteren miteinander eng verwandten und ähnlich aussehenden Hartovistarten repräsentiert dieser Kartoffelbovist jedoch die Klasse der Bauchpilze (Gastromycetes). Ihre Sporen entstehen an Basidien und keineswegs in Schläuchen, wie z. B. bei den Trüffeln. Hartboviste haben knollenförmige, fast kugelige Fruchtkörper mit charakteristisch gefelderter Oberfläche. Sie bestehen aus 2 Schichten – der Außenhülle (Peridium) und der inneren Fruchtschicht (Gleba). Die warzenartig aufgesprungene Außenhaut ist fest und deutlich von der Fruchtschicht getrennt. Bei jungen Exemplaren besteht die Gleba aus weißem, festem, fein gekammertem Fruchtfleisch mit kräftig-würzigem Geruch. Sie bekommt bald einen rosa Farbton und geht allmählich in Mohnblau, Grau und letztlich Schwarz über, um im letzten Entwicklungsstadium zu dunkelgrüner, stark staubender Sporenmasse zu zerfallen. Diese wird durch Öffnungen an der Oberseite der unregelmäßig platzenden Außenhülle freigesetzt.

Der Kartoffelbovist ist ein Giftpilz. Daher sollte man ihn auch nicht in kleinen Mengen verwenden. Aus reifen Fruchtkörpern zubereitete Gerichte rufen Vergiftungserscheinungen mit Erbrechen und Herzbeschwerden hervor.

In Alleen und an Wegrändern erscheint ziemlich häufig der Dünnschalige Kartoffelbovist – *S. verrucosum,* der sich durch eine dünne, feinwarzige Außenhülle auszeichnet und sehr häufig in eine stielartige, gefurchte Basis übergeht, welche in einem Myzelfaserbündel endet. Beide Arten sind Wirte des seltenen parasitischen Schmarotzerröhrlings – *Xerocomus parasiticus* (BULL. ex FR.) QUÉL.

Sporen des Dickschaligen Kartoffelbovistes: 7–15 µm, kugelig, stachelig-netzgemustert, schwarzbraun

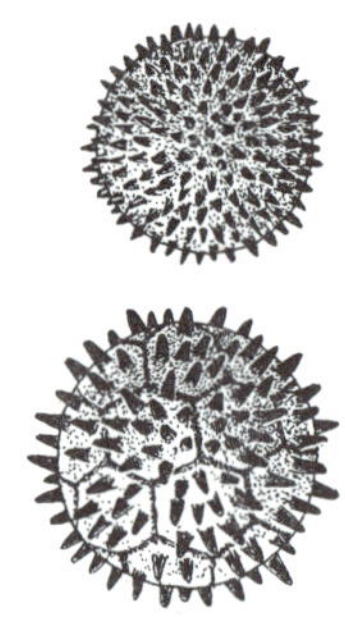

Dickschaliger Kartoffelbovist

Dünnschaliger Kartoffelbovist

Erbsenstreuling

Pisolithus arrhizus (PERS.) RAUSCHERT

Der Erbsenstreuling ist mit den Kartoffelbovisten *(Scleroderma)* nahe verwandt, unterscheidet sich von diesen aber durch die feine Kernstruktur der Fruchtschicht, die sich gut im Längsschnitt durch einen jungen Fruchtkörper beobachten läßt. Im frischen Zustand ist die Gleba saftig-fleischig. Die Kerne, aus denen sie zusammengesetzt ist, sitzen in einer glänzend schwarzen Hülle und sind zuerst gelb gefärbt, um später braun zu werden. Sie enthalten Basidien und Sporen. Das ganze Innere des Fruchtkörpers verwandelt sich in der Reifezeit der Sporen zu einer stark staubenden schokoladenbraunen Masse, welche durch den Sporenstaub aus den zerfallenen Kernen zustandekommt. Der Staub gelangt durch den Oberteil der auseinanderfallenden Außenschicht ins Freie. Der unfruchtbare, dicke und ästige Peridiumunterteil sieht wie eine Wurzel aus. Er kann 30 cm lang werden, ist tief in den Boden eingesenkt und noch lange nach dem Zerfall des Fruchtkörpers verbleibt er am Standort.

Den Erbsenstreuling kann man am ehesten auf Sandböden in Kieferwäldern antreffen. Hier wächst er stellenweise an Wegrändern und an den Böschungen tiefer Hohlwege, die von Regen gefurcht und nur spärlich von einer Vegetation aus Kräutern, Heidekraut oder kleinen Sämlingen der umstehenden Gehölze überzogen sind. Junge Erbsenstreulinge sind nur in geringen Mengen genießbar (ähnlich wie die Kartoffelboviste). Es ist aber anzunehmen, daß es nur sehr wenige Pilzsammler gibt, die diesen Pilz überhaupt je probiert haben.

In älteren Mykologiehandbüchern wird der Erbsenstreuling meist unter dem falschen Namen *P. arenarius* ALB. et SCHW. geführt.

Sporen: 9–12 µm, kugelig, warzig gestachelt, braun

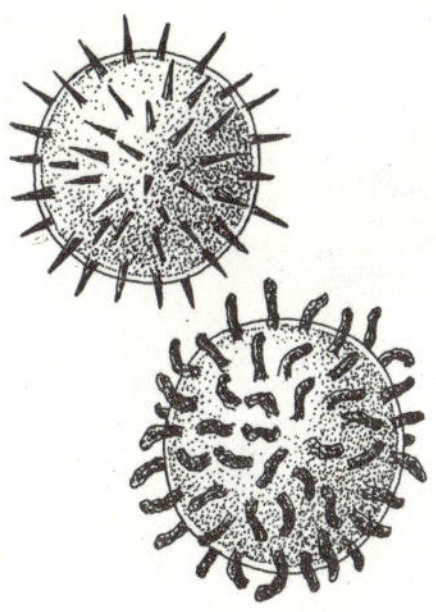

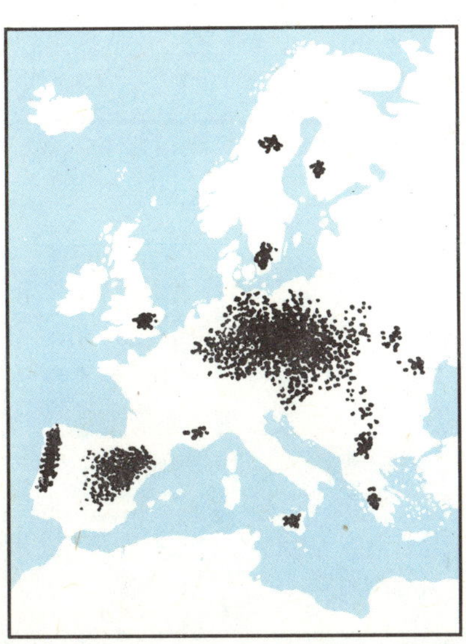

Verbreitung des Erbsenstreulings in Europa

Wetterstern

Astraeus hygrometricus (PERS.) MORG.

Pilze, deren Fruchtkörper Sternform haben, fesselten stets die Aufmerksamkeit von naturbeobachtenden Laien und Mykologen. Daher wurde auch der Wetterstern meist im Zusammenhang mit anderen sternförmigen Pilzen (Geastrales) untersucht, auch wenn es sich um eine den Erdsternen *(Geastrum)* fernstehende Gattung handelt. Als Beispiel ist ein Vertreter der Erdsterne *(Geastraceae)* und zwar der Kleine Nesterdstern – *Geastrum quadrifidum* (PERS. ex PERS.) abgebildet. Die Gattung *Astraeus* gehört in eine eigene Familie innerhalb der Ordnung der Bovistartigen (Sclerodermatales), also in eine andere, stark unterschiedene Familie, die engere Beziehungen zu den Hartbovisten *(Scleroderma),* Streulingen *(Pisolithus)* und Stielbovisten *(Tulostoma)* hat.

Inmitten des äußeren Peridiums, das ledrig zäh ist und zur Zeit der Reife in regelmäßige sternförmig angeordnete Zipfel aufplatzt, sitzt das kugelige innere Peridium mit einer kleinen, unregelmäßigen Öffnung an der Spitze. Die Feuchtigkeitsempfindlichkeit (Hygroskopie) der Fruchtkörper zeigt sich durch Krümmen bzw. Zusammenrollen der Außenhüllenzipfel bei trockenem Wetter (dann bedecken sie die Innenhülle) und ihrer Ausbreitung bei Regen. Die Zipfeloberfläche von alten Fruchtkörpern ist dicht und fein aufgesprungen, ihre Färbung ist dunkelgrau bis schwarz. Auch nach der Reife verbleiben die Fruchtkörper noch lange an ihren Standorten, oft sogar noch viele Jahre lang.

Der Wetterstern wächst gesellschaftsweise auf besonnten Stein- und Felshängen meist in schütteren Waldungen oder an den Rändern von Eichen und Kiefernforsten. Er kommt hauptsächlich auf saureren Unterlagen vor, beispielsweise auf Schiefern, Granit und Sanden. Kalkstein meidet er. Frische Fruchtkörper findet man von Herbst bis Frühjahr, ältere das ganze Jahr über. Der Pilz begleitet fast ausschließlich Eichen und Kiefern und ist über die ganze Welt verbreitet. Ungenießbar.

Sporen: 8–12 µm, kugelig, warzig, braun
Reife Spore(**a**), Spore im optischen Schnitt (**b**)

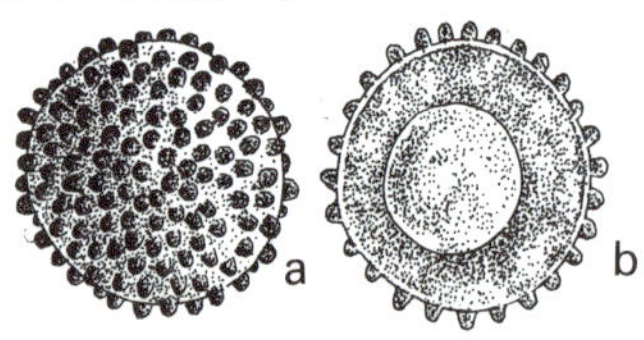

Kleiner Nesterdstern

Wetterstern

Verbreitung des Wettersterns in Europa

Gestreifter Teuerling

Cyathus striatus (HUDS.) WILD.

Die Fruchtkörper dieses schmucken Pilzes, innen grau und elegant gerieft, auf der Außenfläche mit braunem abstehendem Haar überzogen, sehen wie kleine Becher aus. Ihr Aussehen erinnert überhaupt nicht an ihre engen Verwandten, die Bauchpilze. Die Fruchtkörper des Gestreiften Teuerlings sind 10–15 mm hoch und 8–10 mm breit. Bei ganz jungen Fruchtkörpern ist die Mündung von einem dünnen weißen Häutchen bedeckt. Erst nach dessen Entfernung sieht man auf dem Grund die 1,5–2 mm großen linsenförmigen Peridiolen. Diese tragen die Fortpflanzungszellen, die zur Fruchtschicht (Hymenium) angeordneten Basidien, welche die Peridiolen ausfüllen. An den Basidien entstehen die Sporen.

Der Gestreifte Teuerling ist, ähnlich wie fast alle übrigen verwandten Gattungen und Arten, ein saprophytischer Pilz. Er bewohnt vermodernde Zweige, morsche Holzstücke, sich zersetzende Stubben und alte Pflanzenstengel, die sich an feuchteren und schattigen Stellen in- und außerhalb des Waldes befinden. Häufig erscheinen seine Fruchtkörper nach einem Sommerregen massenhaft.

Leicht läßt sich der Pilz von dem annähernd gleichgroßen Topfteuerling – *C. olla* (BATSCH) PERS. unterscheiden, deren becherförmige Fruchtkörper von außen nur befilzt und innen ungerieft sind. Seine Becherränder sind flach ausgebreitet, manchmal sogar umgebogen. Diese Art bevorzugt nährstoffreiche Erde. Man findet sie daher meist außerhalb des Waldes auf Feldern, in Gärten, Mistbeeten usw.

Eine ebenfalls häufige Art ist der Tiegelteuerling – *Crucibulum vulgare* TUL., dessen Fruchtkörperchen Tassenform haben, von außen ockerfarben befilzt sind und innen gelbliche linsenförmige Peridiolen haben. Sie wachsen oft gesellschaftsweise auf allen möglichen Pflanzenresten.

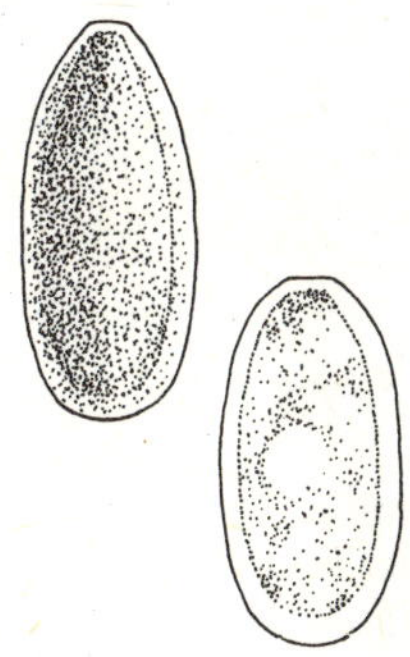

Sporen des Gestreiften Teuerlings:
14–22 × 8–12 μm, ellipsoid, farblos

Topfteuerling

Gestreifter Teuerling

Kugelschneller, Kugelwerfer, Pilzkanone

Sphaerobolus stellatus (TODE) PERS.

Das ist einer der kleinsten Bauchpilze und will man ihn in der Natur kennenlernen, muß man sorgfältig auf der Erde liegende verwesende Pflanzenreste wie Pflanzenstengel, Zweige, Holz- und Rindenstückchen, aber auch alte Kuhfladen oder den Dung anderer Pflanzenfresser untersuchen. Auf bearbeitetem, langfristig der Feuchtigkeit ausgesetztem Holz (z. B. in Gewächshäusern, Mistbeeten), kann der Kugelschneller als Holzschädling auftreten; ansonsten kommt ihm keine besondere Bedeutung zu.

Bemerkenswert ist jedoch die Entwicklung seiner Fruchtkörper. Es ist sehr interessant zu beobachten, wie aus den kleinen, nur 1–4 mm großen kugeligen, von außen weiß befilzten Fruchtkörperchen der innere, ebenfalls kugelige, lebhaft orange gefärbte Kern (Peridiole) austritt und mit starkem Druck jäh über eine beträchtliche Entfernung geschleudert wird. Der entleerte Fruchtkörper hat die Gestalt einer tiefen halbkugeligen Schale, deren Rand zu 5–8 spitzen, schön sternförmig angeordneten Zipfeln aufplatzt. Die Verbreitung geschieht mittels des weggeschleuderten kugeligen Kerns, der die Basidien mit den Sporen enthält.

Den Kugelschneller findet man am ehesten zur Zeit der Sommerregen. Man kann ihn mit dem Substrat aus der Natur nach Hause bringen und bei plötzlicher Beleuchtung oder anderen Impulsen (z. B. Berührung) den Schleudervorgang der Peridiole beobachten.

Sporen: 6–12 × 4–6 µm,
unregelmäßig ellipsoid, glatt, farblos

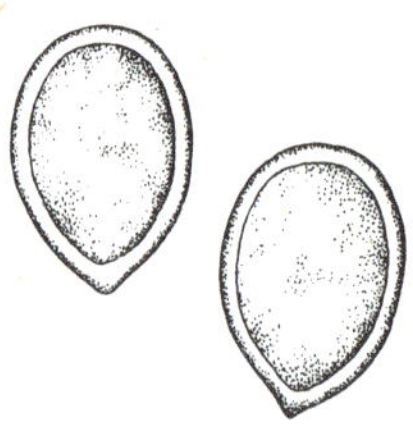

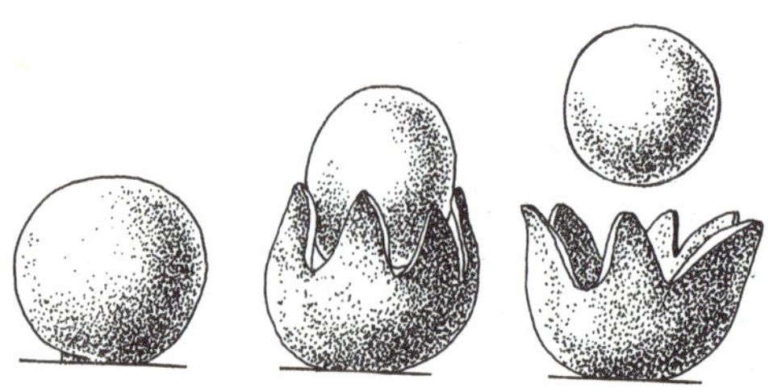

Austritt des Kerns aus dem Fruchtkörper

Schwärzlicher Bovist

Bovista nigrescens PERS.

Die Boviste *(Bovista)* werden manchmal mit den Stäublingen *(Lycoperdon)* verwechselt. Ihr Aussehen ähnelt sich tatsächlich und der Hauptunterschied zwischen ihnen besteht in der Form der Kapillitiumfasern. Während bei den Stäublingen die Hyphenfasern einfach, meist unverzweigt und über die ganze Länge annähernd gleich stark sind, sind sie bei den Bovisten strauchartig verästelt und bestehen aus einem kräftigeren Hauptstamm mit seitlichen, am Ende zugespitzen Fasern. Überdies sind die Sporen mit einem auffällig langen Stiel ausgestattet. Ohne Mikroskop unterscheidet man die beiden Gattungen am Vorhandensein bzw. Fehlen des unfruchtbaren Fruchtkörperunterteils voneinander. Bei den Stäublingen ist er gut ausgebildet und deutlich sichbar von der eigentlichen fruchtbaren Gleba durch eine häutige Wand abgeteilt. Den Bovisten fehlt dieses unfruchtbare Unterteil. Ihre Hüllschicht ist doppelt, die äußere spröde, die innere fest.

Der Schwärzliche Bovist wächst ähnlich wie die übrigen 3 bis 4 europäischen Arten außerhalb des Waldes auf Wiesen, Weiden, Grashängen, Feldwegen, Rasenflächen von Stadtparks usw. Er ist ein stattlicher, bis 3 cm großer Pilz. Seine ausgereifte Innenhülle ist schwarzbraun- bis fast schwarzgefärbt. Man findet die Art vorwiegend im Bergvorland. Der eng verwandte Bleigraue Zwergbovist – *B. plumbea* PERS. wächst eher im Flachland. Er ist mit nur 1–3 cm Durchmesser kleiner und seine Innenhülle ist hell- oder blaugrau. Junge, noch innen und außen weiße Fruchtkörper, kann man ähnlich wie die der Stäublinge zu Speisezwecken sammeln.

Schwärzlicher Bovist:
Sporen 5–6 µm, warzig, gelbbraun,
mit 5–8 µm langen Stielchen

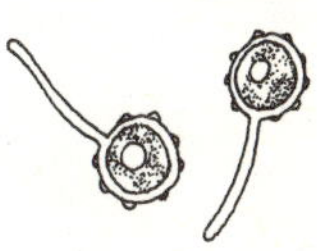

Reife Spore (stark vergrößert)

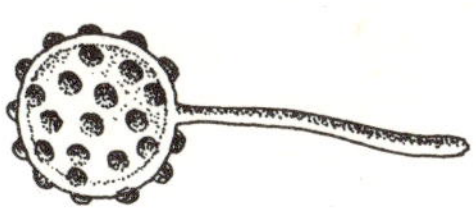

Verzweigte Kapillitiumfasern

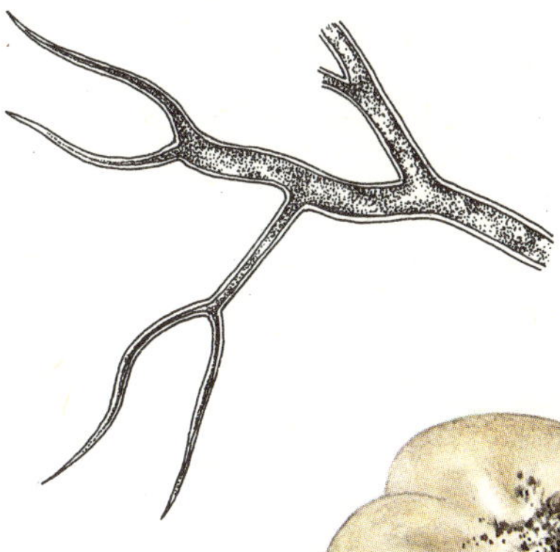

Bleigrauer Zwergbovist

Schwärzlicher Bovist

Flaschenstäubling

Lycoperdon perlatum PERS. ex PERS.

Diese wohl häufigste Stäublingsart kann man in allen Waldtypen vorfinden. Ihre Fruchtkörper werden bis zu 8 cm hoch und 5 cm breit, haben eine umgekehrt birnenförmige oder gestielt keulige Gestalt und wachsen häufig gemeinschaftlich im Laub, Nadelstreu und im Gras. In der Jugend ist der Pilz ganz weiß, dicht mit Stacheln und leicht abfallenden, kegelförmigen Warzen, die charakteristische kantige Abdrücke, die sog. Areolen hinterlassen, überzogen. Das weich-poröse weiße Fleisch der Fruchtschicht verfärbt sich bei der allmählichen Reifung der Sporen zunächst gelblich, dann graugrün, zuletzt braun und verwandelt sich in braunen Sporenstaub. Dieser wird durch die kleine Öffnung in der Fruchtkörperspitze freigesetzt. Die Kapillitiumfasern sind nur locker dichotom verzweigt, 4 mm stark, dünnwandig, gelbbraun. Das frische Glebafleisch hat angenehmen Pilzduft und einen milden Geschmack.

Ganz junge, noch weiße Fruchtkörper dieses Stäublings kann man vorbehaltlos zum Sammeln empfehlen. Sie eignen sich für jegliche Zubereitung – besonders bewährt haben sie sich aber als Suppenpilze.

Der Birnenstäubling – *L. pyriforme* SCHFF. unterscheidet sich schon auf den ersten Blick durch die feingewarzte oder eher mehlbestäubte Oberfläche von der zuvor genannten Art. Er gedeiht auf morschem Holz, hauptsächlich auf Baumstümpfen, die er oft in ganzen Büscheln überwuchert. Er wächst aus auffälligen weißen Myzelsträngen hervor, die tief in das morsche Holz eindringen. Seine jungen Fruchtkörper sind gleichfalls eßbar.

Eßbar ist auch der Igelstäubling – *L. echinatum* PERS., der im Sommer und Herbst hauptsächlich in den Buchen- und Mischwäldern des Bergvorlands wächst.

Sporen des Flaschenstäublings:
3,5–4,5 µm, kugelig, schwach aufgerauht, blaßgelb; junge Spore (**a**), reife Spore (**b**)

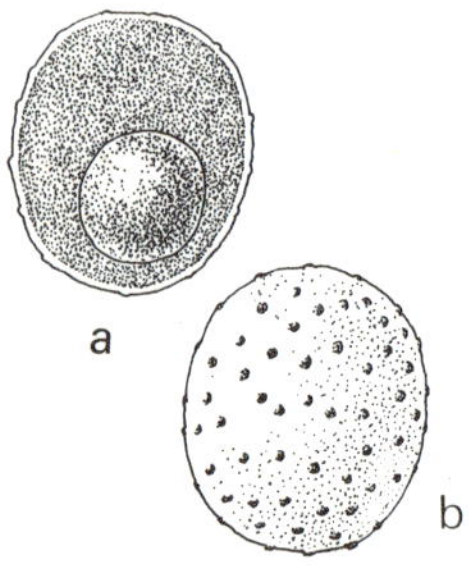

verzweigte Kapillitiumfasern

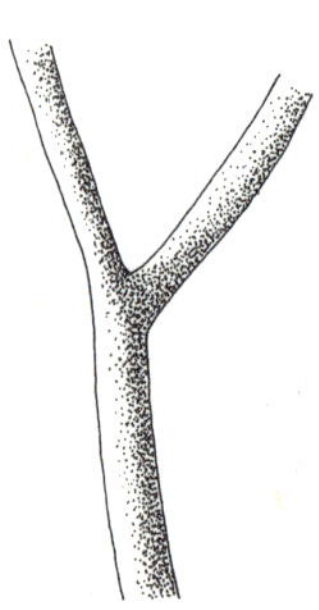

Flaschenstäubling

Birnenstäubling

Igelstäubling

Riesenstäubling, Riesenbovist

Langermannia gigantea (BATSCH ex PERS.) ROSTK.

Der Fund eines Riesenstäublings erregt immer Aufmerksamkeit, zumindest wenn es sich um einen Pilz an der oberen Grenze von Größe und Gewicht handelt. Einer der größten bekannten Fruchtkörper, im Jahr 1955 in Nordböhmen gefunden, hatte 46 cm Höhe, einen Umfang von 212 cm und ein Gewicht von 20,80 kg. Er gehört damit zu den größten überhaupt je gefundenen Pilzen. Die meisten Fruchtkörper, die gefunden werden, haben freilich kleinere Ausmaße; durch ihre Größe, Kugelform und weiße Färbung sind sie recht auffällig und auch über größere Entfernung gut zu sehen. Darüber hinaus kommen sie entweder direkt in menschlichen Ansiedlungen oder in deren Nähe in Gärten, auf Rasen, Wiesen, Weiden usw. vor.

Die Außenhülle des Riesenstäublings vergilbt nach und blättert stückweise ab, während sich die Fruchtschicht zu gelbbraunen „Watteknäueln“ verwandelt. So verwandelt sich im Laufe der Sporenreifung das ganze Pilzinnere, das nicht in eine fruchtbare und unfruchtbare Zone geteilt ist. Diese „Watteknäuel“ bestehen aus wenigen langen, gekammerten, locker perforierten Kapillitiumfasern und winzigen Sporen, die kleine Stielchen tragen.

Der Riesenstäubling ist in der älteren Pilzliteratur auch unter den Namen *Lycoperdon giganteum* BATSCH, *L. maximum* SCHFF. und *L. bovista* L. ex FR. bekannt. Er ist über die ganze Welt verbreitet und wächst sowohl in den Tropen als auch im hohen Norden. Im Jugendstadium, solange der Fruchtkörper noch außen und innen weiß ist, ist der Pilz eßbar und offensichtlich der schmackhafteste Stäubling überhaupt; die günstigste Zubereitung sind Pilzschnitzel.

Sporen: 3,5–5 µm, kugelig, fast glatt, kurz gestielt, gelbbraun

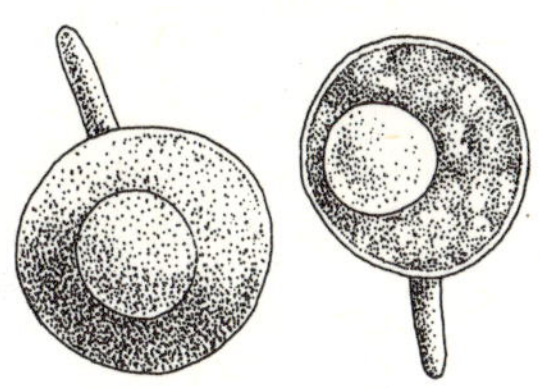

Kapillitiumfaser

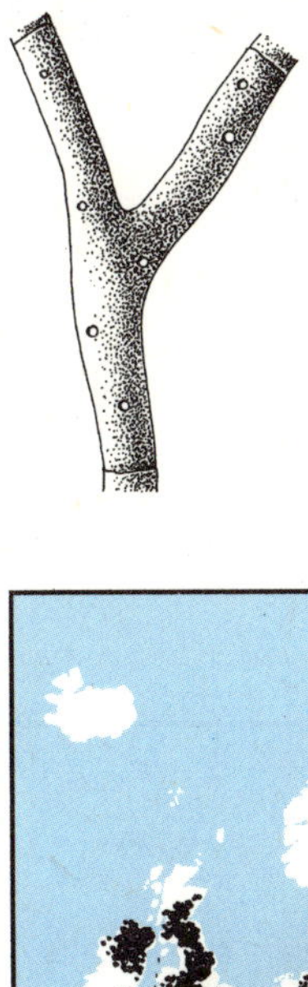

Verbreitung des Riesenstäublings in Europa

Holzbrauner Erdstern, Halskrausen-Erdstern

Geastrum triplex JUNGH.

In Europa wachsen rund 30 Erdsternarten *(Geastrum)* und alle gehören zu den Prunkstücken der Natur. Die meisten von ihnen sind jedoch selten oder sehr selten und die übrigen, die einst an geeigneten Orten häufiger vorkamen, verschwinden zunehmend rasch unter dem Druck der unaufhaltsam fortschreitenden Landschaftszerstörung.

Der Holzbraune Erdstern gehört zu den größten Arten und, so lange der Pilz frisch ist, auch zu den schönsten. Er wächst meist in lockeren Gruppen in humusreichen Wäldern um alte Baumstümpfe, meist an stark beschatteten Stellen. Er bevorzugt Laubwälder, erscheint aber auch in verwilderten abgelegenen Winkeln alter Gärten und Parks, hauptsächlich unter Eichen, Eschen, Buchen, Hainbuchen, Ahorn und Linden. Manchmal wächst er sogar in den Beständen von Himbeerbüschen, Brennesseln oder dem Kleinen Springkraut und auf Schuttablagerungen oder bei Gebäuden in Waldnähe. Selten kommt er auch in Nadelwäldern vor, dann hauptsächlich unter alten Fichten oder Tannen sowie zwischen verschiedenster Krautvegetation. Der Pilz wächst von September bis November. Junge noch geschlossene Fruchtkörper haben Zwiebelform und sind ockerbraun bis leicht rosa. Die Außenhülle zerplatzt in 4–7 (meist 5) spitze, ungleiche Zipfel. Die Innenhülle sitzt an; auf ihrem Scheitel befindet sich eine faserige Mündung, die von einer deutlich sichtbaren Kreiszone umgrenzt. Der Artname *triplex* stammt von der scheinbaren Teilung mancher Fruchtkörper in drei Partien (Innenhülle, Kragen aus den abstehenden fleischigen Teilen der Außenhülle sowie ihre unten umgestülpten Zipfel). Der Holzbraune Erdstern ist, ebenso wie der Rötende oder Gewimperte Erdstern – *G. rufescens* PERS., ungenießbar.

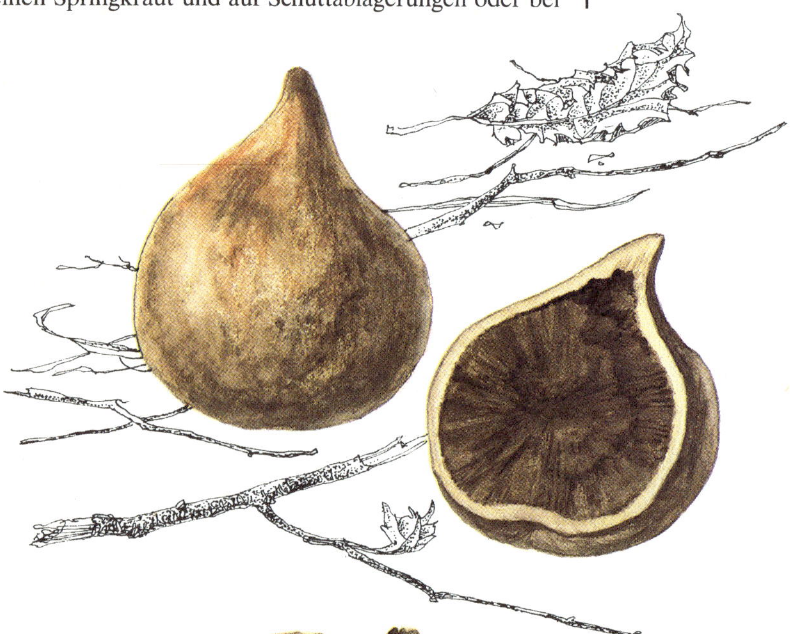

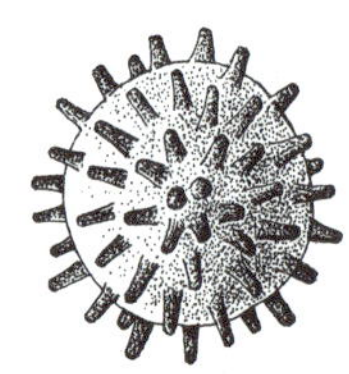

Spore des Holzbraunen Erdsterns: 4,5–5,5 µm, kugelig, kurz bestachelt, hellbraun

Holzbrauner Erdstern

Rötender Erdstern

Gemeine Stinkmorchel, Leichenfinger

Phallus impudicus (L.) ex PERS.

In den letzten Jahren hat sich dieser auffällige und bekannte Pilz außergewöhnlich stark verbreitet und wird in manchen Landschaften sozusagen zum „Pilzunkraut“. Auf Kosten anderer, offensichtlich empfindlicherer und weniger anpassungsfähiger Pilzarten überschwemmt die Gemeine Stinkmorchel die Wälder und macht durch den starken Geruch der reifenden Fruchtkörper schon von weitem auf sich aufmerksam. Sie erscheint in allen Waldarten, aber auch in Gärten und Parks. Die Jugendstadien, die bekannten tennisballähnlichen elastischen „Hexeneier“, werden rund 6 cm groß und haben eine charakteristische zähe Myzelwurzel an der Unterseite. Sie verströmen einen schwachen, an Rettich erinnerenden Duft. Bald nach ihrer Entstehung im Boden verwandeln sie sich in eine lange aufrechte zylindrische, bis 20 hohe und 5 cm breite Rute von fester Konsistenz, die in einem glocken- oder fingerhutförmigen Hut endet. Der diesen Hut bedeckende olivgrüne widerlich stinkende Schleim (stark verdünnter Schleim hat einen süßlichen Honiggeruch) dient als Lockmittel für zahlreiche Insekten, vor allem Fliegen, welche für die Verbreitung der Sporen sorgen.

Die Gemeine Stinkmorchel ist über die ganze gemäßigte Zone der Alten Welt verbreitet. Die Nordgrenze ihrer Verbreitung verläuft durch Südschweden. In Nordamerika wächst sie nicht; dort wird sie von der verwandten Dünen-Stinkmorchel – *P. hadriani* (VENT.) PERS. abgelöst, die allerdings ebenfalls in Europa vorkommt.

Glatte, noch feste, geschlossene Hexeneier kann man braten. Die meisten Waldbesucher meiden allerdings die Stinkmorchel oder zerstören sie sogar überflüssigerweise, was aber allem Anschein nach ihre Verbreitung nicht im Geringsten beeinträchtigt.

Weitere bei uns vorkommende Pilze aus dieser Familie sind die Hundsrute – *Matinus caninus* (HUDS.) FR. und die eingeschleppte Schleierdame – *Dictyophora duplicata* (BOSC.) E. FISCHER.

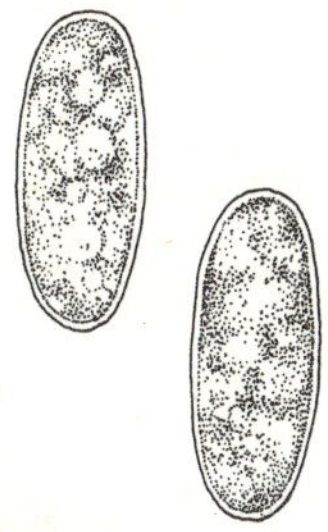

Sporen: 3,5–5 × 1,5–2 µm, lang elliptisch, gelblich

Schnitt durch einen jungen Fruchtkörper („Hexenei“)

Verbreitung der Gemeinen Stinkmorchel in Europa

Hysterangium graveolens VELEN.

Diese Art ist einer der häufigsten Verterter der unterirdisch fruchtenden Bauchpilze, die es in großer Anzahl gibt und deren Unterscheidung sowie richtige Bestimmung den Spezialisten beträchtliche Probleme bereitet. Das gilt namentlich für die Gattung der Erdnußartigen *(Hymenogaster)*, Wurzeltrüffeln *(Rhizopogon)*, Schleimtrüffeln *(Melanogaster)* und weitere, deren Bestimmung auf Schwierigkeiten stößt, da es sich um Pilze mit außergewöhnlich variabelen Makro- sowie Mikromerkmalen handelt.

Pilze der Gattung *Hysterangium* erkennt man insgesamt gut an der sich leicht ablösenden Außenhülle. Von den knolligen, 1–3 cm großen, weißlich-grau, später rötlich braunen Fruchtkörpern schält sich die Außenhülle in größeren, ziemlich dicken Stücken ab und gibt die olivgrüne, verhältnismäßig zähe, jedoch elastische Fruchtschicht frei. Am Schnitt durch diese Fruchtschicht kann man gut sowohl die blaßgrau gallertigen und baumartig verästelten Adern erkennen, die aus einem gemeinsamen Mittelstrang, genannt Columnella, hervorgehen als auch die schmalen gekrümmten Äderchen ausmachen. An der Unterseite haben die Fruchtkörper einen weißen Myzelstrang, sie wachsen meist zusammengedrängt oder gemeinschaftlich flach unter der Erdoberfläche vorwiegend in Fichtenwäldern. Zur Reifezeit ragen sie teilweise über die Oberfläche hervor.

H. graveolens findet man normalerweise an den Rändern von Waldwegen. Er ist ein eßbarer Pilz, doch da er klein ist und nur verhältnismäßig selten vorkommt, hat er für den praktischen Pilzsammler kaum größeren Wert. Gleiches gilt für die Wurzeltrüffeln, von denen junge Exemplare als Würzpilze Verwendung finden. Neben der Gelbbräunlichen Wurzeltrüffel – *Rhizopogon luteolus* FR. kommt die Stinkende Wurzeltrüffel – *Rh. foetenus* häufiger in sandigen Kiefernwäldern vor.

Sporen: 10–17 × 4–6 µm, zylindrisch, fast farblos

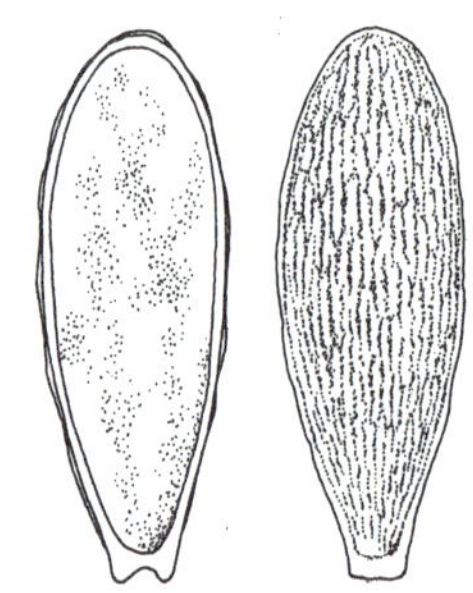

Hysterangium graveolens

Stinkende Wurzeltrüffel

Tintenfischpilz

Anthurus archeri (BERK.) E. FISCHER

Im Laufe des 1. Weltkriegs und in der Nachkriegszeit wurden verschiedene exotische Pilzarten nach Europa eingeschleppt, von denen der Tintenfischpilz wohl der vitalste ist. Heute kennt man ihn an vielen Lokalitäten West- und Mitteleuropas. Er stammt offensichtlich aus Australien und ist in Form und Färbung eine auffällige Art. Gerade dank seiner Auffälligkeit liegt heute bereits eine Reihe von Informationen über sein Vorkommen sowie über die fortschreitende Verbreitung vor.

Das Jugendstadium ähnelt dem Hexenei der Stinkmorchel, ist jedoch kleiner, maximal 4 cm im Durchmesser, mit bläulich-violetten Myzelsträngen. Aus dem Hexenei wächst eine maximal 10 cm hohe Rute hervor, die in 5–8 cm lange, an den Enden zugespitzte Arme geteilt ist, die zunächst miteinander verwachsen sind, sich aber später seitlich strecken, so daß der Pilz eine Sternform annimmt. Diese Arme sind ziemlich spröde, außen weißlichrosa, auf der Innenseite herrlich orangerot, querfaltig. Zur Reife sind sie von Inselchen aus olivgrünem Schleim bedeckt, der ähnlich wie bei der Stinkmorchel widerlich riecht.

Der Tintenfischpilz kommt in Europa vorwiegend an Orten vor, die vom Menschen beeinflußt wurden, wie z. B. auf Ablagerungen von verschiedenen Pflanzenabfällen, auf verwesendem, altem Stroh, auf Holz- und Sägespänen, Schuttplätzen, an Wegen und Straßen, manchmal aber auch im Wald, wo er im Humus des Waldbodens wächst.

Eine andere nach Europa eingeschleppte, allerdings viel seltenere Art ist der ebenfalls rutenpilzähnliche *Lysurus gardneri* BERK. Er hat eine zylindrische Rute, die an ihrer Spitze 5–7 aufrechte, lanzettförmige, blaß orangefarbene Arme trägt, deren Innenfläche orangerot oder rosa ist. Besonders bizarr ist der Fruchtkörper des Roten Gitterlings – *Clathrus ruber* (MICHELI) PERS. geformt, der aus Südeuropa in die Umgebung Berlins eingeschleppt ist. Er gleicht einer vielfach durchbrochenen roten Kugel.

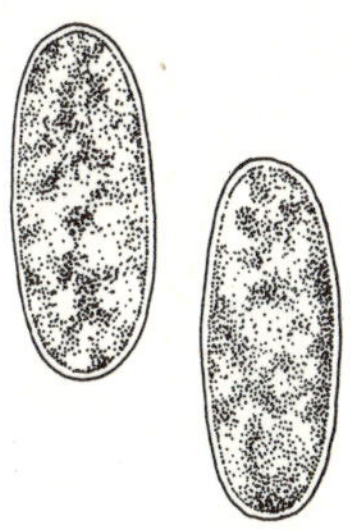

Sporen des Tintenfischpilzes:
6–7,5 × 2–2,5 µm, elliptisch, farblos

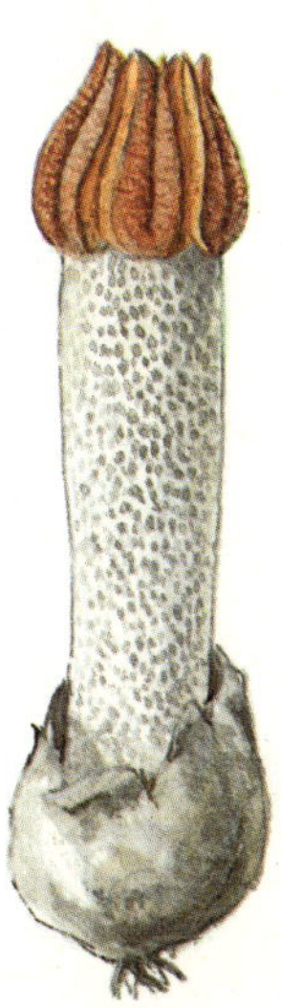

Lysurus gardneri

Tintenfischpilz

Dickblättriger Schwarztäubling

Russula nigricans (BULL.) FR.

Im Vorfrühling bemerkt man in den Wäldern häufig Gruppen alter, schwarzgewordener Fruchtkörper, die wie mumifiziert aussehen und sich bei genauer Betrachtung als Täublinge herausstellen. Normalerweise handelt es sich um eine Art aus der Schwarztäublingsgruppe (Sektion Nigricantes). Meist ist es der Dickblättrige Schwarztäubling. Die stattlichen Fruchtkörper dieses Pilzes verbleiben nämlich sehr lange im Wald, sie zersetzen sich wesentlich langsamer als die Fruchtkörper anderer fleischiger Pilze.

Der Dickblättrige Schwarztäubling kommt im Sommer und Herbst in Laub- und Nadelwäldern vor. Sein Hut ist 8–20 cm breit, der Stiel 4–10 cm lang und 2–3,5 cm dick. Auffällig sind die sehr locker angeordneten dicken spröden Lamellen. Der Sporenstaub ist reinweiß. Das Fleisch eines frischen Fruchtkörpers wird an einer Bruchstelle oder Verletzung zunächst ziegelrot, nach längerer Zeit grau und zuletzt schwarz. Beim verwandten Rauchbraunen Schwarztäubling – *Russula adusta* FR., der vorwiegend in Kiefernwaldungen erscheint, wird das Fleisch direkt braun bis schwarz. Der Rauchbraune Schwarztäubling hat sichtlich dichtere Lamellen als der Dickblättrige.

Der Dickblättrige und der Rauchbraune Schwarztäubling sind Speisepilze. Ihr Fleisch ist jedoch verhältnismäßig zäh und auch der Erdgeruch ist nachteilig.

Abgestorbene und schwarz gewordene Fruchtkörper von Täublingen der Sektion Nigricantes beherbergen manchmal interessante kleine Pilze der Gattung Zwitterlinge *(Asterophora)*, die in Gruppen oder Büscheln auf der Hutoberseite wachsen. Beide vorkommende Arten sind fleischig, weißlich, höchstens 2 cm breit und haben an der Unterseite oft unvollständig ausgebildete Lamellen. Die Fruchtkörper des Staubenden Zwitterlings – *Nigricantes lycoperdoides* (BULL.) DITM. ex S. F. GRAY erinnern im Jugendstadium an kleine Stäublinge.

Sporen: 6–8 × 6–7 µm, elliptisch, sehr feine Ornamentik aus einem Netz punktförmiger Warzen

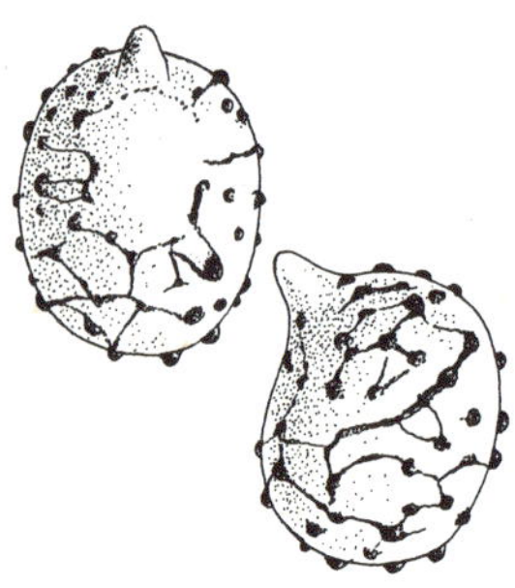

Zitronentäubling

Russula ochroleuca (PERS.) FR.

In der zweiten Sommerhälfte und zum Herbstanfang belebt sich der eintönige, nur von Nadelstreu oder schütterem Krautbewuchs bedeckte Boden der Fichtenwaldungen mit gelben Täublingen. Wälder in feuchteren Bergvorlandlagen sind damit oft geradezu überschwemmt. Fast immer handelt es sich um den Zitronentäubling. Sein 4–11 cm breiter Hut ist von einer gelben, manchmal fast goldgelben, häufiger jedoch ocker- oder grüngelben Haut überzogen, die bei feuchtem Wetter schleimig, bei Trockenheit stark glänzend, stellenweise ein wenig faltig oder geädert und weit bis zur Hutmitte ablösbar ist. Der weiße oder seltener gelbliche Stiel ist 3,5–7 cm lang und 1–2,5 cm dick, zuerst fest, später schwammig-elastisch, zylindrisch, selten nach unten hin keulig verbreitert und häufig mit kleinen Flöckchen oder bräunlichen Körnern überzogen. Im Alter nimmt er allmählich graue Farbe an, ähnlich wie das Fruchtfleisch, was am besten an mit Wasser vollgesogenen Pilzen zu sehen ist. Die anfänglich weißen Lamellen verfärben sich später cremig, manchmal mit einem Hauch von ocker. Auf Druck werden sie vor allem an den Schneiden schwach braun. Das Fleisch hat einen ausdruckslosen, leicht säuerlichen Obstgeruch und einen scharfen Geschmack; nur selten schmeckt es mild. Der Sporenstaub ist weiß bzw. schwach ocker.

Der Zitronentäubling kommt nicht nur in Nadel-, sondern auch, allerdings wesentlich seltener, in Laubwäldern vor. Er wächst auf saueren Böden und ist über ganz Europa verbreitet. Obwohl es sich um eine Art mit scharfem Geschmack handelt, sammeln ihn manche Pilzfreunde und setzen ihn Mischungen aus Pilzen mit faderem Geschmack zu.

Sporen: 8–10,5 × 6,5–8 µm,
fast kugelig,
ziemlich kräftig bestachelt, fast genetzt

Gefelderter Grüntäubling, Grünschuppiger Täubling

Russula virescens (SCHÄEFF. ex ZANT.) FR.

Grüngefärbte Blätterpilze müssen für einen Sammler, der die einzelnen Arten nicht ganz zuverlässig kennt, stets eine Warnung sein. Und zwar deshalb, weil der allergiftigste Pilz, der Grüne Knollenblätterpilz, ebenfalls einen grünen Hut hat. Trotzdem kann ein erfahrener Pilzsammler, der Täublinge von Knollenblätterpilzen zuverlässig zu unterscheiden vermag, seine Beute auch durch grüne Täublinge bereichern.

Einer davon ist der Gefelderte Grüntäubling. Man erkennt ihn leicht an dem grünspan- oder graugrünen, semmelfarbig ausbleichenden Hut mit der charakteristisch gefeldert- aufgeplatzten Haut. Der Hut ist 5–12 cm breit, der Stiel 3–9 cm hoch, 2–5 cm dick, zylindrisch. Der Sporenstaub ist weiß oder weißlich. Der ganze Pilz ist verhältnismäßig massig, festfleischig, mit einem lang halbkugelig gewölbten Hut. Lamellen, Fuß und Fleisch sind weiß, zeigen aber Neigung zur Rostfarbe. Ein Tropfen Eisenvitriol ruft eine satte Rotfärbung hervor.

Diese schmackhafte Täublingsart findet man häufig im Sommer und Herbst vorwiegend in trockeneren und lichteren Laub- und Nadelwäldern; in Kiefern- oder Eichenbeständen wächst der Pilz bevorzugt an grasigen Waldwegen.

Der Gefelderte Grüntäubling wird auch in industrieller Trockenverarbeitung zur Herstellung von Pilzextrakten verwendet. Ansonsten eignet er sich am besten für Suppen, Soßen, aber auch in Mischung mit weicheren Pilzarten für Pfannengerichte. Er ist über die ganze gemäßigte Zone der Nordhalbkugel verbreitet.

Sporen: 6–10 × 5–7 µm, elliptisch, fein ornamentiert

Fleischroter Speisetäubling

Russula vesca FR.

Der Fleischrote Speisetäubling gehört zu den schmackhaftesten Täublingsarten. Überall in Europa wird er viel gesammelt, da er sich von den übrigen Täublingen gut unterscheidet und sich nur schwer mit einer anderen Art verwechseln läßt. Der ganze Fruchtkörper ist verhältnismäßig festfleischig. Der 6–11 cm breite Hut hat eine bräunlich bis fleischrote Haut, die stellenweise besonders am Rand ins Graue verbleicht oder ganz farblos ist. Sie kann aber auch ins Gegenteil umschlagen und einen hell nußbraunen oder lila Ton annehmen. Bei Feuchtigkeit ist die Huthaut klebrig, deutlich radial gefältelt bis geädert, am Hutrand gerieft. Der 3–10 cm lange und 1,5–3 cm dicke Stiel ist oft beträchtlich kürzer als der Hutdurchmesser. Unten ist er verjüngt bis zugespitzt, auf seiner weißen Oberfläche sitzen rostige Fleckchen. Am auffälligsten sind diese Rostflecken an Stellen, die von Schnecken oder Mäusen benagt bzw. anderweitig verletzt wurden. Das gilt übrigens für den ganzen Fruchtkörper. Ähnlich verfärben sich auch die Schneiden der weißen, relativ schmalen Lamellen. Der Geschmack des frischen Fleisches ist nach einiger Zeit süß, angenehm nußartig. Ein Geruch fehlt fast. Der Sporenstaub ist reinweiß. Der Fleischrote Speisetäubling reagiert ganz besonders kräftig auf Eisenvitriollösung: ein Tropfen verfärbt augenblicklich die Fußoberfläche oder das Fleisch orangerot oder orangerosa.

Der Fleischrote Speisetäubling ist ab Ende Mai den ganzen Sommer über sehr zahlreich in allen Wäldern anzutreffen, in manchen Gegenden wächst er am häufigsten in Eichenwäldern auf kalkfreien Böden.

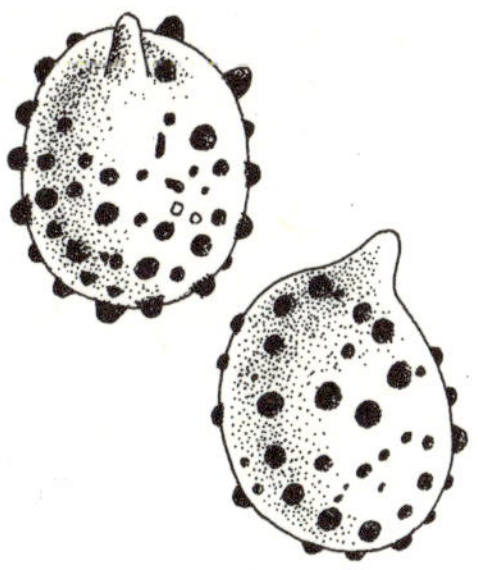

Sporen: 6–8,5 × 5–6,5 µm, fast kugelig, sehr fein und locker warzig

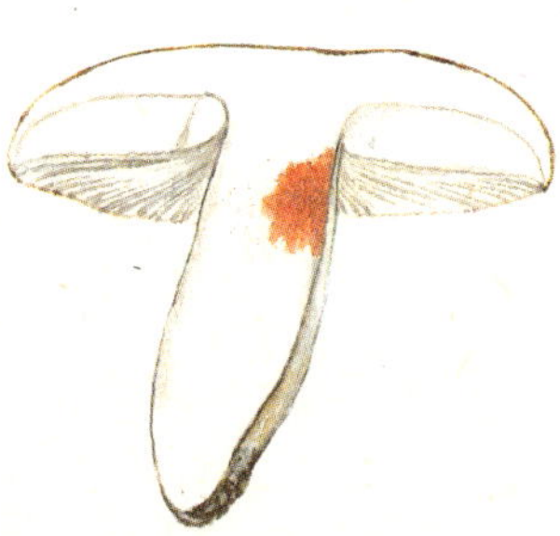

Reaktion auf Eisenvitriollösung

Frauentäubling, Violettgrüner Täubling

Russula cyanoxantha SCHFF. ex FR.

Einige Täublingsarten zeichnen sich durch eine außerordentlich veränderliche Färbung der Fruchtkörper aus. Zu ihnen gehört auch der Frauentäubling. Bei einigen Formen ist die Haut des Huts verwaschen violett oder purpurbläulich. Ziemlich häufig findet man aber auch Pilze, bei denen eine Grünfärbung überwiegt. Vor allem die Hutmitte ist oft fast dunkelgrün. Bei wieder anderen ist der Hut wenigstens stellenweise fleischrosa bis lila. Aber all diese farblich stark voneinander abweichenden Formen kann man sicher anhand eines charakteristischen Merkmals bestimmen, das nur für den Frauentäubling gilt: Fährt man mit dem Finger über die Lamellen, fühlen sie sich fettig an, sie sind elastisch und brechen nicht wie bei den anderen Täublingen. Der relativ kurze und starke Stiel ist normalerweise ganz reinweiß (seltener rosaviolett); reinweiß bleiben auch die Lamellen. Wenn man den Hut eines frisch gepflückten Fruchtkörpers vom Fuß trennt und ihn mit den Lamellen nach unten auf ein schwarzes Papier legt, stellt man nach einigen Stunden fest, daß die Sporen in Form von kreideweißem Pulver auf das Papier fallen. Die Farbe des Sporenstaubs ist für die einzelnen Täublingsarten ein wichtiges Bestimmungsmerkmal. Ein weiteres Unterscheidungsmerkmal ist die fein gefaltete Haut des Huts und das angenehm, nicht brennend schmeckende Fleisch, das geruchlos ist und farblich nicht auf eine 10%-ige Eisenvitriollösung reagiert.

Der Frauentäubling ist ein guter Speisepilz. Er erscheint bereits im ausgehendem Frühjahr in Laubwäldern, später auch in Nadelwaldungen. Er ist über die ganze gemäßigte Zone der Nordhalbkugel einschließlich Nordafrika verbreitet.

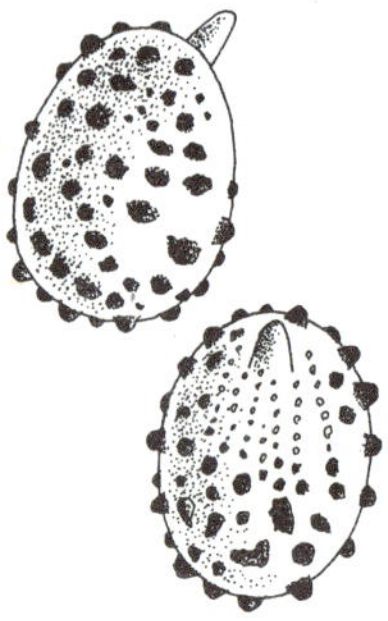

Sporen: 6,5–10 × 5,5–6,5 µm, elliptisch, farblos

Grasgrüner Birkentäubling

Russula aeruginea LINDBL.

Das Sammeln von grünen Täublingsarten (und nicht nur von Täublingen) für Speisezwecke ist stets für den riskant, der das Grundsortiment der Giftpilze nicht zuverlässig kennt oder die Bedeutung und Wichtigkeit solcher Fachkenntnisse ignoriert bzw. unterschätzt. Er setzt sich der dauernden Vergiftungsgefahr durch den Grünen Knollenblätterpilz aus. Dabei ist es gar nicht so schwierig, diese Pilze voneinander zu unterscheiden. Man muß sich nur aufmerksam die genauen Beschreibungen der beiden Gattungen, der Täublinge *(Russula)* und der Knollenblätterpilze *(Amanita)* einprägen.

Der Grasgrüne Birkentäubling hat einen bis 10 cm breiten olivgrünen Hut, der manchmal heller, blasser und stellenweise mit verwaschenen ockerfarbenen, bräunlichen oder weißlichen Flecken verziert ist, so daß die grüne Färbung oft stark zurückgedrängt erscheint. Der Hutrand ist relativ dünn, scharf und gerieft. Die kahle, bei Feuchtigkeit schwach klebrige Haut läßt sich fast bis zur Mitte ablösen. Der Stiel ist 5–8 cm lang, 1–2 cm dick, festfleischig, zylindrisch, oft zur Basis hin verjüngt. Er ist reinweiß, neigt aber vor allem am Unterteil zum Vergilben bzw. zur Braunfärbung. Die Lamellen sind dünn und dicht, später lockerer angeordnet; zunächst weiß, dann mit leicht sahnegelbem Ton. Das ursprünglich weiße Fleisch läuft bei Verletzungen oder im Alter rostig an, Rostflecken erscheinen an allen Teilen des Fruchtkörpers. Das Fleisch ist geruchlos, sein Geschmack ist oft ziemlich scharf.

Der Grasgrüne Birkentäubling kommt nicht nur in Fichten- und Kiefernwaldungen unter einzelnen Birken vor (an die er eventuell symbiotisch gebunden ist), sondern wächst auch im Gras auf Waldwegen und in Parks, vorwiegend auf sauren Böden. Er wächst den ganzen Sommer über und ist eßbar.

Sporen: 6–10 × 4,5–6,5 µm, elliptisch, locker warzig

Sporenstaub

Rotstieliger Ledertäubling

Russula olivacea (SCHFF. ex SECR.) FR.

Dies ist der stattlichste Täubling der europäischen Wälder. Sein Hut kann bis zu 20 cm Durchmesser erreichen, ist zunächst tief herabgewölbt, später flach bis breit durchgedrückt mit einer matten, fast samtigen Haut, die sich nur an den Rändern ablösen läßt. Seine Färbung weist verschiedene Schattierungen aus mehreren Farben auf, die ineinander übergehen, so daß manchmal Purpurrot oder Violett überwiegen, in anderen Fällen Olivgrün mit einer Beimischung von Ocker oder Braun. Für diesen Täubling ist ein Merkmal ganz charakteristisch: Das Pigment in der Haut längs des Hutrandes ist in gewellten schmalen Ringen angeordnet. Der 6–10 cm lange und 2–5 cm dicke Stiel ist kräftig zylindrisch, zunächst fest, später schwammig weich, ganz oder wenigstens auf einer Seite purpurfarben angehaucht. Bei Verletzungen verfärbt er sich im Unterteil langsam gelb bis bräunlich. Die Lamellen sind auffällig hoch (bis 1,5 cm), schütter, leicht brechend, bald sattdottergelb und wenigstens teilweise an den Schneiden rotgefärbt. Das Fleisch ist weiß, ziemlich trocken, duftlos, mit mildem Geschmack. Es zeichnet sich durch eine einzigartige Reaktion auf Phenol- (Karbol-)wasser aus: augenblicklich entstehen heidelbeerfarbene Flecken.

Der Rotstielige Ledertäubling kommt in der wärmsten Sommerzeit hauptsächlich in trockeneren, durchsonnten Wäldern oder an deren Rändern vor. Er wächst unter Kiefern und Fichten, aber auch in Buchenbeständen, für gewöhnlich auf saureren Böden. Er ist eßbar und schmackhaft, doch ist sein Fleisch sehr trocken.

Sporen: 7,5–12 × 6,5–10 µm, fast kugelig, stark und dicht stachelig, Stacheln bis 1,5 µm hoch

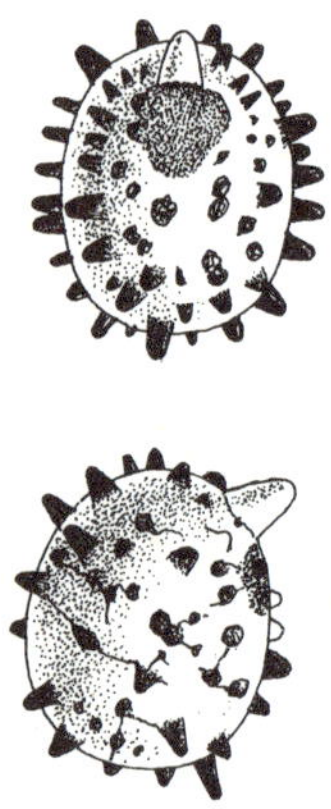

Ausfallender Sporenstaub

Wieseltäubling

Russula mustelina FR.

Der Wieseltäubling ist eine stattliche, festfleischige Art mit hartem Stiel und vorwiegend braunem Hut, dessen Durchmesser bis zu 15 cm erreichen kann. Die Haut auf dem Hut ist trüb ockerbraun oder gelbbraun, bei Feuchtigkeit schwach schleimig oder glänzend, bei trockenem Wetter glatt, fein radial faltig, am Rand ablösbar. Der Stiel ist 3–11 cm lang und 1,5–4 cm dick, zylindrisch, oft gekrümmt, weiß, später etwas vergilbt, im Laufe der Zeit braun oder rostig werdend, im Alter völlig braun. Die Lamellen sind dick, dicht angeordnet, hart, 10–15 mm hoch, zuerst weiß, bald darauf cremefarben oder buttergelb, strohgelb, im Alter ockerbraun oder rostfleckig. Das Fleisch ist zäh und weiß, mit der Tendenz zu vergilben und im Alter braun zu werden; es ist fast geruchlos und sein Geschmack ist mild bis süß.

Der Wieseltäubling kommt ausschließlich in älteren Nadelwäldern (vorwiegend Fichten) im Bergvorland und Gebirge vor. In tieferen Lagen und aufgeforsteten Fichtenmonokulturen fehlt er. Die jungen Fruchtkörper mit ihren halbkugelförmig gewölbten Hüten und ihrer Braunfärbung ähneln aus der Ferne Steinpilzen.

Der Wieseltäubling ist ein Speisepilz von guter Qualität, er läßt sich höchstens mit dem ungenießbaren Gemeinen Stinktäubling – *R. foetens* FR. verwechseln, der an ähnlichen Stellen wächst. Beim Gemeinen Stinktäubling ist allerdings der Hutrand nicht gerieft, in seiner Färbung überwiegt ockergelb und der ganze Hut ist stark schleimig. Dieser Täubling riecht widerlich und hat einen stark brennenden Geschmack.

Sporen des Wieseltäublings:
7–11 × 5,5–8 μm, länglich elliptisch,
flach zusammenhängend bewarzt bis gegratet.
Der ausgefallene Sporenstaub ist hellocker

Sporen des Stinktäublings:
8–10 × 8–9 μm, grob warzig, farblos

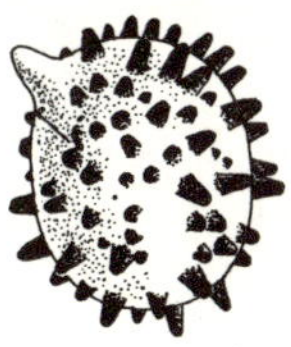

Stinktäubling

Wieseltäubling

Roter Heringstäubling

Russula xerampelina (SCHFF. ex SECR.) FR.

Nach der ursprünglichen Auffassung wurde der Heringstäubling vor allem aufgrund von drei Merkmalen als eine einzige Art charakterisiert. Das erste ist der auffällige Trimethylamingeruch (das ist der Geruch von Heringen oder gekochten Krebsen; auch der Milchreizker riecht so). Das zweite Merkmal ist die Braunverfärbung der Fruchtkörper an verletzten Stellen und das dritte eine wichtige chemische Reaktion, die sich als Grünverfärbung des Fleisches bei Kontakt mit 10%-iger Eisenvitriollösung zeigt. Deshalb haben auch die tschechischen Mykologen Melzer und Zvára, die 1927 die Gattung *Russula* nach modernen Gesichtspunkten bearbeitet haben, für diese Sammelart die selbständige Sektion *Viridantinae* aufgestellt. Deutsche Mykologen stellen die Arten dieses Verwandtschaftskreises in die Sektion *Xerampelinae.*

Die Heringstäublinge sind überaus veränderliche Pilze und es gibt wohl keinen Farbton, der nicht in der Haut ihres Huts auftaucht. Darüber hinaus existieren mykorrhitische Beziehungen der einzelnen Farbvarianten zu spezifischen Gehölzen, an die sie gebunden sind. Daher halten einige Mykologen diese Abweichungen für Kleinarten.

Als typische Form des Heringstäublings gilt nur ein stattlicher Pilz mit lebhaft purpurrotem bis karminrotem, in der Mitte manchmal fast schwärzlichem Hut, von etwa 10 cm Breite und mit einem überwiegend rosaroten Fuß. Er wächst in Nadelwäldern und wird hier als Roter Heringstäubling bezeichnet. Sowohl diese als auch alle übrigen Formen und Arten dieses Verwandtschaftskreises haben einen milden, nicht brennenden Geschmack und sind eßbar. Von diesen seien noch der Grüne Heringstäubling – *R. elaeodes* (BRES.) MOS. und der Buchen-Heringstäubling – *R. faginea* ROMAGN. genannt.

Sporen: 8–10,5 × 7–8,5 µm

Sporenstaub

Brauner Ledertäubling

Russula integra L. ex FR. ss. R. MRE.

Zu den häufigsten Täublingen, die auch bei trockenem Wetter während Sommer und Frühherbst in Fichten- und Kiefernwäldern und Kalksteingrund anzutreffen sind, gehört der Braune Ledertäubling. Auch diese Täublingsart ist von mittlerer bis stattlicher Größe. Der Hut hat 5–12 cm im Durchmesser, ist zunächst halbkugelig, später niedrig gewölbt, in der Mitte flach eingedrückt, in der Jugend zähfleischig. Die Hutfärbung ist schmutzig dunkelviolett, rotbraun, schmutzig ockerbraun, trüb oder violettrot, aber auch schokoladen- bzw. hellbraun, in der Mitte entweder ins Gelbliche oder Grünliche ausgebleicht bzw. umgekehrt fast schwarzbraun. Der Rand ist stumpf und erst später dicht gerieft. Die Hutoberhaut ist kahl, bei Trockenheit auffällig glänzend, bis zur Hälfte ablösbar. Der Stiel wird bis 7 cm lang und 2–3 cm dick, ist fest, über die ganze Länge weiß. Bei Verletzung verfärbt er sich nicht. Die Lamellen sind dick und breit, zunächst weiß, später hellocker mit weißlichem Reflex auf der Schneide oder mit einem Hauch von Schwefelgelb. Das Fleisch ist fest und weicht erst im Alter auf, bleibt unveränderlich weiß; sein Geschmack ist mild und es ist fast geruchlos.

Die aufgezählten Merkmale dieser farblich außergewöhnlich variablen Art charakterisieren den Pilz zwar gut, doch ist vor allem im Gelände seine einwandfreie Bestimmung nicht immer einfach. Das gilt übrigens für die meisten Täublinge, die ohne mikroskopische Detailuntersuchung oft nicht genau identifiziert werden können. Der Braune Ledertäubling ist ein guter Speisepilz. Dem Braunen Ledertäubling ähnelt der Milde Wachstäubling – *R. puellaris* FR., der an ähnlichen Orten wächst. Auch er ist eßbar.

Sporen des Braunen Ledertäublings:
8,5–11 × 7–10 µm,
kugelig-elliptisch, dicht und lang gestachelt mit bis zu 1,8 µm langen Stacheln

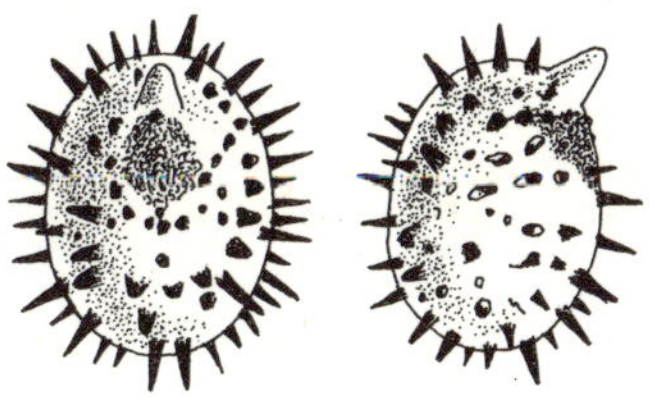

Sporenstaub

Sporen des Milden Wachstäublings:
6,5–9,5 × 5,5–7 µm, fast kugelig, isoliert gestachelt

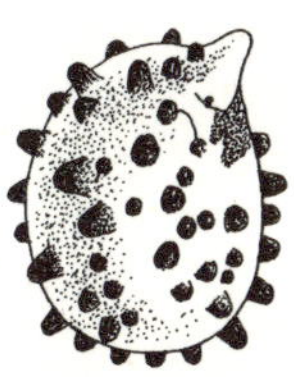

Milder Wachstäubling

Brauner Ledertäubling

Apfeltäubling

Russula paludosa BRITZ.

Ein großer Täubling von erhabener Gestalt und angenehm roter Färbung – so etwa könnte man kurz die angeführte Art charakterisieren. Der 6–15 cm breite Hut ist in der Jugend halbkugelig, später flach ausladend, schön rotgefärbt, etwa wie reife Erdbeeren oder Hagebutten. Diese für den Apfeltäubling charakteristische Farbe geht oft ins Orange- ja sogar Sahnegelb über. Die Hutoberhaut ist kahl, feucht, bei Trockenheit glänzend und läßt sich weit bis zur Hutmitte ablösen. Der 6–15 cm lange und 2–4 cm starke zylindrische Stiel ist weiß und sehr oft auf einer Seite rötlich oder rosa getönt. Die Lamellen sind in der Jugend ziemlich dicht, später lockern sie sich auf und werden durch zahlreiche Lamelletten abgelöst. Sie sind bis zu 12 mm hoch, in der Jugend hellcremefarben, dann hellocker, an der Schneide sind sie manchmal rötlich (vor allem in Hutrandnähe). Das Fleisch ist verhältnismäßig fest, weiß, unveränderlich und hat einen milden, manchmal auch schärferen Geschmack.

Der Apfeltäubling ist eine wichtige Art der feuchten Nadelwälder auf sauren Böden. Er kommt vorwiegend in Kiefernbeständen, seltener in Fichtenwälder vor. Oft wächst er zwischen Moos und Torfmoos im Unterwuchs von Heidelbeeren, Preiselbeeren und Pfeifengras. In den Wäldern von Bergvorland- und Berglandschaften erscheint der Pilz unter günstigen Bedingungen während der zweiten Sommerhälfte in riesigen Mengen. Er gehört zu den schmackhaftesten Täublingen und wird viel gesammelt. Eher im Laubwald, besonders unter Buchen und Birken wächst die ebenso eßbare *R. velenovskyi* MELZ. et ZV. Ihre Sporen sind kleiner und isoliert stachelig.

Sporen: 8–11 × 6,5–8,5 µm, breit elliptisch, warzig bis warzenstachelig, mit max. 1,3 µm langen Warzen oder Stacheln, die mindestens teilweise miteinander verbunden sind

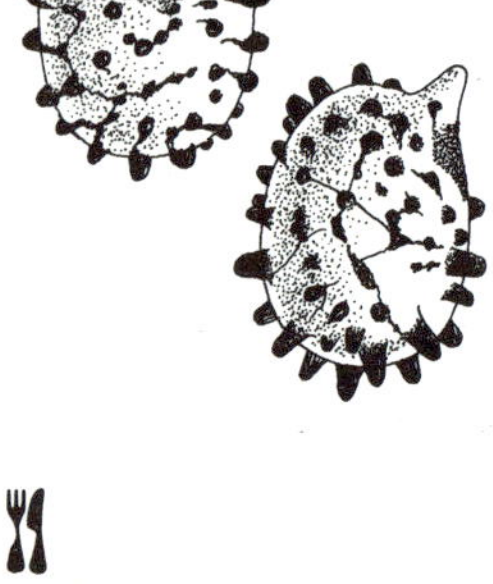

Sporenstaub

Kirschroter Speitäubling

Russula emetica FR.

Der bekannteste unter den giftigen Täublingen ist der Kirschrote Speitäubling. Er ist mittelgroß, hat einen 4–10 cm breiten, sprödfleischigen, niedrig gewölbten bis ausladenden Hut mit einer leicht bis zur Mitte ablösbaren, kahlen, glatten, bei Feuchtigkeit klebrigen, bei Trockenheit glänzenden Haut. Sie hat die Farbe von Klatschmohn, verbleicht aber bald, vor allem nach Regenfällen; bei manchen Fruchtkörpern ist der Hut sogar reinweiß. Der Stiel ist 5–10 cm lang, 1–2 cm dick, völlig und unveränderlich weiß, nur selten rötlich, spröde und zerbrechlich. Die Lamellen sind von mittlerer Dichte bis schütter, leicht bauchig, weiß oder mit unscheinbarem gelblichem Hauch. Das Fleisch ist spröde, unter der Oberhaut des Huts rosa oder hellrot, ansonsten weiß und es vergilbt erst mit dem Alter. Es hat einen sauren Obstduft und einen stark brennenden Geschmack. Der Sporenstaub ist reinweiß.

Der Kirschrote Speitäubling ist stets auf feuchten bis nassen Böden auf sauren Unterlagen in Nadelwäldern zu finden. Oft wächst er in den tiefen Teppichen von Widertonmoos, Weißmoos oder Torfmoos und als einer von wenigen Vertretern seiner Gattung gedeiht er auch auf Torf.

Unter Laubbäumen kommen einige eng verwandte Arten oder Varietäten vor, von denen manche umgekehrt wieder Kalkböden bevorzugen. Alle sind genau so giftig wie der Speitäubling, Vergiftungen machen sich durch Störung des Verdauungsapparats bemerkbar.

Ein ebenfalls rotgefärbter, nach Zedernholz riechender Täubling ist der eßbare, wenn auch wenig schmackhafte Zinnober-Täubling – *R. rosacea* PERS. ex S. F. GRAY. Er hat eines rot überlaufenen Stiel und wächst vorwiegend in Buchenwäldern.

Spore des Kirschroten Speitäubling:
8–12 × 6–9,5 µm, breit elliptisch,
Warzen und Stacheln gratig

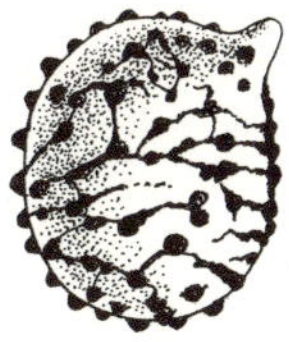

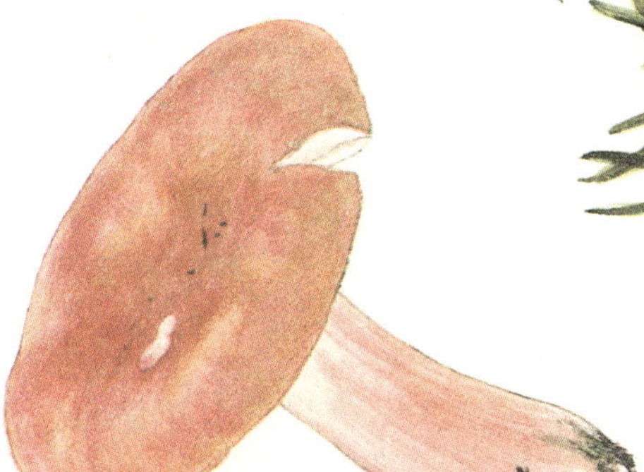

Zinnober-Täubling

Kirschroter Speitäubling

Bluttäubling

Russula sanguinea (BULL. ex ST.-AMANS) FR.

Geht man zu Sommerausgang oder im Herbst durch Kiefernwälder, kann man hier auf grasverwachsenen Waldwegen den schön gefärbten Bluttäubling finden. Sein Hut mißt bis 10 cm im Durchmesser, ist mäßig fleischig, bald flach, bald breit durchgedrückt, an den Rändern verjüngt und nach unten durchgebogen, vielfach sogar elegant gewellt. Seine Oberhaut ist blut- oder karminrot, ggf. rosa, stellenweise bis zu einem blaß cremigen oder weißlichen Ton entfärbt. Bei Regenwetter ist die Haut ein wenig klebrig, ansonsten trocken und matt. Sie läßt sich nicht ablösen. Der Stiel ist relativ kurz, unten verjüngt, zum größten Teil rot oder rosa bereift, oft mit zitronenfarbenen Flecken wie auch das Fleisch, das eine Tendenz zur Gelbverfärbung aufweist. Die Lamellen laufen deutlich sichtbar auf den Fuß herunter und sind in der Jugend weißlich, später dunkel cremefarben, an der Schneide manchmal rötlich. Das Fleisch ist weiß, am Rand unter der Haut des Huts rosa, hat einen schwach säuerlichen Obstduft und einen meist sehr scharfen, manchmal auch bitteren, nur ausnahmsweise einen annähernd milden Geschmack. Sein Fleisch ist ungenießbar.

Viele rot gefärbte Täublinge haben ein brennend schmeckendes Fleisch, auch wenn dies Brennen unterschiedlich intensiv erscheint. Der wahrscheinlich am stärksten brennende Täubling ist der Zedernholz-Täubling – *R. badia* QUÉL., dessen Fleisch stark nach Zedernholz duftet und nach einer Kostprobe auf der Zunge ein lang anhaltendes Brennen bis zur Gefühllosigkeit hinterläßt. Die chemische Zusammensetzung der Harzstoffe, von denen man annimmt, daß sie Erbrechen und Durchfall nach dem Genuß von brennend schmeckenden Täublingen hervorrufen, ist bisher noch nicht bekannt.

Spore: 7,5–10 × 6,5–8,5 µm,
breit elliptisch, stark gestachelt,
Stacheln stumpfkegelig, bis zu 1 µm hoch

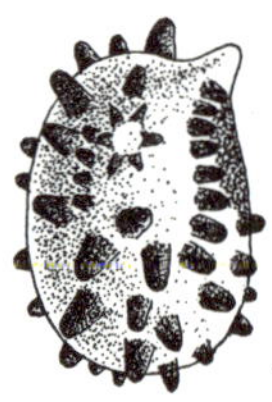

Sporenstaub

Pfeffermilchling
Lactarius piperatus (L. ex FR.) S. F. GRAY

Wolliger Milchling
Lactarius vellereus (FR.) FR.

Die auffallend großen weißen Pilze, die man im Sommer auf dem Waldboden entdeckt, gehören meist zwei verschiedenen Milchlingsarten an. Beide können massenhaft auftreten und wachsen in Gruppen oder Ringen. Auch ihr Aussehen ist ähnlich: ein breit ausladender, in der Mitte vertiefter, becherförmiger Hut von 8–18 cm Breite mit einem kurzen Stiel. Die aus dem verletzten Fleisch rinnende Milch ist unveränderlich weiß und brennend. Ein Unterschied zwischen den beiden Arten besteht in der Oberflächenstruktur und Dichte der Lamellen. Der Wollige Milchling (Erdschieber) (2) hat einen weich befilzten Hut und Stiel, seine Lamellen stehen locker; der Pfeffermilchling (1) hat einen kahlen Hut und Fuß sowie sehr dichte Lamellen. Dem Pfeffermilchling ähnelt der nahe verwandte, aber oft übersehene oder nicht unterschiedene *L. glaucescens* CROSSL., dessen Milch frisch zwar auch reinweiß ist, sich aber an der Luft ganz langsam ins Graugrüne verfärbt. Das sieht man am besten an den Lamellen, an deren abgebrochenen Schneiden Milchtröpfchen in Form von graugrünen Kügelchen hängenbleiben und antrocknen.

Mit diesen weißen Milchlingen kann man den reinweißen Schmalblättrigen Weißtäubling – *Russula chloroides* KALCHBR. leicht verwechseln. Dieser hat allerdings keine Milch und auch keinen brennenden Geschmack; seine Lamellen haben bei der Varietät var. *brevipes* PECK dort, wo sie am Fuß festwachsen, einen blaß blaugrünen Ring. Alle diese Arten kommen häufig in allen Waldtypen vor, der Pfeffermilchling bevorzugt Mischwälder. Obwohl er brennend schmeckt, kann man ihn zu Speisezwecken auf Speck gebraten mit Salz, Zwiebel und Pfeffer zubereiten; anders ist er kaum genießbar. Der Wollige Milchling ist im Gegensatz zum Schmalblättrigen Weißtäubling ungenießbar.

Sporen des Pfeffermilchlings:
8–9,5 × 5,5–7 µm, farblos,
unmerklich verbunden, fein warzig

Sporen des Wolligen Milchlings:
9–12 × 7,5–10 µm, farblos,
unvollständiges Netzornament, fein warzig

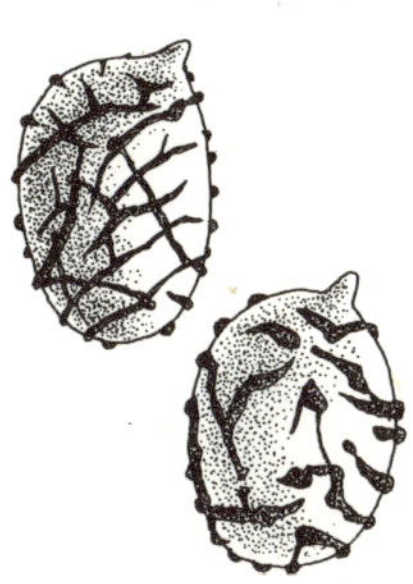

Wolliger Milchling

Pfeffermilchling

Birkenreizker, Falscher oder Zottiger Reizker

Lactarius torminosus (SCHFF. ex FR.) S. F. GRAY

Unter den Großpilzen finden sich zahlreiche, deren Existenz eng mit der Birke verbunden ist. Zu ihnen gehört auch der Birkenreizker, ein treuer Begleiter der Birkenwälder. Von Juli bis Oktober erscheinen in Laubstreu und Gras seine bis zu 15 cm breiten, flach gewölbten, in der Mitte tief eingedrückten, später becherförmig vertieften, rötlichen, dunkler gebänderten Hüte. Den Birkenreizker erkennt man zuverlässig am lang und dicht weißlich behaarten, stark nach unten eingerollten Hutrand; bei jungen Fruchtkörpern bedecken diese Haare die Lamellen völlig und reichen bis an den kurzen dicken Stiel, der ähnlich wie der Hut gefärbt ist. Die Lamellen stehen dicht und sind schmal, weißlich mit rosa Ton. Das Fleisch sondert an einer Bruchstelle eine unveränderlich weiße Milch ab, die stark brennend schmeckt. Der Sporenstaub ist hellcremefarben. Neueste Forschungen haben bestätigt, daß der Birkenreizker auch bei gängiger Zubereitung schwach giftig bleibt. Die Giftstoffe sind wahrscheinlich in der brennend schmeckenden Milch enthalten; sie rufen Erbrechen und Durchfall hervor. Trotzdem wird dieser Reizker mancherorts nach 20 Min. Kochen in Salzwasser in Essig eingelegt, wodurch diese negativen Eigenschaften beseitigt werden.

Der Birkenreizker hat einen Doppelgänger, den Blassen Zottenreizker oder Moormilchling – *L. pubescens* FR., der sich durch seinen helleren, ungebänderten Hut unterscheidet. Dieser wächst meist auch unter Birken, oft auch unter Einzelbäumen außerhalb des Waldes im Gras auf Weiden, in Gärten und an Wegen. Dieser Pilz ist ungenießbar.

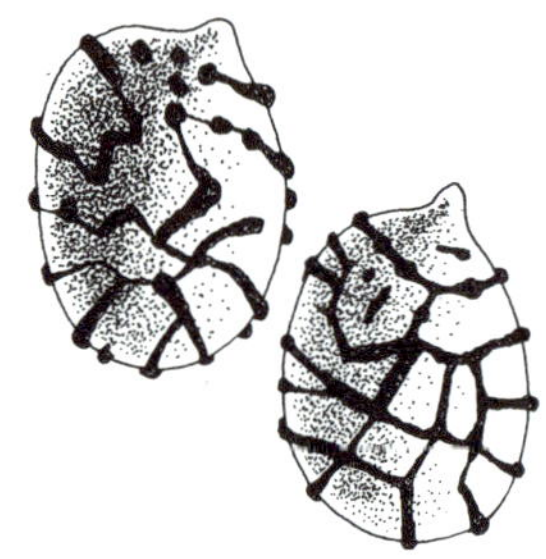

Sporen des Birkenreizkers: 7–10 × 6–8 μm, breit elliptisch, unvollständiges Netzornament

Birkenreizker

Blasser Zottenreizker

Echter Reizker, Edelreizker

Lactarius deliciosus FR.

Zur bekanntesten Reizkergruppe gehören die Arten, aus deren Fruchtkörpern nach Verletzung satt orange oder weinrote Milch rinnt. Diese Gruppe wird als Sektion Dapetes bezeichnet und ihr Hauptvertreter ist der Echte Reizker, der als wertvoller Speisepilz gesammelt wird. Seine Milch ist in frischem Zustand karottenrot, ohne sich später stark zu verfärben; höchstens nach dem Austrocknen wird sie etwas blasser. Der hellorangefarbene Hut geht stellenweise fast in Ocker über und verfärbt sich nur wenig grünlich, manchmal überhaupt nicht. Der Echte Reizker ist mykorrhitisch an die Kiefer gebunden. Er bildet stattliche Fruchtkörper. Der Hut ist deutlich kreisrund und kann einen Druchmesser von 20 cm erreichen. Der Stiel ist kurz und dick, kürzer als der Hutdurchmesser.

Der sehr ähnliche Lachsreizker – *L. salmonicolor* HEIM et LECL. ist intensiver orange, hat eine weinrote Milch und wächst unter Tannen.

Ein wirklicher Doppelgänger des Echten Reizkers ist der Fichtenreizker – *L. deterrimus* GRÖGER, der ausschließlich unter Fichten wächst. Er hat etwas schlankere Fruchtkörper mit vorwiegend langen Stielen und einen grün gebänderten Hut, auch die Lamellen sind grünfleckig. Seine Milch verfärbt sich nach längerer Zeit (manchmal erst nach 30 Minuten) von ursprünglich Orange in Weinrot.

In der genannten Reizkersektion gibt es noch mehrere Arten, deren Stellung im Pilzsystem noch nicht völlig geklärt ist; auch über die Merkmalsabgrenzung zwischen Echtem und Fichtenreizker haben die Mykologen unterschiedliche Ansichten.

Sporen des Echten Reizkers:
8–9 × 6,5–7 μm, elliptisch,
warzig-gratig, z. T. netzgemustert

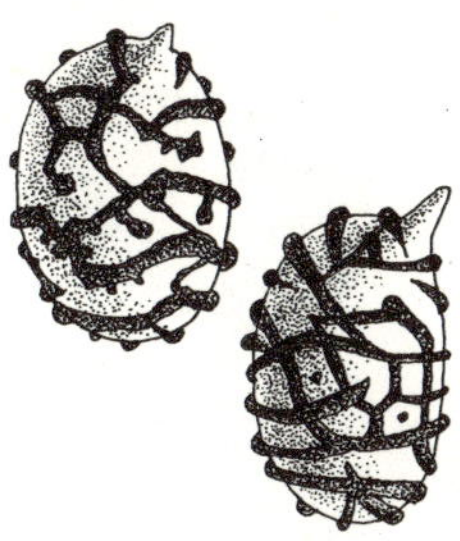

Fruchtkörper des Lachsreizkers im Schnitt

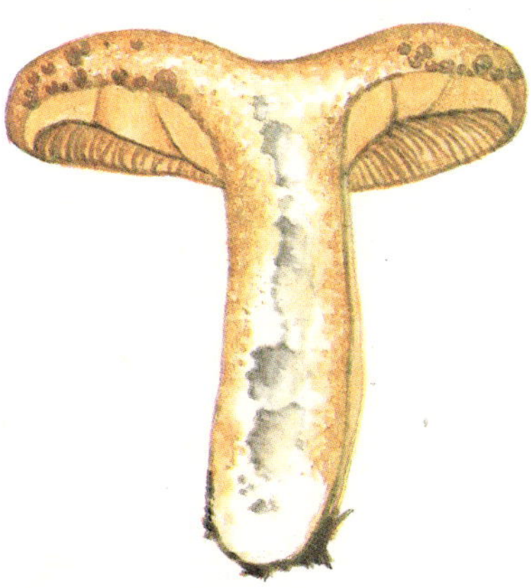

Lachsreizker

Echter Reizker

Maggipilz, Bruchreizker

Lactarius helvus FR.

Diese ockerbraungefärbten Reizker erscheinen im Sommer und Herbst für gewöhnlich zahlreich in feuchten und moosdurchzogenen Nadelwäldern auf saurem Untergrund. Mit Vorliebe zeigen sie sich auch auf stark durchnäßten Böden, oft sogar in Torfmooren im lebenden Torfmoos. Ihr Hut hat 5–12 cm im Durchmesser, wird bald ausladend, in der Mitte ein wenig eingedrückt. Er hat ein mildes, sprödes Fleisch, ist leder-semmelfarben, gelegentlich mit einem rötlichen Ton, matt, dicht befilzt bis feinfilzig-schuppig, nicht rund. Der Fuß ist nur 1–1,5 cm dick, zylindrisch, oft ziemlich lang, verhältnismäßig fest, später hohl, hellockerbräunlich. Die Lamellen stehen dicht, laufen kurz am Stiel herab, sind weißlich, später ockergelblich. Das blaß-ockerrosa oder blaß-ockergefärbte Fleisch hat einen kräftigen charakteristischen Maggigeruch und einen milden Geschmack. Aus einer Bruchstelle rinnt ein wenig wäßrige, leicht bittere Milch, die aber ihre Farbe nicht ändert. Der Sporenstaub ist weißlich.

Ältere Pilzhandbücher empfehlen den Maggipilz als Gewürz für Suppen und Soßen, doch ist er nachgewiesenermaßen giftig. Zur Vergiftung kommt es nach dem Genuß einiger Fruchtkörper; sie äußert sich vor allem durch Erbrechen.

Der Maggipilz ist so charakteristisch, daß man ihn mit keiner anderen Art verwechseln kann. Entfernt ähnelt ihm der Eichenmilchling – *L. quietus* FR., der jedoch nach Wanzen riecht, eine völlig kahle Hutoberhaut hat und im Bruch eine cremegelbe, unveränderliche, leicht bitter schmeckende Milch absondert. Er kommt sehr häufig unter Eichen vor und wächst auch an trockenen Stellen.

Der Eichenmilchling ist genießbar, aber nicht wertvoll.

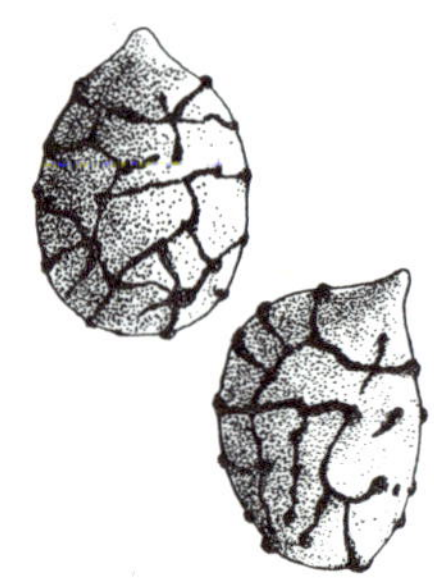

Sporen des Maggipilzes: 6,5–9 × 5,5–6,5 μm, breit elliptisch, unterbrochenes Netzmuster, amyloid

Maggipilz

Eichenmilchling

Milchbrätling, Birnenmilchling

Lactarius volemus FR.

Diesen wohlschmeckenden Pilz kennen alle praktischen Pilzsammler sehr gut und nehmen ihn gern mit. Er hat darüber hinaus noch eine gute Eigenschaft: Er wächst auch bei trockenerem Sommerwetter. Leider verschwindet er aus den europäischen Wäldern in der letzten Zeit – ähnlich wie eine Reihe anderer Pilze – immer mehr. Einer der Gründe dafür ist die ständig wachsende Ausbeutung der Wälder, wobei der intensive Holzeinschlag systematisch alte Waldungen beseitigt, also auch alte Kiefernbestände, in denen der Milchbrätling am häufigsten wächst.

Man kann ihn kaum mit einer anderen Art verwechseln, da er Eigenschaften hat, an denen man ihn zuverlässig erkennt: einen schön rotbraun bis braunorange gefärbten Hut von 5–15 cm Durchmesser mit einer völlig glatten, trockenen fein bereiften Haut, ferner große Mengen reinweißer süßer Milch, die reichlich aus einer Bruchstelle im Fleisch frischer Fruchtkörper fließt. Durch Alter und Verletzung verfärbt sich der Milchbrätlich braun und strömt einen Geruch aus, der sehr zutreffend mit Heringen verglichen wird. Ähnlich riechen auch die Heringstäublinge, die gleichfalls im Alter braun werden. Bei diesen Arten verfärbt sich das Fleisch bei Kontakt mit Eisenvitriollösung grün. Der ganze Fruchtkörper des Milchbrätlings ist hart und dickfleischig, daher eignen sich zu Speisezwecken vor allem die Hüte, gleich ob man sie in Fett braten oder in Pilzmischgerichten verwenden will.

Mit dem Milchbrätling wird manchmal der Milde Milchling – *L. mitissimus* FR. verwechselt. Es ist ein kleiner, rotorange gefärbter Reizker, der sich vor allem durch die schärfer schmeckende Milch vom Milchbrätling unterscheidet und dessen Fleisch nicht braun wird; auch fehlt ihm der Trimethylamingeruch. Eßbar ist der Milde Milchling ebenfalls.

Sporen des Milchbrätlings: 7,5–10 µm, kugelig, fein warzig

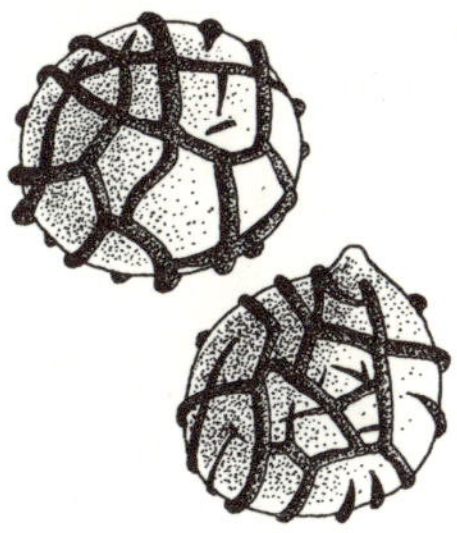

Milder Milchling

Milchbrätling

Strubbelkopf, Schwarzer Schuppenröhrling

Strobilomyces floccopus (VAHL ex FR.) P. KARST.

Der Strubbelkopf ist ein eigentümlicher, etwas düster wirkender Röhrlingsverwandter mit charakteristischen filzartigen Schuppen, welche die ganze Oberfläche seines 5–12 cm großen, umbra- oder sepiabraun-gefärbten Hutes bedecken. Die großen abstehenden Schuppen sind auf dem Scheitel schwärzlich und am Hutrand fast aufrecht stehend. Der im Jugendstadium die Röhren bedeckende Watteschleier bleibt bei ausgewachsenen Fruchtkörpern in Fetzen am Hutrand hängen. Die weißlichen Röhren werden nach und nach grau bis braun, im Schnitt verfärben sie sich rot, genau wie die ziemlich großen kantigen Röhrenmündungen. Am zylindrischen Stiel ist ein Wattering zu sehen. Das Fleisch ist in der Jugend weißlich, bei frischen Fruchtkörpern verfärbt es sich im Anschnitt hellorange, zuletzt schmutzigviolett. Alte Fruchtkörper haben eine auffallend trockene, wattige Konsistenz, einen milden Geschmack und einen ausdruckslosen Geruch. Der Sporenstaub ist fast schwarz.

Der Strubbelkopf erscheint in Nadel- und Mischwäldern, nur selten in reinen Laubbeständen. Am häufigsten zeigt er sich unter Nadelhölzern auf kalkfreien Böden. Er wächst fast immer nur einzeln, für gewöhnlich im Sommer und Herbst. In Europa ist er der einzige Vertreter seiner Gattung, über die gesamte gemäßigte Zone der Nordhalbkugel verbreitet. Der Strubbelkopf ist zwar eßbar, doch lockt er wegen seines Aussehens und des trockenen Fleisches der alten Fruchtkörper nicht besonders zum Sammeln für Küchenzwecke.

Spore: 10–13 × 9–10 µm, fast kugelig, Netzornamentik

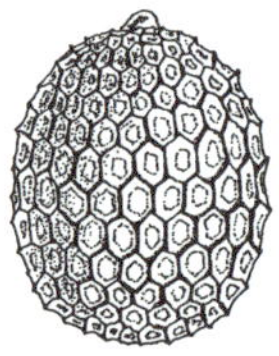

Spore im optischen Schnitt

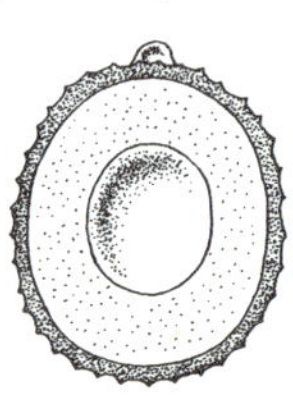

Düsterer Röhrling, Rotbraunsporiger Röhrling

Porphyrellus pseudoscaber (SECR.) SING.

Dieser Pilz ist einer der beiden europäischen Vertreter der Gattung *Porphyrellus.* Er ähnelt in seiner Färbung stark dem Strubbelkopf. Bei ihm fehlen aber die Schuppen auf dem Hut. Er ist glatt, kahl und läßt auch den Schleier vermissen. Auch seine Sporen sind anders geformt.

Der ganze Pilz hat ein rußiges Aussehen. Der 5–16 cm breite Hut ist zunächst hellgrau, dunkelt aber allmählich in verschiedene oliv- bis umbrabraune Töne nach; auf Druck verfärbt er sich fast schwärzlich. Er hat eine trockene, fast filzige bis samtige, nicht ablösbare Haut. Auch die in der Jugend grauen Röhrchen werden auf Druck dunkler, manchmal auch leicht blau oder rötlich. Ihre Poren sind kantig und haben eine gezahnte Mündung. Die Oberfläche des zylindrischen oder keulenförmigen Stiels, der oft unten umgebogen und eine ähnliche Farbe wie der Hut besitzt, ist fein filzig punktiert und längsgestreift. Das bleiche Fleisch wird an der Bruchstelle zunächst blaugrün oder graurot, letzlich braun bis schwarz.

Die zweite Art ist der Porphyrröhrling – *P. porphyrosporus* (FR.) GILB., dessen Fleisch nicht blau wird und dessen Poren von Jugend an bleich oder blaßgrau sind. Sein Sporenstaub ist rotbraun.

Der Düstere Röhrling wächst am häufigsten in Nadelwaldbeständen des Bergvorlands. Der Porphyrröhrling kommt weniger häufig in Laub- und Mischwäldern vor. In Mitteleuropa gehören die Arten zu den typischen Bewohnern der Berg- und Bergvorland-Fichtenwaldungen bzw. der Tannen-Buchenmischwälder auf sauren Böden. Sie sind in der ganzen gemäßigten Zone der Nordhalbkugel verbreitet. Beide Arten sind eßbar, aber geschmacklich weit weniger gut als die echten Röhrlinge.

Sporen des Düsteren Röhrlings:
10,5–18,5 × 5–7 µm,
elliptisch-spindelförmig, glatt,
bräunlich

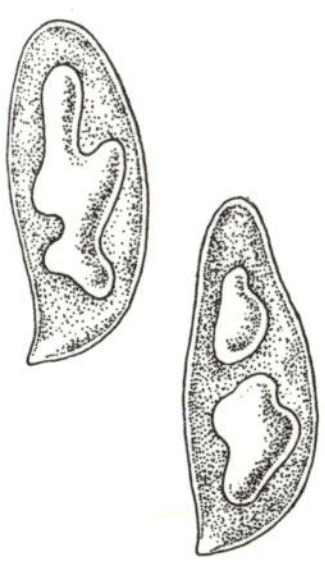

Verbreitung des Düsteren Röhrlings in Europa

Hasenröhrling, Rundfußröhrling

Gyroporus castaneus (BULL. ex FR.) QUÉL.

Auf den ersten Blick ist das ein schmucker Röhrling, der aber entschieden nicht in das Schema der gängigen Röhrlingsarten paßt. Sein 3–8 cm breiter Hut ist schwach gewölbt und wird bald flach ausladend, rotbraun bis kastanienbraun, auf der ganzen Oberfläche fast samtig befilzt und trocken. Der Stiel wird bis zu 8 cm lang und 3 cm breit, hat eine ähnliche Färbung wie der Hut und ist gleichfalls fein samtig, oft gerieft und faltig. In der Jugend sitzt in seinem Inneren weißes Fleisch, das aber bald Kammerstruktur annimmt und so z. B. den Stiel ganz hohl werden läßt. Ein Schleier ist nicht ausgebildet. Die Röhren sind zunächst weiß, dann cremegelb, in der Reife sogar hellzitronengelb, auf Druck zeigen sie häufig braune Flecken. Ihre Poren sind relativ klein und ähnlich wie die Röhren gefärbt. Das Fleisch hat einen milden Geschmack und ist fast geruchlos. Der Sporenstaub ist blaß gelblich.

Der Hasenröhrling liebt trockenere, wärmere und lichte Wälder auf sauren Böden, auf denen er offene, sonnenbeschienene Standorte bevorzugt; vereinzelt erscheint er auch außerhalb des Waldes, an Gräben, in Alleen, an Feldrainen und auf Weiden. Er wächst von Juli bis November. Seine Verbreitung erstreckt sich über die wärmeren Gebiete der ganzen gemäßigten Zone auf der nördlichen Halbkugel. Der Pilz ist eßbar, hat aber keinen sonderlich guten Geschmack.

Der Kornblumenröhrling – *G. cyanescens* (BULL. ex FR.) QUÉL., der zweite europäische Vertreter dieser Gattung, zeichnet sich durch die intensive Blaufärbung von Fleisch und Röhren im Anschnitt oder auf Druck aus und besitzt einen strohgelben bzw. gelbbraunen Hut. Er gedeiht in sandigen Kiefernwaldungen oder Bergbuchenbeständen und ist gleichfalls eßbar.

Sporen des Hasenröhrlings:
7–11 × 4,5–6 µm,
elliptisch, fast farblos

Hasenröhrling

Kornblumenröhrling

Verbreitung des Hasenröhrlings

Hohlfußröhrling

Boletinus cavipes (OPAT.) KALCHBR.

Der Hohlfußröhrling (1) ist ein Pilz, den man leicht sowohl an der Fruchtkörperform als auch an seinem Standort erkennt: Er ist nämlich an Lärchen gebunden, unter denen man ihn suchen muß. Er wächst auch unter einzelnen Bäumen, oft dort, wo Lärchen die Wegränder säumen. Der Pilz bevorzugt die Wälder im Bergvorland auf lehmigen Böden. Er erscheint von Juli bis Oktober. Die Färbung des Hutes schwankt stark; manchmal ist sie hellzitronen- oder orangegelb, ein anderesmal lebhaft rotbraun. Neben dem filzschuppigen weichen und elastischen Hut sind der hohle Fuß und die großen, länglichen, strahlenförmig angeordneten, auf den Stiel herablaufenden Poren, die in der Jugend von einem weißen Schleier bedeckt sind, die auffälligsten Merkmale. Geschmack und Duft sind pilzartig.

Sandröhrling, Semmelpilz

Suillus variegatus (SWARTZ ex FR.) O. KUNTZE

Es handelt sich um einen recht guten Speisepilz, der sich für Suppen, Mischgerichte usw. eignet.

Der Sandröhrling (2) ist ein charakteristischer Pilz der Kiefernwälder auf saurer Unterlage, namentlich auf Sandböden. Er wächst von August bis Oktober oft massenhaft und es gibt Landschaften, in denen er mit Vorliebe gesammelt wird. Vor allem die jungen Fruchtkörper sind ergiebig und schmackhaft. Das Fleisch hat einen eigenartigen, spezifisch pilzig-fruchtigen Duft, der an Hartboviste erinnert. Die Hutoberfläche ist samtig bis fein geschuppt, bei feuchtem Wetter ein wenig schleimig. Das Fleisch färbt sich im Anschnitt blau.

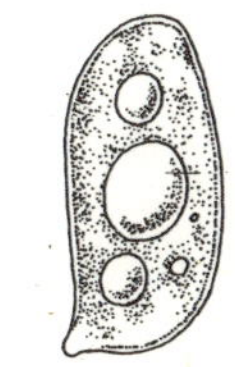

Spore des Hohlfußröhrlings: 7–10 × 3–4 µm, spindelförmig, hellgelb

2

1

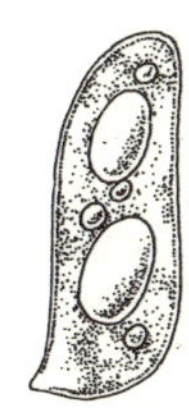

Spore des Sandröhrlings: 7,5–12 × 3–4 µm, blaß grüngelb

Hohlfußröhrling

Sandröhrling

Erlengrübling

Gyrodon lividus (BULL. ex FR.) SACC.

Die in Europa monotypische (d. h. nur eine einzige Art umfassende) Gattung *Gyrodon* unterscheidet sich von allen anderen Röhrenpilzen durch die außergewöhnlich kurzen Röhrchen. Ihre Länge bewegt sich nur zwischen 2 und 5 mm und sie lassen sich nur schwer vom Fleisch des Huts loslösen. Die verhältnismäßig großen Röhrenmündungen sind unregelmäßig gekrümmt, radial angeordnet und laufen deutlich sichtbar am Stiel herunter.

Der Erlengrübling hat einen 4–10 cm breiten Hut, der in der Jugend weißlich mit einem Hauch von Ocker ist und später rostbraun oder olivkastanienbraun wird, deutlich befilzt ist und bei feuchtem Wetter klebrig wird. Unter der Haut läuft er blau an. Der Stiel ist meist dünn und kurz (3–12 cm lang und 0,5–2,5 cm dick), oft gekrümmt und exzentrisch angesetzt, in der Färbung ähnlich wie der Hut. Röhren und Poren sind zunächst zitronen- bis goldgelb, später grüngelb und bräunlicholiv; auf Druck werden sie blaugrün und braun. Das Fleisch ist hellgelb, an der Stielbasis bräunlich. Unter den Röhrchen läuft es intensiv blau, in den übrigen Teilen des Fruchtkörpers graublau und später rotbraun an. Es ist schwammig weich, duftet ausdruckslos und hat einen leicht säuerlichen Geschmack. Der Sporenstaub ist ockerbraun.

Dieser interessante Röhrenpilz wächst auf nassen, häufig gras- oder seggenbestandenen Böden und zwar ausschließlich unter Erlen, an die seine Mykorrhiza gebunden ist. Er bevorzugt Kalkuntergrund und wächst von Juli bis Oktober. Seine Verbreitung erstreckt sich über ganz Europa, im Osten über den Ural hinaus. Es ist eine ziemlich seltene Art, die zwar eßbar, aber im Hinblick auf ihr seltenes Vorkommen und auch auf die sehr weiche Konsistenz der Fruchtkörper für den praktischen Pilzsucher so gut wie bedeutungslos ist.

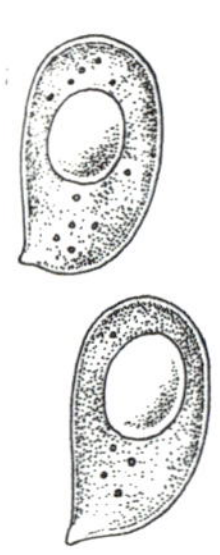

Sporen: 4–8 × 3–5 µm, kugelig ellipsoid, hellgelbbraun

Goldröhrling, Goldgelber Lärchenröhrling

Suillus grevillei (KLOTZSCH) SING.

Unter den symbiotisch (durch Mykorrhiza) an Lärchen gebundenen Röhrlingen nimmt der Goldröhrling die bedeutendste Stellung ein. Man erkennt ihn leicht an dem orange- bis zitronengelben, bei Feuchtigkeit stark schleimigen Hut mit der leicht abziehbaren Haut. Der Hut ist 4–12 cm breit und bleibt lange halbkugelig. Der Stiel ist 5–10 cm lang, 0,5–1,5 cm dick und hat einen Ring als Überrest des weißlichen oder gelblichen, im Jugendstadium der Fruchtkörper die zitronen- bis chromgelben Röhrchen bedeckenden Schleiers. Das Fleisch duftet angenehm schwach harzig und verfärbt sich im Anschnitt leicht grünlich.

Im Sommer und Herbst finden sich diese Röhrlinge bei geeignetem Wetter oft massenhaft unter den Lärchen. Es handelt sich um einen sehr guten Speisepilz. Beim Sammeln empfiehlt es sich, sogleich die Haut vom Hut abzuziehen, da sie so klebrig ist, daß alles, was mit ihr in Berührung kommt, daran haften bleibt. Bei jungen Fruchtkörpern, deren Hüte sich schwerer häuten lassen, wischt man den Schleim wenigstens ein bißchen ab.

Der Goldröhrling ist in der ganzen gemäßigten Zone der Nordhalbkugel verbreitet. Er kommt vom Tiefland bis in die Berge, praktisch überall dort vor, wo Lärchen wachsen.

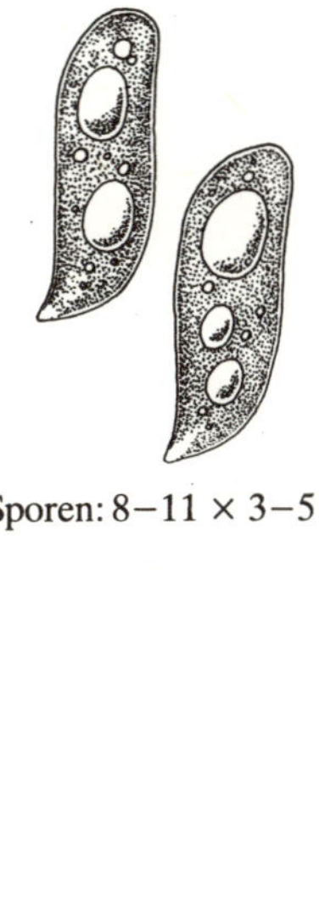

Sporen: 8–11 × 3–5 μm, hellgelb

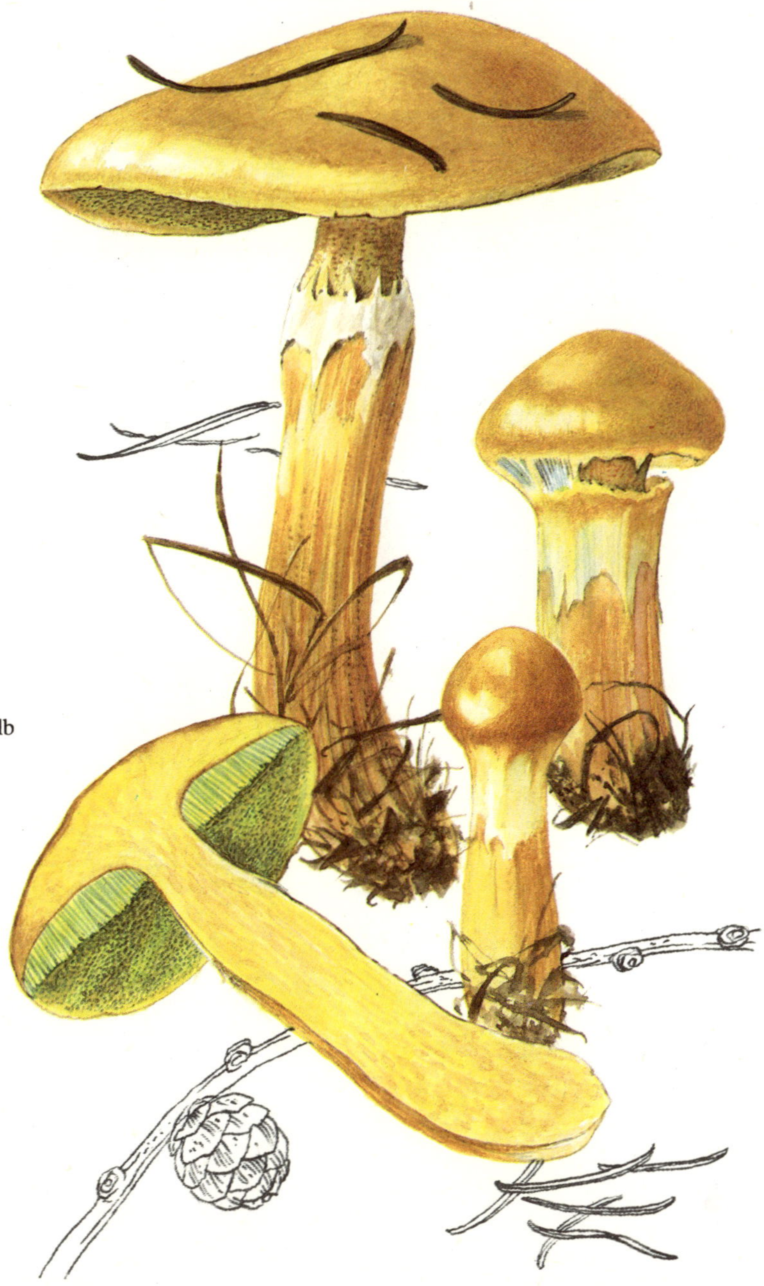

Grauer Lärchenröhrling

Suillus aeruginascens (SECR.) SNELL

Der Graue Lärchenröhrling wird häufig auch unter dem Namen *Boletus viscidus* L. ex FR. geführt. Er hat einen Hut von 4–13 cm Durchmesser mit schleimiger, glänzender Oberfläche, die grauweißlich, gelbgrau, olivgrau oder rötlichgrau sein kann und dunklere Fasern aufweist. Bei Trockenheit ist sie faserschuppig. Bei jungen Fruchtkörpern ist der Hut mit dem Stiel durch einen weißlichen oder gelblichen Hautschleier verbunden, dessen Reste bei den ausgewachsenen Exemplaren am Hutrand zurückbleiben. Die Röhren sind weißlich, später dunkelgrau bis braungrau gefärbt. Sie gehen netzartig in den Stieloberteil über und zeigen dabei verhältnismäßig große kantige Poren. Der 6–8 cm lange und 1,5–2 cm dicke Fuß ist ziemlich dünn, gelbgrau, hat einen verschwindenden Ring und ist darunter mit unregelmäßigen Grübchen besetzt. Das Fleisch ist weiß, später blaßgrau, im Stiel gelblich oder bräunlich, im Anschnitt über den Röhren färbt es sich blau. Es hat einen ausdruckslosen Duft aber einen angenehm säuerlichen Obstgeschmack.

Dieser Butterpilz ist mykorrhytisch an verschiedene Lärchenarten gebunden, bei uns an die Europäische Lärche. Mit diesem Baum geht er weit in die Berge hinauf, bis in Höhen von 2300 m ü. d. M. Er wächst von Mai bis Oktober. Seine Verbreitung erstreckt sich über die ganze gemäßigte Zone der Nordhalbkugel, sowohl in ursprünglichen Lärchenwäldern als auch in angelegten Kulturen. Obwohl er ein schmackhafter Pilz ist, verschmähen ihn die Sammler meist wegen der nicht besonders verlockenden Färbung.

In den Alpen und der Hohen Tatra wird die Abart var. *bresadolae* (QUÉL. in BRES.) MOS. gefunden, die einen dunkler rotbraunen Stiel und Hut, lila bis rosafarbene Poren und zitronengelbes Fleisch besitzt.

Sporen: 8–15 × 3,5–6 µm, elliptisch, hellgelb

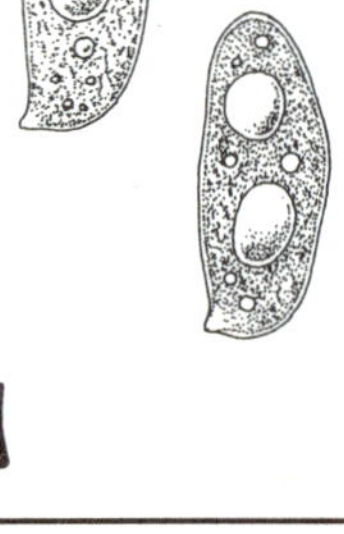

Elfenbeinröhrling

Suillus placidus (BON.) SING.

Alle Butterpilzarten *(Suillus)* sind mykorrhitisch an Nadelhölzer gebunden, einige sind nur auf bestimmte Gattungen oder sogar bestimmte Arten spezialisiert. Der Elfenbeinröhrling gehört zu denen, die ausschließlich fünfnadelige Kiefern begleiten. Von den europäischen Arten ist das die Zirbelkiefer, von den nordamerikanischen die in Wäldern und Parks häufig angepflanzte Weymouthskiefer. Es ist interessant, daß sie unter den Weymouthskiefern fast überall wachsen, sobald diese nur zu mehreren beieinander stehen, während sie unter Zirbelkiefern wesentlich seltener vorkommen. Als eingeschleppte Pilzart wurde dieser Butterpilz im Jahr 1861 erstmalig aus Weymouthskieferkulturen im Teutoburger Wald von dem deutschen Mykologen Bonorden beschrieben, während sie im Ostteil Nordamerikas, wo das ursprüngliche Verbreitungsgebiet der Art liegt, erst 1873 vom amerikanischen Mykologen Peck unter dem Namen *Boletus albus* beschrieben wurde. Dieser Name ist jünger und daher ungültig.

Die Fruchtkörper des Elfenbeinröhrlings erscheinen meist gesellschaftsweise von Juni bis Oktober. Von den meisten übrigen Butterpilzen unterscheidet er sich durch den weißlichen oder gelblich-weißlichen Hut mit einem oft vorkommenden zitronengelben Ton, der bei alten Fruchtkörpern manchmal in eine Violettschattierung übergeht. Er hat weißlichgelbe, später zitronengelbe Röhren, die oft weiße Tröpfchen ausscheiden und einen weißlichen, mit rotvioletter oder braunroter Körnung überzogenen Fuß. Ein Schleier ist nicht ausgebildet. Das Fleisch ist weiß, über den Röhrchen gelblich, unter der Haut manchmal blaßviolett. Der Elfenbeinröhrling ist eßbar.

Sporen: 8–10 × 4–5 µm, blaßgelb

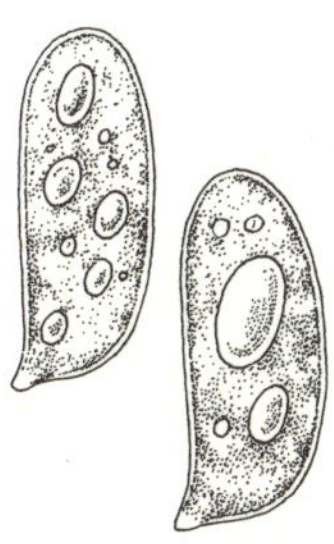

Butterröhrling, Butterpilz

Suillus luteus (L. ex FR.) S. F. GRAY

Auch diese Art ist an Kiefern gebunden, wächst jedoch ausschließlich unter zweinadeligen Arten. Das sind in Europa vor allem die Waldkiefer, die Latschenkiefer und die Spirke. Ziemlich selten kommt der Butterröhrling auch unter der Schwarzkiefer und verschiedenen exotischen Arten vor, die in Parks und Gärten angepflanzt werden. Er wächst zahlreich auf beiden Erdhalbkugeln im Verbreitungsgebiet der genannten Kiefern, die er bis an die Nordgrenze ihrer Verbreitung begleitet; z. B. bis Nordsibirien und auf die Halbinsel Kola.

Sein 4–12 cm breiter Hut hat eine schokoladenbraune oder gelbbraune leicht ablösbare Haut, die bei Feuchtigkeit schleimig und glänzend ist, bei Trockenheit hingegen radial gefasert erscheint. Die Röhren sind hellgelb, später zitronen- bis goldgelb, mit verhältnismäßig kleinen Poren. Der Stiel ist zylindrisch, oben zitronengelb und gelb bzw. bräunlich gekörnt, unten bräunlich mit einem auffälligen filzig-ledrigen Schleier. Sein Fleisch ist weißlich, später zitronengelblich, es hat einen angenehmen Obstgeschmack und Duft.

Der Butterröhrling unterscheidet sich von dem sonst ziemlich ähnlichen Schmerling oder Körnchenröhrling durch den am Stiel einen Ring bildenden und manchmal in Fetzenform am Hutrand zurückbleibenden Schleier. Beide sind ausgezeichnete Speisepilze.

Der Kuhröhrling- *S. bovinus* (L. ex FR.) O. KUNTZE ist ebenfalls schleierlos, hat jedoch einen hellockerbraunen Hut mit einer nur teilweise ablösbaren Haut und einen dünnen und fein gefaserten Stiel. Er wächst unter Kiefern auf Sandböden. Auch er ist eßbar, allerdings von minderer Qualität.

Sporen des Butterröhrlings:
7–11 × 2,5–3,5 µm, spindelförmig, blaßgelb

Butterröhrling

Kuhröhrling

Ringloser Butterpilz

Suillus collinitus (FR.) O. KUNTZE

Dieser Butterpilz wird in der mykologischen Literatur auch unter dem Namen *S. fluryi* HUIJSM. geführt. Er ist eine taxonomisch nicht ganz klar definierte Art. Der Ringlose Butterpilz gehört in die engste Verwandtschaft des Körnchenröhrlings, von dem ihn einige Mykologen nicht unterscheiden. Andere Fachleute halten ihn wiederum für eine ringlose Form des Butterröhrlings. *S. collinitus* wird vor allem von Mykologen in Ostfrankreich, Norditalien und der Schweiz unterschieden, denn dort wächst er häufig.

Vom Körnchenröhrling unterscheidet sich diese Art durch die hellockergelbe Oberhaut des Huts, die von zahlreichen radialen dunkelbraunen Fasern durchzogen ist, so daß der Gesamteindruck der Färbung rostbraun wirkt. Ferner hat er gelbolive Röhrenporen, aus denen er keine Milchtröpfchen ausscheidet und einen nur oben gelben Stiel, der rot bis schwarz punktiert ist und unten in einer rosagefärbten Basis endet, von der häufig auch rosafarbene Myzelfasern ausgehen. Auch das Fleisch des Stiels ist in der Unterhälfte rosa. Unter der Einwirkung von Kali- oder Natronlauge verfärbt sich das Fleisch violett; Eisenvitriollösung läßt es blaugrün werden.

Der Ringlose Butterpilz erscheint später als der Körnchenröhrling, nämlich von Ende September bis in den November, also zu einer Zeit, in der die Fruchtkörper des Körnchenröhrlings bereits wieder verschwinden. Er wächst hauptsächlich unter Schwarzkiefern auf trockenen Kalkböden, also an ähnlichen Orten wie der Körnchenröhrling, ist aber weit seltener. Er ist ebenfalls eßbar.

Sporen: 7,5–10 × 3,5–4,5 µm, spindelförmig, hellgelb

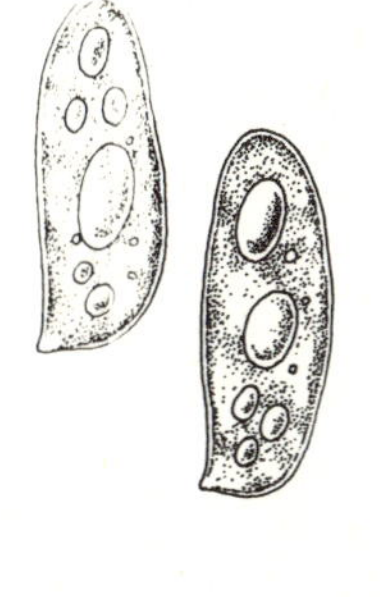

Körnchenröhrling, Schmerling

Suillus granulatus (L. ex FR.) O. KUNTZE

Beim Körnchenröhrling ist kein Schleier entwickelt, folglich trägt er auch keinen Ring am Stiel. Am meisten ähnelt er dem Butterröhrling, von dem er sich leicht unterscheiden läßt; einmal daran, daß er keinen Ring hat, zum andern an der helleren Färbung des Hutes, der stets einen gelbroten Ton aufweist und beim Trocknen auch ockergelb werden kann. Die verhältnismäßig kurzen Röhren laufen oft auf den Stiel hinunter, sind blaß bis schmutzig gelb, im Erwachsenenstadium ockergelb bis gelbbraun. Ein auffälliges Merkmal der frischen Fruchtkörper sind zahlreiche Tröpfchen einer milchigen Flüssigkeit, die aus den Poren der Röhren ausgeschieden wird. Sie kleben an der Stieloberfläche dicht unter den Röhren fest, verfärben sich beim Trocknen braun und verwandeln sich so zu braunen oder rötlichen Körnchen. Der Fuß ist gelblich, später bräunlich und hat an der Basis ein weißes Pilzgeflecht. Das weißliche bis gelbliche Fleisch wird schnell weich und schwammig, es hat einen säuerlichen Obstgeschmack und -geruch.

Der Körnchenröhrling ist mykorrhitisch an zweinadelige Kiefern gebunden, vor allem an Waldkiefer, Latschenkiefer und Schwarzkiefer. Unter diesen Hölzern kommt er vom Flachland bis ins Gebirge vor. In den Alpen wächst er beispielsweise noch in einer Höhe von 2250 m ü. d. M. Oft erscheint er gruppenweise im Gras neben Waldwegen oder an den Rändern von Kiefernwaldungen. Er bevorzugt kalkreiche Böden und ist ein ausgezeichneter Speisepilz.

Selten taucht an den gleichen Orten auch der Ringlose Butterpilz auf, der mit dem Körnchenröhrling verwechselt werden könnte. Diese Art hat aber stets eine andere Färbung von Hut, Poren und Stiel.

Sporen:
8–11 × 4–5 µm, gelblich

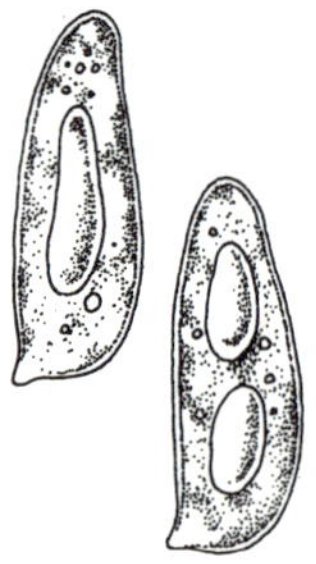

Ausfallender Sporenstaub

Goldblatt, Goldkrempling, Blätterröhrling

Phylloporus rhodoxanthus (SCHW.) BRES.

Das Goldblatt ist der einzige europäische Vertreter seiner Gattung. Ursprünglich wurde es als Blätterpilz unter dem Namen *Agaricus pelletieri* LEV. beschrieben, später für einen Trichterling *(Clitocybe)* oder auch für einen Krempling *(Paxillus)* gehalten. Der richtige Platz für diesen Pilz ist aber unter den Röhrlingen. Zur irrigen Vorstellung, daß es sich um einen Blätterpilz handelt, führte die eigenartige Gestalt des Hymenophors, das die Form von dicken Lamellen hat, die durch zahlreiche, unterschiedlich hohe Querwände verbunden sind, wodurch im Basalteil der Lamellen verschieden hohe netzartige Räume zustandekommen.

Der Gesamthabitus des Goldblatt-Fruchtkörpers ähnelt dem der Ziegenlippe. Er hat sowohl einen samtig-filzigen Hut als auch schön goldgelbe Hymenophoren. Der Hut ist 3–7 cm breit, oliv bis purpurbraun. Der zylindrische Stiel ist 3–5 cm lang, 1–1,5 cm dick, unten verjüngt, häufig exzentrisch, sitzend, rötlichbraun oder gelbbraun. Die enge Beziehung zu den Röhrlingen wird auch durch die Sporen verraten.

Dieser interessante Pilz taucht einzeln und nicht besonders häufig in Laub-, Misch- und Nadelwäldern auf. Meist steht er an den Rändern von Waldwegen, auf Lichtungen im Gras, an den Wänden von Gräben im Wald usw., bevorzugt unter Eichen und Kiefern. Er wächst von Juli bis Oktober. Der Pilz ist über die wärmeren Gebiete in ganz Europa mit Ausnahme des Nordens verbreitet. Der Pilz ist zwar eßbar, im Hinblick auf seine Seltenheit sollte er aber geschützt werden.

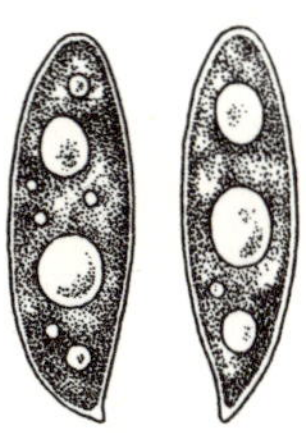

Sporen: zylinder- bis spindelförmig-elliptisch, 10–14 × 3–5 µm, hellgelb

Verbreitung des Goldblattes in Europa

Schmarotzerröhrling

Xerocomus parasiticus (BULL. ex FR.) QUÉL.

Das ist einer der seltenen Fälle von Parasitismus höherer Großpilze untereinander. Darüber hinaus ist er sowohl aus ökologischer Sicht als auch wegen seiner pflanzen-geographischen Verbreitung eine wirklich bemerkenswerte Art. Er parasitiert nämlich auf den Fruchtkörpern von Dick- und Dünnschaligem Kartoffelbovist, die er zum Teil zerstört. Die Fruchtkörper von *X. parasiticus* wachsen meist zu mehrere Exemplaren aus dem Unterteil der knolligen Hartbovist-Fruchtkörper hervor. Obwohl der Wirt – der Kartoffelbovist – sehr häufig vorkommt, ist sein Parasit sehr selten und kommt nur in einigen Gegenden etwas zahlreicher vor. Er ist aus den meisten europäischen Ländern und aus Nordafrika bekannt. In Größe, Aussehen und Färbung ähnelt er stark einer kleinen Ziegenlippe. Sein Hut ist 2,5–7 cm breit, in der Jugend fast kugelig, später breit ausladend, ledergelb oder gelbbraun, ins Olive übergehend, fein befilzt, bei trockenem Wetter in der Mitte fein aufgesprungen. Die Röhren sind hellgelb, später zitronengelb bis olivbraun und am Stiel angewachsen. Der Stiel ist zylindrisch, ziemlich dünn, unten verjüngt und gekrümmt, hellgelb, bräunlich bis olivbraun, fein punktiert. Das hellgelbe Fleisch ist im Stiel und über den Röhren satter gefärbt, es hat einen milden Geschmack und ausdruckslosen Geruch.

Wegen des seltenen Vorkommens und der Kleinheit der Fruchtkörper hat der eßbare Pilz für den Sammler keinen praktischen Wert, im Gegenteil empfiehlt es sich, ihn zu schonen.

Sporen: 11–18 × 3,5–5,5 µm, zylindrisch, gelb

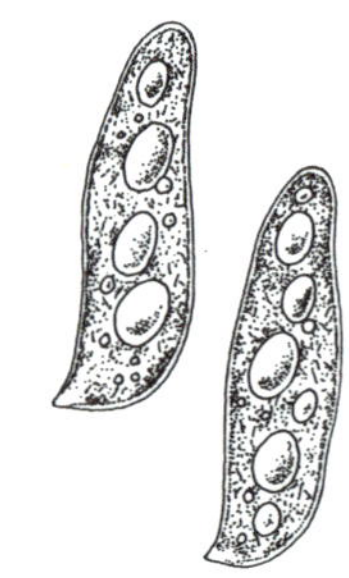

Verbreitung des Schmarotzerröhrlings in Europa

Fruchtkörper im Schnitt

Blutroter Röhrling

Xerocomus rubellus (KRBH.) QUÉL.

Im Jahr 1836 beschrieb der Prager Arzt und Mykologe V. J. Krombholz aus der Prager Umgebung eine Pilzart, die sehr stark dem verbreiteten Rotfußröhrling ähnelte, sich aber durch die auffällige Rotfärbung des Huts von ihm unterschied. Dieser Pilz wurde in späteren Jahren noch mehrmals unter verschiedenen Namen in mehreren europäischen Ländern und in Nordamerika beschrieben, z. B. 1844 als *Boletus versicolor* ROSTK. Im Hinblick auf das Beschreibungsdatum hat jedoch die Krombholzsche Benennung den Vorrang.

Obwohl beim Blutroten Röhrling die Rotfärbung des Huts so bedeutsam ist, läßt sich seine enge Beziehung zum Rotfußröhrling nicht verleugnen. Daher hielten ihn auch einige Mykologen (z. T. bis auf den heutigen Tag) nur für eine Unterart, Varietät oder Form dieses Röhrlings. Der einzige nachweisbare Unterschied zwischen beiden Röhrlingsarten beruht eigentlich nur im Mangel an braunem Farbstoff in der Hutoberhaut des Blutroten Röhrlings. Dadurch kommt das rote Pigment auffällig zur Geltung, welches beim Rotfußröhrling von braunem Pigment überlagert ist. Daher sind auch die Röhren und das Fleisch des Blutroten Röhrlings wesentlich gelber bis goldgelb.

Der Blutrote Röhrling wächst meist unter Laubbäumen, namentlich unter Eichen, Hainbuchen, Linden und Buchen, eher in tieferen Lagen an warmen, sonnigen Stellen, häufig in Alleen. Meist steht er einzeln und ist im großen und ganzen selten. Ansonsten gilt für ihn das Gleiche wie für den Rotfußröhrling.

Sporen des Blutroten Röhrlings:
7–17 × 4–7 µm

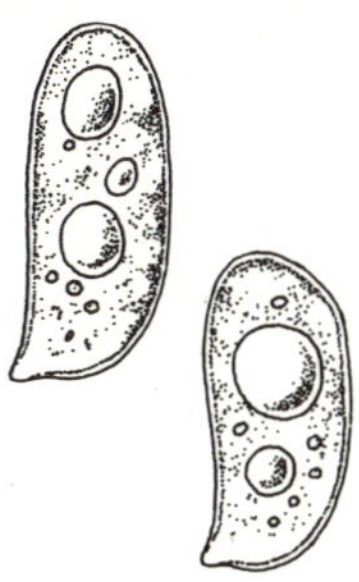

Rotfußröhrling

Blutroter Röhrling

Maronenröhrling, Braunhäuptchen

Xerocomus badius (FR.) KÜHN. ex GILB.

Der Maronenröhrling gehört zu den Pilzen, die man leicht erkennt. Er hat einen kastanien- oder schokoladenbraunen, glatten, 5–12 cm breiten, bei Feuchtigkeit schwach klebrigen Hut, blasse, später gelbliche bis grüngelbe auf Druck grünwerdende Röhren und ein weißes, im Schnitt schwach blauwerdendes Fleisch. Der zylindrische, unten oft gekrümmte und verjüngte Stiel ist hellbraun, 3–8 cm lang und 1,5–3 cm dick. Der Pilz hat einen angenehmen Pilzduft und -geschmack.

Der Maronenröhrling wächst häufig in Nadelwäldern, besonders im Bergvorland. Er erscheint vom Sommer bis Spätherbst. Manchmal wächst er auch direkt unter Stämmen und aus morschen Stubben hervor und sitzt nicht selten auch auf verrottenden Fichtenzapfen, in die seine Myzelfasern aus dem Boden eingedrungen sind. Häufig findet man ihn an Waldrändern, wo sich seine Fruchtkörper im niedrigen Gras verbergen. Es gibt Gebiete, in denen der Pilz massenhaft in Fichten- und Kiefernwäldern auftritt.

Es wird als guter Speisepilz gesammelt. Seine Vorzüge bestehen einmal darin, daß er bis in den Spätherbst hinein wächst, zum andern, daß er nur selten von Insektenlarven befallen wird. Dafür wird er aber von Nagern aufgesucht, so daß die Fruchtkörper häufig Bißspuren tragen. Man kann den Pilz kaum mit einer anderen ähnlichen Art verwechseln, vielleicht noch mit dem Bitterschwamm – *Boletus radicans* PERS. ex FR., der ebenfalls zahlreich in Nadelwäldern vorkommt. Dieser hat aber einen viel helleren Hut und ein deutliches Netzornament auf dem Stiel. Sein Fleisch verfärbt sich im Schnitt nicht blau und hat einen widerlichen Bittergeschmack.

Sporen: 11–18 × 4–6 μm, hellgelbbraun

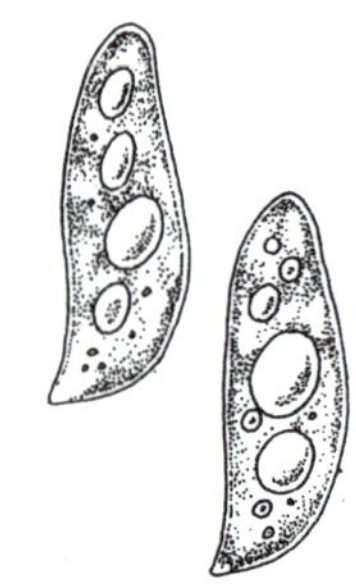

Maronenröhrling

Ziegenlippe

Rotfußröhrling

Xerocomus chrysenteron
(BULL. ex ST. AMANS) QUÉL.

Ziegenlippe

Xerocomus subtomentosus (L. ex FR.) QUÉL.

In der Zeit, in der keine echten Steinpilze wachsen, kann man diese beiden Röhrlinge oft in großen Mengen sammeln. Da sie aber relativ weiches Fleisch haben (vor allem der Rotfußröhrling), vertragen sie den Transport schlechter. Sie werden überdies häufig von parasitischen und saprophytischen Pilzen befallen, die auf ihnen einen „Schimmelbelag“ entstehen lassen. Am häufigsten ist das der goldgelbe Belag des unvollkommenen (imperfekten) Pilzes *Sepedonium chrysospermum,* der das Konidienstadium des Hartpilzes *Apiocrea chrysosperma* ist.

Die Ziegenlippe (2) ist festfleischiger als der Rotfußröhrling (1) und wird daher von Pilzsammlern höher geschätzt. Beide Arten werden häufig miteinander verwechselt. Die Ziegenlippe hat einen 4–10 cm breiten, nicht aufspringenden Hut. Die Fleischschicht unter der Huthaut enthält kein karminrotes Pigment, die Röhren sind schön chromgelb, der Stiel ist in der Oberpartie normalerweise gerieft und nach unten hin verjüngt.

Der sehr veränderliche Rotfußröhrling läßt sich manchmal zuverlässig nur an der mehr oder weniger felderartig aufgesprungenen Hutoberhaut erkennen, durch deren Spalten karminrotes Pigment leuchtet; dessen Anwesenheit kann man auch bei nicht aufgeplatzten Fruchtkörpern feststellen, wenn man die Haut vorsichtig mit dem Fingernagel ankratzt. Die Röhren dieses Pilzes sind meist blaßgelb, manchmal grüngelb, der Fuß ist zylindrisch, für gewöhnlich nicht gerieft, stellenweise rötlich verfärbt und unten meist nicht verjüngt.

Beide Arten wachsen im Sommer und Herbst in Laub- und Nadelwäldern der ganzen gemäßigten Zone auf der Nordhalbkugel.

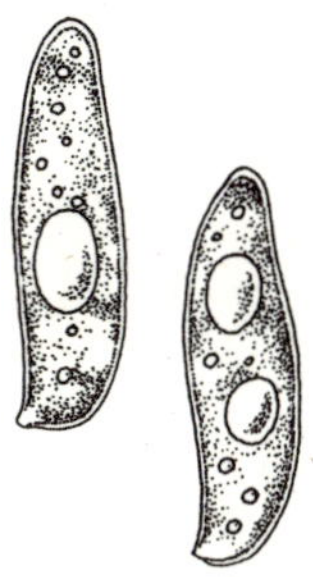

Sporen des Rotfußröhrlings:
10,5–16 × 4–7 µm, hellgelb

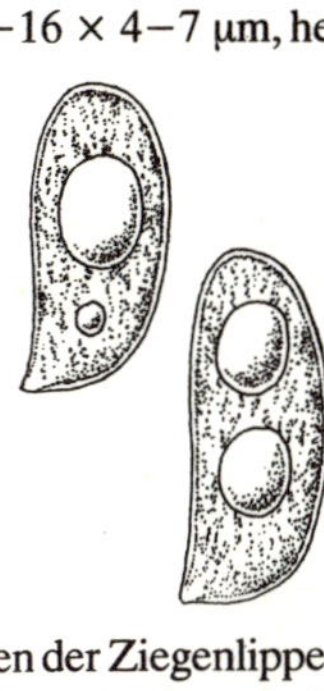

Sporen der Ziegenlippe:
11–14 × 4–6 µm, hellgelb

Rotfußröhrling

Ziegenlippe

Falscher Rotfußröhrling

Xerocomus truncatus SING., SNELL et DICK

In die nächste Verwandtschaft des Rotfußröhrlings gehört auch der Falsche Rotfußröhrling, den die meisten europäischen Mykologen als *X. truncatus* bestimmen, obwohl dies auch eine nordamerikanische Art ist. Nach anderer Auffassung wird er als *Xerocomus porosporus* IMLER bezeichnet, während diese Autoren *X. truncatus* nur für nordamerikanische Populationen anwenden. Der Falsche Rotfußröhrling unterscheidet sich vom Echten makroskopisch nur dadurch, daß die Risse in der aufgeplatzten Hutoberhaut rosa oder ockergelb, keinesfalls aber karminrot sind wie bei den typischen Formen des Rotfußröhrlings. Dieser Unterschied bezieht sich aber vor allem auf Fruchtkörper, die im Schatten oder Halbschatten herangewachsen sind. Bei Rotfußröhrlingen, die unter stärkerer Sonneneinstrahlung aufgewachsen sind, bleiben die Risse in der Huthaut gleichfalls heller, da sie tief ins Fleisch gehen, doch ist eine tiefrote Schattierung mindestens stellenweise auf dem Hut sichtbar. Zuverlässig kann man beide Arten nur unter dem Mikroskop an der Sporenform unterscheiden. Beim Falschen Rotfußröhrling haben die Sporen zum größten Teil (nicht alle) eine eingedellte oder gestutzte Oberseite, beim Rotfußröhrling sind die Sporenoberseiten stets gerundet. In den übrigen Merkmalen unterscheiden sich die genannten Arten nicht voneinander. Da der Falsche Rotfußröhrling lange Zeit nicht als eigene Art unterschieden wurde, sind die Angaben über seine Verbreitung bisher noch unvollständig. Mit Gewißheit wächst er in mehreren europäischen Ländern und Nordamerika, meist in Mischwäldern mit Eichen, Hainbuchen, Espen, Fichten und Kiefern. Er ist eßbar, aber nicht wertvoll.

Spore des Falschen Rotfußröhrlings:
12–17 × 5–6,5 µm,
spindelförmig, gelbbraun

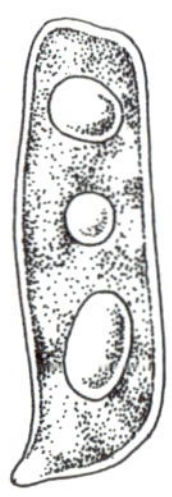

Rotfußröhrling:
Detail der Hutoberfläche unter der Lupe

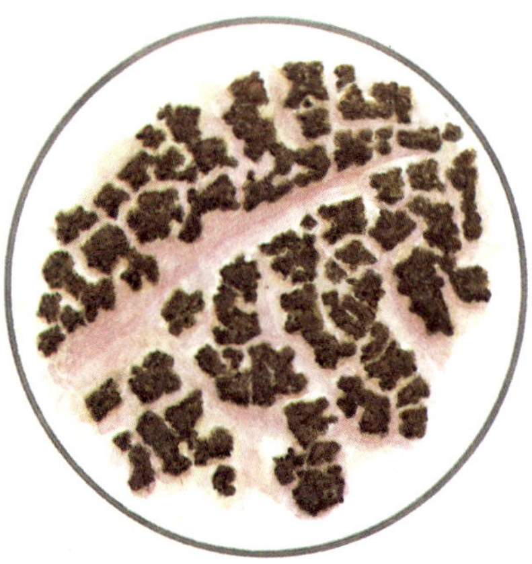

Pfefferröhrling

Chalciporus piperatus (BULL. ex FR.) BAT.

Die Gattung *Chalciporus* verbindet die Eigenschaften der Gattungen Filzröhrlinge *(Xerocomus)* und Butterröhrlinge *(Suillus)* miteinander. Sie bildet kleine Fruchtkörper mit einem dünnen Stiel, die Haut der Hüte ist trocken oder nur schwach schleimig, in trockenem Zustand glänzend; Fleisch und Myzel sind gelbgefärbt. Sie bilden Mykorrhizen mit Nadel-, aber auch mit Laubhölzern. In Europa wird diese kleine Gattung nur von vier Arten vertreten.

Der Pfefferröhrling hat einen 2,5–6 cm breiten, nur selten größeren Hut, der zunächst halbkugelig, später flach gewölbt, gelbbraun oder ockerbraun ist. Die Röhren sind bis zu 1 cm hoch, trüb rotbraun, zimtbraun und zuletzt rostbraun mit mehr ins Rote gehenden Poren. Der zähe Stiel ist 3–6 cm lang und 0,5–1 cm dick, unten oft gebogen und verjüngt. Er ist ähnlich wie der Hut gefärbt und an der Basis scharf gelb. Das Fleisch im Hut ist weißlich, gelblich bis bräunlich, im Fuß gelb. Der Pilz hat einen scharfen Pfeffergeschmack und ist nahezu geruchlos.

Der Pfefferröhrling kommt von Juli bis November meist in Kiefernwäldern vor, in Laubwaldungen findet man ihn vorwiegend in Buchen-, Eichen-, Hainbuchen-, und Birkenbeständen.

Die Art *C. amarellus* (QUÉL.) MOS., von einigen Mykologen nur als Unterart angesehen, ist noch kleiner und hat einen nur 2–3 cm breiten Hut mit gelbbraunen Röhren, deren Mündungen weinrosa oder gelbrot sind; sein Fleisch ist schwach bitter. Er wächst sehr selten unter Tannen und Fichten. Beide Pilze sind nur in kleinen Mengen in Mischgerichten mit anderen Arten genießbar.

Sporen: 7–12 × 3–5 µm,
länglich-elliptisch, hellgelbbraun

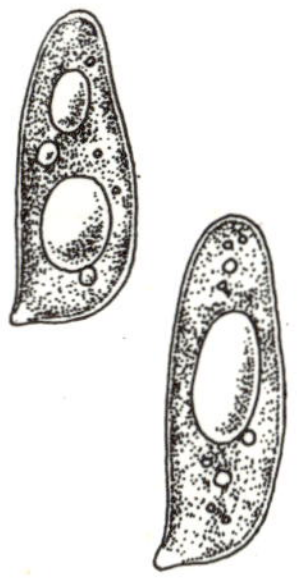

Wolfsröhrling

Boletus lupinus KRBH.

Das ist ein stattlicher fleischiger Pilz mit einem 6–14 cm breiten, in der Jugend fast kugeligen, später halbkugeligen bis flach gewölbten, aschfahlen bis weißlichen, manchmal schwach grünlichen, häufig stellenweise rosa oder rotgefleckten und am Rand gelbangehauchten Hut. Die Röhren sind gelb, später ockergelb, bis zu 15 mm lang. Sie haben kantige, vorwiegend karminrote oder schmutzig purpurrote Poren, die auf Druck blau werden. Der kurze zylindrische Stiel ist oben hellgelb, unten bräunlich und hat manchmal einen rötlichen Ton. Meist weist er kein Netzmuster auf, nur selten ein ganz feines am Oberteil. Das Fleisch ist gelb, später verblaßt, an der Stielbasis bräunlich, im Schnitt färbt es sich überall blau. Es hat einen säuerlichen, eher unangenehmen Geschmack und Geruch, der ein wenig an den Kamm- oder Stinkschirmling erinnert.

Der Wolfsröhrling ist eine sehr seltene und bisher wenig bekannte Art. Er gehört in den Verwandtschaftskreis des Satansröhrlings, dem er auch stark ähnelt. Der Satansröhrling hat aber auf dem Fuß ein Netzornament, das mindestens bis knapp über die Mitte reicht, sein Hut ist weißlich oder blaßbräunlich, stets ohne rote Flecken, oft dafür mit einer Grünschattierung. Alte Fruchtkörper des Satansröhrlings haben einen widerlichen Geruch nach verwesendem Fleisch.

Der Wolfsröhrling wächst vorwiegend in der Laubstreu von Buchenwäldern von Frankreich und Italien bis Schweden. Er ist ähnlich wie der Satansröhrling giftig, d. h. im Rohzustand und bei unzureichender Wärmebehandlung.

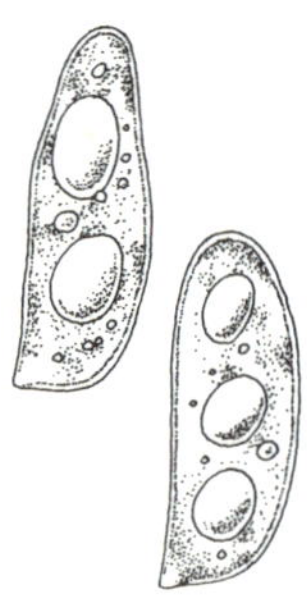

Sporen: 12–17 × 5–6 µm,
schmal mandelförmig, glatt, gelbbraun

Flockenstieliger Hexenröhrling, Schusterpilz

Boletus erythropus (FR. ex FR.) PERS.

Der Flockenstielige Hexenröhrling ist ein typischer Vertreter der Bläulinge, also solcher Röhrlinge, deren Fleisch an der Luft sofort intensiv blau wird. Die Blaufärbung des Fleisches kann man gut an den frischen Fruchtkörpern sehen; sie ist das gemeinsame Merkmal mehrerer Arten, die sich sonst in der Färbung von Hut- und Stieloberfläche voneinander unterscheiden.

Beim Flockenstieligen Hexenröhrling wird der Hut bis zu 20 cm breit, ist normalerweise jedoch kleiner, meist dunkelbraun mit einer filzigen bis samtigen, matten und trockenen Haut, die an Druckstellen fast schwarz verfärbt. Die Röhren sind 2–3 cm hoch, gelbgrün, mit relativ kleinen Poren, die nur in der Jugend gelb sind, bald einen Mennig- bis dunkelblutroten Farbton annehmen, der im Alter zu Orange verblaßt. Der Stiel ist keulig-zylindrisch, 2–4 cm dick, oben gelber, in der Mitte auf gelblichem Grund rot filzig punktiert bis beschuppt, unten hat er einen olivfarbenen Ton. Das Fleisch ist sattgelb und ähnlich wie Röhrenmündungen und Stieloberfläche färbt es sich auf Druck oder bei Bruch rasch blau. Es hat einen schwachen Pilzduft und milden Geschmack. Der Flockenstielige Hexenröhrling wächst hauptsächlich in Fichtenwäldern, seltener in Buchenbeständen, (dort vor allem auf Kalkunterlage) und unter Tannen. Er ist in ganz Europa verbreitet, hauptsächlich in den Wäldern des Bergvorlandes und der Gebirge. In den Alpen geht er bis zu 2000 m. ü. d. M. hinauf. Er ist ein eßbarer, wohlschmeckender Pilz, allerdings muß er unbedingt gut gekocht werden, da der Genuß von rohen oder unzureichend gekochten Fruchtkörpern Magenbeschwerden hervorruft.

Der Schönfußröhrling – *B. calopus* FR. gehört ebenfalls zu den bläuenden Arten. Sein Fleisch verfärbt sich jedoch weniger intensiv und ist widerlich bitter, was von seinem Genuß abhält.

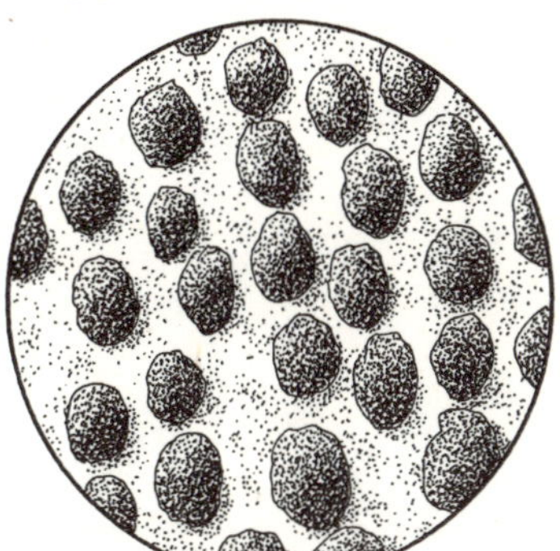

Detail der Stieloberfläche
beim Flockenstieligen Hexenröhrling

Sporen: 13–18 × 5–6,5 μm,
elliptisch-spindelförmig, glatt, olivgelblich

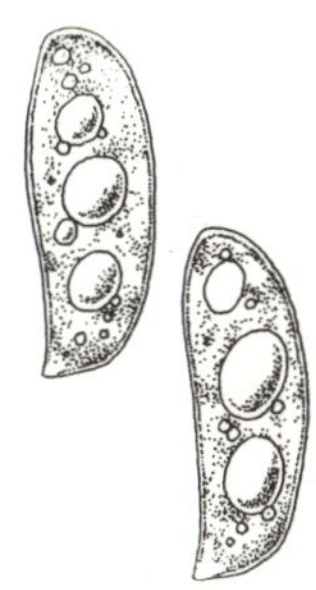

Schönfußröhrling

Flockenstieliger Hexenröhrling

Netzstieliger Hexenröhrling

Boletus luridus SCHFF. ex FR.

Der Hut des Netzstieligen Hexenröhrlings mißt 5–20 cm im Durchmesser, die Huthaut ist verhältnismäßig blaßgefärbt, in verschiedenen Schattierungen von blond oder olivgelb bis bräunlich, nicht selten ist sie fast gelb oder gelborange, aber auch blaß karminrot; sie ist fein befilzt und verfärbt sich auf Druck dunkel oder blau. Die Röhren sind in der Jugend gelb mit einem Olivton oder zitronengelb, später gelbgrün bis schmutzigoliv mit meist orangefarbenen, aber auch ziegel- bis blutroten Poren. Der gestreckt keulige, 2–8 cm dicke Stiel ist oben gelb, im Mittel- und Unterteil gelbgefärbt, ins Rote übergehend, an der Basis dunkel weinrot, stellenweise sogar schwarzbraun. Die Stieloberfläche ist über die ganze Länge mit einem deutlichen roten Netzmuster überzogen, das aus länglichen Maschen besteht. Das Fleisch ist hellgelb, im Fuß normalerweise weinrot; ähnlich wie die Röhren und die Fußoberfläche verfärbt es sich im Anschnitt tintenblau, während die roten Stellen violett werden. Das Fleisch hat einen schwachen Pilzgeschmack und -geruch.

Dieser farblich stark veränderliche Pilz kommt meist in Laubwäldern, hauptsächlich unter Eichen und Buchen, aber auch unter Nadelhölzern, von Mai bis in den Herbst vor. Vom Flockenstieligen Hexenröhrling unterscheidet er sich hauptsächlich durch das Netzmuster auf dem Stiel. Er ist eßbar, für ihn gilt dasselbe wie für die anderen Hexenröhrlinge, zu denen noch der Glattstielige Hexenröhrling – *Boletus queletii* SCHULZ. mit gelblichem Stiel und wenig bläuendem Fleisch zählt: der Genuß von rohen oder ungaren Fruchtkörpern führt zu Erbrechen.

Sporen: 9–17 × 5–7 µm, elliptisch-spindelförmig, glatt, braungelb

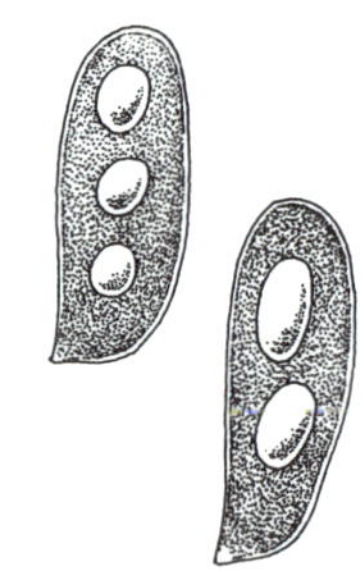

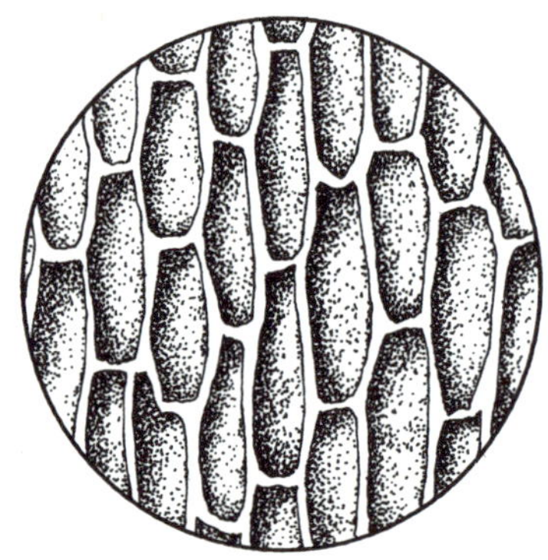

Detail der Stieloberfläche

Satansröhrling

Boletus satanas LENZ

Schönfußröhrling

Boletus calopus FR.

Der echte Satansröhrling (1) ist ein stattlicher, dickfleischiger Pilz mit einem hellgrauen oder silbrig braunen, 10–20 cm breiten Hut. Die gelben Röhren haben klar karminrote Mündungen. Der Fuß ist 5–12 cm lang und 3–6 cm dick, in der Mittelpartie rötlich und überall mit einem feinen Netz verziehrt. Das blaß-gelbliche Fleisch färbt sich im Schnitt bläulich, diese Verfärbung verschwindet aber wieder. Er hat jung einen pilzartigen, später Schweißgeruch; alte Fruchtkörper stinken nach verwesendem Fleisch. Der Geschmack ist angenehm.

Der Satansröhrling ist ein verhältnismäßig seltener Pilz. Er ist an Laubwälder gebunden, vorwiegend an Eichen-Hainbuchenbestände, oft auch an Linden und Haselsträucher. Er wächst in Juli und August fast ausschließlich auf Kalksteinunterlage. In rohem Zustand ist der Satansröhrling stark giftig. Diese Wirkung verschwindet durch gründliches Kochen.

Der Schönfußröhrling (2) hat einen hellgrauen oder ockerbraunen trockenen Hut von 6–12 cm Breite und blaßgelbe Röhren, deren Mündungen gleichfalls gelb sind. Der Stiel ist oben gelb, unten und in der Mitte rot genetzt, 3–8 cm lang und 2–5 cm dick. Das blaßgelbe Fleisch wird im Anschnitt blau, später entfärbt es sich schmutzig graugelb. Der Fleischgeschmack ist sehr bitter. Der Schönfußröhrling wächst im Sommer und Herbst in Nadel- seltener in Laubwäldern, vorwiegend im Bergvorland.

Spore des Satanröhrlings
10–16 × 5–7 µm, spindelförmig, gelboliv

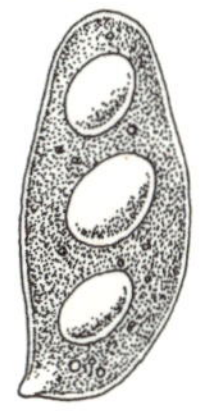

Spore des Schönfußröhrlings:
10–14 × 4–6 µm, spindelförmig, blaß gelblich

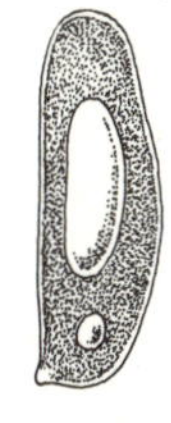

Satansröhrling

Schönfußröhrling

Fahler Röhrling

Boletus impolitus FR.

Einige Röhrlinge (es handelt sich vorwiegend um Vertreter der Gattung *Boletus*) gehören ihrem Vorkommen und ihrer Verbreitung nach eindeutig zu den Pilzarten, welche die Wälder in den Gebieten mit wärmeliebender Flora begleiten. Zu ihnen kann man mit vollem Recht auch den Fahlen Röhrling zählen. Er kommt ausschließlich in Landschaften mit überwiegendem Laubwaldanteil vor, wo er sich hauptsächlich an sonnigen Stellen und warmen Waldrändern zeigt, doch wächst er auch in alten Parks unter Eichen, Buchen, Hainbuchen, Linden und anderen Laubbäumen. Er bevorzugt kalkhaltige Böden. Seine Hauptwachstumsperiode fällt in den Juni und Juli, doch kann man ihn auch im Herbst finden.

Man erkennt ihn gut an der robusten Gestalt. Der Hut kann 25 cm Durchmesser erreichen, ist blondgelblich bis hellbräunlich, die Röhren sind hellzitronengelb. Im Alter bekommen sie einen grünlichen Ton. Auf Druck verändern sie ihre Farbe nicht. Der Stiel ist 2,5–8 cm dick, gestreckt keulig oder zylindrisch, gelblich, unter den Röhrchen stets etwas heller, zur Basis hin mehr ins Braune oder Rötliche gehend. Diese rötliche Farbe ist manchmal nur an ganz jungen Fruchtkörpern auszumachen und verschwindet bald. Die Stieloberfläche ist faserig geschuppt. Das Fleisch ist weißlich oder zitronengelblich, an der Luft unveränderlich, an der Stielbasis manchmal rötlich. Es hat einen milden Geschmack und einen charakteristischen, im Rohzustand oft nur schwachen Phenol- (Karbol-)geruch. Dieser Geruch macht sich beim Kochen stärker bemerkbar. Seinetwegen wird *B. impolitus* von den Sammlern oft verschmäht, obwohl er eßbar ist.

Sporen: 9–16 × 4–6 μm, gelblich

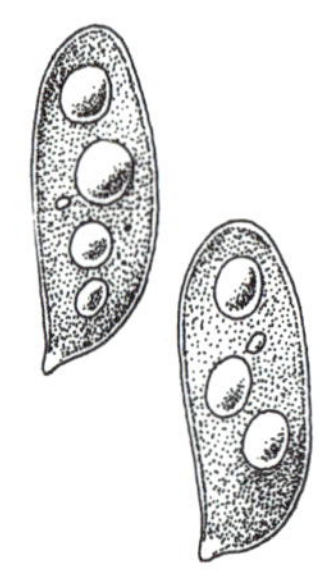

Weißer Bronzeröhrling, Schwarzer Steinpilz

Boletus aereus BULL. ex FR.

Auch dieser schöne Röhrling ist eine ausgesprochen wärmeliebende Art. Er begleitet alte Eichen- und andere Laubwälder ausschließlich an geschützten und sehr warmen Stellen in Gebieten mit wärmeliebender Flora. In Mitteleuropa ist er selten bis sehr selten bevorzugt auf Kalkböden zu finden. Häufiger erscheint er in Süd- und Südosteuropa sowie im Südosten Nordamerikas. Es hat den Anschein, daß er in Mitteleuropa nur in warmen Jahren wächst. Dann erscheinen seine Fruchtkörper schon im Mai, vereinzelt kann man sie noch bis in der Oktober antreffen. Er wird eindeutig durch den dunkelschokoladen- bis schwarzbraunen Hut charakterisiert, der 5–20 cm breit ist und eine trockene, feinsamtige, später kahl werdende und manchmal gefeldert aufplatzende Haut hat. Mit der dunklen Hutfarbe kontrastieren auffällig die weißen Röhrenporen, deren Färbung sich zur Reifezeit zu grüngelben und oliven Tönen ändert. Der Stiel ist 5–10 cm lang und 2–4 cm dick, wesentlich heller als der Hut und hat auf der Oberfläche ein feines Netzmuster. Das Fleisch ist weiß, nur unter der Oberhaut leicht fleischfarben, unveränderlich, im Schnitt manchmal geringfügig rosa verfärbt. Seine Konsistenz ist beträchtlich fest und wird erst im Alter weich. Sein Geschmack ist mild. Im frischen Zustand ist der Pilz fast geruchlos, nach dem Trocknen kommt ein angenehmer Pilzgeruch zur Geltung.

Dem Weißen Bronzeröhrling ähnelt in Färbung und Erscheinung der Kiefernsteinpilz – *B. pinicola* VITT. Er hat aber einen dunkelrotbraunen, am Rand rosagetönten Hut und wächst bereits ab Mai in Kiefernwäldern (seltener auch unter Eichen). Beide Arten gehören zu den besten Speisepilzen überhaupt.

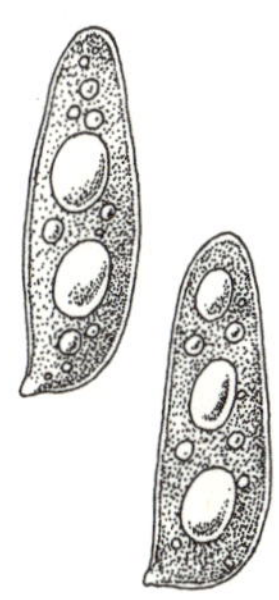

Sporen des Weißen Bronzeröhrlings:
12–15 × 4–5 µm, spindelförmig elliptisch, glatt, braungelb

Kiefernsteinpilz

Weißer Bronzeröhrling

Sommersteinpilz, Eichensteinpilz

Boletus aestivalis PAULET ex FR.

Neben dem Steinpilz ist der Eichen- oder Sommersteinpilz ein weiterer, sehr bekannter und allgemein geschätzter Röhrling. Er ist in ganz West- und Mitteleuropa verbreitet und kommt auch in Nordamerika sowie in Nordafrika vor. Seine Heimat sind vor allem Laubwälder; in Misch- und Nadelwaldungen ist er weit weniger häufig. Er kommt hauptsächlich unter Eichen und Buchen vor, mit deren Wurzeln er seine Mykorrhiza bildet, doch kann er diese Verbindung auch mit anderen Laubhölzern eingehen. In Europa kann er sogar – wenn auch nur ausnahmsweise – Mykorrhizen mit exotischen Gehölzen zustandebringen, die in Parks oder angelegten Waldkulturen wachsen. Festgestellt wurde das bei der nordamerikanischen Rot- und Sumpfeiche. Bekannt sind aber auch Funde aus reinen alten Nadelwäldern mit Fichten, Tannen und Kiefern, in denen Laubhölzer völlig fehlten.

Der Sommersteinpilz wächst vom Mai bis in den Herbst. Vom verwandten und sehr ähnlichen Steinpilz unterscheidet er sich durch Struktur und Aussehen von Huthaut und Stieloberfläche. Die Haut des Sommersteinpilzes ist matt, fein samtig bis filzig, hellergefärbt, blaß graubraun, graublond bis lederbraun, im Alter oft gefeldert aufgeplatzt. Der Stiel ist gleichmäßig hellbräunlich und hat eine grobe Netzstruktur. Das Netz reicht entweder nur über die halbe Länge oder bedeckt den ganzen Stiel.

Sporen: 14–17 × 4,5–7,5 µm, spindelförmig, braungelb

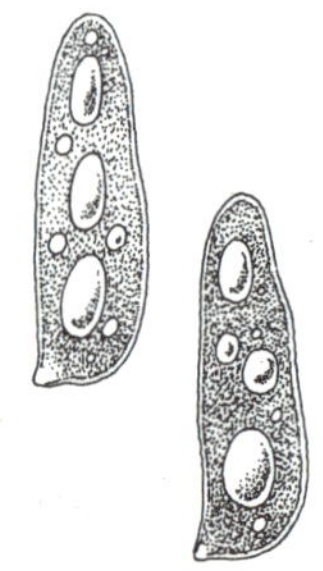

Herrenpilz, Steinpilz

Boletus edulis BULL. ex FR.

Das ist der beliebteste und bekannteste in freier Natur wachsende Pilz, der sowohl für private Küchen als auch im Großen für die industrielle Verarbeitung gesammelt wird. Als mykorrhitischer Pilz ist der Steinpilz in erster Linie an Fichten gebunden, kommt aber auch – wenn auch viel seltener – in Laubwäldern vor. Sein Myzel kann nämlich unter bestimmten Bedingungen auch mit Eichen und Buchen seine Mykorrhiza bilden, ggf. sogar mit anderen Laubbäumen. Das ist keine Ausnahmeerscheinung, denn verschiedene andere Pilzarten haben sowohl mit Laub- als auch mit Nadelhölzern Mykorrhizen (z. B. Rotfußröhrling und Ziegenlippe).

Die Steinpilzgruppe ist ziemlich variabel und die Ansichten über die Einstufung der einzelnen Populationen gehen weit auseinander. Sie reichen von bloßen Formen und Varietäten bis zu Unterarten und selbständigen Spezies. In seiner typischen Gestalt hat der Steinpilz eine sattbraune bis schwarzbraune glatte und glänzende Hutoberhaut, die nur in der Jugend geringfügig befilzt ist und an ausgewachsenen Exemplaren bei feuchtem Wetter leicht schleimig wird. Er ist stets etwas dunkler als der verwandte Sommersteinpilz, ausgenommen junge, noch unter Nadelstreu verborgene Exemplare, die sogar noch ganz weiße Hütchen haben können. Bei erwachsenen Fruchtkörpern ist der Stiel nur oben weiß, unten ist er bräunlich; das Netz reicht nur bis zur halben Höhe.

Der Steinpilz ist in der gesamten gemäßigten Zone der Nordhalbkugel allerdings ungleichmäßig verbreitet. In Nordamerika ist er selten und wird größtenteils von der verwandten Art *B. clavipes* PECK ersetzt.

Sporen: 14–17 × 4,5–5,5 µm, spindelförmig, olivbraun

Gallenröhrling, Gallenpilz

Tylopilus felleus (BULL. ex FR.) P. KARST.

Der graurosa Sporenstaub ist eins der wichtigsten Unterscheidungsmerkmale, in denen die Gattung *Tylopilus* von den sog. „Echten Röhrlingen" der Gattung *Boletus* differiert. Die „Echten Röhrlinge" bilden braunen oder olivbraunen Sporenstaub. Die meisten Arten der Gattung *Tylopilus* (es sind etwa 10 bekannt) bilden keine Mykorrhiza, sondern wachsen als Saprophyten im Waldhumus und auf stark vermorschtem Holz. In Europa ist diese Gattung nur durch eine einzige Art, den Gallenröhrling vertreten; die meisten anderen sind in Nordamerika verbreitet.

Der Gallenröhrling wächst häufig in Nadelwäldern, hauptsächlich in Fichten- und Kiefernbeständen auf sauren Böden sowohl im Flachland als auch in den Bergen. Oft geht er auf moosüberzogene vermodernde Stubben über. Im letzten Jahrzehnt hat er sich in vielen Gebieten immer mehr ausgebreitet und überschwemmt als ein „Unpilz" die Wälder. Seine schmucken Fruchtkörper ähneln stark dem Steinpilz, aber sind widerlich bitter und daher ungenießbar. Unaufmerksame oder unerfahrene Pilzsammler sind enttäuscht, wenn sie aus ihnen ein Gericht zubereiten, denn der intensive Bittergeschmack läßt sich auf keine Weise beseitigen. Dabei läßt sich schon beim Sammeln der Gallenröhrling von den echten Röhrlingen nicht nur am Bittergeschmack, sondern auch ohne Kostprobe unterscheiden. Vor allem an den grausrosa oder fleischfarbenen Röhren, die meist auffällig kissenartig vorgewölbt sind (das gilt in erster Linie für ältere Fruchtkörper). Auch das Netz am Stiel ist wesentlich grober und hat größere und tiefere Maschen als das des Steinpilzes.

Sporen des Gallenröhrlings:
11–15 × 3,5–5,5 µm, spindelförmig, fast farblos

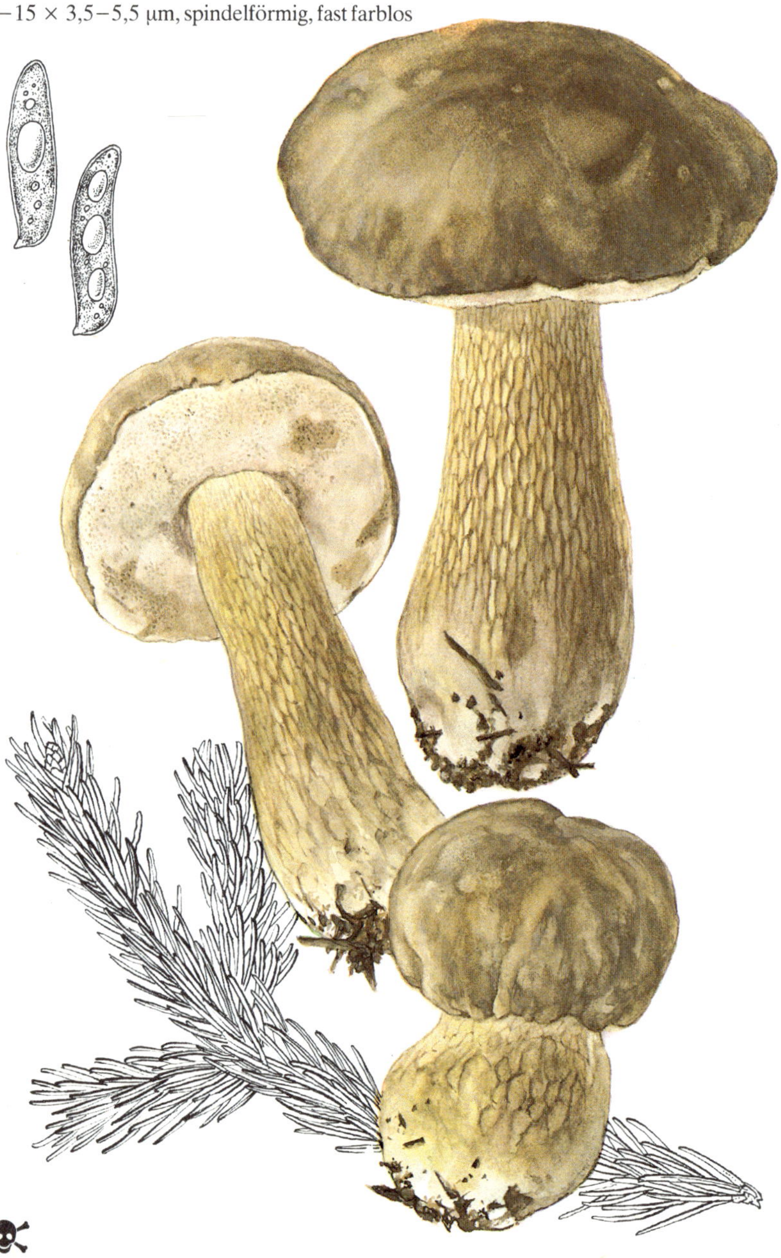

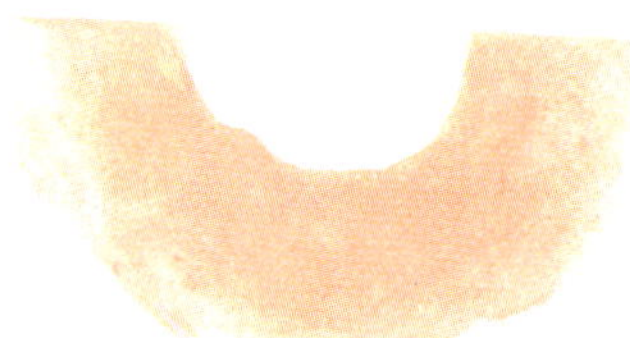

Ausfallender Sporenstaub

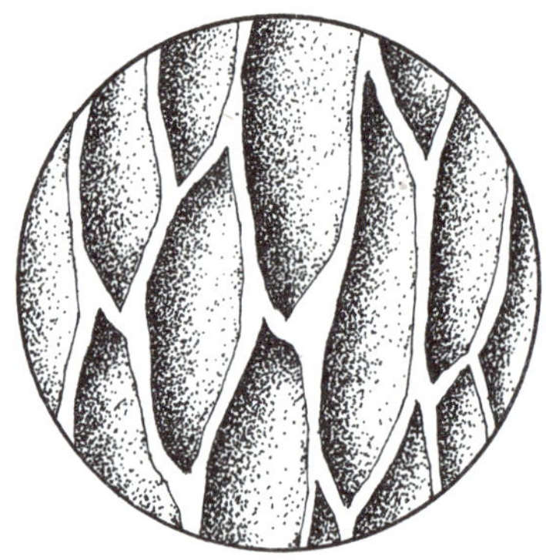

Detail der Stieloberfläche

Fruchtkörper des Steinpilzes lassen sich mit dem Gallenröhrling verwechseln

Espenrotkappe, Kapuziner

Leccinum aurantiacum (BULL. ex ST.-AMANS) S. F. GRAY

Die Rotkappen *(Leccinum)* sind sehr bekannte Pilze, deren auffällig rotorangegefärbte Hüte dunkle Waldbestände beleben, in die Espen oder Birken eingestreut sind. Die Espenrotkappe ist an Espen gebunden, unter denen sie von den Sammlern oft gesucht wird. Der Stiel ist 6–15 cm lang und 1–3 cm breit, in der Jugend mit weißlichen, später mit rotbraunen bis braunorange-gefärbten Schuppen überzogen. Der Hut ist 4–15 cm breit, dunkel-braunorange bis rotbraungefärbt und kissenartig gewölbt. Die Röhren sind weißlich. Das Fleisch ist weiß; an Bruchstellen wird es zunächst graurosa, später schwarz. Das sind die wichtigsten Unterscheidungsmerkmale gegenüber der ähnlichen Birkenrotkappe.

Die Espenrotkappe ist ein ausgezeichneter Speisepilz von attraktivem Aussehen, die überdies den Vorteil hat, daß er nur selten von Insektenlarven befallen ist. Er wächst vom Sommer (manchmal schon ab Mai) bis in den Herbst vom Flachland bis in die Berge in der ganzen gemäßigten Zone der Nordhemisphäre.

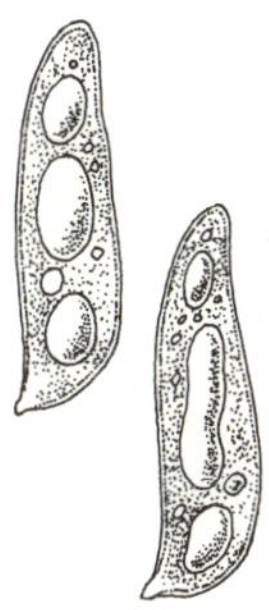

Sporen: 13–17 × 4–5 µm, spindelförmig, ockerbraun

Detail der Stielhaut

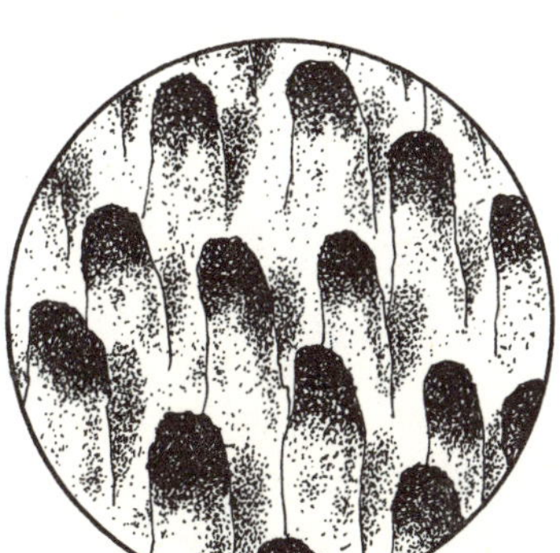

Birkenrotkappe, Orangegelber Rauhfuß, Schwarzschuppige Rotkappe

Leccinum testaceoscabrum (SECR.) SING.

Die Birkenrotkappe ist der zweite Pilz aus diesem Rotkappenpaar mit rotorangefarbenem Hut. Sie wächst ausschließlich unter Birken und in ihrer nächsten Umgebung. Im Gegensatz zur Espenrotkappe ist ihr Hut etwas heller, also sattorangebraun bis gelbbraun. Er ist 5–15 cm breit, kissenartig gewölbt, normalerweise mit einem häutigen Saum ausgestattet. Der Stiel ist 6–15 cm lang und 1–3 cm dick, die Schuppen darauf sind schwarz oder braunschwarz. Die Röhren sind bereits von Jugend an blaßgrau. Das Fleisch ist ursprünglich weißlich, im Anschnitt oder bei Verletzungen verfärbt es sich allmählich rosig grauviolett, in der Stielbasis grünblau. Diese Verfärbung ist aber nicht so sehr typisch, da sie sich gelegentlich auch bei der Espenrotkappe zeigt.

Ähnlich wie die Espenrotkappe ist auch dieser Pilz eßbar, sehr schmackhaft und eignet sich für alle Zubereitungen. Die Art wächst im Sommer und Herbst in den meisten Ländern der nördlichen gemäßigten Zone, wo sie überall als Birkenbegleiter auftritt.

Verschiedene weitere Rotkappenarten wachsen auch unter anderen Hölzern, z. B. die Kiefernrotkappe oder Fuchsröhrling – *Leccinum vulpinum* WATL. unter Kiefern, die Weidenrotkappe – *Leccinum salicicolum* WATL. unter Weiden. Charakteristisch für beide Arten ist ein rostig braunorangefarbener Hut, dessen Färbung dem Rotbraunen Milchling ähnelt. Etwas mehr ins Weißliche geht der Hut der Eichenrotkappe oder des Eichenrauhfußes – *Leccinum quercinum* PILÁT, die unter Eichen wächst.

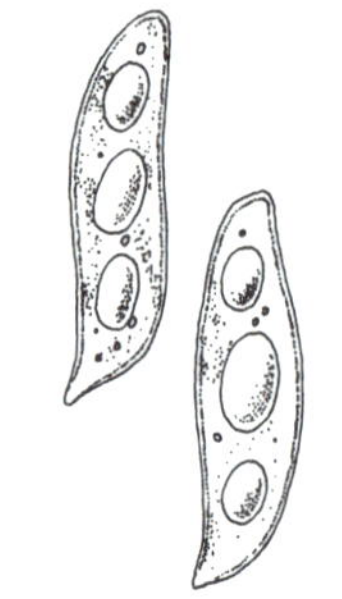

Sporen: 13–16 × 4–5 µm, spindelförmig, gelbbraun

Detail der Stieloberfläche

Rötender Birkenpilz, Rothautröhrling

Leccinum oxydabile (SING.) SING.

Dieser Pilz ähnelt in seinem Habitus weitgehend dem normalen Birkenpilz. Er hat einen dunkelbraunen, manchmal graubraunschwärzlichen, aber auch ins Ocker übergehenden fast hellbraunen Hut. Der Stiel ist auf weißem Untergrund grau bis schwärzlich geschuppt. Er unterscheidet sich dadurch, daß sich das ursprünglich weiße Fleisch im Schnitt entweder ganz oder wenigstens unter der Hutoberhaut und im Stiel rosa bis rot verfärbt. Die rotverfärbten Stellen werden jedoch nie violett oder schwarz. Das Fleisch der Stielbasis ist normalerweise schmutzig hellgelb oder einfach gelb, im Anschnitt wird es blau oder blaugrün. Die Haut des Hutes ist schwach dunkler gefasert, nahezu samtartig, aber auf keinen Fall befilzt, trocken und nur nach langem Regen schlüpfrig.

Der Rötende Birkenpilz kommt unter Birken in kälteren Landstrichen und Gebirgen (bis zu Höhen von 1500 m ü. d. M.) der gemäßigten Zone der Nordhalbkugel vor. Er wächst hauptsächlich in Nord- und Nordosteuropa, in Sibirien, Fernost und Nordamerika. Angaben über sein Vorkommen in Mitteleuropa sind wahrscheinlich unrichtig und beziehen sich wohl eher auf den Graugrünen Birkenröhrling – *L. thalassinum* PILAT et DERMEK. Dieser hat einen graugrünen Hut und sein Stielunterteil ist grün. Auch er wächst unter Birken.

Der Pappelrauhfuß – *L. duriusculum* (KALCHBR. et SCHUL. ap. FR.) SING. hat ein gleichfalls im Anschnitt rotwerdendes Fleisch, das aber im Oberteil und an der Basis des Stiels grauviolett bis bläulich wird. Er wächst ausschließlich unter Pappeln. Alle diese Arten sind eßbar und wohlschmeckend.

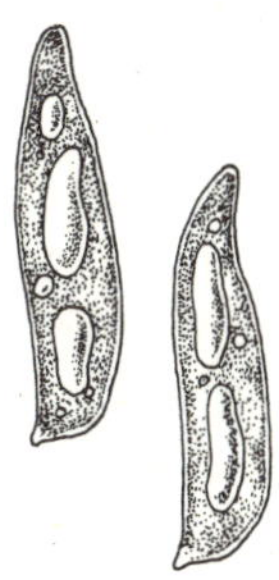

Sporen des Rötenden Birkenpilzes:
13–21 × 5–6,7 μm, honigbraun

Graugrüner Birkenröhrling

Rötender Birkenpilz

Birkenpilz, Birkenröhrling

Leccinum scabrum (BULL. ex FR.) S. F. GRAY

In Wäldern und an Waldrändern suchen Pilzsammler gern Birken auf, unter denen sie dann meist nach Fruchtkörpern von Birkenpilz und -rotkappe forschen. Der Birkenpilz ist wohl überhaupt der bekannteste Vertreter von Röhrlingen, deren Myzel symbiotisch an Birkenwurzeln lebt. Die Fruchtkörper erscheinen im Sommer und Herbst sowohl unter alten Birken als auch bereits unter jungen Bäumchen auf Lichtungen und im Unterholz überall in der gemäßigten Zone der Nordhalbkugel. Sein grau bis bräunlich gefärbter Hut ist 5–15 cm breit und sitzt auf einem verhältnismäßig dünnen und langen (6–15 × 1–1,5 cm) weißen, mit fast schwarzen Schuppen überzogenen Stiel. Das Fleisch ist weiß oder weißlich, im Anschnitt fast unveränderlich, beim Trocknen wird es schwarz. Es hat angenehmen Pilzgeschmack und -geruch. Der Birkenpilz ist ein guter Speisepilz, hat allerdings den Nachteil, daß sein Hut sehr schnell aufweicht. Der Stiel hingegen ist sehr zäh, fast faserig-holzig. Daher eignen sich zum Sammeln vorwiegend junge Exemplare. Auch wenn bei der Zubereitung das Fleisch schwarz wird, ist das dem Geschmack nicht abträglich.

Zur Verwandtschaft des Birkenpilzes gehören noch einige, untereinander weitgehend ähnliche Arten. Unter Birken auf Moorboden kommt der etwas seltenere Moorbirkenröhrling – *L. holopus* (ROSTK.) WATL. vor, der früher für ein Albino des Birkenpilzes gehalten wurde. Dem Birkenpilz ähnelt auch der Espen- oder Hainbuchenrauhfuß – *Leccinum griseum* (QUÉL.) SING., der einen dunkelbraunen bis fast schwarzen, oft grubig-gerunzelten Hut hat; der ganze Fruchtkörper ist zäher, sein Fleisch wird nach einer Verletzung grauschwarz. Er wächst stellenweise in Hainbuchenbeständen.

Der Schwarze Birkenröhrling – *L. melaneum* (SMOTL.) PIL. et DERM. wächst unter Birken vorwiegend auf feuchtem Boden. Er ist selten.

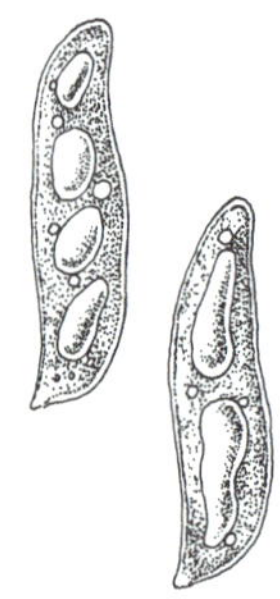

Sporen des Birkenpilzes:
13–20 × 5–6 μm, gelblich

Birkenpilz

Schwarzer Birkenröhrling

Kahler Krempling

Paxillus involutus (BATSCH) FR.

Samtfußkrempling

Paxillus atrotomentosus (BATSCH) FR.

In die verhältnismäßig kleine Gattung der Kremplinge *(Paxillus)* gehören große und kleinere fleischige Pilze mit einem kurzen zentralen oder seitlich angesetzten, ja sogar ganz fehlenden Stiel, die einen wenigstens in der Jugend (meist aber dauernd) an den Rändern nach unten eingerollten Hut haben. Die am Stiel herablaufenden Lamellen kann man leicht vom Fleisch des Huts loslösen.

Eine der häufigsten Arten ist der Kahle Krempling (1), dessen in der Mitte schleimiger, an den Rändern befilzter, 5–15 cm breiter Hut ähnlich wie der kurze Stiel gefärbt ist. Das gelblich-saftige Fleisch hat schwach säuerlichen Geschmack und Geruch. Auf Druck verfärbt sich der ganze Fruchtkörper rostig, um schließlich braun zu werden. Der Kahle Krempling erscheint von Juni bis in den Spätherbst nicht nur in allen Waldarten, zahlreich ist er unter Birken, sondern auch unter Einzelbäumen in Alleen, Parks usw.

Dieser Pilz wurde lange als eßbar angesehen. Heute gilt als nachgewiesen, daß der Kahle Krempling für den Menschen im wesentlichen giftig ist. Sein wiederholter Genuß führt im menschlichen Organismus zur Bildung von Antikörpern infolge einer allergischen Reaktion auf einige Inhaltsstoffe. Diese können rote Blutkörperchen abbauen. Das kann manchmal sogar zum Tod des Betroffenen führen.

Der Samtfußkrempling (2) ist ein ausgesprochener Holzpilz. Man erkennt ihn leicht am rostbraunen, samtigen 6–20 cm breiten Hut und dem kurzen, exzentrisch bis seitlich ansitzenden auffallend schwarz samtigen Stiel. Dieser Art begegnet man im Sommer und Herbst häufig auf Stubben und abgestorbenen Wurzeln von Nadelhölzern. Er ist zwar eßbar, doch von minderer Qualität.

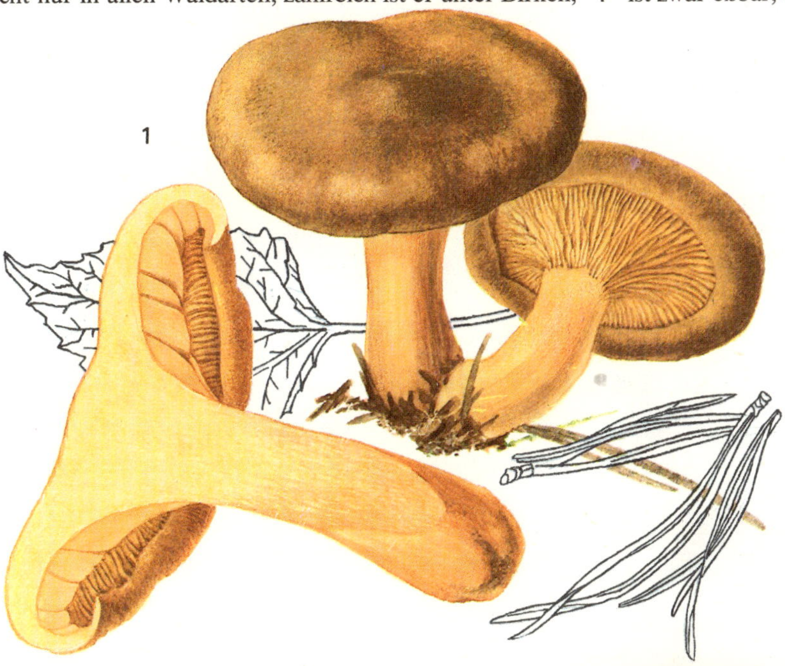

Spore des Samtfußkremplings:
5–6 × 3–4 µm, elliptisch, gelbbraun

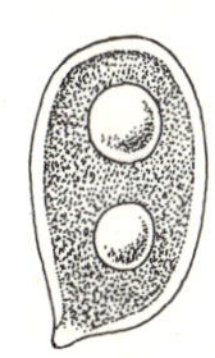

Spore des Kahlen Kremplings:
8–10 × 4–6 µm, elliptisch, gelbbraun

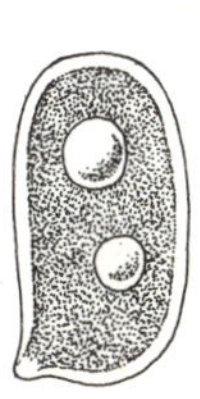

Kahler Krempling

Samtfußkrempling

Falscher Pfifferling, Falscher Eierschwamm

Hygrophoropsis aurantiaca (WULF. ex FR.) R. MRE.

Der Falsche Pfifferling ist ein auffällig gefärbter Pilz, der im Aussehen dem Echten Pfifferling oder Eierschwamm ähnelt. Eine zeitlang galt er als stark giftig, später wurde diese Ansicht widerlegt und der Pilz als eßbar bezeichnet. Neueste Erfahrungen weisen aber darauf hin, daß er nicht ganz ungefährlich ist, denn der Verzehr einer größeren Menge seiner Fruchtkörper führt zu Verdauungsschwierigkeiten. Es ist daher besser, ihn entweder ganz zu meiden oder nur Pilzmischungen zuzusetzen.

Der Falsche Pfifferling hat einen 2–6 cm breiten, verhältnismäßig dünnen und trockenfleischigen, elastischen, am Rand lang eingerollten aprikosen- oder satt orangefarbenen Hut, der im Alter verbleicht. Einige Formen haben von Anfang an einen weißlichen oder weißen Hut. Die Lamellen sind dünn, dichtstehend, gabelförmig verzweigt, weit auf den schlanken Stiel herablaufend. Das Fleisch hat einen schwachen, angenehmen Duft und milden Geschmack. Der Sporenstaub ist weiß. Der Falsche Pfifferling kommt ab Spätsommer vor allem dann im Herbst in feuchteren Nadel- (Kiefern-) u. Fichten- oder Mischwäldern vor. Oft wächst er im Moos, aber er geht auch auf morsche Äste und Stubben über.

Früher haben die Mykologen die Afterleistlinge zu den Leistenpilzen *(Polyporaceae)* gezählt, doch trügt die äußerliche Ähnlichkeit. In Wirklichkeit sind sie mit den Kremplingen *(Paxillus)* verwandt, von denen er sich aber durch weißen Sporenstaub unterscheidet.

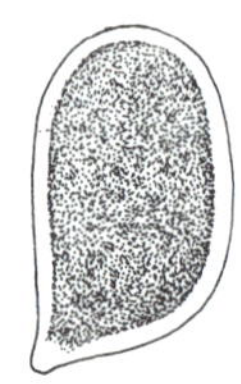

Spore: 5–8 × 2,5–5 μm, eiförmig-elliptisch, farblos, glatt

Falscher Pfifferling

Echter Pfifferling

Leuchtender Ölbaumpilz

Omphalotus olearius (DC. ex FR.) SING.

Der Leuchtende Ölbaumpilz wurde lange Zeit mit zu den Seitlingen *(Pleurotus)* gezählt. Der Schweizer Mykologe Fayod, der sich als einer der ersten im Detailstudium mit der Blätterpilzanatomie befaßt hat, bemerkte den Unterschied im Bau der Fruchtkörper und hat die Gattung *Omphalotus* von der Gattung *Pleurotus* getrennt. Der deutsche Mykologe R. Singer hat dann diesen Pilz aus den Gattung *Pleurotus* in die Gattung *Omphalotus* gestellt. Für alle Seitlinge ist im Sinne der heutigen Auffassung typisch, daß sie wenigstens in einem Teil der Fruchtkörper zwei Hyphentypen aufweisen, während die Pilze der Gattung *Omphalotus* monomitisch sind, d. h. nur aus einem Hyphentyp bestehen.

Der Leuchtende Ölbaumpilz bildet meist Büschel aus mehreren Fruchtkörpern. Die Hüte sind 4–15 cm breit, kräftig orange- oder braunorangegefärbt, haben Kelchform mit einem lappig gewölbten Rand. Die Lamellen laufen auf dem häufig exzentrisch bis seitlich angeordneten Stiel herab und sind goldgelb- bis orangegefärbt. Auch das Fleisch ist goldgelb oder rötlich, ohne besonderen Geschmack oder Duft. Der Sporenstaub ist schwach gelblich.

Der Leuchtende Ölbaumpilz ist eine ausgesprochen wärmeliebende Art, die vor allem über Südeuropa im Mittelmeergebiet verbreitet ist. In Mitteleuropa wächst er in Gebieten mit wärmeliebender Flora; weiter nördlich wird sein Vorkommen immer seltener. Er wächst für gewöhnlich aus unterirdisch verborgenen Wurzeln oder Stubben von Laubhölzern. Während er im Mittelmeerraum am häufigsten auf Oliven wächst, kommt er in den übrigen Gebieten Europas auf Eichen, Kastanien, Hainbuchen u. a. vor. Er ist giftig; die Vergiftung verläuft wie ein leichter Magen- und Darmkatarrh.

Sporen: 5–7 × 5–6 μm, fast kugelig, glatt, farblos

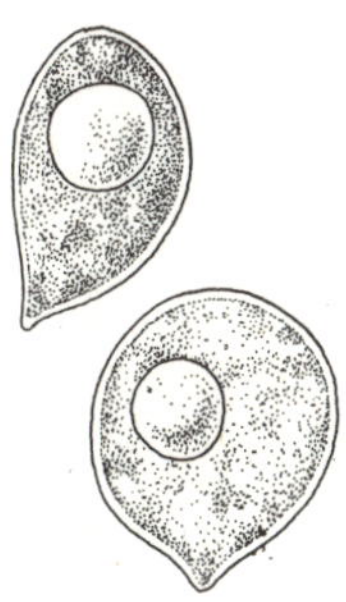

Verbreitung des Ölbaumpilzes in Europa

Rosaschmierling, Rosaroter Gelbfuß

Gomphidius roseus (L.) FR.

Das ist der kleinste Gelbfußpilz, den man nicht mit einer anderen Art verwechseln kann. Sein Hut ist 3–6 cm breit, schön hellrosa oder graurosa, seltener ziegelrotgefärbt. Im Alter geht diese Färbung in bräunliche Töne über und auf der Hutoberseite erscheinen schwarze Flecken. Bei Feuchtigkeit ist die Oberhaut schwach schleimig. Sie ist in der Jugend durch einen weißen Schleier mit dem Fuß verbunden. Junge Lamellen sind weiß, dann graubraun bis fast schwarz, locker angeordnet, dick und auf den Fuß herablaufend. Der zylindrische, unten verjüngte weiße Stiel ist am unteren Ende bräunlich bis schwärzlich. Der schleimige Ring auf seiner Oberfläche verschwindet bald. Das Fleisch ist weiß, im Schnitt schwach rosa, an der Stielbasis gelblichrosa bis bräunlichverfärbend; der Geschmack ist leicht säuerlich, der Duft ist fast nicht wahrzunehmen. An den Lamellen sitzen zahlreiche zylindrische Zystiden.

Der Rosaschmierling bildet seine Mykorrhiza mit Kiefern und Fichten. Er kommt hauptsächlich in Kiefernbeständen auf Sandböden vor und wächst fast immer einzeln. Man findet ihn von August bis Oktober meist an den Waldwegen in Gras und Moos, für gewöhnlich gemeinsam mit dem Kuhröhrling. Nicht selten wachsen Fruchtkörper beider Arten in so enger Nachbarschaft, daß sie an den Füßen miteinander verwachsen sind.

Der Rosaschmierling ist in Europa und Asien verbreitet, überall aber ziemlich selten, in einigen Landstrichen fehlt er ganz. Er ist eßbar; doch wegen seiner großen Seltenheit empfiehlt es sich, ihn zu schützen.

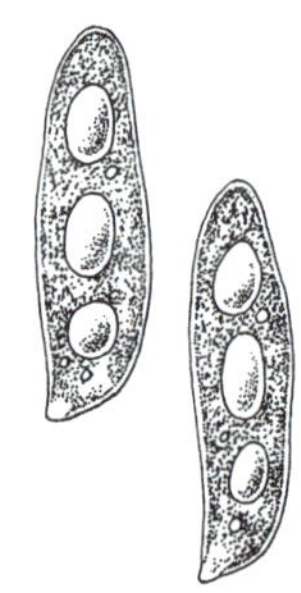

Sporen: 16–22 × 5–6 µm, zylindrisch-spindelförmig, glatt, dunkeloliv

Sporenstaub

Großer Schmierling, Kuhmaul, Schmieriger Gelbfuß

Gomphidius glutinosus (SCHFF.) FR.

Nach Regenfällen erscheinen im Spätsommer und Herbst in Nadelwäldern Gruppen auffällig schleimiger Pilze. Auf den ersten Blick erinnern sie an graugefärbte Butterpilze, die mit einer dicken Schicht aus Gallertschleim überzogen sind.

Der Große Schmierling hat einen 5–12 cm breiten, mit einer ablösbaren Gallertschicht überzogenen Hut. Anfänglich ist dieser schwach gewölbt, grau oder schokoladenbraun, später fleischgraugefärbt und ausladend. Die Lamellen sind zunächst weißlich, dann blaßgrau bis schwärzlich, relativ niedrig, elastisch und weit am Stiel herablaufend. Der Stiel ist 4–10 cm lang und 1–1,5 cm dick. Die ganz jungen Fruchtkörper sind von einem durchsichtigen Gallertschleier eingehüllt, dessen Überreste bei den erwachsenen Exemplaren in Form eines erhabenen Walls auf dem Stiel dicht unter den Lamellen sichtbar sind. Trockene Fruchtkörper sind glänzend.

Der Große Schmierling gehört zu den häufigsten Gelbfußarten. Die Gelbfußpilze leben (genau wie die Butterpilze) mykorrhitisch mit Waldbäumen zusammen, vor allem mit Nadelhölzern. Aus diesem Grund erscheinen diese Pilze oft gemeinsam.

Der Große Schmierling ist eßbar, genau wie die übrigen Gelbfußarten sehr schmackhaft. Er ist in der ganzen gemäßigten Zone der Nordhalbkugel, überall dort, wo Fichten und Kiefern wachsen, verbreitet.

Der Fleckende Schmierling – *G. maculatus* (SCOP.) FR. – wächst vor allem unter Lärchen. Sein Stiel ist an der Basis gelb, das Fleisch rötend. Auch er ist eßbar.

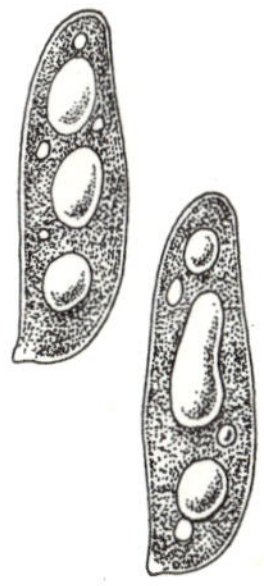

Sporen des Großen Schmierlings:
16–22 × 5–7,5 µm, spindelförmig, braun

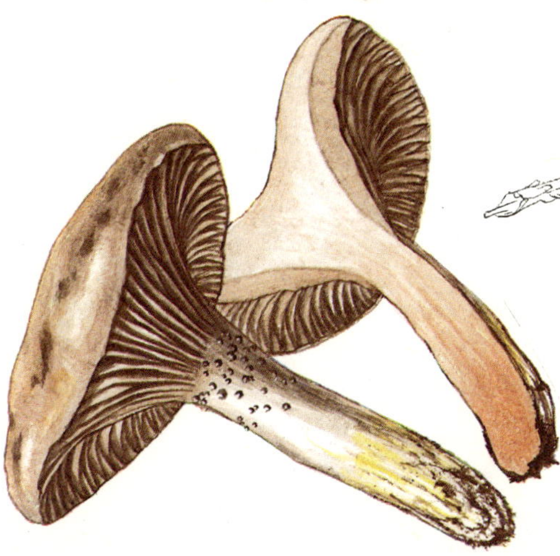

Fleckender Schmierling

Großer Schmierling

Kupferroter Gelbfuß

Chroogomphus rutilus (SCHFF. ex FR.) O. K. MILLER

Der Kupferrote Gelbfuß ist die zweite häufigere Gelbfußart, die im Sommer und Herbst in Nadelwäldern, besonders in Kiefernforsten wächst. Im Gegensatz zum Großen Schmierling ist er bei Feuchtigkeit schwach schleimig oder nur klebrig. Er hat einen 5–13 cm breiten, gelbbraun- bis orangegelbgefärbten, in der Mitte aufgewölbten Hut und lang herablaufende, gelbliche bis gelborangefarbene Lamellen. Im Reifestadium sind die Lamellen durch den Sporenstaub schwarzgefärbt. Der Stiel ist 5–10 cm hoch und 0,5–1 cm stark, ähnlich gefärbt wie der Hut. An seinem Oberteil sitzt ein verschwindender Ring. Das Fleisch ist weiß bis orangegelb. Am Fleisch von frischen Fruchtkörpern kann man sehr interessante mikrochemische Reaktionen beobachten: Beträufelt man es mit Natronlauge, verfärbt sich das Fleisch sofort schön violett, durch Eisenvitriollösung wird es grün und mit einer Ammoniaklösung karminrot. Beim Austrocknen der Fruchtkörper färbt sich die Haut von Hut und Stiel zusammen mit dem Fleisch rosa.

Ähnlich wie der Große Schmierling ist auch der Kupferrote Gelbfuß ein hervorragender Speisepilz, der sich für alle Zubereitungsarten eignet. Beim Kochen wird er violett, in Essig eingelegt fast schwarz, doch beeinflußt das seine Qualität nicht.

Sporen: 18–24 × 6–7 μm, gestreckt spindelförmig, bräunlich

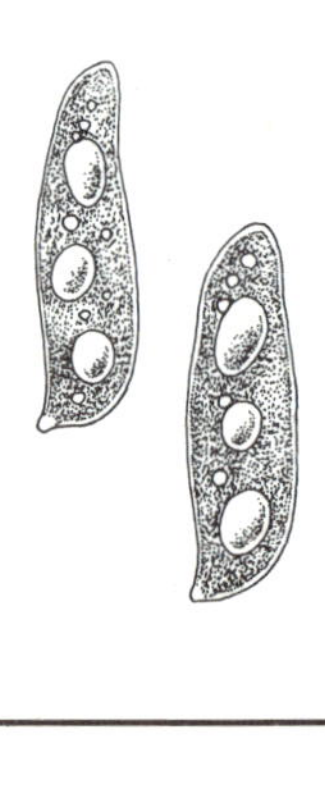

Elfenbeinschneckling

Hygrophorus eburneus (BULL. ex FR.) FR.

Die Familie Wachsblätterpilze *(Hygrophoraceae)* umfaßt äußerst verschieden gefärbte Pilze mittlerer und kleiner Größe, deren gemeinsames Merkmal die sehr dicken Lamellen sind, welche locker angeordnet, auf den Stiel herablaufend oder breit angewachsen sind. Oft ist die ganze Fruchtkörperoberfläche in Schleim gehüllt. Daher stammt auch der Name Schnecklinge.

Hierzu gehört auch der Elfenbeinschneckling. Das ist ein mittelgroßer Pilz mit weißem Hut, Stiel und Lamellen. Der Hut ist 4–8 cm breit, fleischig, zunächst gewölbt, später fast flach ausladend, am Rand scharf verschmälert und nach unten eingerollt. Bei feuchtem Wetter ist er mit einer starken farblosen Schleimschicht überzogen, bei Trockenheit glänzend. Der Fuß ist zylindrisch, lang, unten verjüngt und häufig gebogen, fest, 1–1,5 cm stark, schleimig, nur unter den Lamellen flockig gekörnt. Die Lamellen sind locker angeordnet, hoch, lang herablaufend. Das Fleisch ist weiß, entweder geruchlos oder mit dem Geruch von Weidenbohrerraupen *(Cossus ligniperda)* und von mildem Geschmack. Der Sporenstaub ist weiß.

Der Elfenbeinschneckling wächst meist gesellschaftlich in der Streu von Laub- (Buchen-)wäldern. Er ist ein ziemlich häufiger eßbarer Herbstpilz.

Zwar nach Weidenbohrerraupen duftende, sich aber sonst überhaupt nicht von duftlosen Fruchtkörpern unterscheidende Exemplare wurden von manchen Mykologen irrtümlicherweise als der Verfärbende Schneckling identifiziert. Dieser verfärbt sich aber mit zunehmendem Alter am Hutrand, Stiel und Lamellen rostbraun. Ähnlich wird ein weiterer eßbarer Pilz dieser Gruppe, der Schleimberingte Schneckling – *H. gliocyclus* FR., bei Trockenheit ockergelb. Er wächst im Nadelwald, besonders unter Kiefern.

Sporen: 8–9,5 × 4,5–5 µm, zylindrisch-elliptisch, farblos

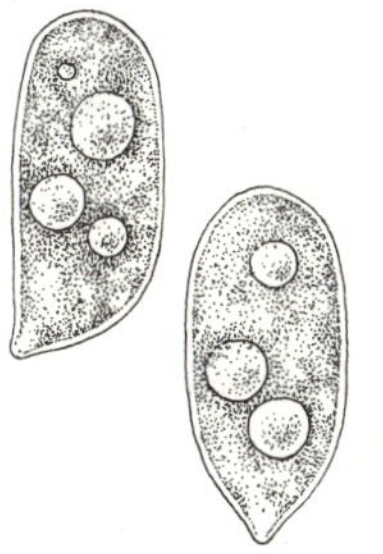

Verfärbender Schneckling, Starkriechender Schneckling

Hygrophorus cossus (SOW. ex FR.) FR.

Dieser Schneckling wird auch mit dem Namen *H. chrysaspis* METR. belegt. Er ist ein Verwandter des Elfenbeinschnecklings. Während dessen Fruchtkörper ihre weiße Färbung nicht ändern, vergilben oder rosten Hut und Lamellen des Verfärbenden Schnecklings kräftig.

Der 3–5 cm breite Hut ist zuerst gewölbt, abgerundet, an den Rändern schwach befilzt und eingerollt, später ausladend, oft verbogen, schwach fleischig, bei feuchtem Wetter schleimig und zunächst weißlich. Früher oder später ändert er seine Farbe, um zuletzt ganz honiggelb zu werden. Der Stiel ist 4–8 cm lang, 8–10 mm dick, zylindrisch, verjüngt, zunächst weiß, später rostgelb, fast ganz körnig bereift, nur oben fein geschuppt. Die Lamellen sind ziemlich dick, hoch, lang herablaufend, locker, in der Jugend blaß, später cremig mit einem Ockerton. In Richtung auf den Hutrand nehmen sie eine satt rostige Farbe an, nach dem Trocknen sind sie schwarz. Das Fleisch ist weißlich, unter der Haut stroh- oder rostgelb, auf Kaliumlauge reagiert es durch Gelbfärbung. Es ist geruchlos und hat einen milden Geschmack. Der Sporenstaub ist weiß. Der Verfärbende Schneckling wächst im Herbst in Laubwäldern, besonders unter Buchen, ist allerdings recht selten. Er ist eßbar.

In Buchenwäldern, hauptsächlich auf Kalkböden, wächst auch der stattlichere Trockene Schneckling – *H. penarius* FR. Er ist ganz weiß, nur sein Hut ist in der Mitte semmel- bis ockerfarben. Er hat einen trockenen, häufig kurzen, starken, stumpfkantigen, auf der ganzen Länge geflockten Fuß und ist gleichfalls eßbar.

Sporen: 7–8 × 4–5 µm, zylindrisch-elliptisch, farblos

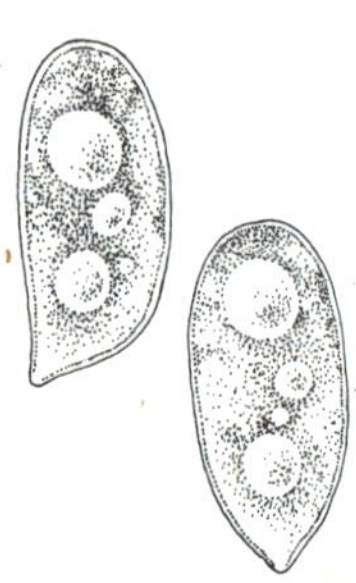

Frostschneckling

Hygrophorus hypothejus (FR. ex FR.) FR.

Einer der letzten, nach den ersten Herbstfrösten in der Nadelstreu der Kiefernwälder auftretenden Pilze ist der Frostschneckling. Oft findet man ihn in großer Anzahl unter Kiefern, vor allem der Waldkiefer. Er wächst an lichteren Stellen, auf Schneisen und an Waldwegen. Mit seinem 3–5 cm breiten Hut und 5–10 cm langen, 3–7 mm dicken Stiel ist er ein kleinerer Pilz. Sein Hut ist zunächst gewölbt, später ausladend, in der Mitte durchgedrückt, am Rand eingerollt und verhältnismäßig dünnfleischig. Die dicke, mit farblosem Schleim bedeckte Haut läßt sich ablösen, sie hat eine kakaobraune Farbe mit einem trüb-oliven Hauch. Zur Mitte hin ist der Hut am dunkelsten. Die schütter angeordneten, recht dicken, elastischen, auf den Fuß herablaufenden Lamellen sind hell dottergelb. Der Stiel ist lang und schlank, zylindrisch, oft gekrümmt, mit farblosem Schleim auf gelblichem Grund überzogen, im Oberteil befinden sich Reste eines Schleimschleiers. Das Fleisch hat weder einen bemerkenswerten Geruch noch Geschmack, der Sporenstaub ist weiß.

Der Frostschneckling ist ein verhältnismäßig schmackhafter Speisepilz und besonders willkommen, weil er zu einer Zeit wächst, in der die größeren Speisepilze im Wald rasch verschwinden. Man kann ihn nicht mit einer anderen Art verwechseln. Die schleimbedeckte Haut entfernt man beim Putzen der Fruchtkörper am besten direkt beim Sammeln.

Im Spätherbst wächst auch der Lärchenschneckling – *H. lucorum* KALCHBR. zahlreich. Er ist etwa gleich groß, doch überwiegt in seiner Färbung ein Gelbton. Er ist ausschließlich unter Lärchen anzutreffen und ebenfalls eßbar.

Sporen des Frostschnecklings:
8–9 × 4–5 µm, elliptisch, glatt, farblos

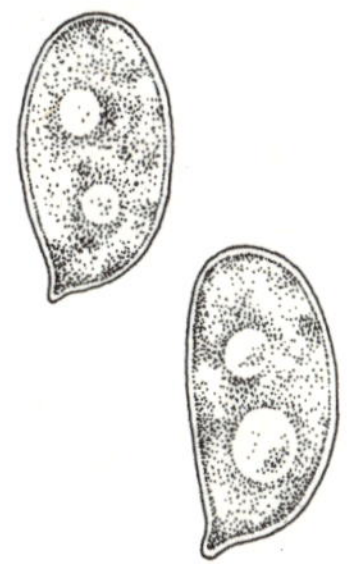

Lärchenschneckling

Frostschneckling

Märzschneckling, Schneepilz

Hygrophorus marzuolus (FR.) BRES.

Das Gegenstück zum Frostschneckling ist der Märzschneckling. Seine robusten Fruchtkörper beginnen, sich im Vorfrühling durch den Waldhumus zu zwängen, kaum daß die ersten Sonnenstrahlen den Boden erwärmen. Manchmal erscheint er schon zu einer Zeit, in der stellenweise noch Schnee liegt. Die ersten Fruchtkörper wachsen bereits im Februar, die Hauptwachstumszeit setzt im April ein, nach außerordentlich harten und langen Wintern erst im Mai und Juni. Die Fruchtkörper erreichen einen Durchmesser von 12 cm, sind fest und dickfleischig, zunächst ganz weiß, doch bald färbt sich die Hutoberseite hell- oder schwarzgrau; die Haut ist matt, sehr fein strahlenförmig gefasert. Die Fruchtkörper sind meist stark deformiert und vom Erdreich beschmutzt, da sie aus größerer Tiefe hervorkommen. Ihre Gruppen entstehen z. T. weit unter der Erdoberfläche, die sie wie Maulwurfshaufen anheben und so ihren Standort verraten. Der kurze, starke Stiel ist unten verjüngt, weiß mit einem Grauton, faserig, die Lamellen sind dick, locker, kurz herablaufend, weiß, später schwach bläulich grau bis hellgrau. Das feste weiße Fleisch hat süßlichen Geruch und milden Geschmack. Die Oberfläche der ganzen Fruchtkörper ist trocken, der Sporenstaub weiß.

Bemerkenswert ist die geographische Verbreitung des Märzschnecklings: er ist nur aus Europa bekannt. Am häufigsten ist er in den Alpenländern, die Nordgrenze seiner Verbreitung liegt offensichtlich in Böhmen. Meist tritt er in alten Nadel- oder Mischwäldern, seltener in Laubwäldern (dort vor allem in Eichenbeständen), auf. Er ist ein ergiebiger Speisepilz.

Sporen: 6–8 × 4–5 μm, eiförmig-elliptisch, glatt, farblos

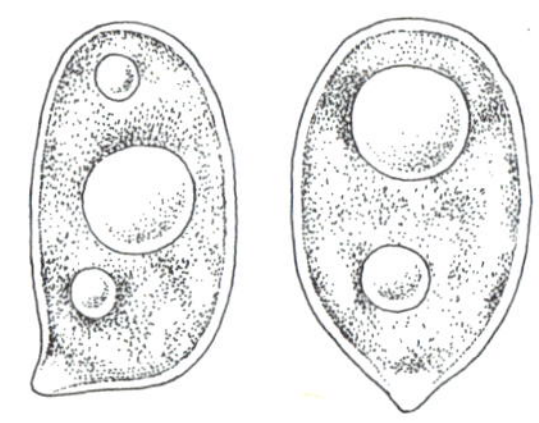

Verbreitung des Märzschnecklings in Europa

Wiesenellerling, Orange-Ellerling

Camarophyllus pratensis (PERS. ex FR.) KUMM.

Es gibt viele Wachsblätterpilze, die nicht im Wald, sondern außerhalb auf Rasen, Heideflächen, Weiden, Wiesen und Grashängen anzutreffen sind. Einer davon ist der Wiesenellerling. Er hat einen 3–5 cm breiten, flach gewölbten, bald ausladenden, in der Mitte aufgebeulten, verhältnismäßig fleischigen, doch an den Rändern dünnen Hut mit trockener, glatter, hell semmelfarbener oder hautfarbener Tönung. Der Stiel ist 3–7 cm lang, 3–7 mm stark, zylindrisch, unten verjüngt, blaß, trocken und kahl. Die Lamellen sind dick und schütter angeordnet, lang herablaufend, hautbleich, an der Unterseite oft rippenartig verbunden. Das Fleisch ist weiß oder weißlich, durch Verletzung nicht veränderlich, ohne Geruch und Geschmack. Der Sporenstaub ist weiß.

Der Wiesenellerling ist ein eßbarer Pilz, der manchmal gesellschaftsweise von August bis Oktober vorkommt. Oft findet man ihn im Moos an den Rändern junger Fichtenbestände, aber auch auf Weiden und ähnlichen Standorten im Gras. Nicht selten wächst er zusammen mit anderen weißen Schnecklingen. Einer davon ist der Glasigweiße Ellerling – *C. niveus* (SCOP. ex FR.) WÜNSCHE, der geringfügig kleiner und fleischiger ist, einen 1,5–3 cm breiten, bei Feuchtigkeit ein wenig klebrigen, transparent gerieften Hut hat. Sein Stiel ist dünn, 1,5–5 cm lang und 2–4 mm dick. Die Sporen sind 8–10 × 5–6 µm groß.

Ein weiterer ist der Jungfernellerling – *C. virgineus* (WULF. ex FR.) KARST., fleischiger und größer als die vorigen Arten. Ältere Fruchtkörper dieser Art haben manchmal Hüte mit einer rötlich gefleckten Oberfläche. Diese Arten sind ebenfalls eßbar.

Die Gattung *Camarophyllus* wird ähnlich wie die Gattungen *Hygrotrama* und *Hygrocybe* von manchen Autoren nur als eine Untergattung von *Hygrophorus* angesehen.

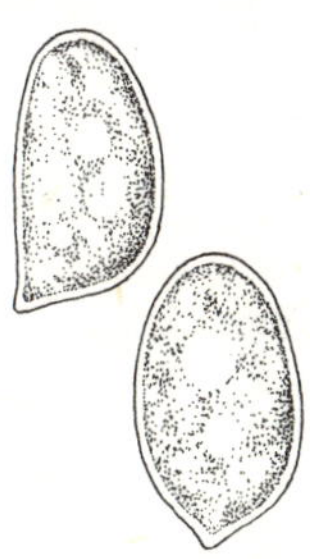

Sporen: 5–7 × 4–5 µm,
zylindrisch-elliptisch, glatt, farblos

Schwärzender Saftling

Hygrocybe nigrescens (QUÉL.) KÜHN.

In der Färbung der Saftlinge *(Hygrocybe)* überwiegen sattgelbe, orange und rote Töne, die bei einigen Arten miteinander kombiniert sind oder durch weitere Farben ergänzt auftreten. An der Färbung und der eigenartigen, wächsernen Konsistenz der Fruchtkörper kann man die Saftlinge leicht erkennen. Diese herrlichen Schmuckstücke aus dem Pilzreich findet man eher außerhalb des Waldes zwischen Gras und Moos, vorwiegend an natürlichen, von Menschenhand wenig berührten Standorten. Da solche Stellen aber immer stärker verschwinden, werden auch die Saftlinge immer seltener. Die Fruchtkörper erscheinen nach ausgiebigen Regenfällen im Sommer oder Herbst. Unter Sonneneinstrahlung, die in den Biotopen außerhalb des Waldes recht beträchtlich ist, haben sie aber keine lange Lebensdauer.

Zu den häufigsten und wegen ihrer eigenartigen Farbveränderung auffälligen Arten gehören der Schwärzende Saftling und sein Doppelgänger, der Kegelige Saftling – *H. conica* (SCOP. ex FR.) KUMM. Beide Arten haben die Eigenschaft, nach Verletzung oder im Alter allmählich schwarz zu werden. Junge Exemplare sind lebhaft gefärbt und haben eine auffällige Form. Der 2–6 mm breite Hut ist ausgeprägt kegelförmig zugespitzt, orangegelb oder scharlachrot mit einer radial gefaserten Haut, gelben Lamellen, gelbem oder orange längsgefasertem Stiel. Die Unterschiede zwischen den beiden erwähnten Arten sind gering. Der Kegelige Saftling ist kleiner mit einem nur 2–4 cm breiten spitzkegeligen Hut und einem eher orangeals zitronenfarbenen Stiel und zweisporigen Basidien. Der Schwärzende Saftling ist stattlicher, mit einem eher zitronengelben Fuß und viersporigen Basidien. Beide Pilze sind schwach giftig.

Sporen des Schwärzenden Saftlings:
8–12 × 5–6 µm,
zylindrisch-elliptisch, farblos

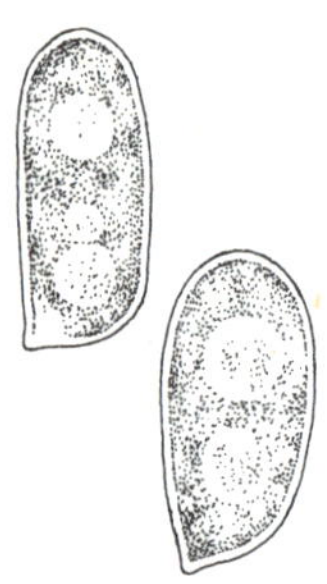

Größter Saftling

Hygrocybe punicea (FR.) KUMM.

Das ist, wie der Name andeutet, wohl eine der größten Arten dieser Gattung. Der Hut erreicht einen Durchmesser von 12 cm, ist fleischig, glockenförmig gewölbt, bei Feuchtigkeit schleimig. Er zeigt die herrliche sattrote Farbe reifer Kirschen. Der 6–10 cm lange, kräftige Stiel (8–20 mm dick) ist zylindrisch, festfleischig, orangegelb, an der Basis weiß und mit relativ groben purpurgefärbten Fasern bedeckt, trocken. Die Lamellen sind dick, nicht besonders locker angeordnet, sattgelb, später orange bis orangerot, am Stiel ausgeschnitten und schmal angewachsen. Das Fleisch im Fuß ist weiß, unter der Hutoberhaut orange. Es ändert weder bei Verletzung noch im Alter seine Färbung, riecht nicht und hat auch keinen besonderen Geschmack.

Der Größte Saftling kommt im Gras auf trockeneren Waldwiesen oder auf ähnlichen Standorten außerhalb des Waldes vor. Zum Sammeln für Speisezwecke eignet er sich nicht.

Von den anderen Saftlingen unterscheidet er sich gut durch die stattliche Gestalt, den auch bei feuchtem Wetter schleimlosen grob längsgefaserten Stiel und das nicht schwarzwerdende Fleisch. Ähnlich in der Färbung ist der Kirschrote Saftling – *H. coccinea* (SCHFF. ex FR.). Er ist jedoch kleiner mit einem halbkugeligen, 2–6 cm breiten Hut, einem sattroten, an der Basis gelblichen Stiel, rotem Fleisch und breit angewachsenen bis herablaufenden Lamellen. Er wächst auf feuchten Wiesen, Weiden und grasbestandenen Waldrändern. Auch er ist ungenießbar.

In lichteren Laubwäldern wächst eine weitere ungenießbare orangerote Art, der Schnürsporige Saftling – *H. quieta* (KÜHN.) SING.

Sporen des Größten Saftlings:
8,5–11 × 5–6 µm, zylindrisch-elliptisch, farblos

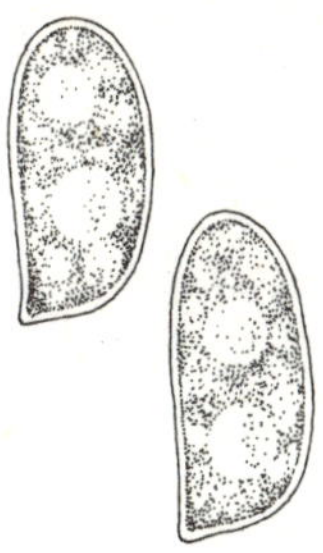

Schnürsporiger Saftling

Größter Saftling

Holznabeling

Omphalina epichysium (PERS. ex FR.) QUÉL.

Nabelinge sind kleine Blätterpilze, dünn ledrig oder schwachfleischig, mit Hüten von einigen Millimetern bis wenigen Zentimetern Durchmesser. Der Hut ist normalerweise gewölbt oder ausladend, in der Mitte meist deutlich tief eingedrückt (Name!). Die lang bogenförmig auf den Stiel herablaufenden Lamellen schimmern durch das dünne Hutfleisch, so daß die Oberhaut wie radial gerieft aussieht. Der dünne Stiel ist röhrenförmig und hat eine knorpelige Konsistenz. In der Gesamtfärbung der Nabelinge überwiegen Grautöne, graubraune oder rosabräunliche Schattierungen. Der Sporenstaub ist reinweiß, selten rosa. Die Nabelinge sind eine heterogene, in hohem Maße künstlich zusammengestellte Gattung. Die darin zusammengefaßten Pilze ähneln in ihrem Aussehen oft kleinen Trichterlingen *(Clitocybe)* oder Helmlingen *(Mycena)*.

Zu den Nabelingen gehört auch der Holznabeling. Er hat einen 1–3 cm großen, tief bis kelchartig ausgehöhlten, bei Trockenheit fast glänzenden, rauch-graubraunen oder schmutzigbraunen Hut. Der Stiel ist ähnlich gefärbt, 2–4 cm lang, 2–3 mm dick. Seine Basis ist von weißfilzigem Pilzgeflecht überzogen. Die Lamellen sitzen nicht besonders weit voneinander, sie sind weißlich bis hellgrau. Das Fleisch hat weder besonderen Geruch noch Geschmack.

Dieser Nabeling wächst auf modernden, häufig moosüberzogenen Stubben und gestürzten Stämmen von Nadelhölzern. Er ist vor allem in naturnahen Bergwäldern verbreitet. Vereinzelt kommt er auch in tieferen Lagen vor. Die Nabelinge sind alle ungenießbar.

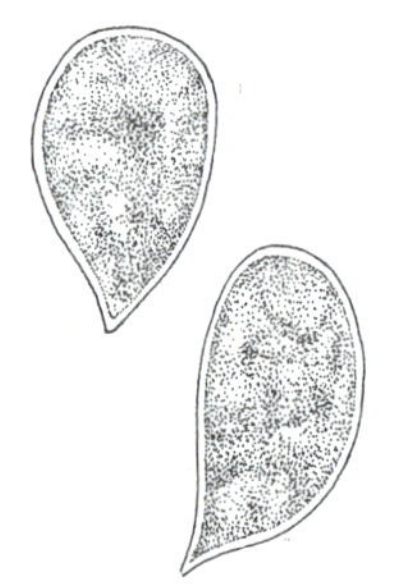

Sporen: 6–9 × 3,5–5 µm, eiförmig-elliptisch, glatt, farblos

Fruchtkörper im Schnitt

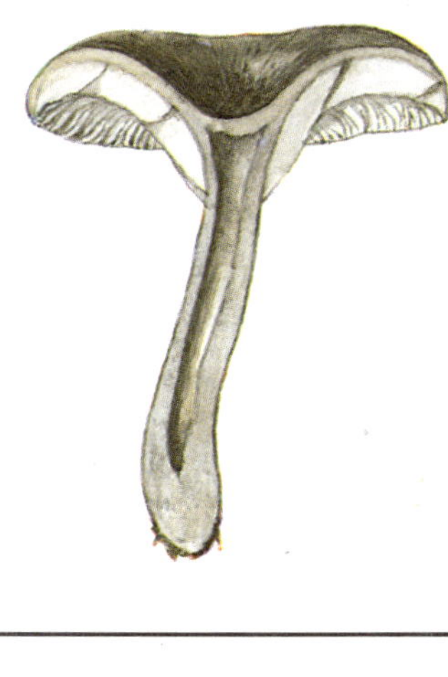

Goldblatt

Gerronema chrysophyllum (FR.) SING.

Für einige Arten an der Grenze zwischen Nabelingen *(Omphalina)* und Helmlingen *(Mycena)* hat. R. Singer die selbständige Gattung *Gerronema* eingeführt. Aber auch in der heutigen Abgrenzung ist die Gattung *Gerronema* nicht problemlos; man kann sie selbst nur unter Schwierigkeiten mit Hilfe von Mikromerkmalen determinieren.

Das Goldblatt wird z. B. auch heute noch gängig unter dem Namen *Omphalina chrysophylla* geführt. Es ist ein auffälliger Pilz, den man ganz gut erkennen kann. Sein 2–6 cm breiter glatter Hut ist gelbbraun, bzw. bei Trockenheit graubraungefärbt, und ist in der Mitte becherartig vertieft. Die hohen und beträchtlich schütteren Lamellen laufen lang bogenförmig auf den Stiel herab und sind (ähnlich wie der 4–5 mm starke knorpelige Stiel) orange oder dottergelb. Auch der Sporenstaub ist gelblich. Das Fleisch hat weder einen besonderen Geruch noch Geschmack.

Dieser Pilz bildet für gewöhnlich Büschel auf bereits stark morschem Holz von Stubben oder liegenden Stämmen von Fichten oder Tannen in Bergwäldern. Er ist eßbar.

Man darf ihn aber nicht mit dem Geselligen Glöckchennabeling – *Xeromphalina campanella* (BATSCH. ex FR.) R. MRE. verwechseln, der ebenfalls auf Nadelholzstubben wächst. Er ist in jeder Hinsicht zierlicher. Der Hut ist nur 0,5–1 cm breit, der dünne Stiel nur 1–2 mm stark, an der Basis rostig behaart. Er ist rostgelb bis rostbraun-gefärbt. Die Lamellen sind gelb, durch Geäder miteinander verbunden. Er ist wesentlich häufiger als das Goldblatt und wächst auch in tieferen Lagen. Er ist jedoch ungenießbar.

Sporen des Goldblatts:
10–12 × 5–6 µm, elliptisch, glatt, fast farblos

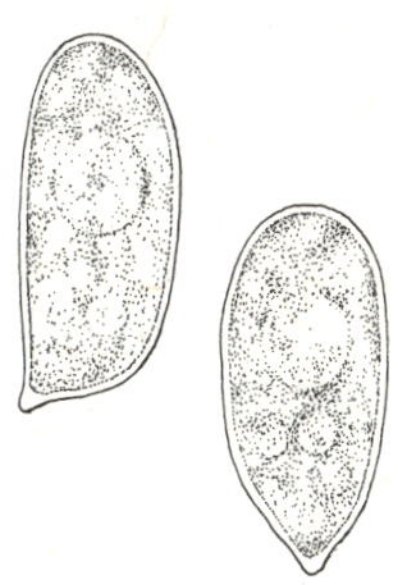

Gruppe von Geselligen Glöckchennabelingen

Goldblatt

Amethystblauer Lacktrichterling

Laccaria amethystina (HUDS. ex HOOK.) MURR.

Die Gattung der Lacktrichterlinge *(Laccaria)* ist mit den Trichterlingen *(Clitocybe)* eng verwandt. Von diesen unterscheidet sie sich durch die verhältnismäßig dicken, am Fuß breit angewachsenen bis auf ihn herablaufenden Lamellen, deren Flächen zur Zeit der Sporenreife sichtbar mit weißem Sporenstaub übersät sind. Mikroskopisch zeichnen sie sich durch kugelige oder fast kugelige Sporen aus, deren Oberfläche mit Warzen oder Stacheln besetzt ist.

Der Amethystblaue Lacktrichterling (in einigen Handbüchern auch unter dem Namen *L. amethystea* angeführt) ist völlig violettgefärbt. Frische Fruchtkörper sind sattamethystfarben, die trockenen werden blasser und gehen in eine violettgraune bis weißliche Färbung über – sie sind also stark hygrophan. Der 2–6 cm breite Hut ist in der Mitte eingedrückt, auf der Oberseite matt bis fein geschuppt und hat schüttere Lamellen. Der Stiel ist schmal und lang zylindrisch, längsgefasert, an der Basis weiß befilzt. Das Fleisch hat weder nennenswerten Geruch noch Geschmack.

Der Amethystblaue Lacktrichterling wächst für gewöhnlich gesellig in feuchteren Laub- als auch Nadelwäldern, entweder direkt auf dem feuchten Boden in der Streu oder auf verrottendem Holz. Man findet ihn von Juli bis Oktober. Er ist eßbar und schmackhaft, aber unergiebig. Nur schwer läßt er sich mit einer anderen Art verwechseln. Es gibt nämlich nicht viele ähnlich violettgefärbte Blätterpilze, die sich alle in Form, Fleischigkeit, Größe und Sporen unterscheiden. Es handelt sich um verschiedene *Lepista-* und *Cortinarius-*Arten.

Sporen: 8–10 µm, kugelig, kurz gestachelt

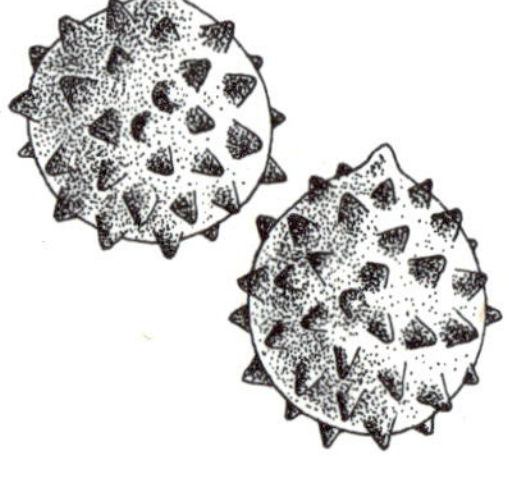

Rötlicher Lacktrichterling

Laccaria laccata (SCOP. ex FR.) BERK. et BR.

Der Rötliche Lacktrichterling kommt noch häufiger vor als der Amethystblaue und gehört sogar zu den allerhäufigsten Blätterpilzen überhaupt. Er hat alle charakteristischen Merkmale der Gattung Lacktrichterlinge *(Laccaria),* also dicke, schüttere, hohe Lamellen, die breit am Stiel angewachsen sind und kurz an ihm herablaufen. Zur Reife sind sie mit weißem Sporenstaub bedeckt. Im Hinblick auf seine Größe stimmt er mit dem Amethystblauen Lacktrichterling überein, doch unterscheidet er sich durch die Färbung. Der Rötliche Lacktrichterling ist ganz fleischfarben, manchmal etwas mehr ins Rosafarbene gehend, bisweilen auch bräunlich oder rostbraun. Sein Hut ist auch hygrophan, bei Trockenheit bleicht er stark aus. Der Stiel ist längsgefasert. Das Fleisch hat einen milden Geschmack und ist praktisch geruchlos.

Der Rötliche Lacktrichterling wächst den ganzen Sommer über bis in den Spätherbst überall an feuchten Stellen in allen Waldarten. Sehr oft findet man ihn im Gras und Moos unweit von Waldbächen oder an Wegrändern.

Zu ihm gehören noch einige weitere Lacktrichterlingsarten. Sie sind ähnlich gefärbt, doch unterscheiden sie sich z. B. durch die Schuppigkeit der Hutoberseite oder den grobfaserigen Stiel, wie der Moor-Lacktrichterling – *L. proxima* (BOUD.) PAT. oder durch die winzigen Fruchtkörper, wie *L. tortilis* (BOLT.) S. F. GRAY, der kaum 1 cm groß wird und meist auf dem schlammigen Boden der Waldwege wächst. Alle Lacktrichterlinge sind eßbar, doch werden sie von den Sammlern meist übergangen, da sie zu klein und unergiebig sind.

Sporen des Rötlichen Lacktrichterlings:
7–10 µm, kugelig, stachelig

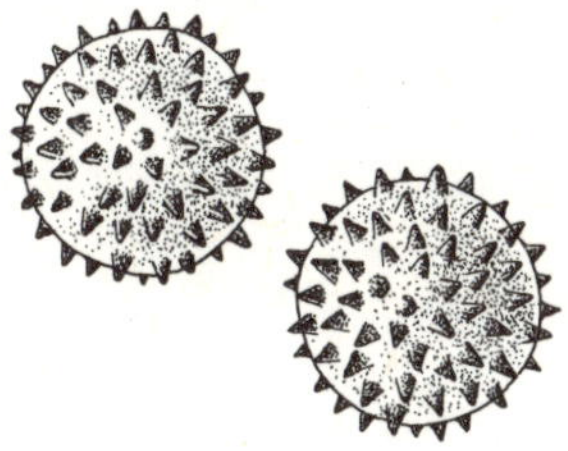

Spore des Moor-Lacktrichterlings
sind dicht und mächtig gestachelt

Moor-Lacktrichterling

Rötlicher Lacktrichterling

Grüner Anistrichterling

Clitocybe odora (BULL. ex FR.) KUMM.

In der Färbung der Pilze aus der Gattung Trichterlinge *(Clitocybe)* überwiegen die Farben Weiß, Weißlichgrau, Graubraun und Braun. Nur einige wenige Arten weichen von dieser Farbpalette ab; eine davon ist der Grüne Anistrichterling. Nicht nur der grünspanig-blaugrüne bis graugrüne, ins Weißliche ausbleichende Hut zusammen mit dem grünlichen Ton von Lamellen und Stiel, sondern auch der angenehm süßliche Anisgeruch des ganzen Fruchtkörpers verhindern eine Verwechslung dieses Pilzes mit anderen Arten. Den Geruch könnte man auch mit Fenchel vergleichen. Ähnlich riechen noch zwei weitere Trichterlinge, der giftige Dufttrichterling – *C. suaveolens* (SCHUM. ex FR.) KUMM. und der ungenießbare Weiße Anistrichterling – *C. fragrans* (SOW. ex FR.) KUMM. Beide sind aber ganz anders gefärbt. Sie haben einen bei Feuchtigkeit blaßgrauen bis ockerbräunlichen, bei Trockenheit weißen Hut. Dieser ist also typisch hygrophan.

Der Grüne Anistrichterling hat einen 3–10 cm breiten, zunächst spitzeren, dann breit trichterförmigen, glatten, seidigen Hut. Der Stiel ist 3–8 cm hoch und 0,6–1,2 cm stark. Bei Windstille ist der Anisgeruch schon auf einige Meter Entfernung wahrnehmbar, vor allem, wenn mehrere Fruchtkörper beieinanderstehen. Diesen Pilz kann man also auch dem Geruch nachgehend suchen. Er erscheint im Herbst, vorwiegend in Fichtenbeständen auf verrottender Nadelstreu. Er ist eßbar und eignet sich am besten für Mischgerichte aus anderen, weniger aromatischen Pilzen. Durch Trocknen geht der typische Duft verloren.

Sporen: 6–7 × 3–4 µm, elliptisch, farblos

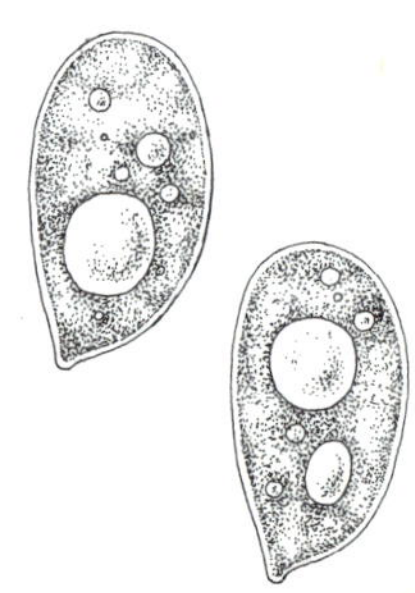

Keulenfüßiger Trichterling

Clitocybe clavipes (PERS. ex FR.) KUMM.

Charakteristisch für diesen Pilz ist die eigenartige Kegelform der jungen Fruchtkörper. Ausgewachsene Exemplare erkennt man leicht an ihrem Geruch nach Bittermandeln und an der Stielform. Ihr 4–6 cm breiter Hut ist flach gewölbt, mit einem erhabenen rundlichen Buckel in der Mitte. Der Hutrand ist weit nach unten eingerollt, die Haut matt graubraun oder olivbraun. Der dicke, sich nach unten kegelförmig verbreiternde Stiel ist an der Basis keulig aufgebläht und fest mit der Unterlage verwachsen, so daß das Substrat (meist Nadeln) am Stiel des abgepflückten Fruchtkörpers haften bleibt. Die Fußoberfläche ist fein seidenfaserig, blaßgrau, das Fleisch ist wäßrig weich. Die Lamellen stehen dicht, laufen kurz am Fuß herab und sind klar gelblich. Das Fleisch im Hut ist weich fleischig, weiß, schwach nach Bittermandeln riechend und mild schmekkend. Der Sporenstaub ist weiß. Diesen Trichterling findet man von August bis Oktober in Nadel- oder Mischwäldern, vorwiegend unter Lärchen, unter denen er manchmal in ganzen Gruppen wächst. Oft zeigt er sich auch unter Kiefern und Fichten. Er ist eßbar, allerdings weniger wohlschmekkend, so daß er sich nur in der Mischung mit anderen Pilzen verwenden läßt. Auf keinen Fall sollte er zusammen mit Alkohol genossen werden! Da er eine weiche Konsistenz hat, ist bei Regenwetter der ganze Fruchtkörper mit Wasser vollgesogen, das sich vor allem aus dem Stiel leicht ausdrücken läßt.

Sporen: 5–7 × 3–4 µm, zylindrisch elliptisch, glatt, farblos

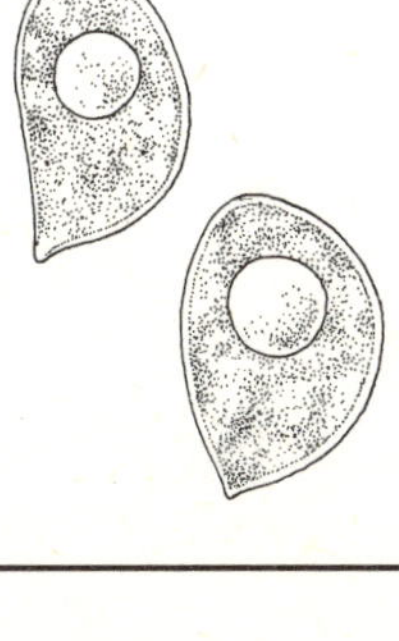

Mönchskopf

Clitocybe geotropa (BULL. ex FR.) QUÉL.

Dieser Trichterling gehört nicht zu den häufigen Pilzen. In vielen Gegenden fehlt er ganz oder ist nur sehr selten zu entdecken. Er ist eine der größten Trichterlingsarten, deren Fruchtkörper bis 25 cm breite Hüte haben können. Diese sind fast eben; nur in der Jugend haben sie einen niedrigen Mittelhöcker, später vertiefen sie sich trichterartig, wobei der Höcker im Grund zurückbleibt. Der Hutrand ist deutlich eingerollt, die Haut auf der ganzen Oberfläche glatt, trocken, filzig ledrig und ockerbräunlichgefärbt. Der Stiel ist weißlich, später wird er schwach braun, ist faserig längsgerieft, bis zu 30 cm lang und 1–4 cm dick, lang zylindrisch, nach unten hin schwach verbreitert. Die Lamellen stehen ziemlich dicht, sind herablaufend, von blaß gelblicher Farbe. Das Fleisch ist weiß, riecht schwach aromatisch und hat einen milden Geschmack. Der Sporenstaub ist weiß.

Der Mönchskopf wächst meist in Gruppen auf dem Boden von Nadelwäldern vorwiegend in wärmeren Lagen, manchmal auch auf Waldwiesen. Er ist eßbar. Junge Exemplare könnten höchstens mit dem Ockerbraunen Trichterling – *C. gibba* (PERS. ex FR.) KUMM. verwechselt werden, der jedoch wesentlich kleiner ist und einen höchstens 8 cm breiten und einen nur 8–12 mm dicken Stiel hat. Seine Sporen haben Tränenform und sind 5–7,5 × 3–4 μm, groß. Er ist ebenfalls eßbar aber etwas zäh.

Sporen des Mönchkopfs:
6–7 × 5–6 μm, fast kugelig, glatt, farblos

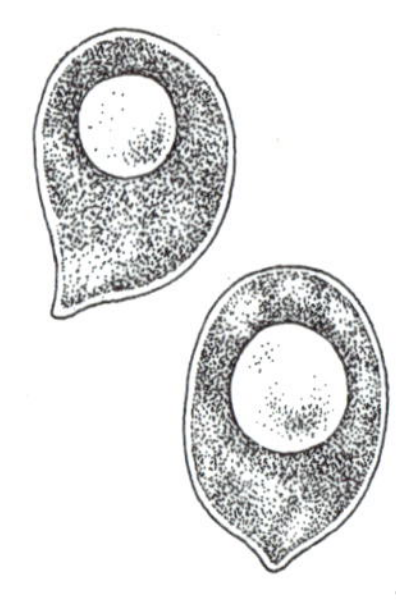

Teillängsschnitt durch den Hut

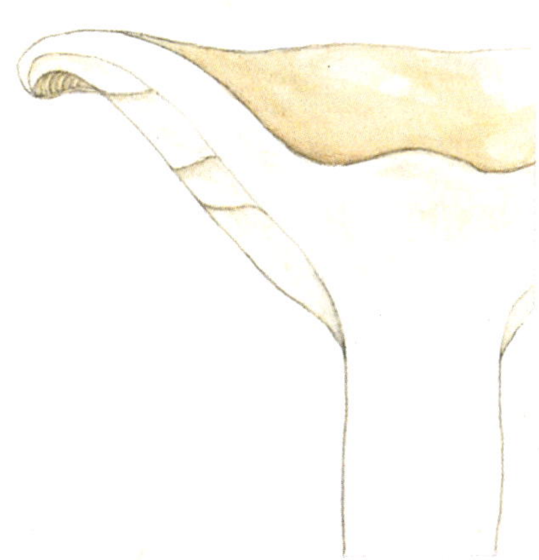

Riesentrichterling, Mächtiger Mönchskopf

Clitocybe maxima (F. WETT. ex FR.) KUMM.

Dieser Trichterling ähnelt dem Mönchskopf weitgehend und wird auch sehr häufig nur als eine Abart von diesem angesehen. Der Stiel des Möchskopfs ist stets länger als der Hutdurchmesser, beim Riesentrichterling ist er im Gegenteil wesentlich kürzer, nur 5–10 cm lang und 1,5–4 cm dick, während der Hutdurchmesser über 30 cm hinausgehen kann. Er ist also ein wirklicher Riese unter den Pilzen. Seine Fruchtkörper sind aber nicht besonders fleischig und weicher als die des Mönchskopfs. Zwar hat der Hut auch Trichterform, doch fehlt meist in der Mitte der Höcker, höchstens andeutungsweise ist er zu sehen. Die Hutoberhaut ist fein seidig, manchmal flockig geschuppt, am eingedrehten Rand ein wenig filzig. Die sehr dichten cremigen Lamellen verjüngen sich sowohl auf den Hutrand als auf den Stiel zu, an dem sie lang herablaufen. Das fast weiße Fleisch hat einen angenehmen, an Lavendel erinnernden Geruch, die Lamellen riechen eher nach Bittermandeln.

Der Riesentrichterling wächst oft gruppenweise oder in „Hexenringen“. Man findet ihn im Herbst sowohl in Nadel- (hauptsächlich Tannen-) als auch in Laubwäldern. Er ist seltener als der Mönchskopf und gleichfalls eßbar.

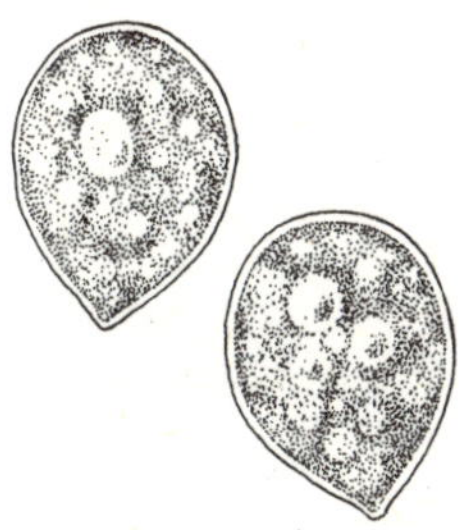

Sporen: 6–8,5 × 4–5,5 µm,
kurz elliptisch oder breit eirund, glatt, farblos

Teillängsschnitt durch den Hut

Ockerbrauner Trichterling, Gelbbräunlicher Trichterling

Clitocybe gibba (PERS. ex FR.) KUMM.

In vielen Handbüchern wird dieser häufige Trichterling auch unter dem Namen *C. infundibuliformis* angeführt. Es handelt sich um eine Art mit becherförmigem, 3–8 cm breitem, in der Mitte stumpf höckerigem, verhältnismäßig dünnfleischigem und ziemlich elastischem Hut, dessen Rand ziemlich deutlich kerbig gerieft ist. Die Hutoberhaut ist faserig, fein gefilzt und einfarbig von blaßockergelb über hellsemmelfarben bis nahezu weißlich. Der Stiel ist schlankkeulig, annähernd so lang wie der Hutdurchmesser, 0,5–1 cm dick, weißlich, an der Basis vom weißen Pilzgeflecht filzig umhüllt. Die weißen Lamellen stehen dicht und laufen lang am Stiel herab. Das Fleisch ist weißlich. Es riecht schwach nach Bittermandeln und hat einen milden Geschmack. Der Sporenstaub ist weiß.

Der Ockerbraune Trichterling wächst zahlreich in Nadelwäldern, meist in Moos und Gras, aber auch in der Nadelstreu, vorwiegend in kleineren Gruppen. Er ähnelt dem Kerbrandigen Trichterling – *C. incilis* (FR.) QUÉL. stark und wird auch häufig mit diesem verwechselt. Dieser unterscheidet sich durch den buckellosen Hut mit meist gewelltem, glattem, nicht gerieftem Rand, ansitzende semmelfarbene Lamellen, einen leichten Mehlgeruch und etwas größere Sporen. Diese Trichterlinge sind eßbar und werden in manchen Ländern als „Waldschwindlinge“ gesammelt.

Sporen des Ockerbraunen Trichterlings: 5–7,5 × 3–4 μm, fast kugelig, farblos, glatt

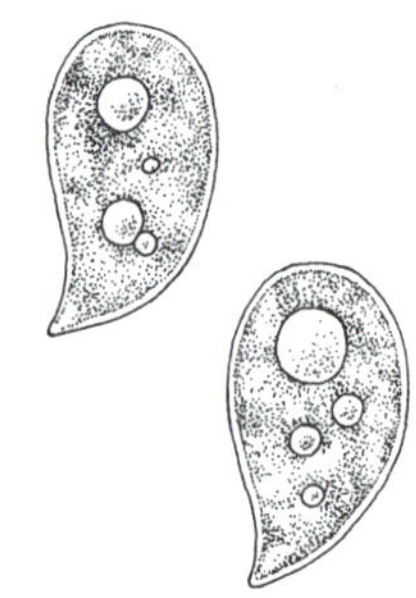

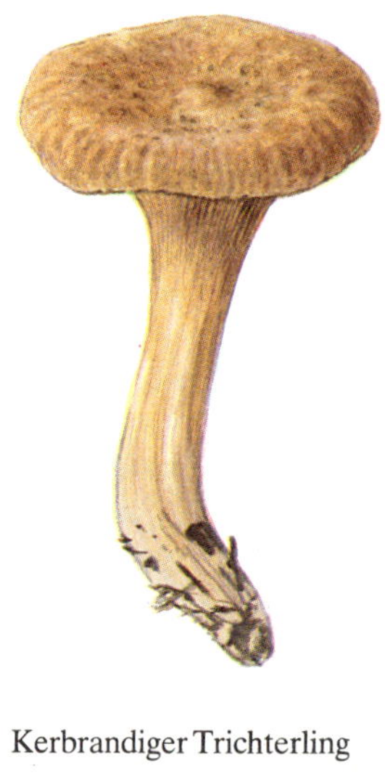

Ockerbrauner Trichterling

Kerbrandiger Trichterling

Bleiweißer Firnistrichterling

Clitocybe cerussata (FR.) KUMM.

Hochgiftige Pilze gibt es nicht nur unter den Knollenblätterpilzen *(Amanita),* sondern man findet sie auch in Gattungen, die diesen recht fern stehen. Dazu gehört auch eine ganze Gruppe weißer Trichterlinge aus der Verwandtschaft des Firnistrichterlings.

Der Bleiweiße Firnistrichterling hat einen 4–12 cm breiten, bald breit ausladenden, in der Mitte niedrig gebuckelten, später breit durchgedrückten rundlichen, in der Jugend am Rand eingerollten, in der Reife oft gelappten Hut. Dessen Oberfläche ist entweder glanzlos weiß oder sieht wie gekalkt oder lackiert aus. Diese dünne Reifschicht verschwindet im Alter oder wird vom Regen abgewaschen, daher haben alte Fruchtkörper einen blaßgelblich-ledrigen, oft in konzentrischen Kreisen fein aufgesprungenen Hut. Der Stiel ist meist verhältnismäßig kurz, ziemlich elastisch, zäh, zunächst weiß, dann cremegelblich, zylindrisch, manchmal nach unten hin verdickt und weiß befilzt. Die Lamellen stehen dicht, sind kurz herablaufend, dünn und schmal. Das Fleisch ist weiß, hat einen milden Geschmack und einen schwachen aromatischen Geruch. Der Sporenstaub ist weiß.

Der Bleiweiße Firnistrichterling kommt hauptsächlich im Herbst zahlreich in Laub- und Nadelwäldern vor. Oft bildet er ganze Gruppen oder Hexenringe und verbleibt lange an seinen Standorten. Der Pilz ist hochgiftig. Noch mehr Muscarin als er enthalten aber der Weiße Feldtrichterling – *C. dealbata* (SOW. ex FR.) KUMM., der Laubfreund-Trichterling – *C. phyllophila* (FR.) QUÉL. und der Rinnigbereifte Trichterling – *C. rivulosa* (PERS. ex FR.) KUMM. Außerdem wächst der Feldschwindling – *Marasmius oreades* manchmal auch im Wald und könnte so mit kleinen Fruchtkörpern des Firnistrichterlings verwechselt werden. Aus diesem Grund sollte man nie weiße Trichterlinge zu Speisezwecken sammeln!

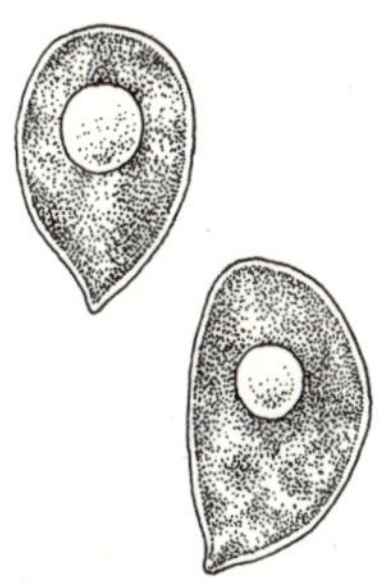

Sporen: 4–5 × 2,5–3,5 µm,
eirund-elliptisch, glatt, farblos, nicht amyloid

Feldschwindling

Bleiweißer Firnistrichterling

Wachsstieliger Trichterling

Clitocybe candicans (PERS. ex FR.) KUMM.

Der Wachsstielige Trichterling gehört in dieselbe Gruppe von weißen Trichterlingen wie der giftige Firnistrichterling. Er ist jedoch wesentlich kleiner, sein Hut hat nur 1–3 cm Durchmesser, selten mehr. Er ist stärker gewölbt, später durchgedrückt, ohne Höcker, am Rand stark eingerollt, bei Feuchtigkeit schmutzig weißlich und weiß bereift, bei Trockenheit weiß. Der verhältnismäßig dünne, 1,5–4 mm starke Stiel ist oft verbogen, weiß und mit viel weißem Pilzgeflecht, das haarartig seine Basis umgibt, an verrottender Laub- oder Nadelstreu festgewachsen. Die Lamellen laufen nur kurz herab und sind fast gerade angewachsen, weiß- oder leicht gelblichgefärbt. Das Fleisch hat keinen charakteristischen Geschmack, es riecht gar nicht oder nur sehr schwach mehlig. Der Sporenstaub ist weiß.

Der Wachsstielige Trichterling kommt eher einzeln an feuchteren Stellen in Laub-, seltener in Nadelwäldern vor. Etwas häufiger erscheint er beispielsweise in Erlenbeständen. Er ist wahrscheinlich weniger giftig als die meisten anderen verwandten Gifttrichterlinge (Rinnigbereifter Trichterling, Laubfreundtrichterling, Bleiweißer Firnistrichterling), die einander alle stark ähneln und sich nur schwierig genau bestimmen lassen. Den höchsten Muscaringehalt unter den genannten Arten hat der Rinnigbereifte Trichterling, der auch in Aussehen und Färbung dem Wachsstieligen stark ähnelt. Er unterscheidet sich nur durch den etwas stärker grauen oder gelblichen Hut und die schmaleren Sporen (4–6 × 2,5–3,5 µm) und vor allem durch seinen Standort. Er wächst nämlich außerhalb der Wälder im Gras von Wiesen, Gärten und Steppen.

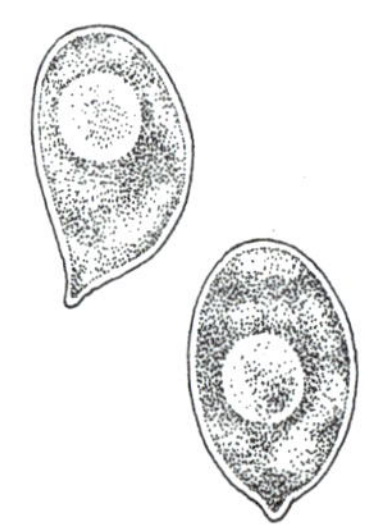

Sporen: 4–5 × 3–3,5 µm, elliptisch, glatt, farblos

Wachsstieliger Trichterling

Rinnigbereifter Trichterling

Wintertrichterling

Clitocybe brumalis (FR. ex FR.) KUMM.

Ein auffälliges Merkmal bei verschiedenen Trichterlingen ist der stark hygrophane Hut, der sich bei feuchter und regnerischer Witterung mit Wasser vollsaugt und dann dunkler und transparent wird, so daß oft die bis zur Hutmitte verlaufenden Lamellen als dunkle Bänder sichtbar werden. Nach dem Trocknen ist der Hut immer heller und der Lamellenverlauf verschwindet wieder. Es gibt viele derart stark hygrophane Arten und sie lassen sich nicht leicht bestimmen. Der Wintertrichterling ist eine davon. Der Pilz hat einen 2–5 cm breiten, flach ausladenden Hut mit breit vertiefter Mitte, der dünnfleischig, bei Feuchtigkeit hell- bis gelbgrau, kahl und glatt ist. Durch allmähliches Trocknen von der Mitte her wird der Hut weißlich glanzlos. Der 3–4 mm dicke Stiel ist geringfügig länger als der Hutdurchmesser, ein wenig gelblich, fein weiß längsgefasert und ziemlich zäh. Die Lamellen sind dicht, niedrig, an Hutrand und Fuß verjüngt, kurz herablaufend, zunächst weiß, später graugelblich. Das Fleisch ist weiß, fast geruchlos, mild schmeckend. Der Sporenstaub ist weiß.

Der Wintertrichterling wächst hauptsächlich in Moos und Nadelstreu von Fichten- und Kiefernwaldungen. Hier findet man den Pilz von Sommerausgang bis in den Spätherbst, wenn die Wälder voll von diesen einheitlich gefärbten hygrophanen Trichterlingen sind. Von diesen seien beispielsweise nur Lange's Trichterling- *C. langei* SING. ex HORA und der Geriefte Trichterling – *C. vibecina* (FR.) QUÉL. genannt. Die Unterschiede zwischen diesen einzelnen Arten sind oft geringfügig und ihre Variabilität erfuhr bisher noch keine zufriedenstellende Bewertung. Zu Speisezwecken kann man sie alle nicht empfehlen.

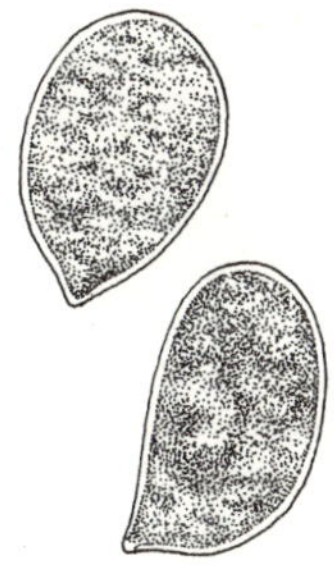

Sporen: 4 × 2–2,5 µm,
breit ellipsoid, glatt, farblos

Lange's Trichterling

Wintertrichterling

Nebelgrauer Röteltrichterling, Herbstblatt

Lepista nebularis (FR.) HARMAJA

Nur wenige Blätterpilze kann man so leicht erkennen wie den Nebelgrauen Röteltrichterling. Seine robuste Gestalt, Aussehen, Färbung und der spezifische Geruch sind hinreichend charakteristische Eigenschaften, so daß man ihn nicht mit einer anderen Art verwechseln kann. Auch das verhältnismäßig späte Vorkommen im Herbst ist typisch. Er erscheint – für gewöhnlich gruppenweise – von September bis zum ersten Frost meist im tieferen Waldhumus zwischen Laub- und Nadelstreu, manchmal auch in Parks und Gärten. An einem Standort verbleibt er lange. Der manchmal über 20 cm breite Hut (meist 8–12 cm) ist aschgrau oder graubraun, in der Jugend weißlich bereift, trocken, fleischig, gewölbt. Der Stiel ist zur Basis hin auffällig keulig verdickt, faserig, festfleischig fahlgraugefärbt. Die zunächst weißen Lamellen bekommen nach und nach einen gelblichen Ton, was von der Farbe des Sporenstaubs herrührt. Das Fleisch ist weiß, im Anschnitt unveränderlich und schmeckt süßsäuerlich. Es hat ein ganz spezifisches Aroma; einigen Autoren zufolge riecht es mehlig, andern zufolge wie Apfelsinenblüten. Am ehesten handelt es sich wohl um eine Kombination aus diesen Gerüchen mit einer Beimischung von Schimmelgeruch.

Der Nebelgraue Röteltrichterling ist zwar eßbar und ein bei vielen Sammlern beliebter Pilz, doch ist er äußerst aromatisch und kann dadurch sogar gelegentlich Erbrechen und Durchfall hervorrufen. In der letzten Zeit wurden in dieser Pilzart organische Stoffe vom Antibiotika-Typ festgestellt. Bis vor kurzem wurde er zur Gattung *Clitocybe* gerechnet; erst in jüngster Zeit wurde er ausgegliedert.

Sporen: 6–7 × 3–4 µm, elliptisch, glatt

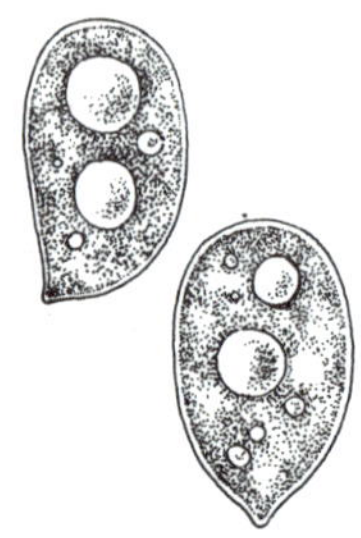

Violetter Rötelritterling

Lepista nuda (BULL. ex FR.) CKE.

Der Violette Rötelritterling ist ein attraktiver Pilz, der Doppelgänger des Zweifarbigen Rötelritterlings. Im Gegensatz zu diesem wächst er stets unter Bäumen. Der ganze Fruchtkörper ist in der Jugend schön amethystfarben, doch verschwindet diese Farbe mit zunehmendem Alter und verwandelt sich sowohl auf dem Hut als auch auf den Lamellen in ein trübes Violett bis Bräunlich. Das Fleisch wird später weißlich oder blaßgrau. Am längsten bleibt die violette Farbe auf dem Stiel erhalten. Der Hut des Violetten Rötelritterlings ist 6–15 cm breit, fleischig, flach gewölbt mit einem dünnen, eingerollten Rand. Der Stiel ist 5–10 cm hoch, 1–2,5 cm stark, fest, an der Basis etwas aufgebläht. Die Lamellen stehen dicht und sind verhältnismäßig niedrig. Das Fleisch riecht und schmeckt angenehm.

Den Violetten Rötelritterling findet man von September bis Dezember in Laub- und Nadelwäldern, Baumgärten, Parks und Alleen. Er wächst vorwiegend an Stellen mit dicker Humusschicht, welche vom Myzel durchwuchert wird, so daß beim Abpflücken des Fruchtkörpers unten am Fuß ein Klümpchen aus vermodernden Nadeln, Laub usw. hängenbleibt. Normalerweise wächst er in recht großen Gruppen, ein Umstand, der für den Sammler besonders vorteilhaft ist, da zu dieser Zeit nur wenige andere Speisepilze wachsen. Eine Eigenart des Violetten Rötelritterlings ist, daß er allerdings nur ganz vereinzelt auch ausnahmsweise im Frühjahr auftritt. Sowohl der Maskierte als auch der Violette Rötelritterling enthalten in den frischen Fruchtkörpern ein die roten Blutkörperchen abbauendes Toxin, das aber durch Kochen zerstört wird, so daß gut gegarte Pilze unschädlich sind.

Sporen: 6–8 × 4–5 µm, elliptisch, hellrosa

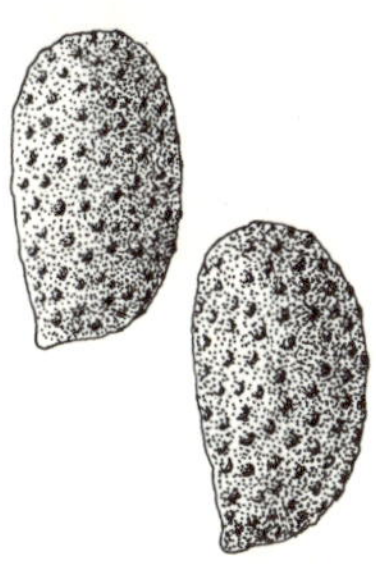

Maskierter Rötelritterling, Zweifarbiger Rötelritterling, Lilastieliger Rötelritterling

Lepista personata (FR. ex FR.) CKE.

Im Aussehen, Größe und z. T. auch Färbung verleugnet dieser Pilz seine enge Verwandtschaft mit dem Violetten Rötelritterling nicht. Man kann ihn aber auf den ersten Blick anhand der Farbkombination von Hut und Stiel ganz gut unterscheiden. Hut und Lamellen sind ohne Spuren von Violettbeimischung in ausdrucklosen Tönen schmutzig gelblich bis grauockergefärbt. Weit auffälliger ist der kurz zylindrische, kräftige, unten meist verdickte Fuß der hellviolett und mit groben, blauvioletten Längsfasern überzogen ist. Das Fleisch ist weißlich, angenehm riechend.

Auch die Ökologie des Maskierten Rötelritterlings unterscheidet sich von der des Violetten. Der Maskierte Rötelritterling kommt außerhalb des Waldes im Gras von Wiesen und Weideflächen, auf steppenartigen Hängen, aber auch auf Rasenflächen unter den Bäumen in alten Obstgärten vor. Er wächst stets erst im Herbst, frühestens ab September und dann bei günstigem Wetter bis Dezember bzw. Frosteintritt. Oft kommt er gruppenweise vor und bildet sog. Hexenringe. Der Maskierte Rötelritterling ist ein schmackhafter Speisepilz.

Der Schmutzige Rötelritterling – *L. sordida* (FR.) SING. wächst im Sommer und Herbst, oft an ähnlichen Standorten wie der Maskierte. Er ist eine eßbare Art.

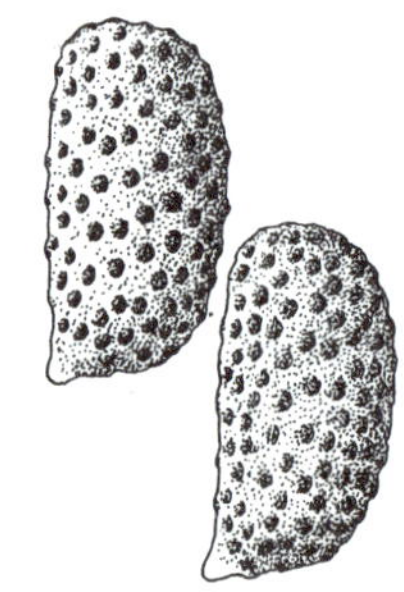

Sporen des Maskierten Rötelritterlings: 6–8 × 4–5 µm, elliptisch, fein warzig, blaßrosa

Maskierter Rötelritterling

Schmutziger Rötelritterling

Rötlicher Holzritterling

Tricholomopsis rutilans (SCHFF. ex FR.) SING.

Die Gattung der Holzritterlinge *(Tricholomopsis)* wurde von den Ritterlingen *(Tricholoma)* aufgrund folgender Merkmalkombination getrennt: Sie sind auf Holz wachsende Pilze mit zentralem Stiel und gelber Grundfärbung, die vor allem in Lamellen und Fleisch zur Geltung kommt; in der Haut des Huts sitzen rötliche, grüne, olive, schwärzliche oder rotbraune Farbschuppen, die aber auch oft auf dem Fuß erscheinen. Das Fleisch ist ziemlich zäh, der Sporenstaub weiß. Die Sporen sind glatt, nicht amyloid. Auf den Lamellenschneiden sitzen große Cheilozystiden.

Hauptvertreter der Gattung ist der Rötliche Holzritterling, ein schmuck gefärbter Pilz, der verbreitet von Juli bis Oktober auf Nadelholzstubben wächst, manchmal wächst er auch aus abgestorbenen Wurzeln oder Holzstücken hervor. Besonders häufig erscheint er in Fichten- bzw. Kiefernwäldern auf saurerem Untergrund. Die Fruchtkörper wachsen entweder einzeln oder in kleineren Büscheln. Sie haben 5–15 cm breite Hüte, die zunächst glockenförmig gewölbt, später flach ausladend, in der Mitte niedrig gebuckelt sind und auf gelber Unterlage eine purpurrote fein filzige Haut besitzen, an die Haarschuppen gedrückt sind. Die hohen Lamellen sind goldgelb, am Stiel ausgeschnitten und in einem dünnen Zahn herablaufend. Der Stiel ist zylindrisch, 1–1,5 cm dick, goldgelb, stellenweise rötlich samtig. Das Fleisch ist hellgelb, leicht nach Harz riechend. Junge Fruchtkörper kann man für Pilzmischgerichte sammeln. Ältere riechen nach dem Kochen oder Braten erdig, doch geht ihr guter Geschmack dabei nicht verloren.

Auf umgestürzten Nadelholzstämmen in Bergwäldern wächst der nur halb so große olivgelbe Hübsche Holzritterling – *T. decora* (FR.) SING. Er ist ungenießbar.

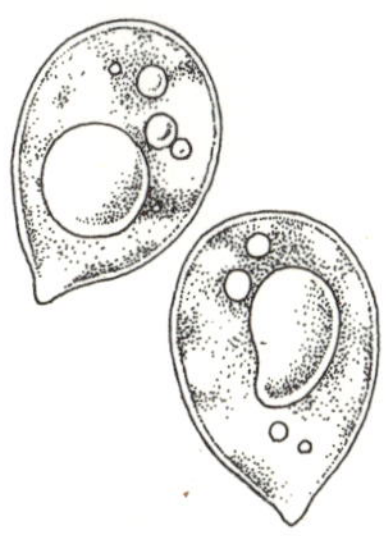

Sporen: 7–8 × 5–6 μm,
eirund-elliptisch, glatt, farblos

Hübscher Holzritterling

Rötlicher Holzritterling

Krokodilritterling

Tricholoma caligatum (VIV.) RICKEN

Dieser Pilz ist in Japan viel bekannter als in Europa; dort ist er der populärste Speisepilz, „Matsu-take“, d. h. „Kiefernpilz“ genannt. In der japanischen mykologischen Literatur wird er meist als *Armillaria matsu-take* angeführt. In Japan wächst er vorwiegend in Wäldern aus der Kiefernart *Pinus densiflorus,* gelegentlich auch unter Fichten und Tannen, selten auch unter der Schierlingstanne. Er ist wegen seines Geschmacks und Aromas hochgeschätzt, wächst von Mitte Oktober bis November, bei einem regnerischen Frühjahr schon im Mai und Juni. Das Suchen dieser „Kiefernpilze“ ist in Japan Volkssport, vor allem für die Bewohner von Städten, in deren Umgebung Kiefernwälder liegen. Erst 1950 stellte der tschechische Mykologe Pilát fest, das *Armillaria matsu-take* mit *Tricholoma caligatum* identisch ist.

Der Krokodilritterling ist in der ganzen gemäßigten Zone der Nordhalbkugel verbreitet, in Europa aber sehr selten. Zahlreicher kommt er in wärmeren Gebieten vor, nach Norden hin nimmt er ab. Die stattlichen, dick- und festfleischigen Fruchtkörper wachsen meist einzeln. Der 10–15 cm breite Hut ist zum größten Teil mit großen, anliegenden, rostbraunen bis sepiafarbigen Faserschuppen überzogen; die Grundfarbe zwischen den Schuppen ist weißlich. Ein dichter Schleier verbindet Hutrand und Stiel, wo er einen breiten, häutigen, dann welkenden und verschwindenden Ring hinterläßt. Die Lamellen stehen dicht, sind weiß oder cremefarben, es hat einen süßlichen oder obstartigen Geruch sowie einen milden Geschmack.

Sporen: 5,5–8 × 4,5–5,5 µm, eirund, glatt, farblos

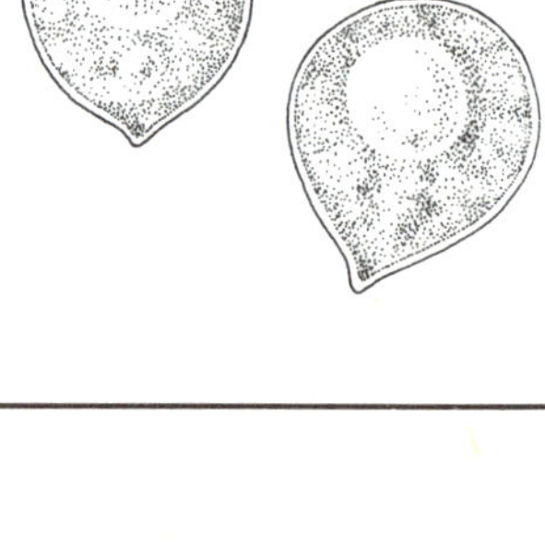

Riesenritterling

Tricholoma colossum (FR.) QUÉL.

Der Riesenritterling bleibt seinem Namen nichts schuldig – seine Fruchtkörper sind in der Tat sehr mächtig und der Eindruck wird noch dadurch gesteigert, daß er oft in ganzen Büscheln wächst. Der Riesenritterling ist einer der größten Blätterpilze überhaupt. Der Hut kann einen Durchmesser von 25 cm erreichen, ist dickfleischig, in der Jugend halbkugelig, am Rand dick eingerollt, später flach gewölbt, mit einer fein filzigen, bei Feuchtigkeit klebrigen bis leicht schleimigen, trüb fleischfarbenen bis ziegelrotbraunen Haut. Der 10–15 cm lange Stiel ist an der Basis 5–10 cm dick, zunächst eiförmig-knollig, später fast zylindrisch, in seinem Unterteil in Form einer Rübe verlängert. Oben ist er weiß und geflockt, unten von einer rotbraunen, bald völlig zerfetzten Hülle umgeben, deren Oberpartie nur schwach entwickelt ist, so daß kein sichtbarer Ring zustandekommt. Die Lamellen sind am Stiel ausgeschnitten und laufen in einem Zahn an ihm herab. Sie stehen ziemlich dicht, sind weißlich, später rötlich gefleckt gefärbt. Das Fleisch ist fest und zäh, weiß, später vor allem im Fuß blaßrosa. Im Anschnitt verfärbt es sich langsam lachsrosa bis rot. Es hat weder einen besonderen Geruch noch Geschmack. Der Sporenstaub ist weiß.

Der Riesenritterling ist ein insgesamt seltener Pilz. Er wächst auf dem Boden in sandigen Kiefernwäldern von September bis Oktober und ist aus den meisten europäischen Ländern bekannt. Giftig ist er nicht, jedoch für die Zubereitung von Pilzgerichten zu zäh.

Sporen: 8–10 × 5–6 µm, breit, elliptisch, glatt, farblos

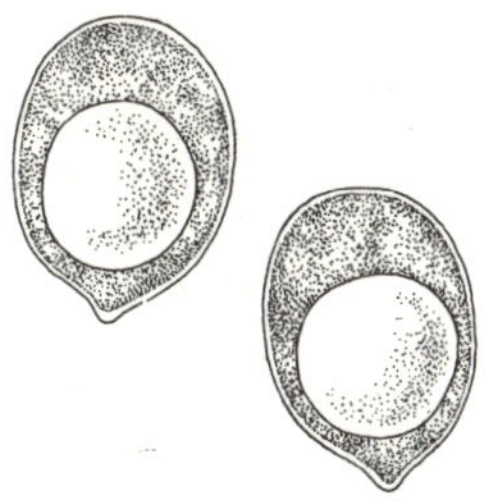

Birkenritterling, Gelbblättriger Ritterling

Tricholoma flavobrunneum (FR.) KUMM.

Viele Pilzarten sind an Birken gebunden oder bevorzugen Birkenwälder. Der Birkenritterling ist gleichfalls ein treuer Begleiter dieser Bäume, obwohl er auch unter anderen Gehölzen vorkommen kann. Sein Hut hat in der Regel 5–12 cm im Durchmesser, ist breit kegel- bis glockenförmig, dann gewölbt bis flach und hat in der Mitte einen breiten stumpfen Höcker. Die Haut ist bei Feuchtigkeit schleimig, braun-rostig oder braun. In der Mitte ist sie am dunkelsten, zu den Rändern hin verändert sie sich ins Rostgelbe. Der zylindrische, verhältnismäßig lange und schlanke Stiel ist 1–2 cm dick, nach unten hin stets etwas verjüngt, oben hellbraun oder rotbraun, kahl, unten dunkelbraun und faserig-schleimig. Die Lamellen stehen ziemlich dicht, sind zunächst blaßgelblich, dann gelb und verändern sich im Alter ins Rostfarbene. Vor allem an den Schneiden finden sich Rostflecken. Das Fleisch im Hut ist weißlich, im Stiel gelb, in der Stielbasis rostbräunlich. Es hat einen ziemlich unangenehmen Geruch nach frischem Mehl mit einer Beimischung von Rettich und einen mehligen Geschmack. Der Sporenstaub ist weiß. Der Birkenritterling kommt von Sommer bis Spätherbst an lichteren Stellen im Wald, oft im Gras an Waldwegen, Waldrändern und auf Wiesen, eher im Bergvorland, vor. Einigen Autoren zufolge ist er schwach giftig, ruft Durchfälle und Erbrechen hervor, andere sind der Meinung, daß er ohne sichtliche Folgen eßbar ist.

Als schwach giftig wird jetzt auch der Weißbraune Ritterling – *T. albobrunneum* (PERS. ex FR.) KUMM. angesehen, der immer weiße Lamellen und einen kräftig roten Hut hat, und dessen weißes Fleisch einen starken Gurken- bzw. Mehlgeruch und -geschmack besitzt. Er wächst in Kiefernwäldern.

Sporen des Birkenritterlings: 6–7 × 4,5–6 µm, kugelig-eirund, glatt, farblos

Birkenritterling

Weißbrauner Ritterling

Wolliger Ritterling, Zottiger Ritterling, Bärtiger Ritterling

Tricholoma vaccinum (PERS. ex FR.) KUMM.

Der Wollige Ritterling ist ein Pilz von geringer bis mittlerer Größe, der sich durch eine rote Färbung, eine geschuppte Hutoberseite und einen bitteren Geschmack auszeichnet. Er hat einen 3–9 cm breiten, nur selten größeren Hut, der verhältnismäßig dünnfleischig und rotbraun oder rostrotgefärbt ist. Auf der ganzen Oberfläche ist dieser Hut mit abstehenden faserigen Schuppen bedeckt; die Haut zwischen diesen Schuppen ist heller und faserig befilzt. Der Stiel ist bis zu 10 cm lang und 1,5 cm stark, zylindrisch, unten manchmal leicht verdickt, stets hohl. Die Fußoberfläche ist faserschuppig, in der Färbung ähnlich wie der Hut. Am Stieloberteil unterhalb der Lamellen sitzt eine scharfe Farbgrenze; der Fußoberteil ist nämlich heller als der Rest. Der faserige Schleier, der in der Jugend den Hutrand mit dem Stiel verbindet, verschwindet bald. Die Lamellen sind mäßig dicht bis locker angeordnet, am Stiel ausgeschnitten und mit einem Zahn angewachsen, schmutzig weißlich, später schmutzig rötlichgefärbt und maximal 15 mm hoch. Das Fleisch ist weißlich, später rötlich oder rostfarbig; es riecht erdig und schmeckt leicht bitter bzw. säuerlich-bitter. Der Sporenstaub ist weiß.

Der Wollige Ritterling wächst von Juli bis Oktober in Nadelwäldern auf dem Boden in der Nadelstreu. Besonders häufig kommt er in jüngeren dichten Fichtenbeständen, vor allem auf Kalksteinuntergrund, vor. Wegen des bitteren Geschmacks ist er ungenießbar.

Sporen: 4–6 × 4–4,5 µm, kurz elliptisch, glatt, farblos

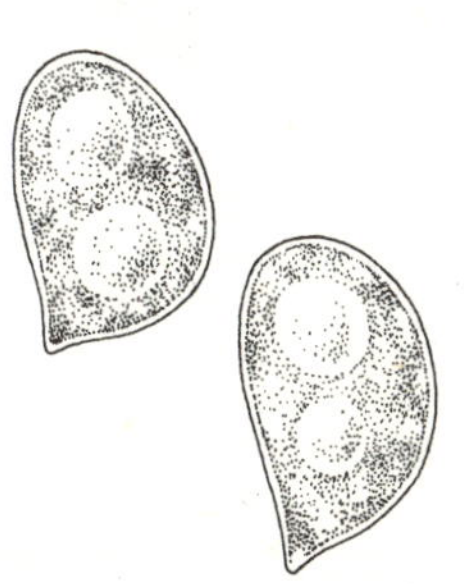

Rußkopf, Schwarzfaseriger Ritterling

Tricholoma portentosum (FR.) QUÉL.

Was die Verwendung in der Küche angeht, nehmen unter den Ritterlingen zwei Arten eine Sonderstellung ein: der Rußkopf und der Grünling. Beide sind äußerst schmackhaft.

Der Rußkopf ist ein fleischiger Pilz mit einem grauen bis grauschwarzen, mit schwarzen Fasern gescheckten Hut. Er ist 3–10 cm breit, gebuckelt, bei Feuchtigkeit schwach schleimig, schuppenlos, häufig mit einem unregelmäßig verbogenem Rand. Stiel und Lamellen sind zitronengelb. Das Fleisch duftet und schmeckt angenehm mehlig.

Am häufigsten kommt der Rußkopf in Nadelwäldern, namentlich in Kiefernbeständen auf Sandgrund vor. Er wächst gesellschaftlich stets erst später im Herbst.

Manchmal wird mit dem Rußkopf der ebenfalls eßbare, aber weit weniger schmackhafte Silbergraue Erdritterling – *T. argyraceum* (BULL. ex FR.) SACC. verwechselt, der einen faserigen Hut und vergilbende Lamellen sowie Stiel hat. Der Geruch ist ähnlich wie beim Rußkopf und er wächst ebenfalls gesellschaftsweise im Herbst in Nadelwäldern, vor allem an den Rändern von Fichtenbeständen.

Der Graublättrige Erdritterling – *T. terreum* SCHFF. ex FR.) KUMM. ist dem Rußkopf ähnlich, jedoch schwächer, mit sprödem Fleisch, ohne Gelbton auf dem Hut sowie ohne Mehlgeschmack und -geruch. Er ist jedoch ebenfalls eßbar.

Selten kommt es zur Verwechslung von Rußköpfen mit dem ungenießbaren Brennenden Erdritterling – *T. virgatum* (FR. ex FR.) KUMM., dessen scharf kegeliger Hut aschgrau glänzend, strahlig faserdurchwachsen ist, und an dessen Fruchtkörper ein Grauton zur Geltung kommt. Das Fleisch ist brennendscharf.

Der einzige wirklich giftige graugefärbte Ritterling, mit dem die erwähnten Arten verwechselt werden könnten, ist der Tigerritterling – *T. pardinum* QUÉL., ein großer, fleischiger Pilz von Kalksteinböden in Bergvorland- und Bergwäldern, dessen Hut grobschuppig aufgesprungen ist und dessen Stiel sich auf Druck rötet.

Sporen des Rußkopfes:
5–6 × 3,5–5 µm, kurz elliptisch, farblos

Rußkopf

Graublättriger Erdritterling

Grünling, Echter Ritterling

Tricholoma flavovirens (PERS. ex FR.) LUND. et NANNF.

Unter den eßbaren Ritterlingen nimmt der auffällig gefärbte Grünling den ersten Platz ein. Seit jeher lenkte er die Aufmerksamkeit der Pilzsammler auf sich. Sowohl durch seine vorwiegend grüngelbe Färbung als auch deshalb, weil er einer der letzten größeren Speisepilze ist, die etwas zahlreicher im Spätherbst in den Kiefernwäldern erscheinen.

Der bis zu 10 cm breite Hut ist zunächst glockenartig gewölbt, später flach ausladend, in der Mitte mit einem niedrigen Höcker, ganz grüngelb oder olivgrüngelb-gefärbt, dunkler radial gefasert, bei Feuchtigkeit schleimig. Der zylindrische Stiel ist meist kürzer als der Hutdurchmesser 1–1,5 cm dick, festfleischig, auf der Oberfläche faserig und von grüngelber Farbe. Die Lamellen sind am Stiel ausgeschnitten und mit einem Zahn angewachsen, sattschwefelgelbgefärbt und mäßig dicht stehend. Das Fleisch ist weiß, nur unter der Haut von Hut und Fuß gelblich. Er verändert sich im Anschnitt nicht und er riecht und schmeckt angenehm mehlig. Der Sporenstaub ist weiß.

Der Grünling wird in der älteren mykologischen Literatur unter dem Namen *T. equestre* FR. genannt. Er ist vor allem in trockeneren Kiefernwäldern auf Sandunterlage ein wichtiger Pilz, der dort von Ende September bis zu den ersten Frösten gesellschaftsweise auftritt. Etwas seltener wächst er auch in Mischwäldern. In der letzten Zeit ist er jedoch – wenigstens in einigen Gebieten – fast völlig verschwunden oder zur Seltenheit geworden. Der Grünling ist ein hervorragender Speisepilz. Wenn man ihn sammelt, muß man vor einer Verwechslung mit dem giftigen Grüngelben Ritterling, ggf. auch mit dem Schwefelritterling auf der Hut sein.

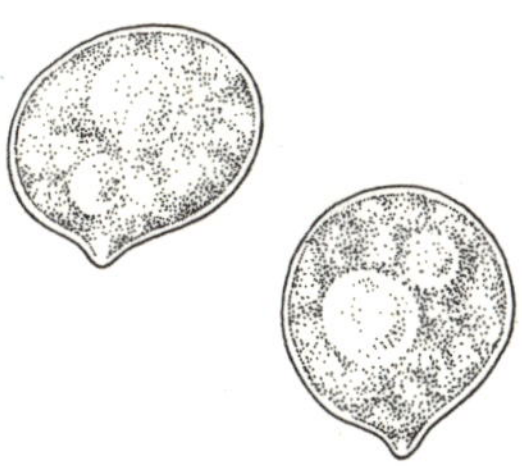

Sporen: 6–8 × 3–5 µm, eirund-elliptisch, glatt, farblos

☠ Schwefelritterling

Grünling 🍴

Grüngelber Ritterling

Tricholoma sejunctum (SOW. ex FR.) QUÉL.

Das ist ein Pilz, vor dessen Sammeln zu Speisezwecken gewarnt werden muß. Er ist zumindest im Hinblick auf Färbung und Hutform verhältnismäßig veränderlich. Der Hut ist 3–10 cm breit, gelbgrün, oliv-gelbgrün bis gelbbraun, in der Mitte dunkler und brauner, manchmal sogar dunkelbraun, am Rand heller und lebhaft gelb oder gelbgrün. Die Haut ist um das Zentrum mit feinen eingewachsenen dunkel- oder schwarzbraunen Fasern gezeichnet, stellenweise kann sie auch ein wenig geschuppt oder schuppig aufgesprungen sein. Der Stiel wird bis zu 10 cm lang und 1–3 cm dick, zylindrisch, weiß oder mit einem Gelbton, fein gefasert, oben geschuppt. Die Lamellen sind ziemlich schütter angeordnet, am Stiel tief ausgeschnitten, ziemlich hoch, in der Jugend weiß, später mit einem grünlichen oder gelblichen Ton, im Alter bräunlich, an der Schneide oft uneben bis gezackt. Das Fleisch ist spröde, weiß oder weißlich, unter der Haut des Huts zitronengelblich, manchmal grau gefleckt, nach frischem Mehl riechend und ebenfalls mehlig oder leicht bitter schmeckend. Der Sporenstaub ist weiß.

Der typische Grüngelbe Ritterling wächst von August bis November in wärmeren und trockeneren Misch- oder Laubwäldern, hauptsächlich in Eichenforsten, aber auch in Nadelwäldern und steht meist einzeln. Pilze aus Nadelwäldern könnten von unerfahrenen Sammlern mit dem Grünling verwechselt werden. Der Grüngelbe Ritterling ist schwach giftig.

Sporen: 5–6 × 4–5 µm, kugelig-eirund, glatt, farblos

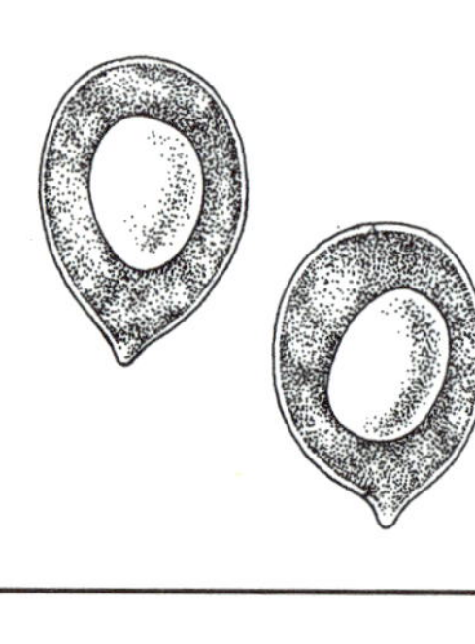

Schwefelritterling

Tricholoma sulphureum (BULL. ex FR.) KUMM.

Der Schwefelritterling verrät sich sofort durch seinen unangenehmen durchdringenden Geruch, der stark an Leuchtgas erinnert. Die Fruchtkörper sind schwefelgelb, auf dem Hut haben sie manchmal einen eher olivfarbenen Ton. Der Pilz ist von geringerer Größe. Der Hut hat 3–5 cm im Durchmesser, selten mehr; seine Haut ist matt, sehr fein filzig gefasert. Die Lamellen stehen locker, sind hoch (in der Mitte am höchsten), leicht zerbrechlich, am Stiel tief ausgeschnitten und kurz herablaufend angewachsen. Der Stiel ist meist länger als der Hutdurchmesser, 0,5–1 cm dick, zylindrisch, unten verjüngt und gekrümmt, oft über die ganze Länge zusammengedrückt, an der Oberfläche fein gefasert, voll oder hohl. Das Fleisch ist im ganzen Fruchtkörper unveränderlich schwefelgelb. Der Sporenstaub ist weiß. Der Schwefelritterling kommt meist einzeln in trockeneren Laubwäldern (besonders in Eichen- und Eichen-Hainbuchenbeständen), aber auch in Mischwäldern von Juli bis September vor. Er ist ein schwach giftiger Pilz. Im Hinblick auf seinen spezifischen abstoßenden Geruch ist kaum zu befürchten, daß ihn jemand zu Speisezwecken sammelt. Normalerweise werden Verwechslungsmöglichkeiten mit ähnlich gefärbten Ritterlingen erwähnt, die eßbar sind, hauptsächlich mit dem Grünling. Die fleischigen Fruchtkörper des Grünlings, ihre letztlich doch andere Färbung und vor allem das weiße, an den Rändern stets gelbliche, angenehm mehlig duftende Fleisch sind jedoch so unterschiedliche Merkmale, daß eine Verwechslungsgefahr ziemlich gering ist.

Sporen: 9–12 × 5–6 μm, elliptisch, glatt, farblos

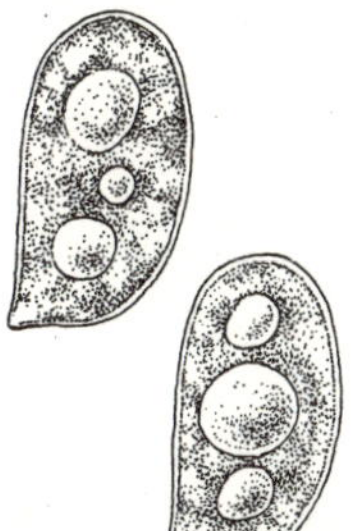

Grünling

Schwefelritterling

Seidiger Ritterling

Tricholoma columbetta (FR.) KUMM.

Dieser Ritterling ist leicht an seiner schneeweißen Färbung, an der seidigen Oberseite, die manchmal karminrot gefleckt ist sowie am angenehmen Geruch zu erkennen. Der 4–10 cm breite Hut ist ziemlich fleischig, zunächst gewölbt, dann ausladend, am Rand oft wellig gebogen, nach unten eingerollt, fein befilzt. Die Haut ist glatt, seidenglänzend, oft mit unregelmäßig verteilten karminroten bis violetten Flekken gezeichnet. Der Stiel ist zylindrisch, gekrümmt, oft verbogen, 1–2 cm dick, unten meist verjüngt und ins Erdreich eingesenkt. Dicht oberhalb des Bodens hat er einen bläulichen bis grünbläulichen Ton, ansonsten ist er völlig weiß, faserig und glänzend. Die Lamellen sind ziemlich hoch, stehen locker und sind am Stiel tief ausgeschnitten, weiß, später sahnegelb, an der Schneide uneben oder gewellt. Das Fleisch ist unveränderlich weiß saftig, ohne besonderen Geschmack und riecht angenehm, etwa wie Traubenkirschenblüten. Der Sporenstaub ist weiß.

Der Seidige Ritterling ist ein Pilz der lichten Laubwälder, wo er auf kalkfreien Böden mit Vorliebe unter Birken wächst. Er zeigt sich von August bis Oktober. Nur stellenweise wächst er zahlreicher, meistens ist sein Vorkommen selten. Der Pilz ist eßbar und könnte mit dem Strohblassen Ritterling – *T. album* (SCHFF. ex FR.) QUÉL. verwechselt werden, der gleichfalls weiß ist, aber einen creme- oder strohgelblichen Hut hat; sein Fleisch hat nach einiger Zeit einen brennenden Geschmack und riecht ähnlich wie der Schwefelritterling unangenehm nach Leuchtgas. Der Strohblasse Ritterling ist ein ungenießbarer Pilz der Laubwälder.

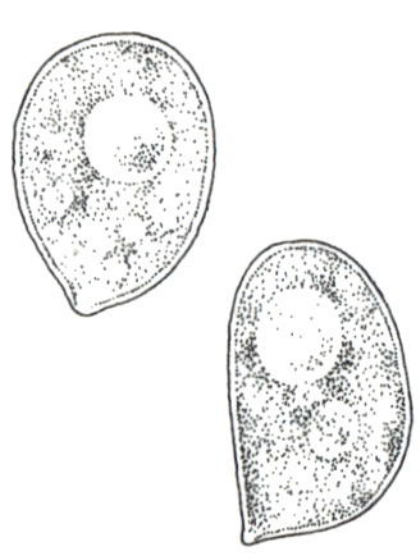

Sporen: 5–6 × 4–5 µm, eirund-kugelig, glatt, farblos

Graublättriger Erdritterling

Tricholoma terreum (SCHFF. ex FR.) KUMM.

Der Graublättrige Erdritterling ist ein äußerst unempfindlicher Pilz, denn er wächst meist erst während kühlerer Witterung im Herbst und auch nach den ersten Frösten, falls es noch einmal zu einer Erwärmung kommt. Mit seiner grauen oder braungrauen Färbung ist er insgesamt unauffällig. Der 4–7 cm breite Hut ist weich und fein schuppig befilzt, trocken, dünnfleischig und spröde. Der Stiel ist kaum länger als der Hutdurchmesser, zylindrisch, schlank, glänzend weiß, längsgefasert. Die Lamellen stehen mäßig dicht, sind am Stiel ausgeschnitten und mit einem Zahn angewachsen, in der Jugend weiß, später blaßgrau gefärbt. Das Fleisch ist unveränderlich weiß. Es riecht und schmeckt deutlich nach frischem Mehl. Der Sporenstaub ist weiß.

Der Graublättrige Erdritterling wächst gruppenweise in der Nadelstreu und auf kahlem Boden in allen Wäldern. Er begleitet hauptsächlich trockene Kiefernwaldungen auf Kalksteinböden, am häufigsten wächst er unter der Schwarzkiefer. Er ist eßbar und recht schmackhaft, die Fruchtkörper sind aber spröde und vertragen den Transport nur schlecht. Da er aber in einer Zeit wächst, zu der kaum andere Speisepilze zu sehen sind, wird er häufig gesammelt. Manche Pilzfreunde verwechseln ihn mit dem Rußkopf, doch ist dieser sowohl wegen der Fleischigkeit seiner Fruchtkörper als auch wegen des gelblichen Fußes und der Lamellen hinreichend unterschieden. Der stark giftige Tigerritterling – *T. pardinum* QUÉL. unterscheidet sich durch seine stattlichen Fruchtkörper und den aschbraunen Hut, der mit dachartigen, zunächst silbergrauen, nachdunkelnden Schuppen bedeckt ist sowie den im Unterteil auf Druck rotwerdenden Stiel.

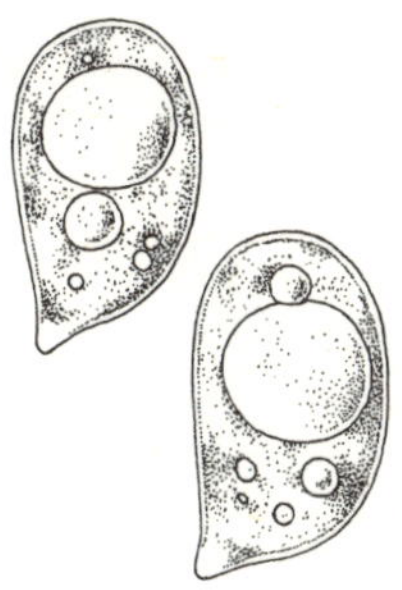

Sporen: 5–7 × 4–5 µm, elliptisch, glatt, farblos

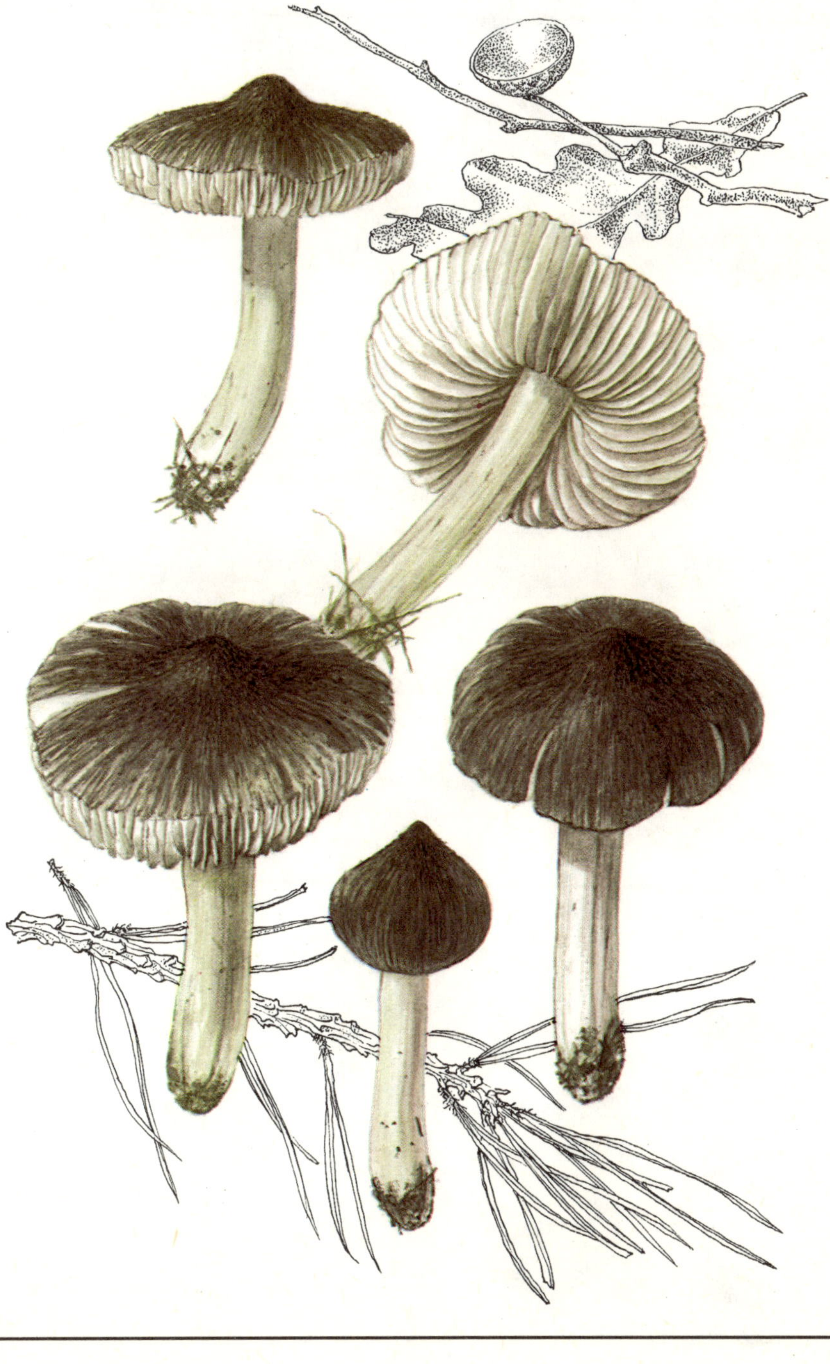

Hallimasch

Armillariella mellea (VAHL. in FL. DAN. ex FR.) KARST.

Der allgemein bekannte Hallimasch ist eigentlich ein Komplex von wenigstens 5 Kleinarten, die sich voneinander in einer Reihe geringfügiger Merkmale unterscheiden und deren definitive taxonomische Auswertung bisher noch nicht abgeschlossen ist, so daß der Erkenntnisstand über diese Art und die Unterscheidungen der einzelnen Formen je nach Autor verschieden sind. Als Speisepilz wird der Hallimasch seit jeher viel gesammelt und verwendet. Der Genuß auch kleiner Mengen von rohem Fleisch ruft jedoch Magenbeschwerden hervor. Ähnliche Beschwerden können manchmal aber auch nach dem Genuß gründlich wärmebehandelten Pilze eintreten. Es ist nicht ausgeschlossen, daß einige aus einer Reihe eng verwandter (und gängig nicht unterschiedener) Arten giftig sind.

Aus der Sicht der Phytopathologie ist der Hallimasch ein gefürchteter und allgemein verbreiteter Waldbaumschädling, der vor allem im Myzelstadium gefährlich ist. Dann dringt er mit seinen Rhizomorphen aus Baumstubben in Wurzeln und Stämme lebender Bäume vor.

Die Fruchtkörperbüschel, seltener nur einzelne Fruchtkörper des Hallimasch, wachsen vor allem auf Baumstubben, aber auch auf Wurzeln und Stämmen abgestorbener und lebender Gehölze. Die Hauptwuchszeit des Hallimasch ist im September/Oktober, in einem kühleren Sommer kann er auch bereits im Juli auftreten. Von den büschelwüchsigen Schüpplingen *(Pholiota)* und Flämmlingen *(Gymnopilus)* unterscheidet sich der Hallimasch u. a. durch den reinweißen Sporenstaub.

Der verwandte Ringlose Hallimasch – *A. tabescens* (SCOP. ex FR.) SING. ist nur in wärmeren Gegenden häufiger, wo er vor allem auf Eichen wächst. Er ist zierlicher, besitzt keinen Schleier und auch keinen Ring.

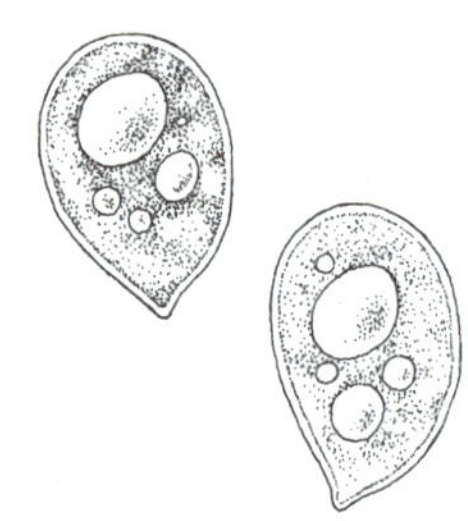

Sporen des Hallimasches:
7–9 × 5–6 µm, elliptisch, farblos

Hallimasch

Ringloser Hallimasches

Weißer Rasling

Lyophyllum connatum (SCHUM. ex FR.) SING.

In die Gattung der Raslinge *(Lyophyllum)* werden die weißsporigen Ritterpilze eingeordnet, die in etwa eine Mittelstellung zwischen den Gattungen *Tricholoma* und *Clitocybe* einnehmen. Sie werden durch eine bestimmte Kombination von Makro- und Mikromerkmalen charakterisiert, von denen die siderophilen Basidien am bedeutsamsten sind. Das sind Basidien, deren Plasma sich durch Acetokarmin dunkel verfärbende Körner enthält. Sowohl der Weiße als auch der Rußige Rasling oder Gesellige Ritterling – *L. fumosum* (PERS. ex FR.) KÜHN. et ROMAGN. lassen sich aber auch ohne Mikroskop zuverlässig identifizieren.

Der Weiße Rasling hat einen 3–15 cm breiten, fleischigen, rundlich gewölbten, im Ganzen fast weißen oder weißlichen, bei Feuchtigkeit manchmal olivgrauen bis leicht bläulichen, am Rand eingedrehten Hut mit glatter, kahler, fein bereifter Haut. Die Lamellen laufen kurz am Stiel herab, sind weiß, später gelblich. Die Fruchtkörper wachsen in größeren Büscheln und sind miteinander an den Basalteilen der Stiele zu einem knolligen Gebilde verwachsen. Das Fleisch hat gurkig-mehligen Geschmack und Geruch, ist weißlich und reagiert farbig mit 10 %iger Eisenvitriollösung: zunächst wird es blauviolett, später rosa. Der Sporenstaub ist weiß.

Den Weißen Rasling findet man im Sommer und Herbst auf feuchterem kahlem Boden zwischen dem Gras in Laub- und Nadelwäldern, manchmal auch auf Resten von vermorschtem Holz, z. B. auf Sägespänen. Der Pilz ist eßbar.

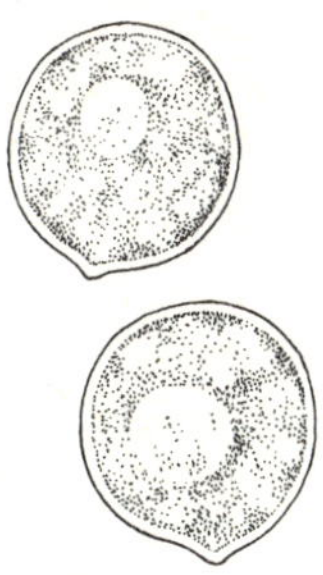

Sporen: 6–7 × 3,5–4 µm,
fast kugelig, glatt, nicht amyloid, farblos

Rußiger Rasling, Geselliger Ritterling

Lyophyllum fumosum (PERS. ex FR.) KÜHN. et ROMAGN. ex ORTON

Dieser Pilz ist unter dem Namen *Lyophyllum conglobatum* oder früher als *Tricholoma conglobatum* (VITT.) bekannt und in der Literatur beschrieben worden. In seinem Gesamtbild und darin, daß die weißlichen Stiele in größerer Anzahl aus einer gemeinsamen Knollenbasis hervorwachsen, ähnelt er dem Weißen Rasling. Er unterscheidet sich von ihm durch den grauen, graubraunen bis schwarzbraunen Hut und die weißlichen, später grauwerdenden Lamellen. In der Dunkelheit herangewachsene Fruchtkörper, z. B. in Kellern oder anderen lichtlosen Räumen, sind in der Regel weiß oder sehr hell. Das weiße Fleisch duftet und schmeckt gurkig-mehlig. Die Sporenform ist fast kugelig und sehr klein.

Der Rußige Rasling kommt vor allem an vom Menschen beeinflußten Standorten vor – auf Höfen, an Zäunen, in den Gräben an Wegen, auf Schuttablagerungen in Gärten, aber auch in Kellern, auf Erdaushub oder zwischen Straßenpflastern. Vorkommen in freier Natur, namentlich in Wäldern, sind selten.

Die mächtigen Raslingbüschel können manchmal 100–200 Fruchtkörper zählen, und das im Erdreich verborgene Knollengebilde, aus dem sie hervorwachsen, hat einen Durchmesser von 5–10 cm. Die von den Fruchtkörpern im Verlauf des Wachstums entwickelte Kraft ist ganz beträchtlich. Davon zeugt ein Fall, in dem ein Raslingbüschel sogar das Pflaster eines Bürgersteiges angehoben hat. Der Rußige Rasling ist ein schmackhafter Speisepilz.

Sporen: 5–6 μm, fast kugelig, glatt, farblos

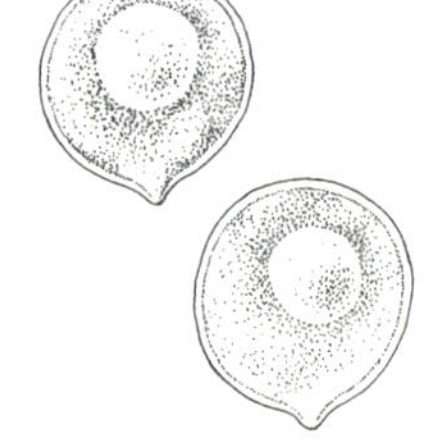

Schwarzes Graublatt

Tephrocybe atrata (FR. per FR.) DONK

Die Rüblingsgattung *Tephrocybe* umfaßt wie bereits erwähnt Pilze, deren gemeinsames Merkmal Basidien mit siderophiler Granulierung sind. Früher wurden sie zur Gattung *Collybia* gezählt. Es sind vorwiegend kleinere Pilze, deren Hüte selten den Durchmesser von 5 cm überschreiten. Sie sind in dunklere Töne von grau über graubraun bis schwärzlich gefärbt. Auch ihre Lamellen sind mehr oder weniger grau oder grauweißlich. Eine Reihe von Arten hat einen kräftigen Gurken- oder Mehlgeruch und einen ähnlichen Geschmack.

T. atrata ist ein charakteristischer Vertreter einer ökologisch interessanten Pilzgruppe, deren Vorkommen ausschließlich an brandgeschädigte Böden gebunden ist. Er wächst vorwiegend an Waldbrandstätten und auf alten Feuerstellen. Sein Hut ist 2–4 cm breit, verhältnismäßig elastisch und dünnfleischig, in der Mitte eingedrückt, bei Feuchtigkeit schwarzbraun bis schwärzlich, bei Trockenheit heller, kahl. Der Stiel ist dünn zylindrisch, oft gebogen, ebenso wie der Hut gefärbt, an der Basis weißlich, kahl, mit knorpeligem Fleisch. Die graugefärbten Lamellen stehen lockerer, sind breit an den Stiel angewachsen und laufen nur geringfügig auf ihn herab. Bei Zerreiben riecht das Fleisch stark gurkig-mehlig mit einer Beimischung von Lebertran. Der Sporenstaub ist reinweiß.

Eine weitere, jedoch weit seltenere Art ist das Kohlen-Graublatt – *T. ambusta* (FR. ex FR.) DONK. Das Aussehen ähnelt *T. atrata* weitgehend, doch hat der Hut in der Mitte oft eine Warze. Mit Bestimmtheit kann man die Art nur an den bewarzten Sporen von 5,5–8 × 5–6,5 µm Größe erkennen.

Der Kohlenleistling *Geopetalum carbonarium* (ALB. et SCHW. ex FR.) PAT. ein Vertreter der Polyporales, wächst ebenfalls auf Brandstellen, ist aber selten.

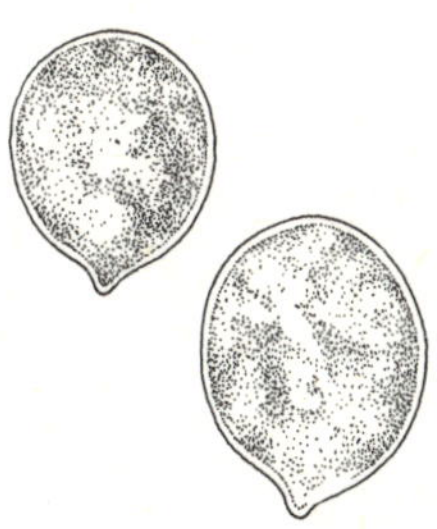

Sporen des Schwarzen Graublattes: 5–6 × 3–4 µm, breit elliptisch, glatt, farblos

Kohlenleistling

Schwarzes Graublatt

Maipilz, Mairitterling

Calocybe gambosa (FR.) DONK

Der Maipilz gehört zu den bekannten und von den Pilzsammlern gesuchten Speisepilzen. Er ist ein ausgezeichneter Pilz, den man vielseitig garen, trocknen oder anders konservieren kann. Die ersten Maipilze erscheinen zu Frühlingsbeginn, bei günstigem Wetter schon Ende April, meistens jedoch erst im Mai. Sie wachsen vorwiegend außerhalb des Waldes, in erster Linie auf warmen, sonnenbeschienenen, grasigen und buschbestandenen Hängen, an geschützten Waldrändern, unter Gebüsch, in Gärten und auf Weiden. Wenn man sie doch einmal im Wald findet, ist das für gewöhnlich im Gras auf einer Lichtung. Die Fruchtkörper wachsen normalerweise in Ringen und sind oft in den Horsten größerer Gräser verborgen oder auch von Laub bedeckt, so daß sie nicht ganz leicht zu finden sind. In höheren Lagen wachsen sie noch später, im Hochgebirge (z. B. oberhalb der Latschenregion auf den Matten der Karpaten noch 1900 m ü.M. hoch) erst im Juli.

Die Färbung des Maipilzes ist ziemlich veränderlich. Der Hut ist meist weißlich, kann aber auch hell-ockergelblich, semmelfarben, bräunlich und graubraun sein, die Lamellen sind auffällig niedrig und dicht angeordnet, weißlich, gelblich, hellocker, auch hellgrau, der Stiel ist weißlich bis ockergelblich. Ganz spezifisch und konstant sind der starke Mehlgeruch und -geschmack des weißen Fleisches. Leider kommt es gelegentlich zu Vergiftungen durch Verwechslung mit dem sehr giftigen Ziegelroten Rißpilz oder Mairißpilz, der sich unter anderem durch olivgraubraune Lamellen und ein sich rötendes Fleisch unterscheidet.

Sporen des Maipilzes: 4–6 × 2–3,5 µm, elliptisch, glatt, farblos

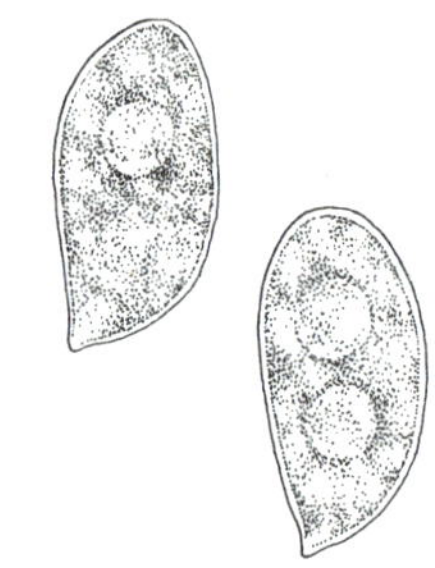

Maipilz

Ziegelroter Rißpilz

Riesen-Krempentrichterling

Leucopaxillus giganteus (FR.) SING.

Diese Art ist ein Riese unter den Blätterpilzen und gehört zu den größten Pilzen überhaupt. Der Hut kann eine Größe von 35 cm Durchmesser erreichen, wird bald in der Mitte tief becherförmig, am Rand deutlich eingerollt und gerieft, auf der Oberseite glatt, fein seidig; die ursprünglich weiße Färbung geht allmählich in Ledergelblich über. Die lang herablaufenden dichten Lamellen sind ebenfalls weiß, später dann auch ledergelblich. Der 5–8 cm lange und 2–5 cm dicke Stiel ist auffällig kurz, zähfleischig, voll, weißlich. Auch das Fleisch ist unveränderlich weiß und hat einen unangenehmen Pelargoniengeruch. Sein Geschmack ist ausdruckslos. Der Sporenstaub ist weiß.

Der Riesen-Krempentrichterling wächst in Gruppen und Ringen im Gras auf Weiden, in Gärten, an Waldrändern und auf Waldwiesen. Er ist eßbar, jedoch verhältnismäßig zäh. Die der Gattung *Leucopaxillus* zugeordneten Arten wurden ursprünglich zur Gattung *Clitocybe* gezählt. Sie zeichnen sich durch amyloide und meist warzig ornamentierte Sporen aus, welche diese Gattung sowohl von *Clitocybe* als auch von *Tricholoma* unterscheiden. Die Fruchtkörper aller Krempentrichterlingsarten sind groß und fleischig, der häufigste unter ihnen, der Riesen-Krempentrichterling ist zugleich auch der größte.

Der Weiße Krempentrichterling – *L. candidus* (BRES.) SING. ähnelt der erwähnten Art stark, ist aber immer weiß, mit glattem und filzigem Hutrand. Er kommt auf subalpinen Wiesen vor.

Sporen: 6–8 × 4–5,5 µm,
eirund, glatt, farblos, amyloid

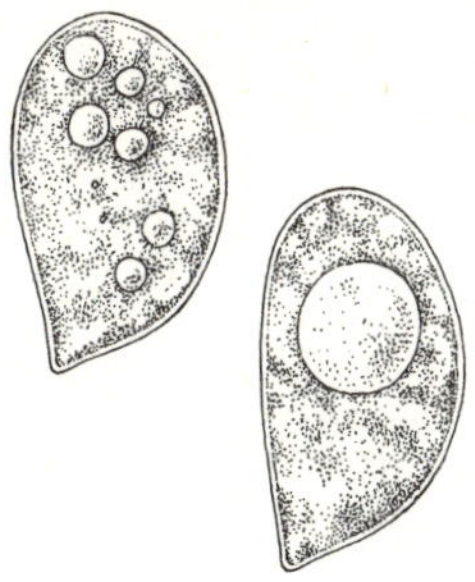

Teillängsschnitt durch den Hut

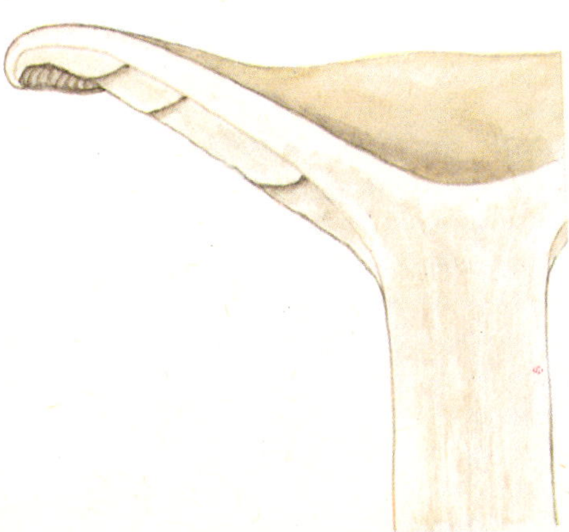

Kurzstieliger Weichritterling

Melanoleuca brevipes (BULL. ex FR.) PAT.

Die Angehörigen der Gattung *Melanoleuca* sind Ritterpilze mit amyloiden, fein warzig verzierten Sporen und charakteristischen Cheilocystiden. Man erkennt sie aber auf den ersten Blick auch ohne Mikroskop am schlanken, aufrechten, an der Oberfläche faserigen Stiel und dem sehr regelmäßig gerundeten, verhältnismäßig dünnfleischigen, wie gedrechselt erscheinenden Hut, der in Farbtönen von Grau, Braun, seltener auch Ocker oder Weißlich gehalten ist. Der Hut hat in der Mitte einen rundlichen Höcker, die Lamellen stehen stets dicht und regelmäßig und sind weiß oder gelblich gefärbt. Die einzelnen Arten der Gattung, von denen rund 50 beschrieben worden sind, sind einander weitgehend ähnlich und lassen sich nicht leicht unterscheiden.

An grasigen Stellen bei Feldwegen, auf Wiesen oder in Gärten kommt gelegentlich der Kurzstielige Weichritterling vor. Sein Hut hat 3–6 cm im Durchmesser, ist grau-, umbra- oder porphyrbraun, eingewachsen radial gefasert, durchgedrückt mit einem Höcker in der Mitte. Die Lamellen bleiben stets weiß, der Stiel ist genau so gefärbt wie der Hut oder nur geringfügig heller, keulig, 2–4 cm lang und 4–8 mm dick. Das Fleisch im Hut ist weißlich, im Fußunterteil bräunlich, geschmack- und geruchlos. Der Sporenstaub ist weiß.

Von den anderen, ähnlich wie der Kurzstielige Weichritterling eßbaren Arten ist noch der Frühlings-Weichritterling – *M. cognata* (FR.) K. et M. mit bräunlichem, bis zu 10 cm breitem Hut und satt ockergelblichen Lamellen erwähnenswert. Der Pilz kommt von April bis Mai vor und dann wieder im Herbst an den Wegen in Nadel- und Mischwäldern, aber auch in der verwesenden Laubstreu in alten Gärten, Parks und auf Kompost.

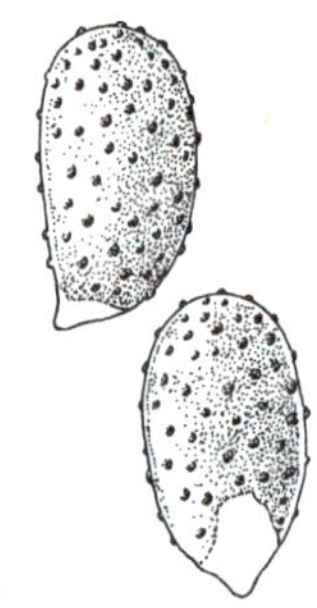

Sporen des Kurzstieligen Weichritterlings: 7–8 × 4,5–6 μm, elliptisch, farblos

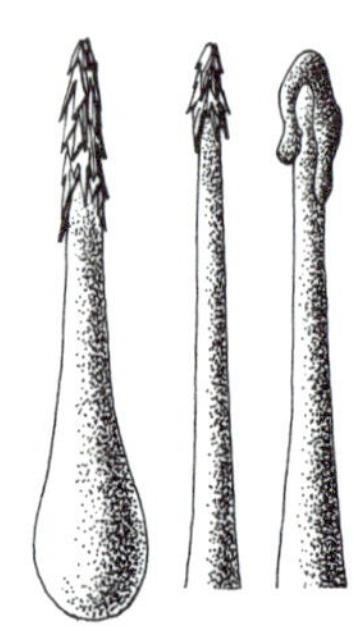

Cheilozystiden

Längsschnitt durch den Fruchtkörper

Wurzelmöhrling

Catathelasma imperiale (FR.) SING.

Das ist ein robuster, fleischiger Pilz, der auch im Gesamtaussehen an Ritterlinge erinnert. Von den typischen Arten der Gattung *Tricholoma* unterscheidet er sich zum einen durch den doppelten Ring auf dem Stiel, zum andern durch die deutlich auf den Stiel herablaufenden Lamellen. Mikroskopisch unterscheidet sich die Gattung *Catathelasma* durch die amyloiden Sporen und die bilaterale Lamellentrama. Es handelt sich um eine monotypische Gattung; ihre einzige Art, der Wurzelmöhrling, wird in der älteren mykologischen Literatur als *Armillaria imperialis* geführt. Der Pilz hat einen 10–15 cm breiten (manchmal noch größeren), zunächst kugelig gewölbten weißlichen, später flach gewölbten und breit vertieften rotbraunen, bräulichen bis fleckig braungefärbten, in der Mitte zunächst anliegend geschuppten, später kahlen, manchmal aufgesprungenen, am Rand stark eingerollten und häufig lappigen, verbogenen Hut. Die Lamellen sind schmutzig weiß bis blaß gelblich. Der Stiel ist ziemlich lang zylindrisch, wird bis zu 15 cm lang und 3–4 cm dick. Er ist zähfleischig, blaßockergefärbt, an der Basis für gewöhnlich verjüngt und trägt dicht unter den Lamellen einen abstehenden weißlichen Doppelring. Der Stiel ist meist tief in den Waldboden eingesenkt. Das Fleisch ist weiß, sehr zäh, angenehm mehlig duftend und mild schmeckend. Der Sporenstaub ist weiß.

Der Wurzelmöhrling wächst auf Kalksteinböden in Nadelwäldern, vor allem in Kiefernbeständen, Fichten- oder Mischbeständen mit Eicheneinschlag im August und September. Er ist eine insgesamt seltene Art, nur in einigen Gegenden, z. B. in den Karpaten tritt er etwas zahlreicher auf. Der Wurzelmöhrling ist eßbar.

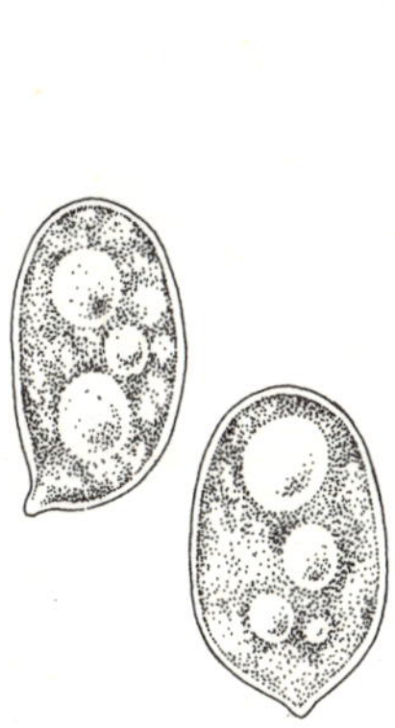

Sporen: 11–13 × 5–6 μm, elliptisch, glatt, farblos

Brennender Rübling

Collybia peronata (BOLT. ex FR.) SING.

Nicht alle Arten der verhältnismäßig großen Gattung *Collybia* ähneln dem bekanntesten, dem Gemeinen Rübling oder Waldfreundrübling. Der Brennende Rübling ist von ihm sowohl durch die Färbung als auch durch seine auffallend weit stehenden Lamellen unterschieden. Sein 2–5 cm breiter, kahler Hut ist flach gewölbt, später ausladend, am Rand schwach gerieft, dünn und elastisch fleischig, bei Feuchtigkeit hellfleischfarben, bei Trockenheit hellsemmelfarben. Die Lamellen sind zunächst hellgelb bis gelbbraun, später hellbraun. Der elastische Stiel ist ziemlich lang, dünn zylindrisch, 3–5 mm stark, unten leicht verbreitert und abstehend borstig befilzt, gelblich- bis schwärzlichbraungefärbt. Das Fleisch ist blaßgelb, hat einen scharf brennenden Geschmack und einen säuerlichen Geruch. Der Sporenstaub ist weiß.

Der Brennende Rübling kommt den ganzen Sommer über bis in den Herbst ziemlich zahlreich vor. Er wächst einzeln oder in kleineren Büscheln aus der zu stärkeren Lagen zusammengewehten Laubstreu in Laub- und Mischwäldern, gelegentlich auch in Nadelwaldungen. Wegen des brennenden Geschmacks ist er ungenießbar.

An ähnlichen Standorten kommt nicht selten auch der Knopfstielige Rübling – *C. confluens* (PERS. ex FR.) KUMM. vor, der oft dichte, sogar einige -zig. Exemplare umfassende Büschel bilden kann. Diese Art hat einen blaßgelben, manchmal bräunlichen Hut und sehr dicht stehende, schmale, weißlich, später bräunlichgefärbte Lamellen. Das Fleisch hat keinen brennenden Geschmack. Die Stielbasis ist dicht mit weißlichem Pilzgeflecht bewachsen, das von Laub, Nadeln oder Zweigen, aus denen die Fruchtkörper wachsen, umhüllt ist. Er ist auch ungenießbar.

Sporen des Brennenden Rüblings:
6–7 × 3–4 µm, elliptisch, glatt, farblos

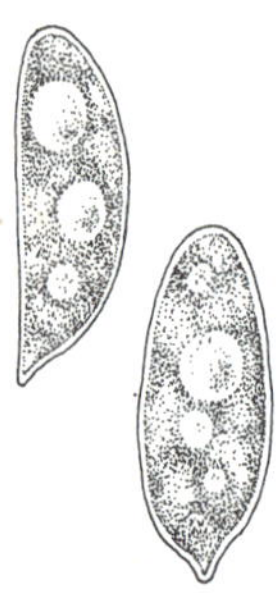

Brennender Rübling

Knopfstieliger Rübling

Waldfreundrübling, Gemeiner Rübling

Collybia dryophila (BULL. ex FR.) KUMM.

Der Waldfreundrübling ist eine ökologisch unglaublich anpassungsfähige Art, die sowohl unter Laub- als auch Nadelhölzern vorkommt. Auch im Hinblick auf den Untergrund ist er nicht wählerisch; er wächst sowohl auf sehr saurem Grund, z. B. Torfmoor, als auch auf basischen Kalksteinböden. Er steigt vom Flachland bis hoch ins Gebirge hinauf – dort begleitet er die Gesellschaften der niederwüchsigen Zwergweiden. Obwohl er farblich recht variabel ist, erkennt man ihn leicht an Eigenschaften, die konstant bleiben, namentlich an den auffällig dicht stehenden, weißen, weißlichen bis hellgelben Lamellen, ferner am röhrchenartigen, dünnen und elastischen ockergelben Stiel, der außer der weißbefilzten Basis kahl und glatt ist. Die typische Form hat einen 2–6 cm breiten Hut, der schnell flach ausladend und elastisch-dünnfleischig ist und hellockerfarben, bei Trockenheit bis ins Weißliche verblaßt. Andere Formen haben einen gelbbraunen, fleischrötlichen oder kastanienbraunen Hut. Das weiße oder gelbliche Fleisch duftet angenehm und hat einen milden Geschmack. Der Sporenstaub ist reinweiß. Der Waldfreundrübling ist ein eßbarer und schmackhafter Pilz. Verwenden lassen sich ohnehin nur die Hüte, da die Stiele zu zäh sind.

Am auffälligsten unter den Farbformen ist eine Unterart mit schwefelgelben Lamellen, gelblichem Fuß und rotbraunem Hut, die von vielen Mykologen unter dem Namen Gelbblättriger Rübling – *C. exsculpta* (FR.) GILL. als selbständige Art angesehen wird. Dieser Pilz ist eßbar, er wächst ähnlich wie der Waldfreundrübling vom Mai bis in den Herbst.

Sporen: 5–6 × 2–3 µm, elliptisch, glatt, farblos

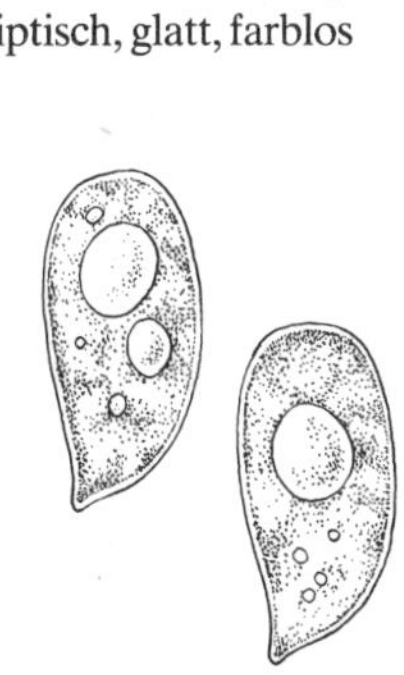

Butterrübling, Kastanienroter Rübling

Collybia butyracea (BULL. ex FR.) QUÉL.

Der Butterrübling hat einen 4–8 cm breiten, in der Jugend glockenförmigen, später ausladenden Hut, der in der Mitte flach und stumpfhöckrig ist und bei Feuchtigkeit satt rotbraun bis kastanienbraun, bei Trockenheit hell-kakaobraun aussieht. Die Haut des Huts ist kahl und glatt. Der Stiel ist 4–8 cm lang, 5–20 cm lang zylindrisch, unten auffällig keulig, weich, groß längsgefasert und -gerieft. Sein Oberteil unterhalb der Lamellen ist heller bis weißlich, der Rest rotbraun. Die Lamellen sind am Fuß tief ausgeschnitten und schmal angewachsen, dicht, ziemlich hoch und weißlich. Das Fleisch ist weiß. Manchmal riecht es schwach nach ranziger Butter; sein Geschmack ist mild. Der Sporenstaub ist reinweiß. Der Butterrübling ist eine häufige Art der Laub- und Misch-, aber auch der Nadelwälder. Er wächst in Laub- und Nadelstreu für gewöhnlich gruppenweise von Juli bis November, praktisch bis zum Frosteintritt. Er ist eßbar, gesammelt werden jedoch nur die Hüte.

Ein eng verwandter Rübling, der von manchen Mykologen sogar nur als Varietät des Butterrüblings angesehen wird, ist der Horngraue Rübling – *C. asema* FR. In Größe und Aussehen ähnelt er seiner Zwillingsart völlig, unterscheidet sich aber durch den aschfahlen oder grünlich-grauen Hut, der auf dem Höcker in der Mitte fast dunkelbraun ist. Der Hut ist stark hygrophan und bei Trockenheit verblaßt er grauweiß bis weißlich. Auch der Stiel ist hellgrau oder graubraun. Der Horngraue Rübling wächst hauptsächlich in Nadel- oder Mischwäldern, in manchen Gebieten ist er häufiger als der Butterrübling. Er ist ebenfalls eßbar.

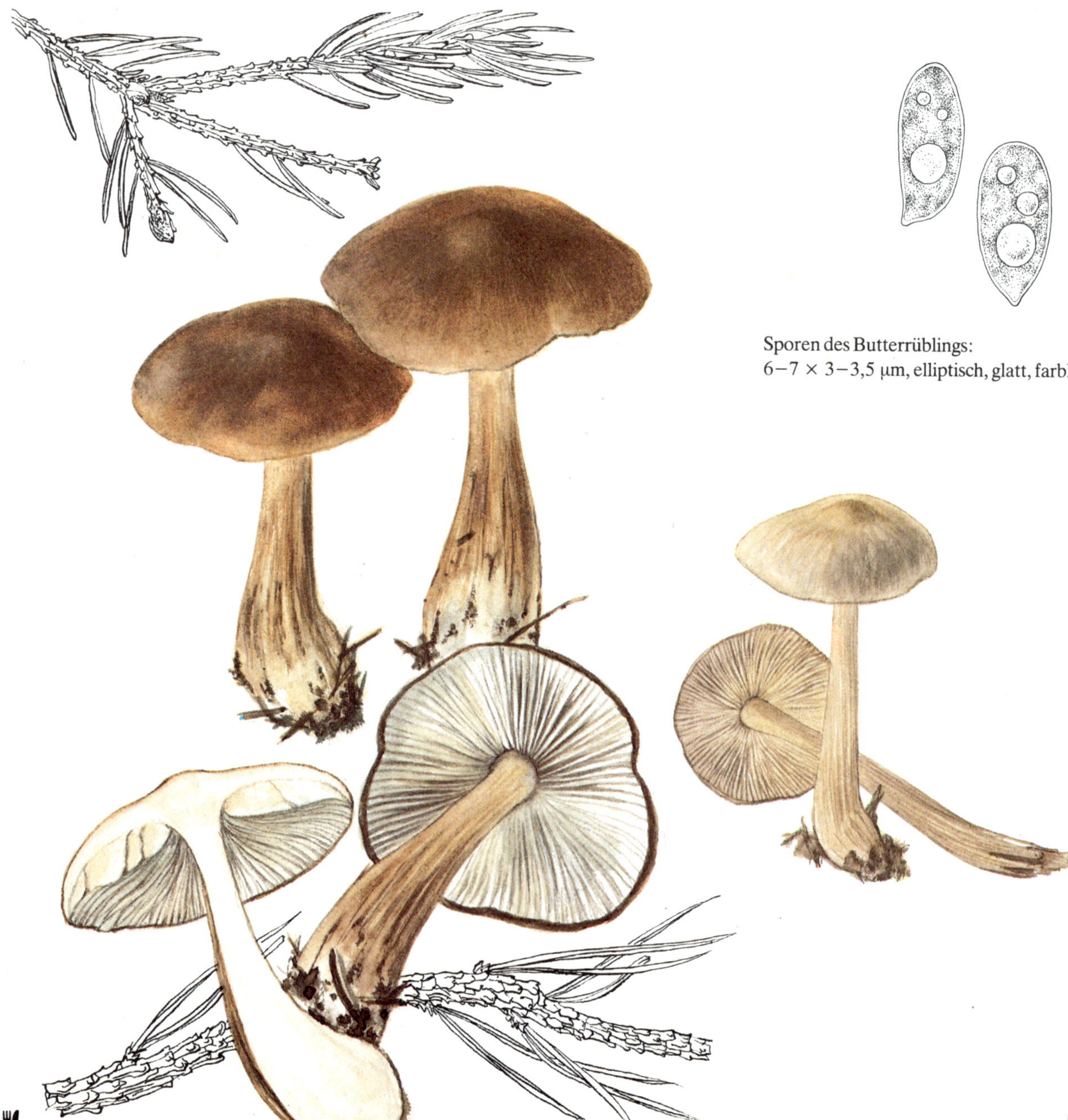

Sporen des Butterrüblings:
6–7 × 3–3,5 µm, elliptisch, glatt, farblos

Butterrübling

Horngrauer Rübling

Gefleckter Rübling

Collybia maculata (ALB. et SCHW. ex FR.) KUMM.

Von den übrigen Rüblingen unterscheidet sich diese Art durch die Größe und Fleischigkeit der Fruchtkörper. Der Hut ist 5–12 cm breit, halbkugelig gewölbt, später ausladend mit schmal eingerolltem Rand, auf der Oberfläche glatt, kahl, zuerst weiß oder geringfügig gelblich, früher oder später mit unregelmäßigen braunroten oder rostbraunen Flecken gesprenkelt. Der Stiel ist oft länger als der Hutdurchmesser, 1–2 cm dick, zylindrisch, vielfach gebogen, fein längsgefasert, zäh, oft gewunden und unten mit einer wie abgebissenen aussehenden „Wurzel" versehen. Er ist weiß, jedoch ähnlich wie der Hut, später vor allem an der Basis rötlich gesprenkelt. Die Lamellen stehen sehr dicht, sind schmal am Stiel ausgeschnitten oder mit einem Zahn angewachsen, weiß, an der Schneide fein gesägt oder gezahnt. Der Sporenstaub ist gelblichrosa. Im Alter oder auf Druck verfärbt sich der ganze Fruchtkörper rotbraun. Das Fleisch ist weiß, zäh, hat einen schwach süßlichen Duft und schmeckt leicht bitter.

Der Gefleckte Rübling wächst auf vermoderndem, ins Erdreich eingesunkenem Holz, so daß er scheinbar auf dem Boden wächst; manchmal kommt er aber auch direkt auf Stubben oder Wurzeln vor. Er wächst ausschließlich in Nadelwäldern, vornehmlich in Kiefernbeständen und Fichtenbergwaldungen. Er zeigt sich hauptsächlich im Spätsommer und im Herbst, wo er sich bis zu den ersten Frösten hält.

Ökologisch und morphologisch unterscheidet sich der Pilz von den übrigen Rüblingen weitgehend. Daher ordnen ihn manche Fachleute der selbständigen Gattung *Rhodocollybia* zu. Die Art ist ungenießbar.

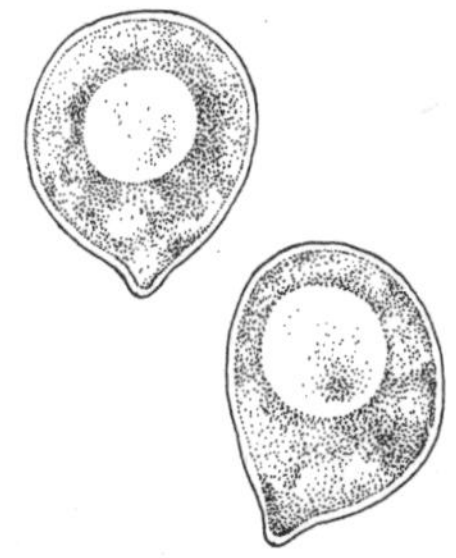

Sporen: 5–6 × 4–5 µm, fast kugelig, glatt, farblos

Trichterförmiger Muscheling

Hohenbuehelia petaloides (BULL. ex FR.) SCHULZ.

Der Trichterförmige Muscheling hat fleischige, meist fußlose oder mit einem seitlich angesetzten Stiel versehene Fruchtkörper mit einer gallertigen Hyphenschicht im Hutgewebe. Mikroskopisch erkennt man ihn gut an den dickwandigen Zystiden im Hymenium, den sog. Metuloiden. Der Trichterförmige Muscheling hat einen 3–10 cm breiten und 3–5 cm dicken Hut von leder- oder nur blaßbrauner Färbung, der aber auch ocker- bis bräunlichgelb sein kann. Der Hut hat Schaufel- oder Fächerform und geht manchmal in einen blassen seitlichen Stiel über. Der Hutrand ist gerade oder wellig gelappt, bei größeren Exemplaren fächerförmig eingerollt, seine Oberfläche ist vor allem in Fußnähe grob flockig befilzt. Junge Pilze sind fast weiß. Die Lamellen sind lang herablaufend, weiß oder blaßocker. Der Stiel erreicht eine Länge von 5–12 cm und eine Dicke von 1–2 cm. Das Fleisch ist weiß, geruch- und geschmacklos. Der Sporenstaub ist weiß.

Der Trichterförmige Muscheling wächst im Sommer und Herbst auf morschem Holz, hauptsächlich auf Baumstubben, vorwiegend in feuchteren Bergwäldern, seltener auf Brandstätten. Er ist über die gemäßigten Zonen der Nord- und Südhalbkugel verbreitet.

Dem Aussehen nach läßt sich der Erdmuscheling – *Hohenbuehelia geogenia* (DC. ex FR.) SING nur sehr schwer von dieser Art unterscheiden. Er ist in etwa gleich groß und hat nur einen eher dunkel-gelbbraunen Hut. Er wächst aber auf Grasboden in Laub- und Nadelwäldern. Beide Arten sind eßbar.

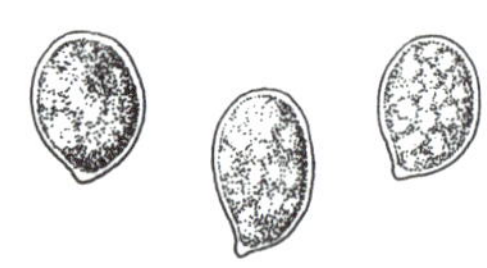

Sporen: 5–8 × 4–5 µm, breit eirund, farblos, manchmal ein wenig aufgerauht, nicht amyloid.

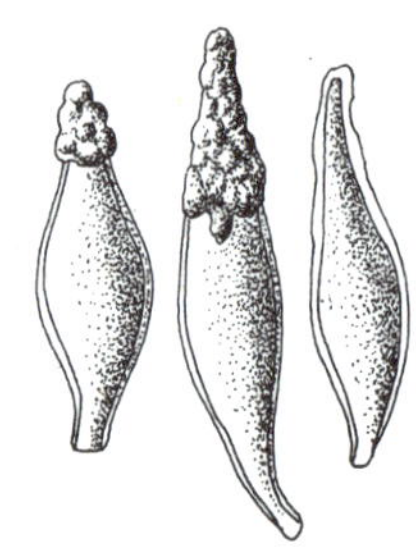

Metuloiden

Längsschnitt durch den Fruchtkörper

Breitblättriger Samtrübling

Oudemansiella platyphylla (PERS. ex FR.)MOS.

Dieser stattliche fleischige Pilz wächst im Sommer und Herbst vereinzelt in tiefen feuchten Wäldern, vor allem in Nadelwaldungen auf Stubben oder im Humus aus vermodernden Zweigen und Wurzeln. Er ist hauptsächlich im Bergvorland und in Berglagen verbreitet. Sein Hut ist 5–15 cm breit, nicht besonders fleischig und fast wäßrig, ausladend gewölbt, manchmal in der Mitte stumpf gebuckelt mit einem lang umgebogenen, scharfen, ausgedünnten, häutig transparenten, die Lamellen überragenden Rand. Auf der Oberseite ist er dunkel aschgrau, glatt, radial dunkler gefasert, bei Trockenheit auf weißem Untergrund faserig aufgerissen. Der Stiel ist oft kürzer als der Hutdurchmesser, 1–2 cm stark, knorpelig zäh, elastisch, grobfaserig gerieft, zylindrisch, hellgrau bis weißlichgefärbt, an der Basis mit zahlreichen zähen weißen Myzelfäden ausgestattet, die in das morsche Holz hineinwachsen. Die Lamellen stehen sehr schütter, sind auffällig hoch, (1,5–3 cm), weißlich, oft an der Schneide gekrümmt und manchmal braun gesäumt, am Stiel tief ausgeschnitten, auf der Fläche quergerunzelt. Der Sporenstaub ist reinweiß. Das Fleisch ist geruch- und geschmacklos.

An den Lamellenschneiden sind bis zu 60 × 15 μm große balgartige Cheilozystiden ausgebildet.

Der Breitblättrige Samtrübling unterscheidet sich von den übrigen Arten der Gattung *Oudemansiella* so sehr, daß man ihn in eine selbständige Gattung einordnen kann. In einigen Handbüchern wird er zur selbständigen Gattung *Megacollybia* gezählt, da die Gattung *Oudemansiella* viele Arten mit einer stark schleimigen Hutoberhaut umfaßt. Nach anderer Auffassung kommt dieser aber nur Untergattungsrang zu. Der Breitblättrige Samtrübling ist eßbar.

Sporen: 7–8 × 6–7 μm, fast kugelig, glatt, farblos

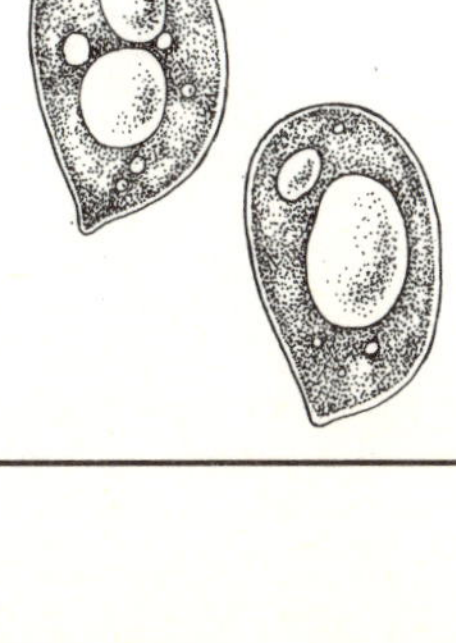

Buchenschleimrübling, Beringter Schleimrübling

Oudemansiella mucida (SCHRAD. ex FR.) HOEHN.

Alte Buchenwälder beherbergen eine Vielzahl von Pilzarten. Auf absterbenden oder bereits abgestorbenen, aber noch stehenden Buchenstämmen wächst der auffällige Buchenschleimrübling. Seine porzellanweißen, bei feuchtem Wetter mit farblosem Schleim überzogenen Fruchtkörper bedecken manchmal in starken Büscheln die moosbewachsenen Stämme alter Buchenriesen der Bergwälder. In manchen Gebieten mit feuchtem Klima kommt dieser Schleimrübling auch in tieferen Lagen vor.

Er hat einen 3–10 cm breiten, weit glockenförmigen, dünnfleischigen transparenten Hut. Der dünne zylindrische Stiel ist etwa so lang wie der Hutdurchmesser oder etwas kürzer, 0,5–1 cm dick, zäh, oben mit einem breiten Schleimring ausgestattet. Die Lamellen laufen kurz auf ihn herunter, stehen locker und sind bauchig. Das Fleisch hat weder einen auffallenden Geruch noch Geschmack. Der Sporenstaub ist reinweiß. Auf den Lamellen sind große dünnwandige farblose Zystiden von Flaschenform ausgebildet, die 80–90 µm lang und 15–30 µm breit sind.

Der Buchenschleimrübling wächst von Juli bis Oktober. Dieser bemerkenswerte Pilz wirkt nicht nur ästhetisch, sondern ist auch biochemisch von großer Bedeutung. Sein Myzel produziert nämlich das Antibiotikum Mucidin, das tschechoslowakische Wissenschaftler entdeckt haben. Es ist bei der Behandlung verschiedener Hauterkrankungen, hauptsächlich bei Mykosen wirksam. Der Buchenschleimrübling ist zwar ein eßbarer Pilz, doch wegen der starken Schleimhaltigkeit der kleinen, dünnfleischigen Fruchtkörper eignet er sich besonders für Küchenzwecke nicht. Er verdient eher Schutz, da die Biotope, in denen er vorkommt, immer häufiger verschwinden und mit ihnen der Pilz.

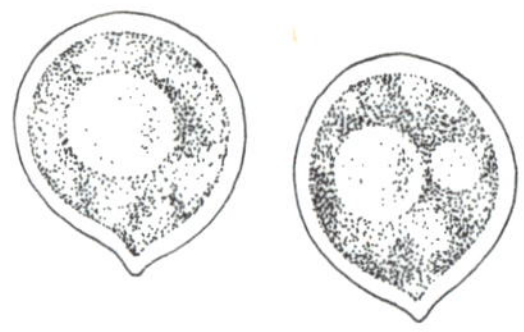

Sporen: 14–18 × 12–16 µm, fast kugelig, glatt, farblos

Verbreitung des Buchenschleimrüblings in Europa

Grubiger Schleimrübling, Wurzelschleimrübling

Oudemansiella radicata (RELHAN ex FR.) SING.

Von Juli bis September kann man hauptsächlich in Laubwäldern diesem auffälligen Pilz mit hohem, schlankem Stiel begegnen, dessen Hut bei feuchtem (besonders regnerischem) Wetter stark schleimig ist und außerdem dann zahlreiche Radialfalten aufweist. Der Hut mißt etwa 4–10 cm im Durchmesser und ist nur selten größer; seine Färbung ist hellocker bis gelbbraun. Die Lamellen sind weiß, am Stiel tief ausgeschnitten und tief herablaufend, hoch, locker stehend. Auf auffälligsten ist der lange Stiel, dessen Gesamtlänge bei einer Stärke von 5–10 mm 20 und mehr Zentimeter erreichen kann. Der größte Teil ist im Erdreich verborgen und man sieht ihn erst, wenn man ihn vorsichtig ganz aus dem Boden nimmt – normalerweise reißt er aber ab. Der Unterteil ist zunächst spindelartig verbreitert, um dann plötzlich in einen langen, immer dünner werdenden wurzelartigen Teil überzugehen, der weiß ist und in einer dünnen Spitze endet. Über der Erde ist der Stiel hellbraun, kahl und oft schwach gekrümmt. Das Fleisch hat weder einen besonderen Geruch noch Geschmack. Der Sporenstaub ist weiß. Auf Schneide und Fläche der Lamellen sitzen breite balgartige Zystiden.

Der Grubige Schleimrübling wächst einzeln oder in kleineren Gruppen aus stark zersetzten Baumstümpfen, aus verrottendem Holz oder Wurzeln im Erdreich, wodurch oft der Eindruck entsteht, als wüchse er direkt aus dem Boden.

Der Doppelgänger dieses Pilzes ist der Samtige Schleimrübling – *O. longipes* (BULL. ex ST. AMANS) MOS., der gleichfalls lang wurzelt, jedoch einen braunsamtigen Fuß und einen trocken-samtigen Hut besitzt. Beide Arten sind eßbar, die Stiele sind allerdings zu zäh.

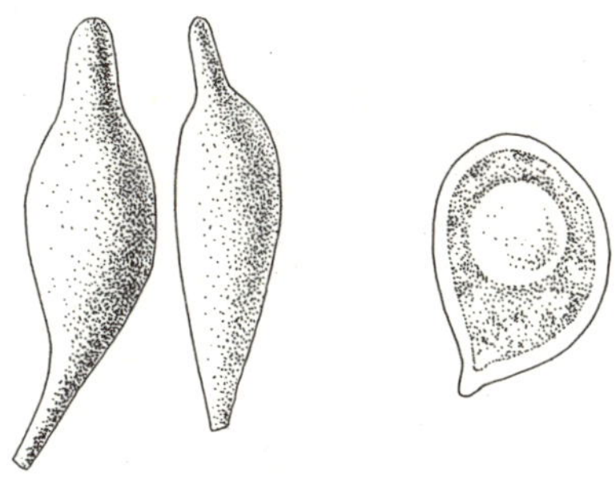

Zystiden und Spore
des Grubigen Schleimrüblings:
12–15 × 9–11 µm, breit elliptisch, glatt, farblos

Samtiger Schleimrübling

Grubiger Schleimrübling

Fichtenzapfen-Nagelschwamm

Strobilurus esculentus (WULF. ex FR.) SING.

Die Gattung *Strobilurus* wurde für Pilze aufgestellt, deren Aussehen der Gattung *Collybia* ähnelt, deren Myzel aber in schon längere Zeit auf dem Boden liegenden Nadelholzzapfen, hauptsächlich in Fichten- und Kiefernzapfen, lebt. Charakteristisch für diese Gattung ist aber nicht nur ihr Wuchsort. Morphologisch unterscheidet sie sich von ähnlichen Ritterpilzen durch eine sog. hymenoforme Hutoberhaut, die aus kugeligen Zellen aufgebaut ist. Zwischen den Basidien sitzen im Hymenium der Pilze aus der Gattung *Strobilurus* darüberhinaus zahlreiche, charakteristisch geformte Zystiden. Von den Schwindlingen *(Marasmius),* die ähnlich aussehen, unterscheiden sie sich dadurch, daß ausgetrocknete und erneut angefeuchtete Fruchtkörper dieser Rüblinge nicht mehr aufquellen. Die zur Gattung *Strobilurus* gehörenden Arten sind durchweg eßbar und da sie im zeitigen Frühjahr erscheinen, wenn es noch nicht viele Pilze gibt, können ihre Hütchen (die Stiele sind zäh) eine Frühlingssuppe schmackhaft würzen. In Europa kommen drei Arten vor.

Der Fichtenzapfen-Nagelschwamm wächst aus alten Fichtenzapfen, meist mit mehreren Fruchtkörpern aus einem einzigen Zapfen. Seine Hüte werden 2 cm breit und sind hellgrau bis fast schokoladenbraun, selten weißlich; sie sind dünnfleischig, schnell flach ausladend, die Lamellen weiß oder blaßgrau und stehen ziemlich dicht. Der Stiel ist dünn, lang, glatt, kahl, ockergelblich, mit einer lang weißbehaarten Basis, die wie eine lange Schnur gestreckt ist, wenn der Zapfen tiefer im Humus liegt. Die beiden übrigen eßbaren Arten, der Gemeine Nagelschwamm – *S. tenacellus* (PERS. ex FR.) SING. und der Kiefernzapfen-Nagelschwamm – *S. stephanocystis* (HORA) SING. wachsen auf Kiefernzapfen.

Zystide und Sporen des Fichtenzapfen-Nagelschwamms: 4–6 × 2,5–4 µm, farblos, nicht amyloid

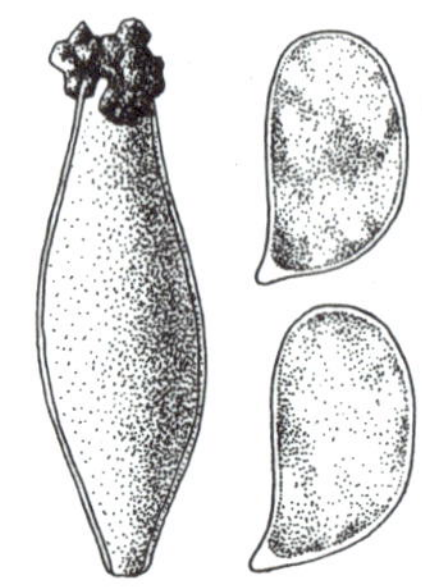

Zystide und Sporen des Kiefernzapfen-Nagelschwamms

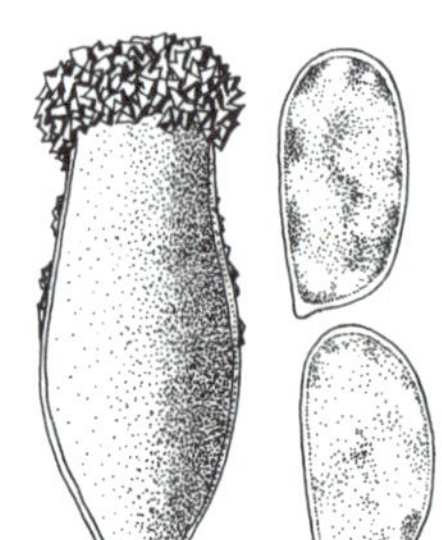

Zwei Zystiden und Spore des Gemeinen Nagelschwamms

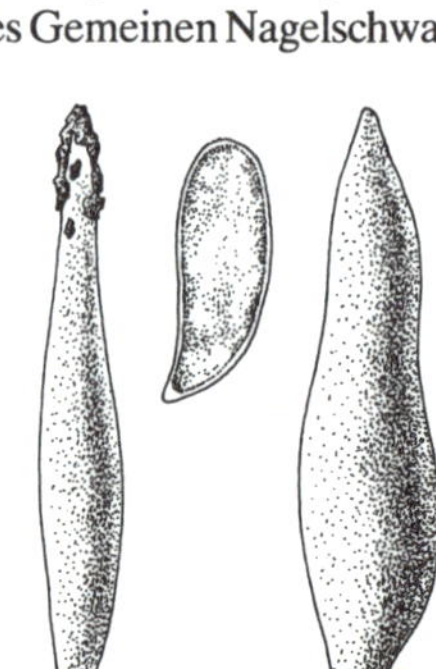

Fichten-Nagelschwamm

Halsbandschwindling

Marasmius rotula (SCOP. ex FR.) FR.

Die Natur hat auch im Pilzreich eine ungeheure Vielfalt beachtenswerter Formen hervorgebracht. Wie filigranartige Miniaturnapfkuchen sehen die Hüte des Halsbandschwindlings aus, die manchmal zu Tausenden ganze Flächen im Wald weiß bedecken. Der Pilz bevorzugt feuchtere dunkle Stellen an Bächen im Wald, vor allem in Erlenbrüchen. Dort setzt er sich im Sommer und Herbst überall auf abgefallenen Zweigen, Nadelstreu, Stubben, manchmal auch in verrottendem Laub fest. Bemerkenswert ist dieser Schwindling durch die Riefung und Färbung des Huts, der mit dem borstigen dunklen Stiel kontrastiert. Am auffälligsten sind aber die Lamellen, die miteinander verwachsen sind und um den Stiel herum ein „Halsband" bilden. An diesem Merkmal erkennt man den Pilz ganz leicht.

Die Schwindlinge *(Marasmius)* sind eine artenreiche Gattung. Beschrieben wurden einige Hundert, deren Verbreitung meist in den Tropen liegt. Ihre charakteristische Eigenschaft ist die Quellfähigkeit der dünnen häutigen Hütchen. Diese können völlig eintrocknen, nach erneuter Befeuchtung mit Wasser saugen sie sich voll und leben wieder zur ursprünglichen Gestalt auf. Viele exotische Arten sind farblich auffällig, in der gemäßigten Zone überwiegen gedecktere Farben. Eine Ausnahme bildet der Orangerötliche Schwindling – *M. graminum* (LIBERT) BERK., dessen fast ziegelroten, später dunkleren und bei Trockenheit ausbleichenden 2–5 mm großen Hütchen man bei einiger Geduld im Lauf des Sommers auf verrottendem Gras begegnen kann. Noch häufiger wachsen sie direkt aus den Unterteilen abgestorbener, noch an den lebenden Gräsern haftenden Blättern hervor. Man sucht sie deshalb am besten auf Rasen, in Gärten, auf Weiden oder ungemähten Wiesen nach Sommerregen.

Cheilozystiden und Spore des Halsbandschwindlings: 7–10 × 3,5–5 µm, zugespitzt, farblos

Orangerötlicher Schwindling

Halsbandschwindling

Küchenschwindling, Knoblauchschwindling

Marasmius scorodonius (FR.) FR.

Viele Pilzarten kann man schon anhand eines ganz bestimmten, für die jeweiligen Arten immer gleichen Geruchs ansprechen. Dies Merkmal ist also bei der Bestimmung außerordentlich wichtig und ein guter Geruchsinn ist für den Pilzkenner eine unschätzbare Hilfe. Charakteristisch für den Küchenschwindling ist der Knoblauchgeruch, der sich noch beim Zerreiben von trockenen Fruchtkörpern zwischen den Fingern bemerkbar macht, bei frischen Pilzen aber verständlicherweise am intensivsten ist. Dieser Geruch führt auch dazu, daß manche Pilzsammler diesen Schwindling als Knoblauchersatz zum Würzen benutzen; durch Kochen geht der Duft aber fast völlig verloren.

Den Küchenschwindling findet man am ehesten in lichten Nadelwäldern, an deren Rändern und auf Heideflächen, also vorwiegend auf saureren Böden. Er wächst aus abgestorbenen Zweigen, Wurzeln, aber auch aus Nadelstreu und Stubben hervor. Der 1–2 cm breite (selten größere) Hut ist dünn ledrig, hellfleischfarben oder rosa bis weißlich, oft gerunzelt und flach ausladend. Nach dem Vertrocknen und wiederholten Anfeuchten quillt er wieder auf. Der zähe, elastische, nur 1–2 mm starke Stiel ist völlig glatt, glänzend rotbraun. Die Lamellen stehen ziemlich dicht, sind reinweiß und am Stiel angewachsen. Der Sporenstaub ist weiß.

An ähnlichen Standorten wachsen aus verrottender Nadelstreu der Roßhaarschwindling – *M. androsaceus* (L. ex FR.) FR. und der Nadelstinkschwindling – *Micromphale perforans* (HOFM. ex FR.) SING. Der Roßhaarschwindling ist zierlicher und geruchlos, ähnlich wie der Küchenschwindling gefärbt, allerdings mit einem schwarzen, glänzenden, roßhaarähnlichen Stiel. Der Nadelstinkschwindling ist ungefähr gleich groß, allerdings mit einem behaarten Stiel; er riecht unangenehm nach altem, fauligem Sauerkraut.

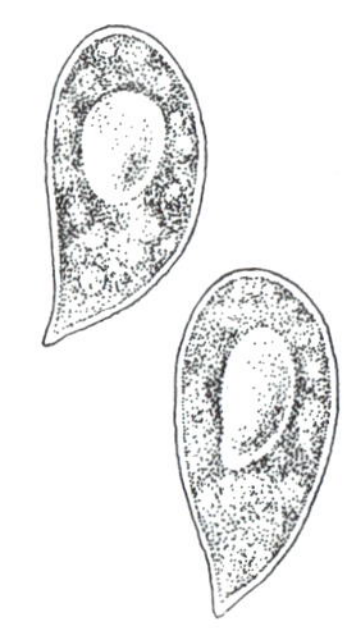

Sporen des Küchenschwindlings:
8–9 × 4–5 μm, eirund, glatt, farblos

Küchenschwindling

Roßhaarschwindling

Feldschwindling, Nelkenschwindling

Marasmius oreades (BOLT. ex FR.) FR.

Die bekannteste Schwindlingsart ist der Feldschwindling. Er wächst hauptsächlich nach lang anhaltenden Regenfällen häufig vom Mai bis in den Herbst im Gras von Wiesen und Weiden, an Feldwegen, manchmal auch auf Waldlichtungen. In früheren Zeiten wurde der Boden an solchen Standorten durch den Kot von weidendem oder durchziehendem Vieh gedüngt. Damals gehörte der Feldschwindling zu den allerhäufigsten Pilzen überhaupt und wuchs scharenweise in Streifen oder Ringen aus sattgrünem Gras. Die sich durch dunkleres Grün und auch üppigeren Wuchs von der Umgebung unterscheidende Vegetation weist auf einen höheren Nitratgehalt im Boden hin und verrät für gewöhnlich auch die mögliche Anwesenheit dieses Pilzes. Die Fruchtkörper kommen kurz nach Regenfällen hervor. Sobald Trockenheit eintritt, trocknen sie ein, um beim nächsten Regen wieder zur ursprünglichen Gestalt aufzuleben.

Der Hut des Feldschwindlings mißt 2–5 cm im Durchmesser, ist zunächst glockenförmig gewölbt, in der Mitte stumpf gehöckert, am Rand schwach gerieft, ganz blaß fleisch- oder semmelfarben. Er ist kahl und elastisch, ähnlich wie der Fuß, den man ohne ihn zu brechen umbiegen kann. Die Lamellen sind am Stiel tief ausgeschnitten, mit einem Zacken angewachsen, locker stehend, hoch, weißlich. Der Sporenstaub ist reinweiß. Das Fleisch duftet angenehm nach Bittermandeln.

Der Feldschwindling ist ein guter Speisepilz, der sich vor allem für Suppen eignet. Gesammelt werden nur die Hüte, die Stiele sind zu zäh. Beim Sammeln muß man sich vor Verwechslungen mit verschiedenen giftigen Trichterlingsarten hüten, die an ähnlichen Stellen vorkommen, wie z. B. der Weiße Feldtrichterling.

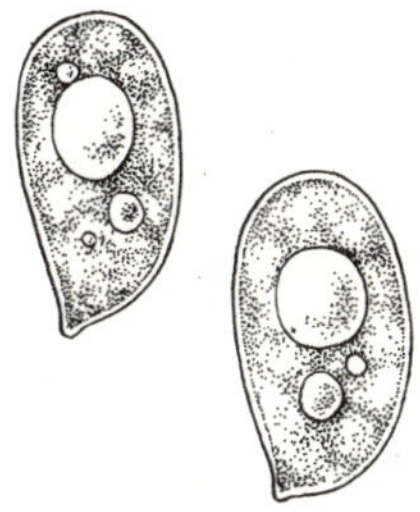

Sporen: 7–9 × 4–5 µm, elliptisch, glatt, farblos

„Hexenring“ aus Feldschwindlingen im Gras

Violetter Rettichhelmling

Mycena pura (PERS. ex FR.) KUMM.

Einige Helmlingsarten erkennt man schon am Geruch; zu ihnen gehört der Violette Rettichhelmling, der auffällig nach Radieschen riecht. Er ist, was seine Größe, vor allem aber seine Färbung angeht, recht veränderlich. In der ersten Zeit hat er einen hell- bis rosavioletten Hut, doch kommen auch bläuliche, bräunliche und weiße Formen vor. Durch Austrocknen ändert sich die Farbintensität der Fruchtkörper, sie sind dann stets heller als bei Feuchtigkeit. Der röhrenartige Stiel ist spröde, unten lang weiß behaart, 3–7 cm lang und 3–5 mm stark. Die lockeren, hohen, am Stiel tief ausgeschnittenen Lamellen sind an der Unterseite quer gerippt und blaßviolett gefärbt.

Diesen Helmling kann man in den verschiedensten Waldarten von Mai bis Oktober sammeln. Einzeln und gesellschaftlich wachsen die Pilze aus Humus und Detritus oder verrottender Laub- und Nadelstreu gern an feuchteren Stellen hervor. Die früheren Angaben über die Eßbarkeit des Violetten Rettichhelmlings sind unlängst revidiert worden. Heute gilt er nachgewiesenermaßen als giftiger Pilz. Die Vergiftungserscheinungen nach dem Genuß einer größeren Pilzmenge zeigen sich ähnlich wie Fliegenpilzvergiftungen, der Rettichhelmling enthält offensichtlich das giftige Alkaloid Muscarin.

Man kann ihn praktisch nicht mit eßbaren, violett gefärbten Blätterpilzen verwechseln. Der Violette Rötelritterling ist beispielsweise ein fleischiger, stattlicher Pilz von völlig anderem Aussehen und mit hellrosa Sporenstaub. Den Amethystblauen Lacktrichterling erkennt man am zähen Stiel und den dicken, mit weißem Sporenstaub bedeckten Lamellen. Der Amethystblaue Lacktrichterling kann nur ausnahmsweise den Fruchtkörpern des Violetten Rettichhelmlings ähneln.

Sporen: 5–6 × 2,5–3 µm, amyloid, farblos

Violetter Rettichhelmling

Amethystblauer Lacktrichterling

Rosafarbener Rettichhelmling

Mycena rosea (BULL.) ex SACC. et DALLA COSTA

Der Rosafarbene Rettichhelmling wird von manchen Mykologen nur für eine Abart des Violetten Rettichhelmlings gehalten, andere werten ihn als selbständige Art. In Form und Größe entspricht er dem Violetten Rettichhelmling, unterscheidet sich von diesem aber durch den bei Feuchtigkeit schön hellrosagefärbten Hut. Stiel und Lamellen sind schon nicht mehr so eindeutig rosa. Die Lamellen können manchmal auch nur weißlich, in anderen Fällen blaßrosa sein, ähnlich wie der Stiel, der an der Basis stets gelblichgefärbt ist. Das spröde Fleisch ist weiß bis blaßrosa, es duftet und schmeckt nach Radieschen, also genau wie beim Violetten Rettichhelmling.

Der Rosafarbene Rettlichhelmling wächst ausschließlich in Laub- oder Mischwäldern, namentlich unter Eichen und Buchen. Er ist schwach giftig und es wurden Vergiftungsfälle nach dem Genuß von ungefähr 30 Fruchtkörpern bekannt. Die Symptome zeigen sich wie bei Muscarinvergiftung durch Schweißausbrüche, Übelkeit, Erbrechen, Pupillenverengung und Sehstörungen. Der Rosafarbene Rettichhelmling ist aber ein Pilz, den man leicht erkennen kann, so daß er kaum mit einem Speisepilz verwechselt werden dürfte. Er ist übrigens viel seltener als der ebenfalls giftige und recht häufige Violette Rettichhelmling.

Spore: 6–9 × 3–4 µm, zylindrisch,
an der Basis ein Apikulus, glatt, farblos, amyloid

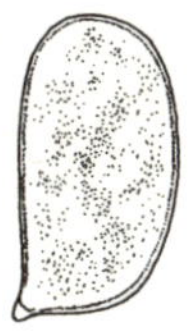

Zystide

Buchenhelmling

Mycena fagetorum (FR.) GILL.

Der Buchenhelmling gehört zu den selteneren Arten und kommt nur in einigen europäischen Ländern häufiger vor. In Mitteleuropa ist der Pilz sehr selten. Seine Fruchtkörper erscheinen erst im Spätherbst, etwa Oktober/November aus der verrottenden Laubstreu der Buchenwälder. Von dem an die Buche gebundenen Vorkommen hat die Art auch ihren Namen erhalten. Die Pilze wachsen einzeln, für gewöhnlich aber in einer größeren Anzahl von Exemplaren zusammen. Der Hut ist 1–3 cm breit, zuerst halbkugelig oder kegelförmig, später sehr flach gewölbt, manchmal fast platt. Bei Feuchtigkeit ist er deutlich gerieft und bleich, um das Zentrum und auf den Riefen hellgraubraun mit einem oft transparenten farblosen Mittelteil, bei Trockenheit ganz weißlich. Die Lamellen stehen schütter, sind weißlich oder schwach graubraun, am Stiel angewachsen oder sogar kurz an ihm herablaufend und verhältnismäßig elastisch. Der Stiel ist 3–8 cm lang, 1,5–2,5 mm dick, dunkel- oder olivgrau, später graubraun, transparent, hohl. Die weiß behaarte Basis wächst an der Laubstreu fest. Der Sporenstaub ist weiß. Die Cheilozystiden haben im Oberteil verästelte Auswüchse. Das Fleisch duftet mehlig und schmeckt mild.

Der Buchenhelmling ist ungenießbar, ähnlich wie die überwiegende Mehrzahl aller Helmlingsarten *(Mycena)*. Davon gibt es zwar sehr viele, doch sind sie so klein, daß sie für den praktischen Pilzsammler keine Bedeutung haben. Viele von ihnen ziehen aber, da sie sich in großer Anzahl vor allem im Spätsommer und im Herbst zeigen, das Interesse der Waldbesucher auf sich.

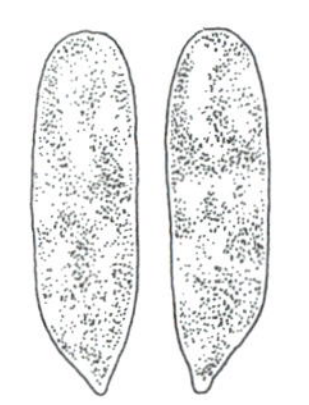

Sporen: 6,5–10 × 2,5–4,5 µm, lang zylindrisch, glatt, farblos, amyloid

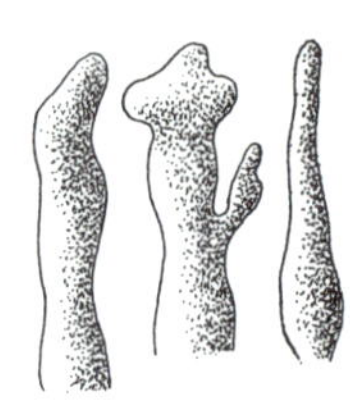

Cheilozystiden

Geselliger Glöckchennabeling

Xeromphalina campanella (BATSCH ex FR.) R. MRE.

Auf alten, moosbewachsenen Fichtenstubben in den Wäldern des Bergvorlandes und der Gebirge begegnet man oft einem auffällig gefärbten, zierlichen Blätterpilz, der auf Holz wächst, dem Geselligen Glöckchennabeling. Seine verhältnismäßig kleinen Fruchtkörper bilden dichte Bestände, die bis einige Hundert Exemplare umfassen und schon von weitem durch ihre satt braunorange oder orangegelbe Färbung Aufmerksamkeit erwecken. Die Hütchen von Glockenform haben 1–2 cm Durchmesser. Sie wachsen auf kurzen (1–2 cm) und dünnen (1–2 mm) gekrümmten, gelbbraun- bis rostbraungefärbten, an der Basis abstehend behaarten Stielen. Die hellgelben Lamellen laufen lang am Stiel herab, sind locker angeordnet und auf der Unterseite durch zahlreiche Adern miteinander verbunden. Das Fleisch hat keinen besonderen Geruch und Geschmack. Der Sporenstaub ist weiß.

Der Gesellige Glöckchennabeling kommt auch in tieferen Lagen vor, nur an mikroklimatisch günstigen Standorten mit höherer Luftfeuchtigkeit, also vornehmlich in tiefen Tälern oder Schluchten an Bächen und Flüssen. Auch dort wächst er auf morschem Holz alter Fichten-, seltener Kiefern- oder Tannenstubben.

Dem Geselligen Glöckchennabeling ähnelt der Heftelnabeling – *Rickenella fibula* (BULL. ex FR.) RAITLH., der allerdings noch zierlicher ist. Er unterscheidet sich durch einen orangefarbenen, 0,5–1 cm großen Hut und einen langen dünnen Stiel und wächst einzeln hauptsächlich im Moos auf Waldboden. Beide Arten sind ungenießbar.

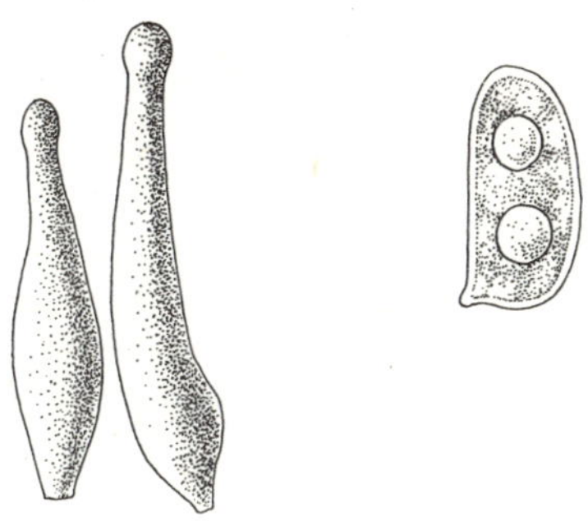

Zystiden und Spore
des Geselligen Glöckchennabelings:
5–6 × 2–3 µm, elliptisch, glatt, farblos, amyloid

Heftelnabeling

Geselliger Glöckchennabeling

Samtfußrübling

Flammulina velutipes (CURT. ex FR.) SING.

Frische Pilze kann man auch in einem milden Winter sammeln. Zu den wenigen Arten, die auch bei niedrigen Temperaturen wachsen und sogar Frost vertragen, zählt der Samtfußrübling. Seine Büschel wachsen oft an lebenden Bäumen, aus unzulänglich verheilten, durch das Abschneiden von Ästen entstandenen Wunden und auf Stümpfen. Gleichfalls wachsen sie auf abgestorbenen, noch stehenden oder bereits umgestürzten Stämmen verschiedener Laub-, seltener Nadelbäume.

Der Hut fällt durch seine ockergelbe, auf dem Scheitel fast kastanienbraune Färbung auf. In Ausnahmefällen kann er Größen von 10 cm im Durchmesser erreichen, meist ist er aber nur 2–5 cm breit. Er ist breit gewölbt, dünn und biegsam fleischig, bei Feuchtigkeit klebrig. Die Lamellen sind am Stiel ausgeschnitten, dichtstehend, weiß, später gelblich. Der Stiel ist nach unten hin verjüngt, manchmal sogar wurzelartig verlängert, oben gelb, unten schwarzbraun, über und über samtig befilzt. Der Sporenstaub ist weiß. Der Geruch des Fleisches erinnert ein wenig an rohen Fisch, Geschmack hat es keinen.

Vom Samtfußrübling werden nur die Hütchen gesammelt, denn die Füße sind zu zäh. Neuerdings wurde festgestellt, daß ein Extrakt aus rohen Fruchtkörpern zu Vergiftungen führt. Gekochte Pilze kann man aber ohne Folgen genießen. Den Samtfußrübling kennen vor allem die Pilzsammler der größeren Städte gut, da sie ihn im Winter in Parks und Gärten suchen.

Sehr häufig wachsen auf Baumstümpfen auch die Büschel des Grünblättrigen Schwefelkopfs – *Hypholoma fasciculare* (HUDS. ex FR.) KUMM. Seine Lamellen sind aber ähnlich wie das Fleisch gelbgrün, dies ist überdies stark bitter. Eine Verwechslung beider Arten ist also nur bei grober Unaufmerksamkeit oder Unkenntnis möglich.

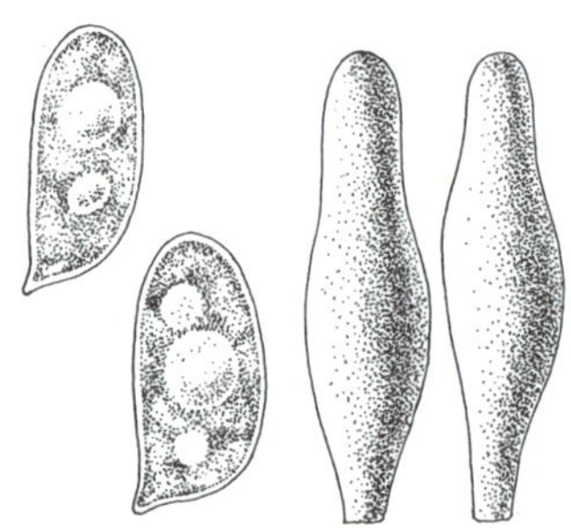

Sporen und Zystiden des Samtfußgrüblings: 8–9 × 4,5–6 μm, elliptisch, glatt, farblos

Samtfußrübling

Grünblättriger Schwefelkopf

Mehlräsling

Clitopilus prunulus (SCOP. ex FR.) KUMM.

Grasüberwucherte Waldwege, vor allem auf feuchten Böden, zeichnen sich durch eine interessante und charakteristische Mykoflora aus, gleich, ob es sich um kleine Bodenpilze oder um Arten mit größeren Fruchtkörpern handelt. Diese Pilze sind in ihrem Vorkommen entweder an nahe Hölzer gebunden oder wachsen unabhängig von ihnen in tiefen, von Fahrzeugen stammenden Radspuren, wo sie geeignete Lebensbedingungen vorfinden.

Unter den Blätterpilzen ist es der Mehlräsling, der sehr häufig auf Wegen in Fichtenwäldern vorkommt. Seltener wächst er in Misch- und Laubwäldern.

Die weißen Fruchtkörper des Mehlräslings haben bis 10 cm breite Hüte, die schnell flach gewölbt bis ausladend, in der Mitte vertieft, an den Rändern lang eingerollt und gewellt sind; ihre Haut ist glatt, fein bereift. Die lang herablaufenden Lamellen stehen dicht und sind weißlich, zuletzt vom Sporenstaub fleischfarben. Der Stiel ist kurz, für gewöhnlich 3–6 cm lang und 0,7–2 cm stark; er kann manchmal auch exzentrisch ansitzen. Unter dem Hut ist der an der Basis weich befilzte Stiel am breitesten. Im Anschnitt duftet das Fleisch stark nach rohen Gurken oder frischem Mehl, der Geschmack ist ähnlich.

Der Mehlräsling ist ein eßbarer Pilz, der durch das Weiß seiner Fruchtkörper, die rosa Lamellen und den starken gurkig-mehligen Geruch und Geschmack gut charakterisiert ist. Interessanterweise wächst er oft in der Gesellschaft von Steinpilzen.

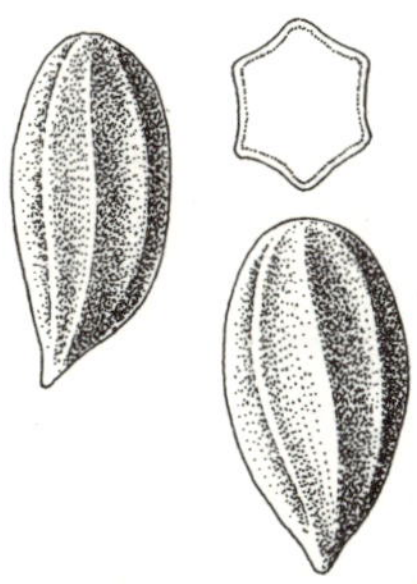

Sporen: 8–14 × 5–6µm, spindelförmig, mit sechs Längsrippen, blaßrosa

Sporenstaub

Frühlingsrötling

Entoloma vernum LUNDELL

Bei günstigem Wetter findet man schon zeitig im Frühjahr im Gras von sonnigen Stellen an Waldrändern und Hängen, oder auf grasbewachsenen, von der Frühlingssonne erwärmten Lichtungen die ersten Fruchtkörper des Frühlingsrötlings. Bezeichnend für sie sind die dunkle Farbe und die graurosa Lamellen. Der 3–6 cm breite Hut ist kegel- oder glockenförmig, später flach gewölbt, in der Mitte gebuckelt, spröde, brüchig, stark hygrophan, bei Feuchtigkeit sehr dunkel- bis schwarzbraun, bei Trockenheit blaß graubraun und seidig glänzend. Die Lamellen sind schütter, hoch, zunächst grau, im Reifestadium von Sporenstaub graurosa eingefärbt. Der Stiel ist manchmal länger als der Hutdurchmesser und etwa 0,5 cm stark, längs zusammengedrückt, spröde, hohl und graugefärbt. Das blaßgraue Fleisch ist fast geruch- und geschmacklos.

Der Frühlingsrötling ist ein verhältnismäßig stark giftiger Pilz, nach dessen Genuß sich eine Vergiftung einstellt, die sich vor allem durch intensive Durchfälle bemerkbar macht. Unaufmerksame oder unerfahrene Pilzsammler verwechseln den Frühlingsrötling gewöhnlich mit dem Feldschwindling, weil er auch im Gras wächst. Dabei ähnelt der Frühlingsrötling dem Feldschwindling überhaupt nicht, er unterscheidet sich von ihm nicht nur durch die völlig andere Färbung und das spröde Fleisch, sondern vor allem durch den rosa oder fleischfarbenen Sporenstaub und die kantigen Sporen. Es gibt sehr viele Blätterpilze mit ähnlich gefärbten Sporen und viele von ihnen sind nachgewiesenermaßen giftig.

Ein weiterer Frühlingspilz ist der Schildrötling – *Entoloma clypeatum* (L. ex FR.) KUMM. Er wächst gleichfalls im Gras unter verschiedenen Obstbäumen, vor allem unter Pflaumen. Er ist wesentlich fleischiger und größer als der Frühlingsrötling, hat einen weißen Stiel und ein mehlig duftendes Fleisch. Er ist eßbar.

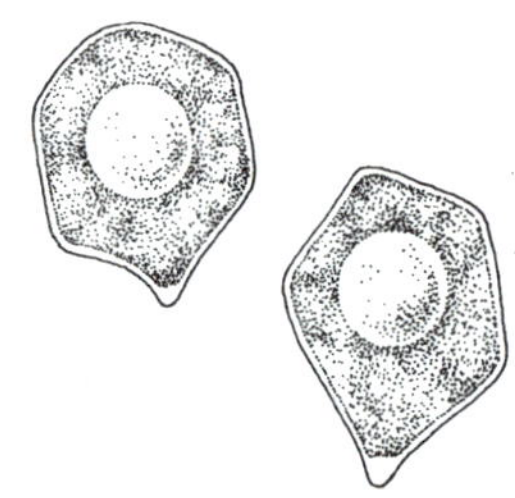

Sporen des Frühlingsrötlings: 9–10 × 7–8 µm, kantig, blaßrosa

Sporenstaub

Frühlingsrötling

Schildrötling

Riesenrötling

Entoloma sinuatum (BULL. ex FR.) KUMM.

Die Fruchtkörper dieser auf den ersten Blick verlockend aussehenden Pilze wachsen Anfang Juli (selten schon Anfang Mai) in Eichenwäldern auf Kalksteinböden und halten sich bis in den September. Unter einzeln stehenden Eichen kommen sie auch außerhalb des Waldes vor, wie z. B. auf den Dämmen von Fischteichen oder in Alleen. Der Riesenrötling ist eine wärmeliebende Art, die daher in kühleren Gebieten oder Berglagen fehlt. Auch auf saureren Böden wächst er nicht. Manchmal kommt er in der Gesellschaft des Eichensteinpilzes vor und junge Fruchtkörper des Riesenrötlings, die in der Form jungen Steinpilzen ähneln, können von unerfahrenen Pilzsuchern leicht zusammen mit diesen eingesammelt werden. Im Frühsommer gewachsene Fruchtkörper könnte man auch noch mit verspäteten Maipilzen verwechseln. Der Genuß des Riesenrötlings, eines stark giftigen Pilzes, äußert sich schon nach 2–4 Stunden durch Erbrechen, und Durchfälle; dieser Zustand kann einige Tage lang anhalten. Der toxische Stoff läßt sich weder durch Kochen noch durch das Einlegen in Essig beseitigen.

Die stattlichen fleischigen Fruchtkörper des Riesenrötlings haben einen 5–15 cm, manchmal sogar 20 cm breiten Hut, der zunächst halbkugelig ist und einen an den Stiel gedrückten, lang eingerollten Rand hat; später ist er breit ausladend und hat in der Mitte eine rundliche Spitze. Die ablösbare Haut ist seidenglänzend, eingewachsen netzfaserig, in der Jugend weißlich, später fahlgelblich, zuletzt hellbräunlich. Die Lamellen sind verhältnismäßig schmal, dichtstehend, gelblich, später rosa bis fleischrotgefärbt. Der Stiel ist unten keulig verbreitert, bis zu 20 cm lang und unten höchstens 8 cm dick, fest, faserig, weiß, später gelblich. Das weiße Fleisch riecht und schmeckt gurkig-mehlig. Der Sporenstaub ist rötlich.

Sporen: 8–10 × 7–8,5 µm,
fast kugelig und stumpf sechskantig

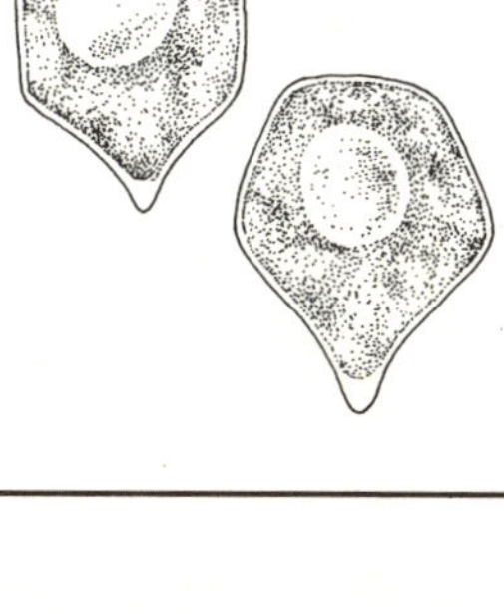

„Alkalischer" Rötling

Entoloma nidorosum (FR.) QUÉL.

Die Arten der Gattung *Entoloma,* von denen es sehr viele gibt, sind einander sehr ähnlich und ihre genaue Unterscheidung ist nicht einfach. Nur einige haben so eindeutige Merkmale, daß man sie ohne langes Nachschlagen in der Literatur und ohne mikroskopische Untersuchung gleich im Gelände bestimmen kann. Zu ihnen gehört der „Alkalische" Rötling, dessen spezifischer, an Ammoniakdämpfe erinnernder Geruch unverkennbar ist. Er hat einen 5–8 cm breiten, verhältnismäßig dünnen und sprödfleischigen, leicht brechenden, bald flach ausladenden, am Rand sehr dünnen und transparenten, oft lappig gebogenen Hut. Dieser ist hygrophan, bei Feuchtigkeit dunkelgraubraun, bei Trockenheit grausemmelfarben und hat eine glatte, seidig glänzende Oberfläche. Die Lamellen sind hoch, schütter stehend, am Stiel tief ausgeschnitten, mit einem Zahn bzw. kurz herablaufend angewachsen. Ihre Farbe ist blaugrau bis bräunlich, zuletzt braunrosa. Der Stiel ist zylindrisch, oft stark verlängert und unten verjüngt, gekrümmt, 0,5–1 cm stark, weiß und seidig glänzend, im Alter graugefärbt, hohl und spröde. Der Sporenstaub ist rosa.

Dieser Rötling kommt ziemlich häufig auf dem Boden in feuchteren Laubwäldern vor. Oft begleitet er Espen, Pappeln, Hainbuchen und Linden. Seltener zeigt er sich in Nadelwäldern. Er könnte mit dem Schildrötling verwechselt werden, der aber einen gurkig-mehligen Duft hat und außerhalb des Waldes, vor allem in Gärten und Baumanlagen, unter Steinobsthölzern wächst.

Sporen: 7–9 × 6–8 μm, stumpf kantig

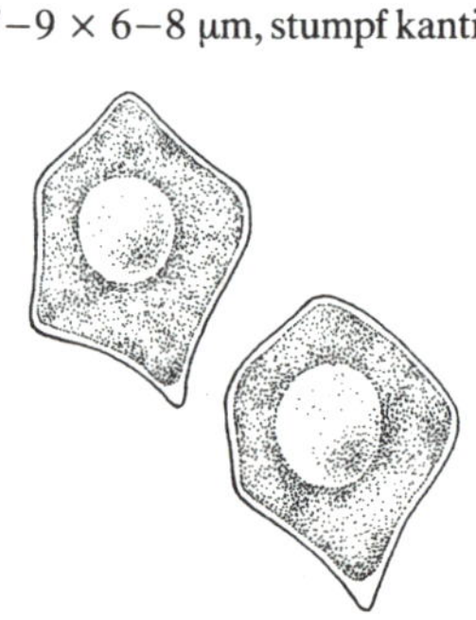

Gebrechlicher Glöckling

Entoloma hirtipes (SCHUM. ex FR.) MOS.

Das ist eine seltene Art, die auch unter dem Gattungsnamen *Nolanea* geführt wird. Sie hat einen 3–5 cm breiten, selten größeren, glocken- bis kegelförmigen graubraunen Hut, an dem bei Feuchtigkeit die Lamellen schwach durchscheinen. Der Stiel ist 7–16 cm lang, 4–6 mm dick, unten etwa bis auf 1 cm verdickt und weiß befilzt. Ansonsten ist er ähnlich wie der Hut gefärbt und sehr spröde. Die Lamellen sind bauchig, hoch, zuerst weißlich, dann graugefärbt. Das Fleisch riecht besonders nach Druckverletzungen stark und durchdringend nach Lebertran. Der Sporenstaub ist rosa.

Der Gebrechliche Glöckling wächst schon ab April auf dem Boden im Gras, hauptsächlich in Nadelwäldern. Er ist ungenießbar.

Er gehört in die Verwandtschaft von *E. mammosum* (FR.) HESLER, der im Sommer und Herbst ebenfalls an grasigen Standorten, aber eher außerhalb des Waldes wächst. *E. mammosum* ist kleiner, sein Hut endet auf dem Scheitel meist in einem kleinen Höcker, der manchmal spitz ist. Der Stiel ist dünn, nur 1–3 mm stark, unten nicht verbreitert.

Im Frühjahr wächst an ähnlichen Standorten der Frühlingsrötling – *E. clypeatum* (L. ex HOOK.) KUMM., der aber bei Feuchtigkeit sehr dunkel ist und ein fade riechendes Fleisch hat.

Alle diese rosa- bzw. rotsporigen Blätterpilze, deren Bestimmung schwierig ist, kann man leicht miteinander verwechseln und der kluge Pilzsucher tut gut daran, wenn er sie nicht sammelt.

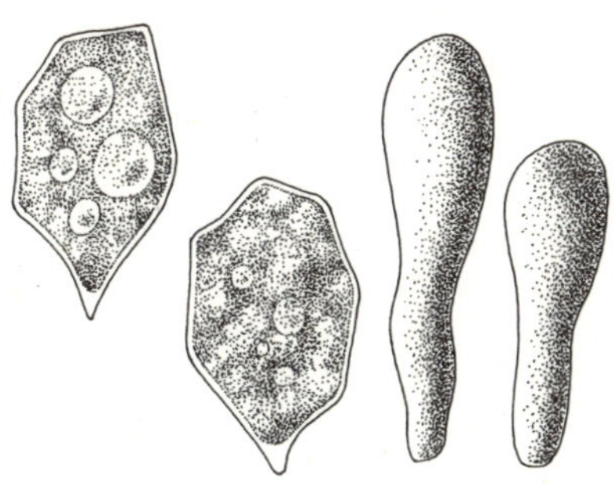

Sporen und Zystiden des Gebrechlichen Glöcklings: 10–14 (16) × 7–9 µm, länglich, kantig, hellrosa

Frühlingsrötling

Gebrechlicher Glöckling

Großer Scheidling

Volvariella speciosa (FR.) SING.

Die Scheidlinge *(Volvariella)* sind mittlere bis größere, weich bis wäßrig-fleischige Pilze, deren Fruchtkörper in der Jugend von einer festen Haut umhüllt sind, die beim Wachstum des Fußes aufreißt und an der Basis eine deutliche hohe, oft in Zipfeln zerissene Scheide (Volva) hinterläßt. Der Stiel hat keinen Ring und auch auf der Hutoberfläche sind meist keine Schleierreste auszumachen. Die hohen bauchigen Lamellen (ähnlich wie bei den Knollenblätterpilzen) stehen am Stiel frei. Der Färbung des Sporenstaubs entsprechend gehören die Scheidlinge zu den rotsporigen Blätterpilzen, die gemeinsam mit den Dachpilzen *(Pluteus)* in die Familie der *Pluteaceae* gereiht werden. Im Aussehen ähneln sie ein wenig den Knollenblätterpilzen.

Der Große Scheidling gehört zu den bekanntesten Vertretern der Gattung. Er ist ein großer und stattlicher Pilz und hat einen 6–12 cm breiten, recht fleischigen, am Rand dünnen, zunächst stumpfkegelig-glockenförmigen, dann ausladenden, bei Feuchtigkeit schleimig-glänzenden weißgrauen Hut. Sofern dieser – vor allem in der Mitte – grau oder schwarzbraungefärbt ist, wird er als var. *gloicocephala* (DC ex FR.) SING. bezeichnet. Die Lamellen stehen dicht und sind weißlich, ausgereift fleischfarben. Der bis zu 20 cm lange und 1–1,5 cm dicke Stiel ist fest, weiß, unten leicht verbreitert bis knollenartig mit einer weißen Scheide, die bei älteren Fruchtkörpern fast verschwindet und beim Herausziehen des Stiels im Boden bleibt. Das Fleisch riecht nach angefaultem Obst.

Der Große Scheidling ist ein typischer Pilz von Standorten außerhalb der Wälder: Gärten, Parks, Felder, Schutthalden; überall dort kommt er mit Vorliebe auf gedüngtem Boden vor. Er ist ungenießbar, aber nicht giftig, wie früher behauptet wurde.

Sporen: 12–18 × 7–10 µm, breit elliptisch, glatt

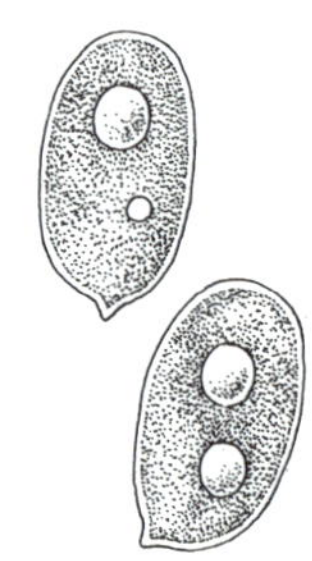

Zystiden

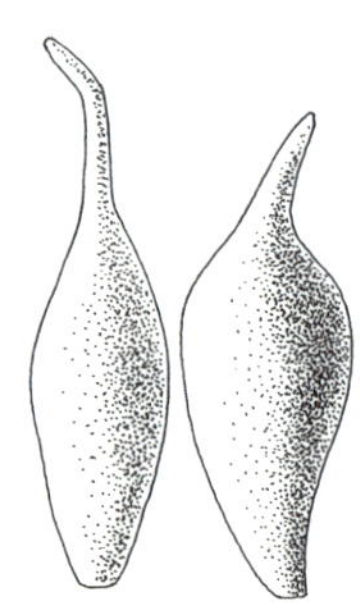

Rehbrauner Dachpilz

Pluteus cervinus (SCHAEF. ex FR.) KUMM.

Unter den rotsporigen Pilzen, die auf Stubben und auf morschem Holz wachsen, ist der Rehbraune Dachpilz einer der verbreitetsten. Seine verhältnismäßig großen Fruchtkörper haben einen hell- bis dunkelgrauen oder graubraunen Hut auf einem ziemlich dünnen, weißen, locker dunkler längsgefaserten Stiel. Der Hut ist 5–12 cm breit, zuerst glockenförmig, später ausladend strahlenartig, gefasert, glänzend, bei Trockenheit auch aufgesprungen. Der Stiel ist 6–12 cm lang, 0,8,–1,5 cm dick und fest. Ein charakteristisches Merkmal – wie bei allen Dachpilzarten *(Pluteus)* – sind die vom Stiel abgesetzten Lamellen, welche zuerst weißlich, sobald die Sporen heranreifen aber hellrosa und zuletzt fleischfarben sind. Ihre Schneide ist genauso wie die Lamellenfläche gefärbt. Dies steht im Gegensatz zu dem eng verwandten Schwarzschneidigen Dachpilz – *P. atromarginatus* (KONR.) KÜHN., der schwarz gesäumte Lamellenschneiden hat. Während der Rehbraune Dachpilz das Holz von Laubbäumen bevorzugt (besonders häufig auf Birken, Hainbuchen, Eichen und Buchen), begegnet man dem Schwarzschneidigen ausschließlich auf Nadelhölzern; meist findet man ihn auf Waldkiefern- oder Fichtenstubben. Er ist allerdings etwas seltener als der Rehbraune Dachpilz. Beide Arten kann man von Mai bis Oktober antreffen und beide sind eßbar, aber wenig ergiebig und nicht besonders schmackhaft. Ihr Fleisch ist ziemlich spröde und wäßrig, so daß es beim Transport leicht beschädigt wird. Daher werden Dachpilze nur ausnahmsweise gesammelt. Man kann sie in Suppen und Pilzmischungen zum Braten verwenden.

In die Pluteaceenfamilie gehört auch die Gattung *Volvariella,* die an der Fußbasis eine Hautscheide hat.

Sporen des Rehbraunen Dachpilzes:
7–9,5 × 5–6 µm, rundlich, rosa

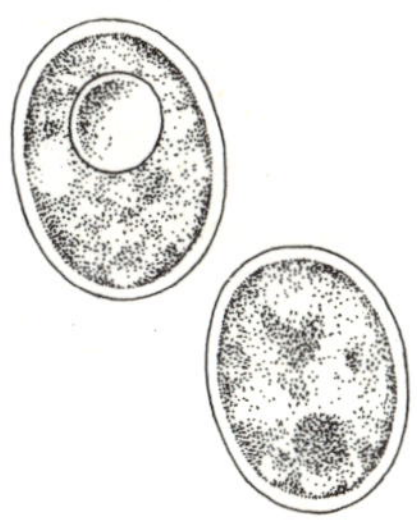

Verschiedene Zystiden
des Rehbraunen Dachpilzes

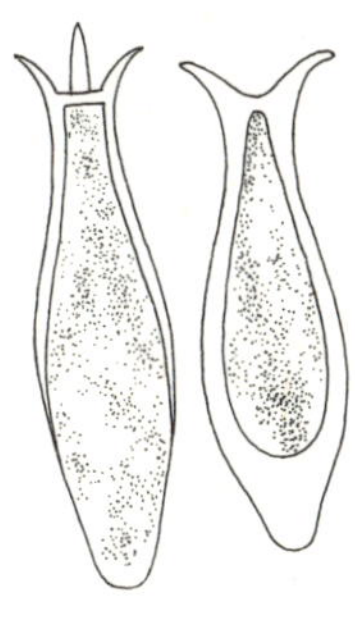

Ausgefallener Sporenstaub

Grauer Scheidenstreifling

Amanita vaginata (BULL. ex FR.) QUÉL.

Nicht alle Knollenblätterpilze haben einen Ring um den Stiel, aber es gibt viele Arten, bei denen die häutige Hülle (Velum universale) in Form einer Scheide zurückbleibt, die unterschiedlich hoch an der Stielbasis hinaufreicht und sie ähnlich wie eine halbe Eierschale umgibt. Früher wurden diese ringlosen Knollenblätterpilzarten mit Scheide in der Gattung *Amanitopsis* zusammengefaßt, im heutigen Pilzsystem werden sie nur als Sektion *Vaginaria* der Gattung *Amanita* gewertet.

Zu den häufigsten Vertretern gehören der Graue Scheidenstreifling und einige weitere eng verwandte Arten. Die typische Form hat einen spröden, dünnfleischigen, hell- oder dunkelgraugefärbten Hut, der oft bis ins Weißliche verblaßt. Er ist in der Regel 3–12 cm breit, flach ausladend, in der Mitte mit einem niedrigen, rundlichen Höcker, am Rand auffällig gerieft; Fuß und Scheide sind weißlich, die reinweißen Lamellen stehen dicht und sind am Stiel frei. Der Sporenstaub ist weiß.

Der Graue Scheidenstreifling kommt den ganzen Sommer über bis in den Herbst in allen Waldarten vor. Meist findet man ihn auf grasigen und moosbewachsenen feuchteren Böden, oft unter Birken auf saurerem Untergrund. Roh ist der Pilz – ähnlich wie alle Arten dieser Verwandtschaft – giftig, gekocht hingegen eßbar. Wegen der Verwechslungsgefahr mit dem hochgiftigen Grünen Knollenblätterpilz empfiehlt es sich aber nicht, ihn zu sammeln.

Nicht weniger häufig ist der Rotbraune Scheidenstreifling – *A. fulva* (SCHFF. ex) PERS., der in Aussehen und Größe weitgehend dem Grauen Scheidenstreifling ähnelt, aber einen rotbraunen Hut und eine orangegelbe Scheide hat. Er wächst meist in moosigen Fichtenbeständen, aber auch unter Laubhölzern. Er ist eßbar, aber roh giftig.

Sporen:
9–12 µm, Durchmesser,
kugelig, farblos, nicht amyloid

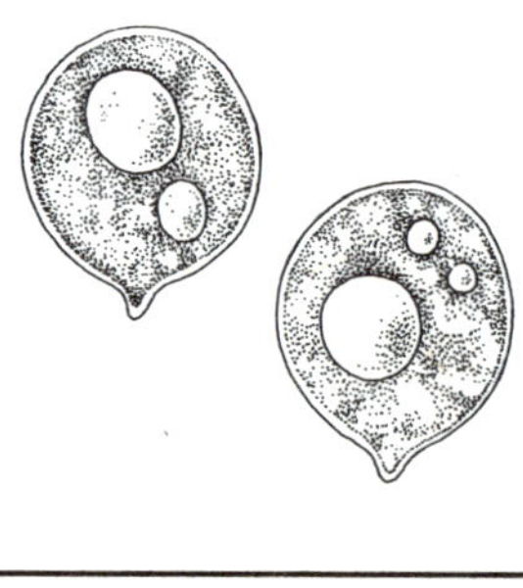

☠

Verfärbender Scheidenstreifling

Amanita umbrinolutea SECR.

Der Verfärbende Scheidenstreifling ist mit dem Grauen Scheidenstreifling eng verwandt und ähnelt ihm so sehr, daß er manchmal nur für eine Unterart von diesem gehalten wird. Er unterscheidet sich vom Grauen Scheidenstreifling durch Färbung und die Größe der Sporen. Sein Hut ist 5–12 cm breit, zuerst eiförmig und von einer weißen, steifhäutigen Hülle umgeben. Später ist der Hut flach gewölbt bis breit ausladend, am dünneren Rand deutlich gerieft; die Hülle bleibt an der Spitze des jungen Fruchtkörpers zurück, später fällt sie ab, so daß bei alten Pilzen die ganze Hutoberseite frei ist. Die Haut ist zunächst schleimig, dann trocken glänzend, gelb- oder grau- bis olivbraun, am gerieften Rand weißlich. Die dünnen Lamellen stehen frei und ziemlich dicht; sie sind weiß. Der zylindrische Stiel ist weiß, charakteristisch grau bis gelbbraun geflammt, unten leicht verbreitert, seine Basis steckt in einer großen weißen Hautscheide. Ein Ring fehlt wie bei allen Scheidenstreiflingen. Der Sporenstaub ist weiß.

Der Verfärbende Scheidenstreifling wächst hauptsächlich in Bergvorland- und Gebirgsfichtenwäldern. Durch seine Färbung kann er manchmal dem Rotbraunen Scheidenstreifling ähneln, der aber einen rotbraunen, am Rand helleren, selten einen Olivton aufweisenden Hut, einen weißlichen oder rotbräunlichen, ungeflammten Stiel und eine rostfarbene oder orangebraune Scheide hat. Eine weitere verwandte Art, *A. lividopallescens* GILL. hat einen ockergrauen, oft rostfleckigen Hut und einen weißlichen, beflockten Stiel. Er wächst im Gras von Waldwiesen und ist ungenießbar.

Sporen des Verfärbenden Scheidenstreiflings: 11–16 × 9,5–13 µm, fast kugelig, glatt, farblos, nicht amyloid

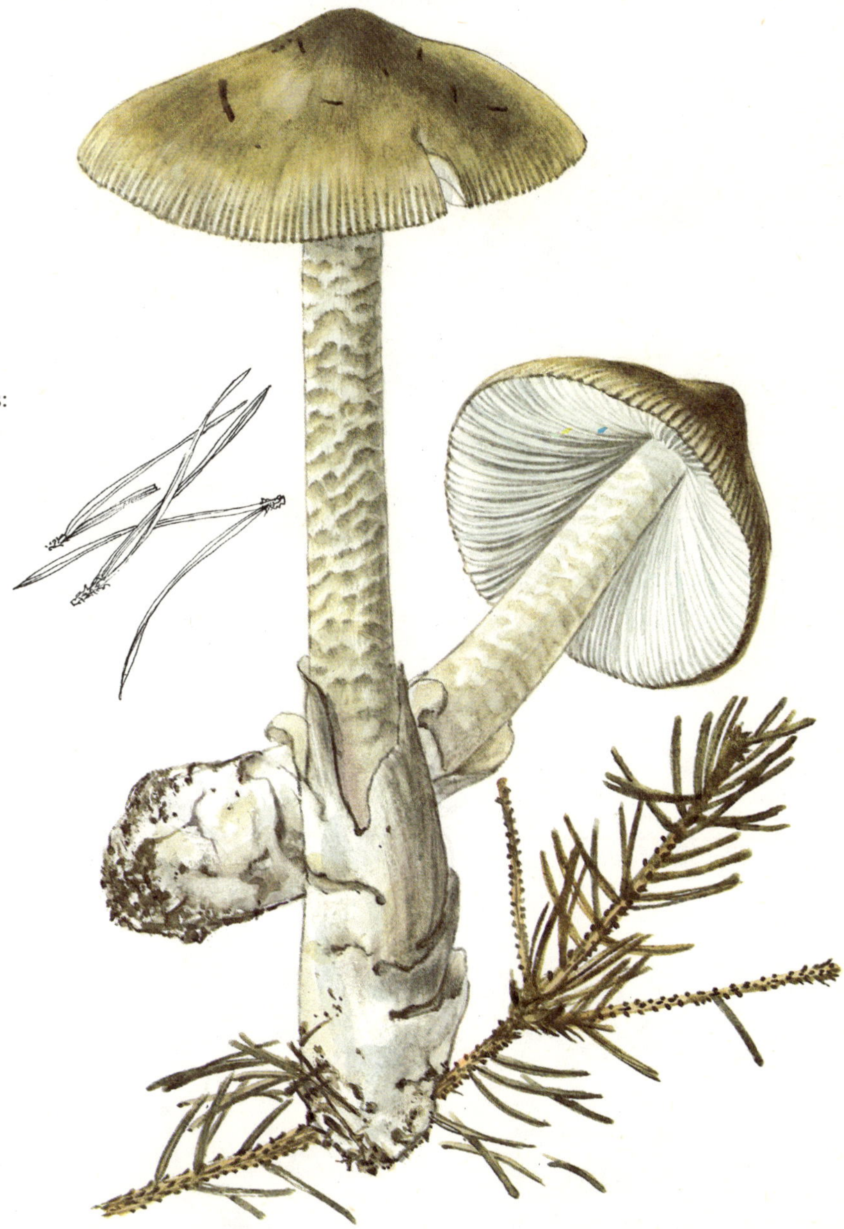

☠ Rotbrauner Scheidenstreifling

Verfärbender Scheidenstreifling ☠

Roter Fliegenpilz

Amanita muscaria (L. ex FR.) HOOK.

Brauner Fliegenpilz

Amanita regalis (FR.) MICHAEL

Es ist wohl überflüssig, den Roten Fliegenpilz (1) mit einer Beschreibung vorzustellen. Er ist von jeher als Giftpilz bekannt. Die Giftigkeit beruht vor allem auf dem Toxin Mykoatropin, das Störungen der Psyche hervorruft. Der Gehalt an einem weiteren Giftstoff, dem Muscarin, ist verhältnismäßig gering. Unlängst wurde die Identität des Roten Fliegenpilzes mit der als „Sóma" bezeichneten Droge nachgewiesen, die bereits von den allerältesten indogermanischen Stämmen in einer Zeit, als diese noch in den Bergen Afghanistans siedelten, verehrt wurde. Durch die Völkerwanderung hat sich der Fliegenpilzkult weiter ausgebreitet und seine Spuren findet man sowohl in den Sagas der nordeuropäischen Wikinger als auch in den Höhlenzeichnungen Frankreichs. Bekannt ist vor allem der sibirische Fliegenpilzkult, wobei die Beteiligten einen Absud aus Fruchtkörpern tranken, getrocknete Pilze kauten und kaltes Wasser darauf tranken oder ein Getränk aus Pilzen, Schwindelbeerblättern und den Blättern der Weidenart *Salix angustifolia* zubereiteten. Da der Wirkstoff im Harn ausgeschieden wird, tranken sie auch den Urin berauschter Kultteilnehmer.

Die Vergiftung äußert sich durch Erbrechen, Kopfschmerzen, Herzklopfen und Pupillenerweiterung. Oft tritt ein alkoholähnlicher Rauschzustand mit Halluzinationen ein, zuletzt fällt der Vergiftete in einen tiefen Schlaf, aus dem er morgens im Normalzustand erwacht und sich nicht an die vorangegangenen Ereignisse erinnern kann.

Der Braune Fliegenpilz (Königsfliegenpilz) (2), der in Bergvorland- und Gebirgsfichtenwaldungen vorkommt, unterscheidet sich neben einem gelbbraunen Hut und gelblichen Stiel auch durch die Hüllenreste auf dem Hut sowie den Ring. Er ist genau so giftig wie der Rote Fliegenpilz.

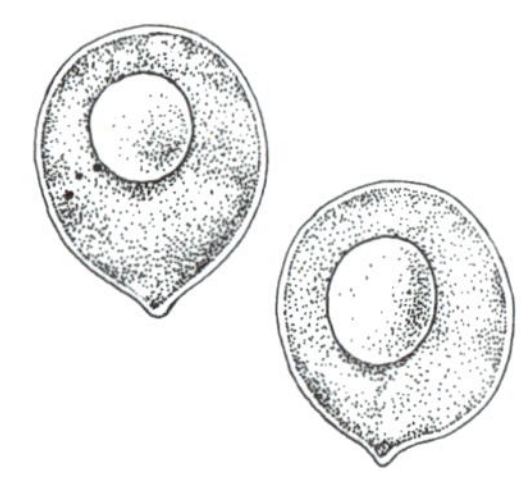

Sporen des Roten Fliegenpilzes.
9–11 × 6–9 µm, breit elliptisch, farblos

Roter Fliegenpilz

Brauner Fliegenpilz

Kaiserling

Amanita caesarea (SCOP. ex FR.) PERS. ex SCHW.

Der Kaiserling ist eine typisch wärmeliebende Art, die in Mitteleuropa nur in den Gebieten mit einer wärmeliebenden Flora verbreitet ist. In den Ländern Südeuropas ist er hingegen einer der beliebtesten und bekanntesten Knollenblätterpilze. In Mitteleuropa kommt er nur selten vor, früher war er auch hier häufiger. Er bevorzugt Eichen- und Eichenhainbuchenbestände auf Kalksteingrundlage, in Südeuropa wächst er aber auch unter Kiefern. Er tritt von Juli bis September auf.

Der herrlich leuchtend orange bis rotgefärbte Hut mißt 8–20 cm im Durchmesser, ist fleischig, glatt, kahl oder weist nur vereinzelte Hüllenfetzen auf. Die Hülle umschließt in der Jugend den ganzen Fruchtkörper mit einer verhältnismäßig dicken weißen Haut und bildet später an der Fußbasis eine hohe freie Scheide. Der fein gerieftе Hutrand ist gelber in der Farbe. Die Hutfärbung ist veränderlich, sie kann in Tönen von weiß über hellgelb bis honigbräunlich und sattrot auftreten. An dem sattgelben bis goldgelben Stiel hängt ein ähnlich gefärbter geriefter Ring, der dünnhäutig ist. Die Lamellen stehen ziemlich dicht und frei, sind hoch, von goldgelber Farbe und in der Jugend von einem gelben Schleier eingehüllt. Auch das Fleisch unter der Haut des Huts und im Stieloberteil ist gelb, manchmal nur gelblich bis fast weiß. Im Wasser setzt es gelben Farbstoff frei. Es hat einen ausdrucklosen Geruch und angenehmen Geschmack. Der Sporenstaub ist gelblich.

Der Kaiserling gilt als einer der schmackhaftesten Pilze. Bereits in der Antike und im alten Rom gehörte er zu den erlesenen Delikatessen.

Sporen: 9–12 × 6–7 µm, breit elliptisch, glatt, farblos

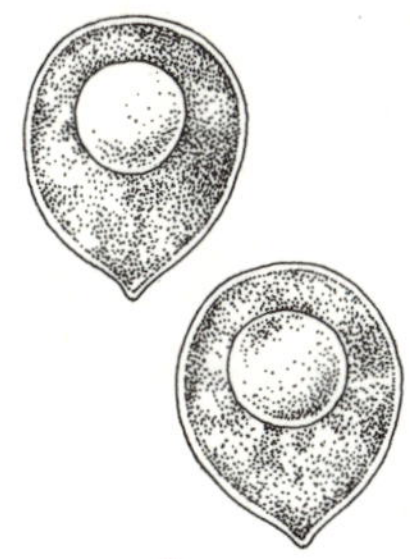

Verbreitung des Kaiserlings in Europa

Pantherpilz

Amantia pantherina (DC. ex FR.) SECR.

Der Pantherpilz ist nach dem Grünen Knollenblätterpilz die zweithäufigste Ursache von Pilzvergiftungen. Die Vergiftung ähnelt einer Trunkenheit und kommt in letzter Zeit häufiger auf als früher vor. Der Grund liegt in Verwechslungen mit dem eßbaren Perlpilz, ggf. mit dem Grauen Wulstling. Die Vergiftungen treten hauptsächlich in der Umgebung von Großstädten und Erholungsgebieten auf, wo erst neuerdings Perlpilze und Graue Wulstlinge in stärkerem Maße zu Speisezwecken gesammelt werden, wodurch die Verwechslungsgefahr aufgrund von Unkenntnis stark angestiegen ist.

Dabei ist es nicht schwierig, den Pantherpilz zu identifizieren. Der Hut hat im Durchmesser 4–12 cm und ist bald breit ausladend. In der Färbung ist er ziemlich variabel, am häufigsten gelbbraun, doch kann er auch beige, blaßgrau oder graubraun sein. Seine Oberseite ist bei Feuchtigkeit schleimig, bei Trockenheit glänzend, am Rand gerieft, fast immer über die ganze Fläche mit kleinen Hüllenfetzen bedeckt. Diese Hüllenreste sind weiß, oft konzentrisch angeordnet und erinnern entfernt an ein Pantherfell, woher dann auch der Artenname stammt. Die Lamellen stehen dicht und sind sahnegelblichgefärbt. Der bis zu 15 cm lange und 2 cm dicke Stiel ist weiß, wird bald hohl, hat oben einen weißen, glatten, schmalen, ungerieften Ring, der häufig abfällt. Seine Basis wird leicht knollenartig breiter. Diese Knolle ist oben niedrig gesäumt und über diesem Saum sitzen oft 1–3 schräge Ringe. Das weiße, unveränderliche Fleisch riecht und schmeckt nach rohen Kartoffeln, beim Trocknen duftet es süßlich. Der Pantherpilz wächst im Sommer und Herbst vorwiegend in Laubwäldern, besonders unter Eichen. Der ungeriefte Ring und das sich nicht verfärbende Fleisch sind für diesen Pilz typisch.

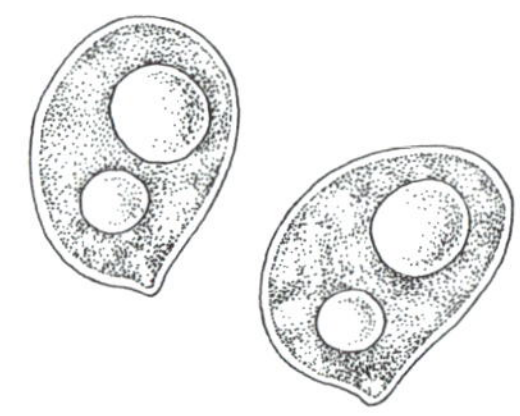

Sporen des Pantherpilzes:
10–12 × 7–8 μm, elliptisch, farblos

Den Pantherpilz kann man mit dem Perlpilz (**a**) und dem Grauen Wulstling (**b**) verwechseln

Pantherpilz

Perlpilz und Grauer Wulstling

Narzissengelber Wulstling

Amanita gemmata (FR.) GILL.

Wo der Narzissengelbe Wulstling in seiner typischen Ausbildung auftritt, kann man ihn an der strohgelben, manchmal fast zitronen- oder ockergelben Hutoberhaut erkennen, die jedoch im Alter und durch Austrocknen verblaßt. Sein Hut ist 3–10 cm breit, am Rand gerieft, die Hülle hinterläßt auf seiner Oberfläche weiße, schorfartige, unregelmäßig geformte Fetzen. Der Stiel ist weiß, nach unten hin leicht zwiebel- bis keulenförmig verbreitert, mit einer winzigen angewachsenen Scheide, die am Oberrand der weichen, leicht abbrechenden Knolle einen niedrigen, oft kaum erkennbaren Kragen bildet. Die Stieloberfläche ist wellig geflockt, manchmal fast glatt. Auch der Ring oben am Stiel ist fein, fällt leicht ab und ist wie der Stiel weiß. Die weißen Lamellen stehen dicht. Das Fleisch hat eine weiche Konsistenz (vor allem im Stielunterteil), ist weiß, nur unter der Haut gelblich, unveränderlich. Es riecht schwach nach Rettich und schmeckt mild. Der Sporenstaub ist weiß.

Der Narzissengelbe Wulstling wächst in lichteren Laub- und Nadelwäldern, häufig in Kiefernbeständen, hauptsächlich an trockeneren Stellen auf Sandböden. Für gewöhnlich steht er einzeln. Er gehört zu den ersten Knollenblätterpilzarten, denen man zu Beginn der Saison in den Wäldern begegnet; er erscheint bereits im Mai und wächst bis lange in den Herbst hinein. Der Pilz ist schwach giftig.

Dem Narzissengelben Wulstling steht der Kammrandige Wulstling – *A. eliae* QUÉL. sehr nahe, welcher sich durch einen rötlichen oder weinroten-bräunlichen Hut unterscheidet; dieser kann aber gelegentlich auch hellocker bis reinweiß sein.

Sporen des Narzissengelben Wulstlings: 10–12 × 7–8 µm, breit elliptisch, glatt, farblos, nicht amyloid

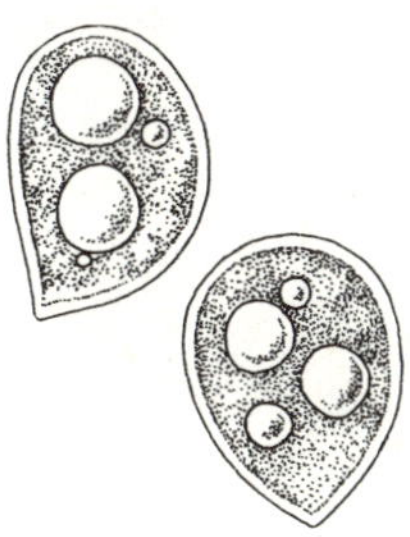

Stielmittelteil mit Ring und Stielunterteil

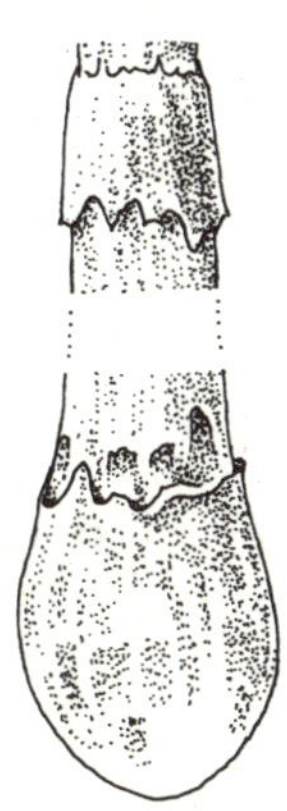

Grüner Knollenblätterpilz

Amanita phalloides (VAILL. ex FR.) SECR.

Der Grüne Knollenblätterpilz sollte jedem, der Speisepilze sammeln und Verwechslungen mit tragischem Ausgang vermeiden will, gründlich bekannt sein. Man kann ihn aufgrund einiger wichtiger Merkmale gut erkennen:

Sein Hut ist entweder in verschiedenen Grüntönen gefärbt (oliv-, gelb-, braungrün oder im Gegenteil blaß bis weiß, doch weist er meist wenigstens Spuren von Grün auf. Er mißt im Durchmesser 5–15 cm, die Haut ist von eingewachsenen dunkleren Fasern strahlenförmig gerieft. Seine Lamellen sind stets weiß. Die hohe Hautscheide, welche den kugelig erweiterten bis zu 4 cm breiten Stielunterteil (Knolle) umgibt, ist in mehrere Zipfel aufgerissen und wird „Todeskelch" genannt. Der Ring am Stiel hat eine glatte Oberfläche (in Ausnahme leicht gerieft), die Stieloberfläche unter dem Ring ist oft durch feine grünliche Schuppen gestreift. Das reinweiße, unveränderliche Fleisch riecht schwach nach rohen Kartoffeln, sein Geschmack ist ausdruckslos, im Ganzen angenehm. Der Sporenstaub ist weiß. Der Pilz wächst in Laubwäldern, hauptsächlich in Eichen- und Buchenwaldungen, auch unter einzelnen Laubbäumen, in Ausnahmefällen auch in Kiefernforsten vom Sommer bis in den Herbst, am häufigsten im September.

Die jungen Fruchtkörper sind in den Boden eingesenkt und von der Hülle umspannt, so daß sie wie Eier aussehen. Der Grüne Knollenblätterpilz ist der giftigste europäische Pilz überhaupt. Er enthält Amatoxine und Phallotoxine, die zu den heimtückischsten Pilzgiften zählen. Diese rufen die sog. Phalloidvergiftungen mit Leberschäden hervor, die für gewöhnlich tödlich ausgehen.

Der Grüne Knollenblätterpilz kann bei Unachtsamkeit mit dem Weißen Anisegerling verwechselt werden.

Sporen des Grünen Knollenblätterpilzes: 8–10 × 7–9 µm, unregelmäßig kugelig, glatt, farblos, schwach amyloid

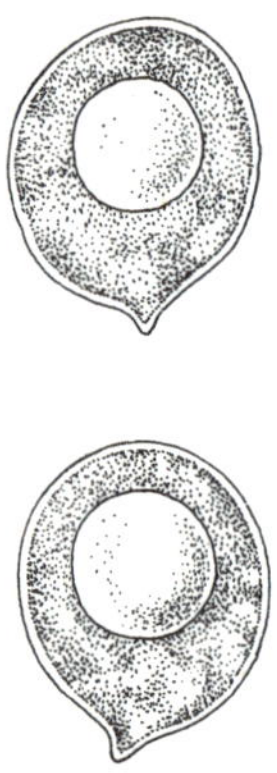

Weißer Anisegerling

Verbreitung des Grünen Knollenblätterpilzes in Europa

Grüner Knollenblätterpilz

Spitzhütiger Knollenblätterpilz

Amanita virosa (FR.) BERTILLON

Dieser Pilz ist genauso tödlich giftig wie der Grüne Knollenblätterpilz. In der Jugend sieht auch er wie ein weißes Ei aus. Von der aufgerissenen Hülle (Velum universale) bleibt unten am Stiel ebenfalls eine Hautscheide im Erdreich zurück. Der Hut ist genauso groß, allerdings stärker glockenförmig bis spitz, seine Oberseite ist kahl, normalerweise ohne Hüllenfetzen. In der Jugend ist er schleimig, dann trocken, seidig glänzend, weiß, seltener in der Mitte gelblich oder bräunlich. Die dichten weißen Lamellen sind anfänglich von einer weißen Teilhülle (Velum partiale) umgeben. Der Stiel verbreitert sich unten allmählich und endet in einer scheidenumhüllten Knolle. Sein Inneres ist hohl, er ist ganz weiß und hat oben einen weißen ungerieften Ring, unter dem die Oberfläche flokkenschuppig aussieht. Das Fleisch ist weiß, im Geruch und Geschmack ausdruckslos. Der Sporenstaub ist weiß.

Weißer Knollenblätterpilz

Amanita verna (BULL. ex FR.) PERS ex VITT.

Im Gegensatz zum Grünen Knollenblätterpilz ist der Spitzhütige Knollenblätterpilz eine Art der Nadelwälder. In tieferen Lagen kommt er vor allem in Kiefernbeständen vor, in höheren bewohnt er Fichtenwälder. Er ist allerdings nur lokal verbreitet. Er wächst von August bis Oktober. Sein Genuß führt zu Phalloidvergiftungen mit Leberschäden. Für gewöhnlich kommen sie durch Verwechslungen mit Champignons zustande, doch diese unterscheiden sich durch ihre grau-, rosa- oder schwarzgefärbten Lamellen und dadurch, daß sie keine Scheide haben.

Der ähnliche, ebenfalls hochgiftige Weiße Knollenblätterpilz – *(A. verna)* wächst ausschließlich in warmen Eichen- und Eichen-Hainbuchenwäldern, vor allem in Süd- und Südosteuropa; er hat einen kahlen Stiel und kleinere Fruchtkörper.

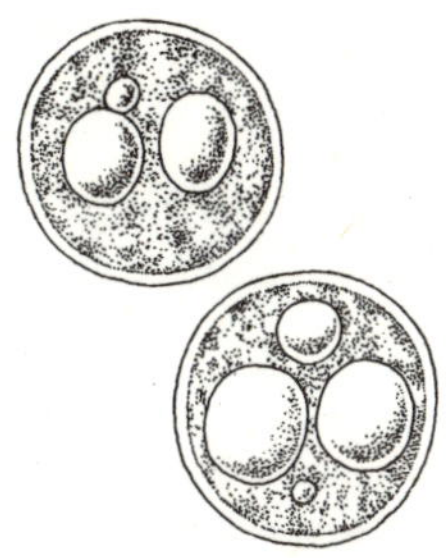

Sporen des Spitzhütigen Knollenblätterpilzes: 7–10 µm, kugelig, glatt, farblos, amyloid

Weißer Knollenblätterpilz

Spitzhütiger Knollenblätterpilz

Gelber Knollenblätterpilz

Amanita citrina (SCHFF.) S. F. GRAY

Der Gelbe Knollenblätterpilz ähnelt in seiner Färbung dem hochgiftigen Grünen Knollenblätterpilz, ist selbst aber nur schwach giftig. Er enthält das Krötengift Bufotenin und xerotonin-verwandte Indolderivate. Früher wurde der Pilz für ungiftig gehalten, doch hat die Forschung diese Ansicht widerlegt, und das Sammeln des Pilzes muß unterlassen werden.

Der Gelbe Knollenblätterpilz hat einen 4–10 cm breiten, zitronen- bis grünlichgelben Hut, der mit unregelmäßig verteilten, bräunlichen warzenartigen Hüllenfetzen bedeckt ist. Selten ist der Hut auch völlig weiß. Die Lamellen sind hoch, stehen frei und bleiben unveränderlich weiß. Der Stiel ist unten zu einer auffälligen halbkugeligen Knolle verbreitert, die oben scharf gekappt aussieht. Die Hautscheide, unten am Stiel mit der Knolle verwachsen, ist nur schwach entwickelt; im Oberteil steht sie wie ein niedriger Kragen ab. Die Stieloberfläche ist glatt, hellzitronengelb, sein Oberteil trägt einen ebenso gefärbten Hautring, der glatt und mehr oder weniger an den Stiel angedrückt ist. Das weiße Fleisch hat einen an rohe Kartoffeln erinnernden Geschmack und Geruch. Der Sporenstaub ist weiß.

Der Gelbe Knollenblätterpilz ist eine der häufigsten Arten dieser Familie. Im Spätsommer und Herbst zeigt er sich oft in großen Gruppen in allen Waldarten. Charakteristisch ist er für Fichtenwälder auf saurem Untergrund. Seine Knollenform, die zitronengelbe Färbung und die schorfigen Hüllenreste auf dem Hut sind hinreichend deutliche Merkmale, so daß er leicht zu erkennen ist.

Manche Exemplare des Gelben Knollenblätterpilzes könnte man mit den Fruchtkörpern des Grünen Knollenblätterpilzes verwechseln.

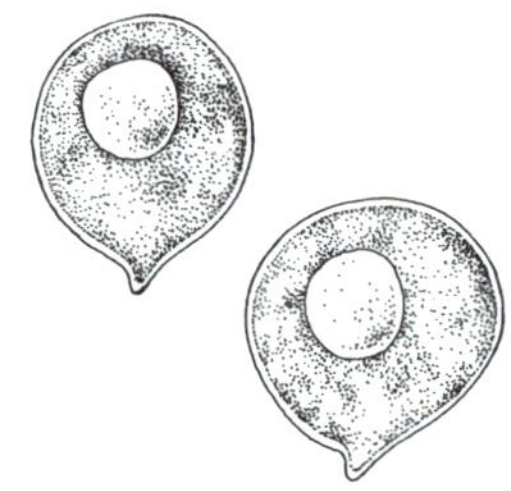

Sporen des Gelben Knollenblätterpilzes: 7–10 µm, kugelig, glatt, farblos, amyloid

Gelber Knollenblätterpilz

Grüner Knollenblätterpilz

Porphyrbrauner Wulstling

Amanita porphyria (ALB. et SCHW. ex FR.) SECR.

Der Porphyrbraune Wulstling ist unauffällig gefärbt. Er ist nicht besonders häufig und wächst vorwiegend einzeln. Daher wird er von den Pilzsammlern meist übergangen. So kommt es wohl auch, daß keine Vergiftungsfälle bekannt sind, obwohl der Pilz schwach giftig ist. In neueren Versuchen wurden in ihm Bufotenin und Indolverbindungen nachgewiesen, ähnlich wie beim Gelben Knollenblätterpilz.

Der Porphyrbraune Wulstling hat eine eigenartige grauviolette oder graubraune Hutfarbe (dem Farbton verdankt er auch seinen Artennamen). Der Hut ist 4–8 cm breit, die Haut ist glatt und mit wenigen violettgrauen Hüllenfetzen bedeckt, die aber leicht abfallen. Die dichten Lamellen stehen frei und sind weiß. Der Stiel ist verhältnismäßig lang und schlank, weißlich mit einem Violetton. Oben hat er einen dünnen, schlaffen, gerieften, angedrückten Ring, unten geht er jäh in eine kugelige Knolle über, auf der Scheidenüberreste sitzen. Das weiße Fleisch verändert sich nicht, hat einen ziemlich unangenehmen Geruch und Geschmack nach alten rohen Kartoffeln oder Rettich. Der Sporenstaub ist weiß.

Der Porphyrbraune Wulstling wächst in Fichten- und Kiefernwaldungen in der verrottenden Nadelstreu. Er kommt einzeln oder in kleinen Gruppen von Juli bis Oktober vor. Seine Färbung ist so eigen, daß er nicht mit anderen Knollenblätterpilzen verwechselt werden kann. Der Graue Wulstling unterscheidet sich vor allem durch seine anders geformte Stielbasis; das gleiche gilt für den Grauen Scheidenstreifling, bei dem überdies stets der Ring fehlt.

Sporen: 8–10 µm, kugelig, glatt, farblos, amyloid; eine Spore hat ein dicht mit Öltröpfchen gefülltes Inneres, die andere enthält nur einen einzigen Tropfen

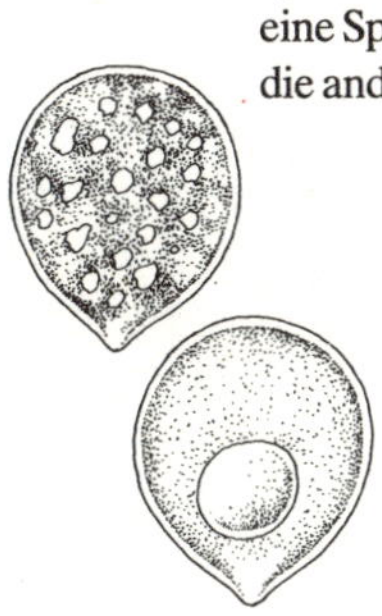

Charakteristische Stielbasis im Längsschnitt

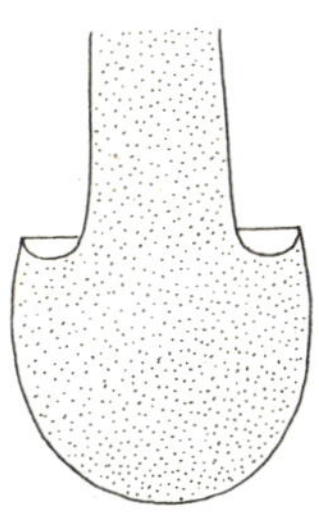

Verbreitung des Porphyrbraunen Wulstlings in Europa

Grauer Wulstling, Gedrungener Wulstling

Amanita spissa (FR.) KUMM.

Der Graue Wulstling ist nicht giftig und es gibt genug Sammler, die in Zeiten mit wenig eßbaren Pilzen auch diese Art für Speisezwecke sammeln. Er ist aber ein Pilz von minderer Qualität und überdies kann er bei Unachtsamkeit oder flüchtiger Bestimmung im Gelände leicht mit dem tödlich giftigen Pantherpilz verwechselt werden, was gar nicht so selten vorkommt. Der Graue Wulstling tritt im Sommer und Herbst manchmal massenhaft in Laub- und Nadelwäldern, besonders auf leichteren Sandböden auf. Der Pilz wächst auch bei lang anhaltender Trockenheit. Sein Hut ist 5–10 cm, manchmal sogar 20 cm breit, am Rand glatt, ungerieft, ganz grau oder aschgraubraun, bei Feuchtigkeit heller, manchmal weißlich, bei Trockenheit glänzend und mit zahlreichen schorfigen weißlichen oder hellgrauen Hüllenfetzen bedeckt, die manchmal zu unterbrochenen konzentrischen Ringen angeordnet sind. Der keulige weiße Stiel ist unten zu einer kegel- oder rübenförmigen Knolle verbreitert, die in einem gekrümmten, verjüngten bis zugespitzen Auswuchs endet. Die Knolle ist scheidenlos, zeigt aber ein bis zwei undeutliche Warzengürtel. Der Ring ist groß, abstehend, häufig deutlich längsgerieft, weiß. Die freien, hohen Lamellen stehen dicht und sind weiß. Das Fleisch ist gleichfalls weiß, nur unter der Hutoberhaut manchmal blaßgrau. Es riecht nach rohen Kartoffeln und schmeckt mild. Der Sporenstaub ist weiß.

Sowohl der Graue Wulstling als auch der Perlpilz unterscheiden sich vom giftigen Pantherpilz durch die Hutfärbung und den deutlich gerieften Ring, der Perlpilz darüber hinaus durch das sich rot verfärbende Fleisch.

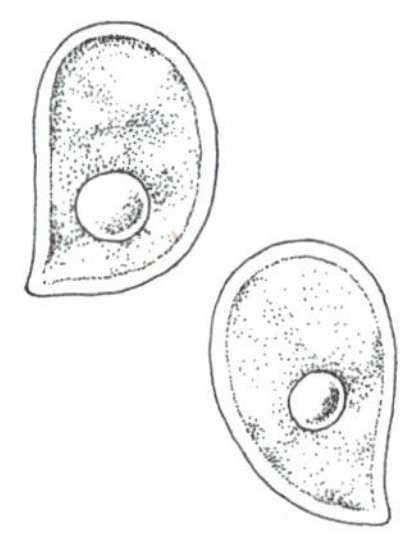

Sporen: 9–10 × 7–8 μm, breit elliptisch, glatt, farblos, amyloid

Grauer Wulstling

Perlpilz, Perlwulstling

Amanita rubescens (PERS. ex FR.) S. F. GRAY

So mancher wundert sich darüber, daß es Knollenblätterpilze gibt, die man gefahrlos genießen kann und die zudem noch sehr schmackhaft sind. Das bezieht sich in erster Linie auf den Perlpilz, der vor allem in den letzten Jahrzehnten eine große Beliebtheit gewonnen hat. Auch wenn der Perlpilz gut durch die Rosaverfärbung des Fleisches charakterisiert wird, die besonders auffällig im Fußunterteil vor sich geht, das fast immer von Insektenlarven durchbohrt ist, kommt es doch alljährlich zu Vergiftungsfällen. Ihre Ursache liegt in der Verwechslung mit dem giftigen Pantherpilz. Diese Art unterscheidet sich aber nicht nur durch eine andere Hutfärbung, sondern auch durch ein unveränderliches Fleisch. Außerdem ist die Form des verbreiterten Stielunterteils unterschiedlich: beim Pantherpilz hat die Stielbasis einen niedrigen Rand und darüber hinaus noch 2–3 weitere Ringe, beim Perlpilz fehlt dieser Rand, es finden sich nur einige Warzengürtel. Der Ring um den Stiel ist beim Pantherpilz schmal, schlaff und ohne Längsriefen, die am mächtigen, abstehenden Hautring des Perlpilzes gut sichtbar sind.

Der Perlpilzes ist meist recht stattlich. Er hat einen hellrotbraunen oder fleischfarbenen Hut mit weißlichen bis bräunlichen Warzen und einen Durchmesser von 5–15 cm. Der Stiel ist 5–12 cm lang, 1–3,5 cm stark, hat unten eine kegelförmige Knolle und einige Warzengürtel.

Der Perlpilz kommt im Sommer und Herbst in allen Waldarten häufig, besonders in Fichtenbeständen oft sogar haufenweise vor. Er wächst hauptsächlich bei trockenerem Wetter. Den Pantherpilz hingegen findet man meist unter Eichen, eher in wärmeren Gebieten und vorwiegend einzeln. Der Perlpilz ist ein sehr schmackhafter Speisepilz, der sich für Suppen und Pfannengerichte, allerdings nicht zum Trocknen eignet.

Sporen: 8–9 × 6–7 µm, farblos, amyloid

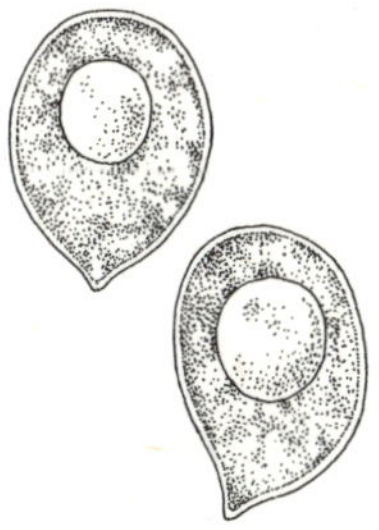

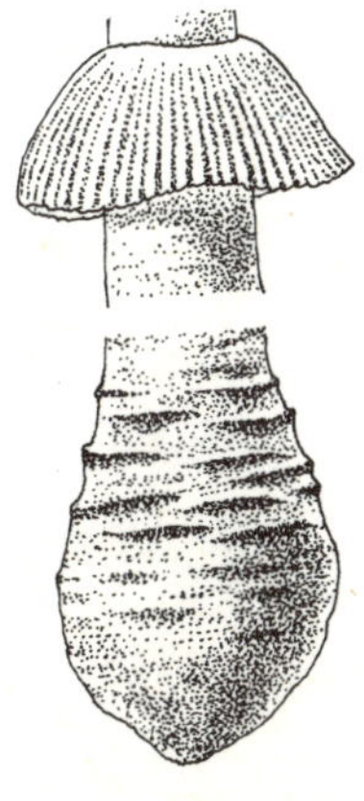

Stielmittelstück mit Ring und Stielbasis

Zweisporiger Egerling, Gartenchampignon

Agaricus bisporus (LGE.) SING.

Dieser Champignon ist auch unter dem Namen *A. brunnescens* PECK bekannt. Er ist mittelgroß und hat einen selten über 10 cm breiten, fest- und dickfleischigen, zunächst kugeligen, dann abgeplattet glockenförmigen, auf dem Scheitel fast nabelartig eingedrückten, später ausladenden Hut. Die Oberhaut des Huts ist schmutzig bräunlich bis satt dunkelbraun. In der Mitte ist sie glatt, zum Rand hin radial eingewachsen, braun faserig oder in anliegende braune Schuppen zerrissen, am Rand hat sie normalerweise weichwellige Schleierreste. Die anfänglich weißen Lamellen werden bald lebhaft rosa, dann rot, schokoladenfarben, zum Schluß nahezu schwarz und an der Schneide weißlich. Der Stiel ist zylindrisch, 3–6 cm lang, 1–2 cm dick, glatt, weiß. Der weiße Hautschleier hinterläßt einen Ring, der aber nicht mit dem Stieloberteil verwächst, sondern mit dem Unterteil, so daß er nach unten abgeschält werden kann. Das Fleisch ist weiß, im Schnitt schwach fleischfarben, später rostfarben ohne besonderen Geruch oder Geschmack. Mikroskopisch zeichnet sich diese Art durch zweisporige Basidien aus.

Der Pilz kommt meist auf gedüngten Böden außerhalb des Waldes an Wegen, in Alleen, Gärten oder auf Kompost vor. Ein naher Verwandter ist der Weiße Gartenzuchtchampignon – *A. hortensis* (CKE.) PILÁT; er wird von einigen Mykologen nur als eine Variante des Zweisporigen Egerlings mit weißem Hut angesehen.

Dieser Champignon wird verbreitet gezüchtet; sowohl im Kleinen als auch in Großzuchtanlagen. Er wächst an ähnlichen Standorten und ist gleichfalls zweisporig. Beide Arten sind eßbar.

Sporen: 4–7,5 × 4–6 µm, breit eirund bis fast kugelig, braun

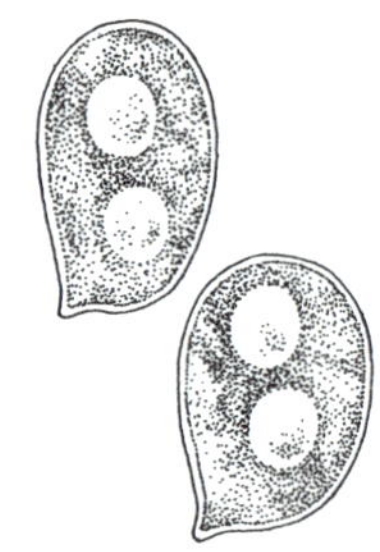

Ausgefallener Sporenstaub

Waldegerling, Echter Waldchampignon

Agaricus silvaticus (SCHAEFF. ex KROMBH.) KUMM.

Bei der Bestimmung von einzelnen Egerlings-Arten ist die Farbänderung des Fleisches nach Verletzung, Bruch oder Schnitt ein wichtiges Merkmal. Bei einer Reihe von Arten verfärbt sich nämlich das ursprünglich weiße Fleisch rosa oder rot. Zu ihnen gehört auch der Waldegerling, bei dem diese Reaktion, vor allem an jungen Fruchtkörpern, aber auch an erwachsenen Exemplaren sichtbar ist.

Der Hut des Waldegerlings ist 4–10 cm breit, in der Jugend hellocker, bald schmutzig zimtbraun, meist mit dunkleren Faserschuppen bedeckt. Die Lamellen sind zuerst hellgraurot, dann brauner, ausgereifte Lamellen sind dunkel-schokoladenbraun. Der zylindrische und verhältnismäßig schlanke Stiel ist normalerweise länger als der Hutdurchmesser und trägt oben einen Hautring; unten ist er knollig erweitert und kahl. Die Fruchtkörper verfärben sich nach Verletzung zunächst schnell karminrot, dann braun. Das Fleisch hat einen angenehm würzigen Duft und süßlichen Geschmack.

Der Waldegerling wächst von Juli bis Oktober ziemlich häufig in Fichtenwäldern, vorwiegend auf Kalksteinböden. Er ist eine eßbare, schmackhafte Art.

Ein sich ähnlich rot verfärbendes Fleisch hat der Blutegerling – *A. haemorrhoidarius* KALCHBR. et SCHULZ., der in Laubwäldern vorkommt. Er hat einen dunkleren, fast umbrabraunen Hut mit ebenso gefärbten anliegenden Schuppen. Die übrigen Arten mit Rotfärbung sind seltener; zu ihnen gehört der Salzwiesenchampignon oder Strandegerling – *A. benesii* PILÁT sowie der Feinschuppige Egerling – *A. squamulifer* (MOELL.) MOELL. Beides sind weiße Arten mit weißlichen oder hellbräunlichen Schuppen auf dem Hut. Alle hier genannten Arten sind ebenfalls eßbar.

Sporen des Waldegerlings:
5–6 × 3–3,5 µm, elliptisch, braun

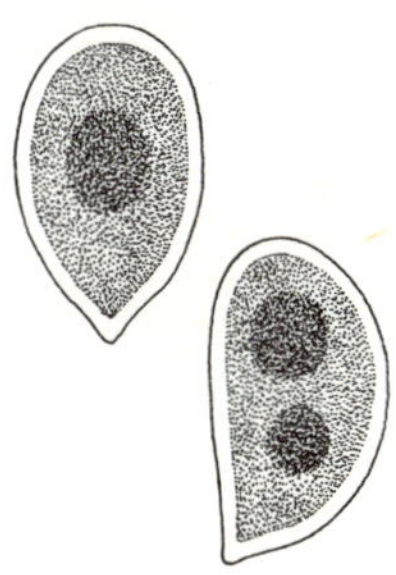

Längsschnitt durch den Fruchtkörper
des Waldegerlings

Wiesenchampignon, Feldegerling

Agaricus campestris (L.) FR.

Von allen in der freien Natur wachsenden Champignonarten ist der Feldegerling die bekannteste und am meisten gesammelte. Er hat einen 5–12 cm breiten, zunächst kugelig geschlossenen, dann halbkugeligen, endlich flach ausladenden Hut. Dieser ist auf der Oberseite seidenfaserig, manchmal schuppig aufgesprungen, weiß, erst im Alter an Druckstellen schwach gelblich bis bräunlich werdend. Die Lamellen bleiben lange rosa, allmählich verfärben sie sich zu Indischrot, im Alter sind sie schokoladen- bis schwarzbraun. Der Stiel ist 5–10 cm lang, dick zylindrisch, 2–4 cm breit, weiß oder ein wenig rosa, unten rostfarben oder etwas bräunlich, an der Basis zugespitzt. Der Hautring ist weiß und fällt leicht ab. Das Fleisch ist weiß, nach Verletzung wird es entweder schwach rosa oder bleibt unverändert; es hat einen angenehmen, etwas obstigen Geruch und Geschmack.

Der Feldegerling kommt außerhalb des Waldes auf gedüngten Böden, z. B. auf Wiesen, Feldern, Komposten, in Gräben usw. vor. Er wächst im Sommer und Herbst. Besonders nach ausgiebigen Regenfällen erscheinen gewöhnlich große Mengen seiner Fruchtkörper. Der Pilz ist ziemlich veränderlich und bildet zahlreiche Varietäten aus.

Der ähnliche Weiße Anisegerling – *A. arvensis* SCHFF. ex FR., dessen lateinischer Artenname ebenfalls „Feldchampignon" bedeutet, ist hingegen eine Waldart, die im Humus von trockeneren Wäldern, im Unterholz des Waldsaums, aber auch auf Weiden wächst. Er unterscheidet sich hauptsächlich durch die rasche und kräftige Gelbfärbung von Hut- und Stieloberhaut sowie durch den starken, angenehmen Geruch der an Anis erinnert. Der Weiße Anisegerling hat in der Jugend blaß fleischfarbene bis graurötlichgefärbte Lamellen.

Sporen des Wiesenchampignons:
7–8 × 4–5 µm, elliptisch, braun

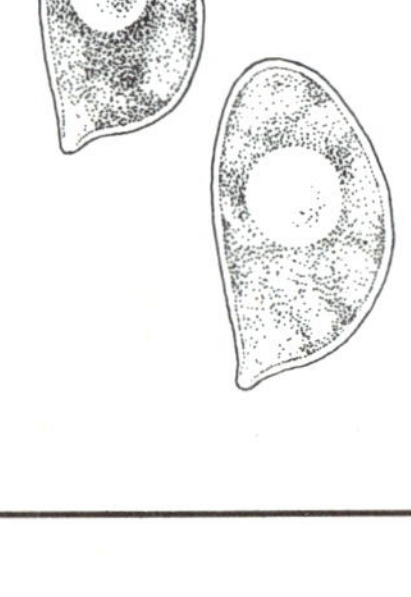

Riesenegerling

Agaricus augustus FR.

Der Riesenegerling gehört zu den größten Champignonarten. Sein Hut erreicht einen Durchmesser von 10–20 cm. In der Jugend ist er fast kugelig, später breit gewölbt und schließlich flach ausladend. Auf strohgelbem Untergrund sitzen rostbraune anliegende Schuppen in konzentrischer Anordnung, die Hutmitte ist braun. Der mächtige, dick zylindrische, 10–25 cm lange, 2–5 cm dicke Stiel ist unten leicht verbreitert, manchmal sogar breit knollig. Zuerst ist er voll und fest, später hohl und hat oben einen auffällig großen, weißen, weichen Hautring, unter dem er mit großen abstehenden Watteschuppen bedeckt ist, die später verschwinden. Die Lamellen sind anfänglich weiß, dann blaß graurosa, graubraun, zuletzt schokoladenbraun. Das Fleisch ist weiß, auf Druck und im Anschnitt wird es zunächst schwach gelb, dann braun. Es duftet angenehm nach Anis und hat einen milden Geschmack.

Dieser eßbare und sehr schmackhafte Champignon wächst von Juli bis September in der Streu von Kiefern- und Fichtenwäldern, besonders auf Kalksteinunterlage. Man findet ihn hauptsächlich an trockenen, sonnenbeschienenen Stellen, oft auch am Waldrand.

Sein naher Verwandter ist *A. perrarus* SCHULZ. Er unterscheidet sich vom Riesenegerling durch ockergelbe Schuppen am Stiel und an der Ringunterseite sowie die helleren (gelberen) Schuppen auf dem Hut. Diese beiden Arten werden oft nicht unterschieden, denn die Schuppenfärbung ist ein sehr veränderliches, folglich unzuverlässiges Merkmal.

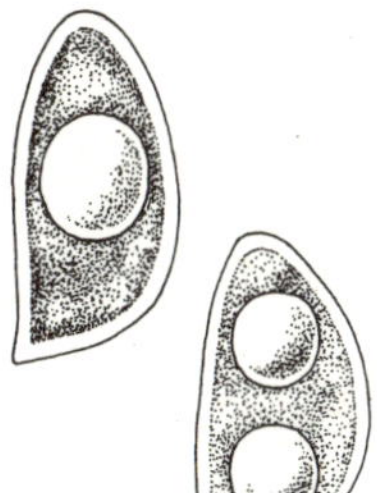

Sporen: 7–9 × 5–6 μm, elliptisch, braun

Starkknolliger Schafchampignon

Agaricus abruptibulbus PECK

Diese Art gehört zur Champignongruppe mit gelb werdendem Fleisch. Das Äußere ähnelt stark dem Weißen Anisegerling, unterscheidet sich aber von ihm besonders in der Ausbildung der Stielbasis. Diese ist zu einer charakteristischen Knolle verbreitert, deren Oberteil fast gerade gekappt und scharfrandig ist. Der Hut ist 8–12 cm breit, gewölbt, in der Jugend fingerhutartig, später ausladend, mit einer weißen, fein faserschuppigen bis kahlen Haut. Die Lamellen sind in der Jugend graurosa, später graubraun bis schokoladenbraun. Der Fuß ist 10–12 cm lang, 1–2 cm dick, zylindrisch, die Knolle an der Basis bis 3 cm breit. Am Oberteil des Stiels sitzt ein dünner häutiger Doppelring. Das Fleisch hat einen angenehmen Geschmack und riecht nach Anis. Die Oberfläche des ganzen Fruchtkörpers sowie das Fleisch werden bei Verletzung gelb, sogar noch intensiver als beim Weißen Anisegerling.

Dieser Champignon wächst fast ausschließlich in Fichtenwäldern zwischen der Streu, normalerweise im Spätsommer und im Herbst. Er ist eßbar und schmackhaft.

In einigen mykologischen Arbeiten wurde der Starkknollige Schafchampignon irrigerweise als Dünnfleischiger Anisegerling – *Agaricus silvicola* (VITT.) SACC. bezeichnet. Der echte Dünnfleischige Anisegerling unterscheidet sich aber vom Starkknolligen Schafchampignon durch einen dünnfleischigen cremeweißen Hut (beim Starkknolligen ist er reinweiß), ein im Alter braun bis schwarz werdendes Fleisch und kleinere Sporen (5–6 × 3–4 µm).

Der seltene „Großblütige" Champignon – *A. macrocarpus* (MOELL.) MOELL. hat einen unten nur gering verbreiterten Fuß, einen bis zu 15 cm breiten fleischigen Hut und wächst sowohl in Wäldern als auch auf Wiesen. Auch die beiden zuletzt genannten Arten sind eßbar und gut.

Sporen: 6–8 × 4–5 µm, elliptisch, braun

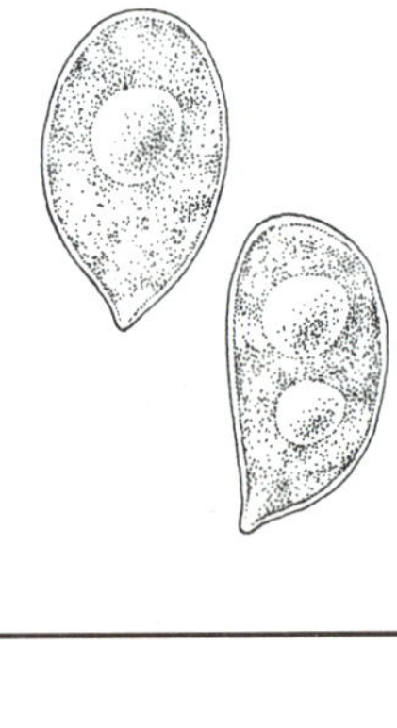

Weißer Anisegerling, Schafchampignon

Agaricus arvensis SCHAEFF. ex FR.

Der Weiße Anisegerling oder Schafchampignon ist einer der häufigsten Waldchampignons. Man erkennt ihn leicht an den weißen Fruchtkörpern, die bei Verletzung rasch gelb werden und einen angenehmen Anisduft haben. Der Hut ist 5–12 cm breit, sogar noch breiter, zunächst kugel- oder fingerhutförmig, später halbkugelig bis flach ausladend, auf der Oberseite kahl, glatt und trocken, seidig glänzend, mit einer leicht ablösbaren Haut. Der Hut ist weiß, hat aber meist einen gelblichen Ton. Beim Austrocknen wird er zitronen- bis orangegelblich. Die Lamellen sind in der Jugend graurosa und verfärben sich allmählich von grau- und schokoladen- bis schwarzbraun. Niemals sind sie lebhaft rosa. Der zylindrische Stiel ist manchmal länger als der Hutdurchmesser, 1–2 cm dick, unten gekappt oder ein wenig zugespitzt. Oben hat er einen manchmal doppelten Hautring, an dessen Unterseite ein Kranz aus flockigen Schuppen sitzt. Der Sporenstaub ist violettbraun.

Dieser ausgezeichnete aromatische Speisepilz wächst zahlreich im Sommer und Herbst in Gebüschen und allen Waldarten. Meist findet man ihn in reichem Fichtenhumus auf Kalksteinuntergrund.

Beim Sammeln muß man sorgfältig darauf achten, daß es – vor allem bei jungen Fruchtkörpern – nicht zu Verwechslungen mit dem tödlich giftigen Grünen Knollenblätterpilz (hauptsächlich mit dessen weißer Form) und dem giftigen Karbolegerling kommt. Der Grüne Knollenblätterpilz wird hinreichend durch die hohe Scheide an der Stielbasis und die stets weißen Lamellen charakterisiert. Den Karbolegerling verraten der kräftige Karbolgeruch, die sattrosa Lamellen und das an der Stielbasis intensiv chromgelbe Fleisch.

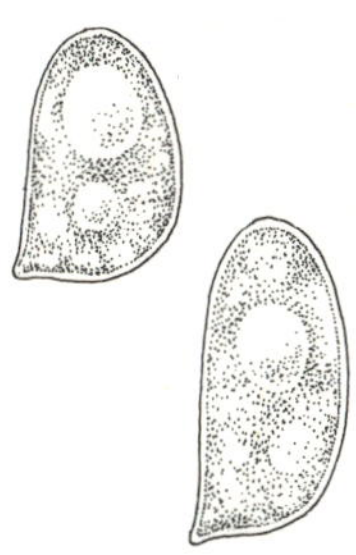

Sporen: 6–8 × 4–5 μm, elliptisch, braun

Weiße Form vom Grünen Knollenblätterpilz

Weißer Anisegerling

Karbolegerling, Giftchampignon

Agaricus xanthoderma GÉNEV.

Auf den ersten Blick ähnelt dieser Champignon dem Weißen Anisegerling, seine Fruchtkörper sind aber auffällig kreideweiß und lassen den typischen, für den Weißen Anisegerling besonders charakteristischen angenehmen Anisduft vermissen. Der 5–15 cm breite Hut ist zuerst kugelig, dann gewölbt. Er wird auf Druck zunächst gelb, doch geht diese Verfärbung bald in graubräunliche Töne über. Die Lamellen sind in der Jugend weißlich, bald schön sattrosa, später schokoladenbraun bis schwarz. Der weiße zylindrische Stiel ist 5–15 cm lang, 1–2 cm dick und trägt im Oberteil einen Hautring unten ist knollig verbreitert und nimmt auf Druck an der Oberfläche eine chromgelbe Färbung an. Das Fleisch ist weiß, in der Stielbasis ist es chromgelb. Auch in den übrigen Teilen des Fruchtkörpers wird es allmählich gelb. Es riecht nach Karbol (Phenol), in frischem Zustand nur schwach, später (vor allem beim Kochen, Dünsten oder Braten) kräftig.

Der Karbolegerling ist schwach giftig; er wächst ziemlich häufig in Laubwäldern, Parks und Gärten, kommt aber auch in Fichtenbeständen auf Kalksteingrund vor. Einige Beobachtungen führten zum Schluß, daß die aus Fichtenwäldern stammenden Pilze keine Vergiftungen hervorrufen. Dennoch sollte man diesen Pilz auf jeden Fall meiden.

Außer dem Karbolegerling sind noch verschiedene andere Arten mit ähnlichen Eigenschaften bekannt. Sie sind alle selten und werden der Sektion *Xanthodermatei* zugeordnet, für die das sich chromgelb verfärbende Fleisch in der Stielbasis und der Karbol- oder Jodoformgeruch typisch sind. Dazu zählt der veränderliche, braun bis schwärzlich geschuppte *Agaricus placomyces* PECK.

Sporen: 5–7 × 3–4 µm, eirund, purpurbraun

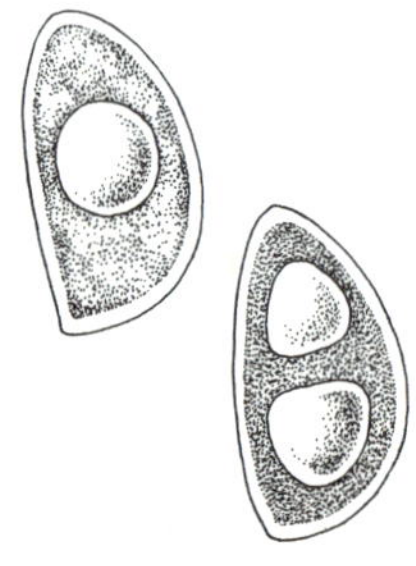

Stinkschirmling, Kammschirmling

Lepiota cristata (ALB. et SCHW. ex FR.) KUMM.

Die artenreiche Schirmlingsgattung *(Lepiota)* hat in der europäischen Mykoflora mehrere Vertreter, denen man in der Zeit mit optimalem Pilzwachstum häufig in unseren Wäldern begegnen kann. Einer davon ist der Stinkschirmling, ein verhältnismäßig zierlicher Pilz. Er hat einen nur 2–5 cm breiten, niedrig gewölbten, flach ausladenden Hut mit einem stumpfen Höcker in der Mitte. Die Haut des Huts ist über die ganze Fläche rost- bis rotbraun, zuerst zusammenhängend bis glatt, bald (außer dem Höcker) in fein verstreute Schuppen auf weißem glänzendem faserigem Untergrund aufgesprungen. Gegen den Hutrand hin nehmen die Schuppen ab. Der Hutrand ist mit dem Stiel durch einen Schleier verbunden, von dem auf dem Hut später nur bescheidene Überreste und auf dem Stiel nur ein winziger, leicht abfallender Hautring zurückbleiben. Der Stiel ist ziemlich lang, aber nur 3–5 mm dick, seidig glänzend weiß behaart, oft rosiggefärbt. Die Lamellen stehen dicht, sind bauchig, frei und weiß. Der Sporenstaub ist ebenfalls weiß. Das Fleisch riecht kräftig wie Hartboviste.

Der Stinkschirmling wächst im Sommer und Herbst gesellschaftsweise in der Nadelstreu von Fichten- und Kiefernwäldern, auch im Laub und Gras von Misch- und Laubwäldern oder außerhalb des Waldes in Gärten und auf Wiesen. Er ist ungenießbar, einigen Mykologen zufolge sogar schwach giftig. Von ähnlichen kleineren Schirmpilzen läßt er sich gut an Färbung und Beschaffenheit des Huts, am häufig blaßrosagefärbten Stiel und vor allem am spezifischen Geruch unterscheiden.

Sporen: 6–7,5 × 3–3,5 μm, elliptisch, mit charakteristisch spornartig verlängerter Basis

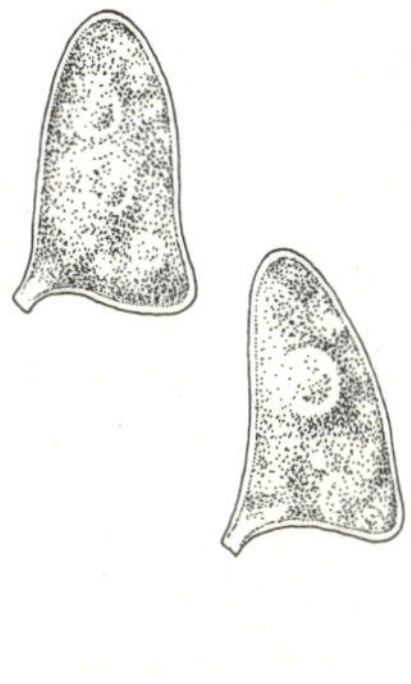

Wolliggestiefelter Schirmling

Lepiota clypeolaria (BULL. ex FR.) KUMM.

Auch der Wolliggestiefelte Schirmling ist ein weit verbreiteter Pilz. Man findet ihn in Nadel- und Laubwäldern den ganzen Sommer über bis in den Herbst. Der Hut ist nur 5–10 cm breit, zuerst glockenförmig gewölbt, später breit ausladend. In der Mitte hat er einen stumpfen, glatten, braungefärbten Höcker. Seine Oberhaut ist zu ockergelben, braungelben oder braunen welligen Schuppen zerrissen, die auf einer weißen Unterlage sitzen. Die Färbung dieser Schuppen auf dem Hut ist ziemlich veränderlich. Der Hutrand ist in der Jugend mit dem Stiel durch einen weißen oder weißlichen Haarschleier verbunden, der am Hutrand unregelmäßige Fetzen hinterläßt. Der Stiel ist 5–10 cm lang, 4–10 mm dick, zylindrisch, röhrenartig, ziemlich spröde, zerbrechlich, mit einem winzigen schuppig-wolligen oder nur spinnwebartigen Ring, unter dem er dicht und weich gelblich oder bräunlich wollig oder geschuppt ist. Die freien Lamellen stehen dicht, sind bauchig, zum Rand hin verjüngt und weiß; auf Druck werden sie braun. Das Fleisch ist unveränderlich weiß, hat einen besonderen, schwer zu definierenden Geruch und einen milden Geschmack. Der Sporenstaub ist weiß. Der Wolliggestiefelte Schirmling ist ungenießbar.

In Nadelwäldern wächst nicht einmal so selten der eng verwandte *L. ventriosospora* REID., der sich durch einen gelblichen Schleier, einen ockerfarbenen Hut mit sattgelben bis braunen Schuppen, einen gelblichen Stiel und größere Sporen (14–18 × 4–6 μm) auszeichnet. Auch diese Art ist ungenießbar.

Sporen des Wolliggestiefelten Schirmlings:
12–16 × 5,5–6,6 μm,
lang spindelförmig,
ohne Sporn an der Basis, farblos

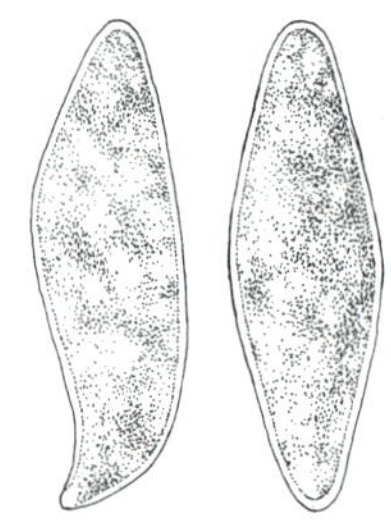

Wolliggestiefelter Schirmling

L. ventriosospora

Parasol, Riesenschirmpilz, Großer Schirmling

Macrolepiota procera (SCOP. ex FR.) SING.

Im Hochsommer erscheinen auf trockeneren Stellen in Fichtenwäldern, besonders an sonnigen Waldrändern und auf Lichtungen die stattlichen Fruchtkörper des Parasols. Die Art wächst normalerweise in Gruppen und kommt an ein und derselben Stelle wiederholt mehrere Jahre hindurch vor. Dieser auffällige Pilz ist einer der größten Blätterpilze und hat in der Jugend einen zu einer Keule geschlossenen Hut, der sich in der Reife flach ausbreitet und 10–25 cm Durchmesser annimmt. In der Mitte sitzt stets ein dunklerer Höcker. Seine Oberfläche ist mit sehr dunklen Schuppen bedeckt, die zum Rand hin kleiner werden. Der Stiel ist 15–40 cm hoch, 2–4 cm stark, fest, fast zylindrisch, zum Hut hin verjüngt, an der Basis zu einer auffälligen Knolle verdickt, die von einem weiß-filzigen Myzel bedeckt ist. Die Stieloberfläche ist braun quergestreift und trägt einen frei beweglichen kragenartigen Ring mit doppelter Schneide. Die Lamellen sind weiß und sehr hoch. Das Fleisch ist weiß, unveränderlich, bei älteren Fruchtkörpern im Hut wattig-trocken, im Fuß holzig-faserig.

Den Safranschirmpilz oder Rötenden Schirmling – *M. rhacodes* kann man vom Parasol leicht am glatten, nicht gestreiften Stiel und an der kräftigen Farbreaktion des Fleisches unterscheiden: Kratzt man die Stieloberfläche, vor allem in der Unterpartie an, färbt sie sich rasch safrangelb, später rotbraun.

Beide Arten sind eßbar, doch empfiehlt es sich, nur junge Pilze zu sammeln. Sie sind am besten, solange ihr Hut noch geschlossen ist. Der Parasol und der Safranschirmpilz wachsen an ähnlichen Standorten und sind in der gesamten gemäßigten Zone der Nordhalbkugel verbreitet.

Sporen: 15–20 × 10–13 µm, elliptisch, farblos

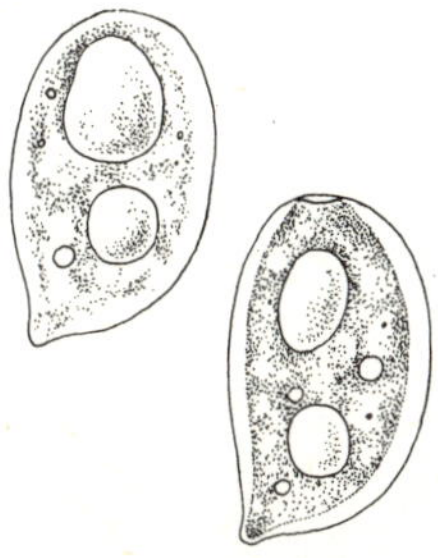

Safranschirmpilz, Rötender Schirmling

Macrolepiota rhacodes (VITT.) SING.

Der Safranschirmpilz ähnelt dem Parasol, ist aber niedriger. Sein Hut ist zunächst kugelig geschlossen, dann kegelig glockenförmig, schließlich flach ausladend, 10–15 cm breit. Seine Haut ist in große, sich dachziegelartig überdeckende Schuppen aufgeplatzt, die stärker abstehen und größer sind als beim Parasol. Ihre Farbe ist hellbraun, später dunkler; nur der Höcker in der Hutmitte bleibt stets glatt. Die Lamellen sind weiß, im Alter werden sie bei Verletzung orange oder rot, sie sind hoch, stehen dicht und frei. Der Stiel ist 10–20 cm lang und maximal 1,5 cm dick, zylindrisch, unten bis auf 4,5 cm Durchmesser knollig verdickt, weiß, hohl. In der Oberpartie ist er mit einem mächtigen Doppelring ausgestattet, der frei sitzt, so daß man ihn am Stiel verschieben kann. Die verletzte Stieloberfläche verfärbt sich zunächst safrangelb, dann rot und zuletzt braun. Das Fleisch ist weiß, faserig, nach Verletzung wird es gleichfalls orange und dann rot; es hat einen angenehmen Geschmack und Geruch.

Der Safranschirmpilz wächst sehr häufig in allen Waldarten, hauptsächlich an wärmeren und trockeneren Stellen. Er ist eßbar, doch sollte man nur die Hüte verwenden. Vom Parasol kann man ihn leicht durch die kräftige Verfärbung im Anschnitt unterscheiden. Im Gegensatz zu diesem ist auch seine Stieloberfläche nicht gestreift. Auf Kompost und kräftig gedüngter Gartenerde kommt eine sehr helle Abart des Safranschirmpilzes, die var. *hortensis* PIL. vor. Genau wie beim Parasol verbleibt das Myzel des Safranschirmpilzes einige Jahre hindurch am Standort. Man kann den Pilz also immer wieder an bekannten Stellen finden.

Sporen: 9–12 × 6–7 µm, elliptisch, glatt, farblos

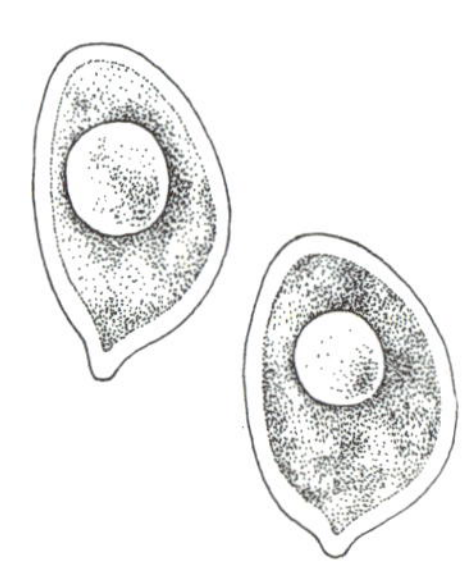

Ackerschirmling

Macrolepiota excoriata (SCHFF. ex FR.) SING.

Im Spätsommer und im Herbst erscheinen auf Stoppeläkkern, abgeernteten Kartoffelfeldern, gepflügten Flächen, Wiesen oder grasbestandenen Hängen oft ganze Scharen dieses weißen Schirmpilzes. Der 6–12 cm breite Hut ist nur manchmal in der Mitte bräunlich, zunächst glatt, später von kleinen hellocker bis bräunlichen Schuppen bedeckt. Der Stiel ist 5–12 cm lang, 1–1,5 cm dick und verbreitert sich nach unten zu einer kugeligen Knolle. Er ist kahl und hat einen verschiebbaren breiten Hautring. Die Lamellen sind dünn, stehen dicht und frei, auf Druck verändert sich ihre weiße Farbe nicht, bzw. geht nur ein bißchen ins Braune. Auch das Fleisch ist unveränderlich weiß, geruchlos und mild schmeckend. Der Sporenstaub ist weiß. Der Ackerschirmling ist eßbar.

An den gleichen Standorten wie der Ackerschirmling kommen noch zwei Arten vor, die unter dem Namen Rosablättriger Schirmpilz – *Leucoagaricus pudicus* (BULL.) MOS. und *L. cretaceus* (BULL. ss. LOCQ.) MOS. bekannt sind. Sie sind gleichfalls ganz weiß bis auf die Lamellen, die mit zunehmendem Alter rosa werden, wenn sie sich mit dem rosafarbenen Sporenstaub überziehen. Die rosa Lamellen sind also für diese Arten bezeichnend. Ihr Hut kann 10 cm breit werden, ist glatt, schuppenlos, auf dem zylindrischen Stiel sitzt ein schmaler, manchmal verschwindender Ring, der sich nicht verschieben läßt. Das Fleisch ist weiß, unveränderlich bei *L. pudicus*, bräunend bei *cretaceus* und hat einen recht unangenehmen Obstgeruch. Die Rosablättrigen Schirmpilze werden erst neuerdings der Gattung *Leucoagaricus* zugeordnet, die sich in einigen Mikromerkmalen von der Gattung *Macrolepiota* unterscheidet. Sie hat z. B. schnallenlose Hyphen, die Sporen sind kleiner als 12 µm u. a. m.

Sporen des Ackerschirmlings:
12–15 × 8–9 µm, elliptisch, farblos

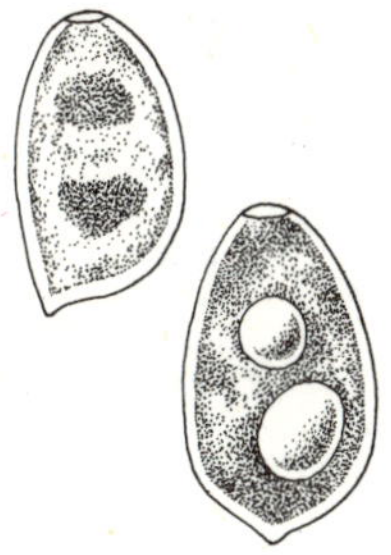

Amiant-Körnchenschirmling

Cystoderma amianthinum (SCOP. ex FR.) FAY.

Die Arten der Gattung *Cystoderma* sind überwiegend zierliche Pilze mit einer Hutbreite von 2–6 cm. Früher wurden sie zur Gattung *Lepiota* gezählt. Von diesen Arten unterscheiden sie sich aber vor allem durch die körnige Oberflächenstruktur von Hut und Stiel, die sich aus kleinen, kegeligen Wärzchen zusammensetzt, zum andern durch die mit einem Zahn am Stiel angewachsenen Lamellen.

Der Amiant-Körnchenschirmling hat einen niedrig gewölbten Hut, der eine ocker bis satt goldgelbe Farbe hat und oft runzelig bis gekörnt ist. Die dichten Lamellen sind in der Jugend weiß, später ockergelblich. Der Stiel ist länger als der Hutdurchmesser, 2–5 mm dick, zylindrisch, unten leicht keulig erweitert, ockergelb, mit einem geschuppten Ring, unter dem Ring ocker geschuppt. Das gelbliche Fleisch hat einen schwachen Modergeruch und einen milden Geschmack. Der Sporenstaub ist reinweiß.

Der Amiant-Körnchenschirmling wächst von Spätsommer bis zum Frosteintritt auf grasigen Stellen und im Moos, vor allem in feuchteren Nadelwäldern, in Kiefernbeständen und auf Heideflächen. Am häufigsten steht er auf saurerem Boden. Der Amiant-Körnchenschirmling ist ungenießbar.

C. longisporum (KÜHN.) HEINEM. et THOEN wurde als selbständige Art von *C. amianthinum* getrennt. Dieser Körnchenschirmling hat einen etwas dunkleren Hut und Stiel, die rötlich oder rostig ockerfarben sind; die Lamellen sind cremegelb, manchmal auch blaßrosagefärbt. Er ist fast geruchlos und wächst in Nadel- sowie Laubwäldern. Beide Arten haben amyloide Sporen. Die Amyloidprobe der Sporen ist bei der Gattung *Cystoderma* eine unbedingte Voraussetzung für die genaue Bestimmung der einzelnen Arten.

Sporen des Amiant-Körnchenschirmlings:
5–6 × 3–4 μm, elliptisch, farblos

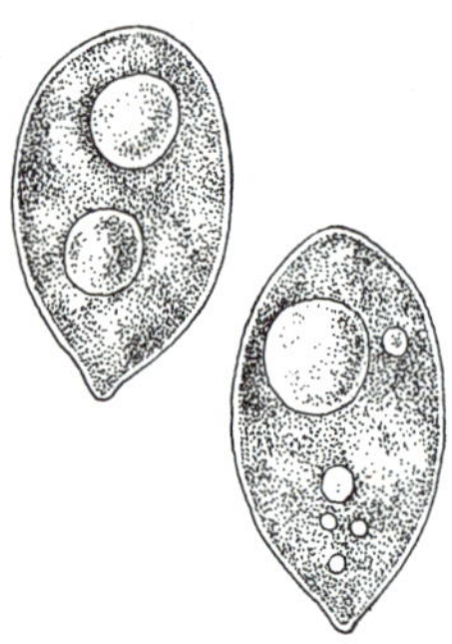

Zinnoberroter Körnchenschirmling

Cystoderma cinnabarinum (ALB. et SCHW. ex SECR.) FAYOD

Der Zinnoberrote Körnchenschirmling ähnelt weitgehend dem Amiant-Körnchenschirmling, hat aber eine andere Farbe und ist größer. Der bis zu 8 cm breite Hut ist schön zinnoberrot, nur manchmal gelblich ausgebleicht. Auch der häufig schräg wachsende, gekrümmte und unten normalerweise verdickte Stiel ist unter dem schmalen Ring zinnoberrot geschuppt, darüber hingegen kahl. Die Lamellen stehen sehr dicht und sind weiß. Auf ihnen sind spezifische Zystiden entwickelt. Das weiße Fleisch ist unveränderlich, fast geruchlos und mit mildem Geschmack. Der Sporenstaub ist weiß.

Der Zinnoberrote Körnchenschirmling kommt hauptsächlich in Nadelwäldern vor, ist allerdings nicht besonders häufig. Manchmal wächst er auch auf stark vermorschtem Holz.

Etwas häufiger kann man noch den Rostroten Körnchenschirmling – *C. granulosum* (BATSCH. ex FR.) FAY. und den Starkriechenden Körnchenschirmling – *C. carcharias* (PERS. ex SECR.) FAY. antreffen. Der Rostrote Körnchenschirmling hat einen rotbraunen, rostfarbenen, zimtbis orangebraunen Hut, seine Sporen sind nicht amyloid und auf den Lamellen sitzen keine Zystiden. Er wächst im Herbst in moosreichen Wäldern. Der Starkriechende Körnchenschirmling hat einen Hut mit Haut- oder blasser Semmelfarbe. Der Stiel ist von einer abschälbaren Körnchenschicht bedeckt, die oben kelchartig abstehende Ringe bildet. Das Fleisch strömt einen kräftigen Modergeruch (sog. Erdgeruch) aus, die Sporen sind amyloid. Der Starkriechende Körnchenschirmling wächst häufig im Herbst in moosreichen Nadelwäldern. Alle Körnchenschirmlingsarten gelten als ungenießbar.

Sporen des Zinnoberroten Körnchenschirmlings:
3,5–5 × 2,5–3 µm, elliptisch, farblos, nicht amyloid

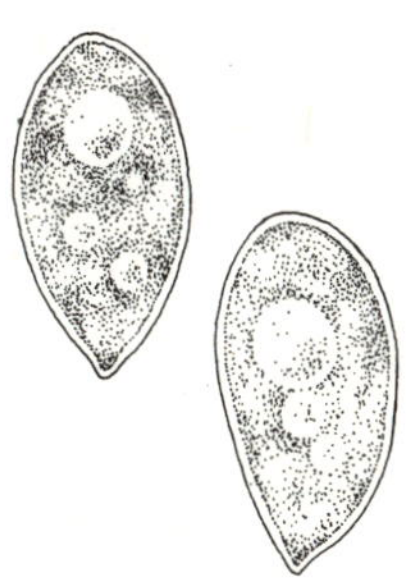

Starkriechender Körnchenschirmling

Zinnoberroter Körnchenschirmling

Schopftintling, Spargelpilz

Coprinus comatus (MÜLL. ex FR.) S. F. GRAY

Die Fruchtkörper der meisten Tintenpilzarten entwickeln sich ungeheuer schnell, bei einigen Arten genügen ein paar Stunden von der Entstehung über die Sporenreife bis zur Zersetzung der ausgereiften Fruchtkörper.

Von den großen und fleischigeren Tintenpilzarten ist der Schopftintling einer der häufigsten. Man findet ihn auf gedüngtem Boden im Gras von Gärten, an Wegrändern und ähnlichen Standorten außerhalb des Waldes. Seine Hutform ist ziemlich veränderlich. Die typische Form hat einen zuerst lang zylindrischen, manchmal auch fast kugeligen, 5–10 cm hohen, 3–6 cm breiten, später kegelförmig gewölbten, in der Jugend weißen Hut, der dann eine blaßockerfarbene Scheitelpartie hat und auf der Oberfläche über und über filzig beschuppt ist. Die reifenden Fruchtkörper verfärben sich vom Rand her braun; ihre Schuppen sitzen dachartig und teilweise konzentrisch angeordnet. Die Hüte der reifen Exemplare werden schließlich ganz schwarz und zerfließen. In einem reifen Fruchtkörper lösen sich zuerst die Lamellen auf (Autolyse), und weil der Sporenstaub dunkelbraun bis schwarz ist, verfärben sich die Tintlingshüte einschließlich der Lamellen zu einer tintenschwarzen breiigen Masse. Der zylindrische Stiel wird 15 cm lang und 1–1,5 cm stark, ist weiß, unten unauffällig verdickt, röhrenartig hohl, mit einem schmalen, freien, fast verschiebbaren, aber bald abfallenden Ring, der in manchen Fällen an der Fußbasis zurückbleibt. Die dichten, vom Stiel abstehenden Lamellen sind zunächst weiß, dann vom Rand her schnell rosagefärbt, später werden sie rotbraun und zuletzt schwarz. Die jungen Fruchtkörper sind eßbar und schmackhaft, doch ist es nicht ratsam, auf ein aus ihnen zubereitetes Essen Alkohol zu trinken.

Spore: 12–16 × 7–8 µm, elliptisch-mandelförmig, mit deutlicher Keimpore, schwarzbraun

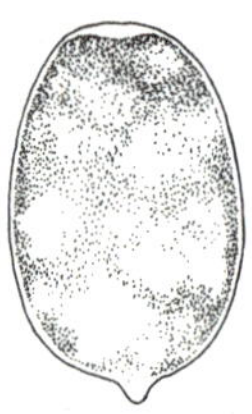

Grauer Faltentintling, Antialkoholikerpilz

Coprinus atramentarius (BULL. ex FR.) FR.

Die Fruchtkörper des Grauen Faltentintlings wachsen meist büschelweise aus verrottendem, in Erdreich verborgenem Holz. Sie kommen meist auf Feldern und Schuttplätzen, in Gärten, an Wegen, manchmal auch auf Kompost vor. Man kann sie vom Frühjahr bis in den Herbst, vor allem nach ausgiebigen Regenfällen antreffen.

Der Hut ist zunächst eiförmig, 3–7 cm hoch, dann glocken- oder kegelförmig, 4–10 cm breit, am Rand verbogen und gelappt, im Alter aufwärts gewölbt. Die ursprünglich aschgraue oder graubraune Färbung des Hutes verwandelt sich ins Schwärzliche. Reife Fruchtkörper zerfließen zu schwarzem Brei. Die Hutoberhaut ist fein bräunlich geschuppt, später kahl und nur an der Spitze braun flockig. Die Lamellen stehen dicht und frei. Die Farbe ist in der Jugend weißlich, blaßgrau, dann braun, schließlich schwarz, bis die Lamellen zerfließen. Der Stiel ist 7–18 cm lang, 1–1,5 cm dick, zylindrisch, weiß, fein faserig und seidig glänzend, zuerst voll, dann hohl, ohne Ring, unten aber oft ringartig verdickt und an der Basis spindelförmig verjüngt. Das Fleisch ist geruchlos und hat einen milden Geschmack. Der Sporenstaub ist umbra- bis schwarzbraun. Junge Fruchtkörper sind eßbar und schmackhaft. Nach einem Essen aus dem Grauen Faltentintling, aber auch aus anderen Tintlingsarten zubereitet, darf kein Alkohol getrunken werden, sonst stellen sich im Lauf von 20 Minuten bis 2 Stunden Vergiftungssymptome ein, die sich neben Erbrechen vor allem durch sehr unangenehme psychische Zustände bemerkbar machen.

Spore: 7,5–10 × 5–5,5 µm,
elliptisch oder elliptisch-mandelförmig
mit Keimpore, dunkel dattelbraun

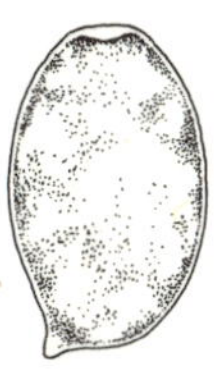

Glimmertintling

Coprinus micaceus (BULL. ex FR.) FR.

In Parks, Gärten und Alleen erscheint nach Sommerregen in der Umgebung von Laubbaumstubben oder direkt auf ihnen der Glimmertintling in großen Büscheln. Diese üppigen Büschel bestehen aus 1–4 cm hohen und 1–2,5 cm breiten, dünnfleischigen und spröden, hellockerbraunen, semmelgelben oder rotbraunen Hüten. Diese sind zunächst zylindrisch oder eiförmig, später glockig oder flach ausladend, bis zu 4 cm breit. Ihre Oberseite ist zunächst gerieft, dann strahlenförmig aufgeplatzt. Ähnlich wie bei den meisten Tintlingen zerfließen die reifen Fruchtkörper zu einer breiigen Masse. Bei den jungen Fruchtkörpern ist die Hutoberseite dicht mit glänzenden weißen oder blaßockerfarbenen Körnchen bedeckt, die aber leicht abfallen, so daß die Hüte später kahl sind. Die Lamellen stehen frei und dicht, sind zunächst weißlich, dann blaßgrau; reife Lamellen sind breiig schwarz. Der 4–10 cm lange und 2–5 mm dicke Stiel ist weiß, ringlos, spröde und hohl, zuerst weiß berieft bis beflaumt, dann kahl. Das Fleisch hat weder einen ausgeprägten Geruch noch Geschmack. Der Sporenstaub ist umbra- oder dattelbraun.

Der Glimmertintling wächst sowohl auf Stubben als auch aus den unteren Teilen alter, lebender Stämme von Laubhölzern. Junge Fruchtkörper sind genießbar, doch muß man nach ihrem Verzehr Alkohol meiden.

Auf Stubben und Stämmen kommen auch noch weitere Tintlingsarten vor, deren genaue Bestimmung eine mikroskopische Untersuchung voraussetzt.

Sporen: 7–10 × 4–5 × 5–6 µm,
linsenförmig abgeplattet, in Seitenansicht
mandel- oder spindelförmig, in Frontansicht
fast eirund oder mitraförmig mit deutlich gekappter Keimpore,
rotbraun

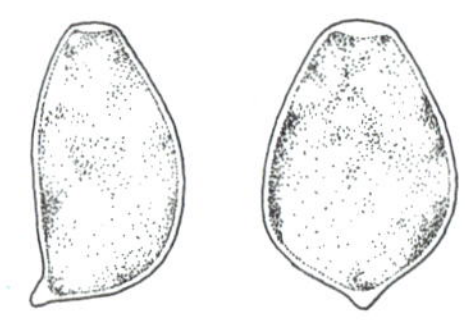

Drei Schleierzellen von der Hutoberseite

Blasser Düngerling

Panaeolus papilionaceus (BULL. ex FR.) QUÉL.

Eine eigenartige Mykoflora wird von Rinderexkrementen beherbergt. Als noch in den meisten europäischen Ländern landwirtschaftliche Kleinbetriebe vorherrschend waren, lagen überall auf grasigen Feldwegen Kuhfladen in großen Mengen, auf denen nach Sommerregen eine Vielzahl spezialisierter sog. koprophiler Pilze wucherte. Unter ihnen hoben sich die halbkugeligen oder kegeligen Hütchen der Düngerlinge auf ihren langen Stielen besonders ab. Damals waren die Düngerlinge *(Panaeolus)* viel häufiger als heute, da jetzt das Vieh meist dauernd in Ställen gehalten wird.

Es gibt verschiedene Düngerlingsarten und ihre genaue Identifizierung ist nicht einfach. Sie haben ein gemeinsames Merkmal: ihre Lamellenflächen erscheinen gesprenkelt, weil die Basidien darauf ungleichmäßig heranreifen. Die helleren Flecken mit unreifen Basidien werden von schwarzen Stellen mit reifen Sporen abgelöst. Der Blasse Düngerling ist eine Art mit einem 2–4 cm breiten, dünnfleischigen, kaum hygrophanen, bei Feuchtigkeit und nach dem Trocknen schmutzig weißlichen oder blaßgrauen, manchmal auch schwach ockerfarbenen Hut. Ein spinnwebartiger Schleier verbindet Hutrand und Stiel, doch verschwindet er bald, so daß er kaum irgendwelche Spuren hinterläßt. Der sehr lange, nur 2–4 mm dicke Stiel ist zäh, knackend zerbrechlich, bräunlich, glatt und kahl, nur oben gerieft und aufgesprungen. Die Lamellen sind hoch und bauchig, stehen ziemlich dicht, sind breit angewachsen und grau, dann grauschwarz, an den Schneiden weiß sowie auf den Flächen unregelmäßig gesprenkelt gefärbt. Das Fleisch hat weder einen besonderen Geruch noch Geschmack. Der Sporenstaub ist schwarz. Der Glockendüngerling – *P. sphinctrinus* (FR.) QUÉL. wächst häufig im Sommer und Herbst auf Pferde- und Rinderdung. Alle Düngerlinge sind ungenießbar.

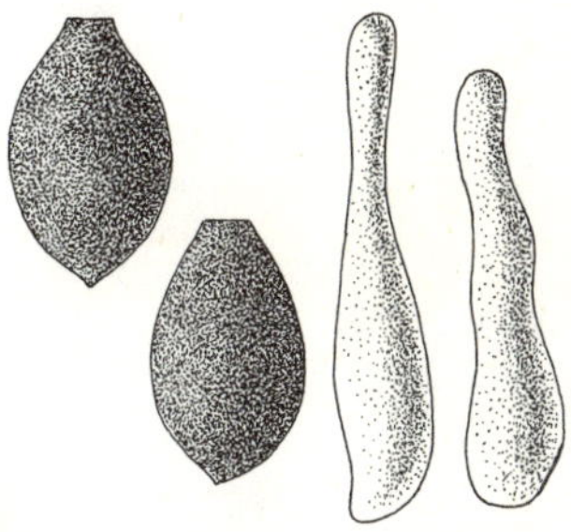

Sporen und Zystiden
des Blassen Düngerlings:
11–16 × 9–12 μm,
zitronenförmig, glatt, schwarz

Sporen des Glockendüngerlings:
14–18 × 8–11 μm, zitronenförmig, schwarz

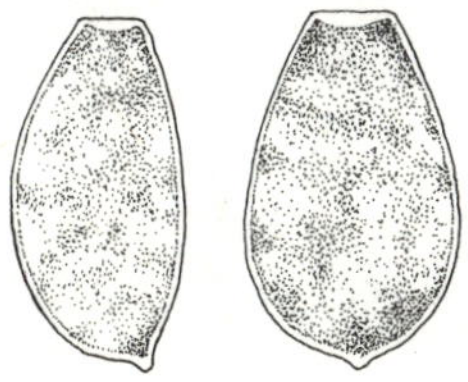

Glockendüngerling

Blasser Düngerling

Behangener Faserling, Zarter Saumpilz

Psathyrella candolleana (FR.) MRE.

Die Gattung *Psathyrella* umfaßt bei ihrer heutigen Abgrenzung eine große Anzahl schwarzsporiger Blätterpilzarten, die häufig klein und unscheinbar einzeln im Gras, unter Gebüsch und auf feuchtem Waldboden wachsen. Einige Arten fallen dadurch auf, daß sie büschelweise auf Baumstümpfen oder am Fuß von Stämmen wachsen. Am häufigsten trifft man den Behangenen Faserling an. Das ist ein recht veränderlicher Pilz, dessen typische Form man am spröden, 3–8 cm breiten, kegelförmig bis glockigen, dünnfleischigen Hut erkennen kann, an dessen Rand in der Jugend zahlreiche Hüllenfetzen hängen, welche später verschwinden. Die Hutoberhaut ist radial gerunzelt, fast weiß, weißlich oder schwach hautfarben bis semmelgelblich. Später wird sie am Hutrand schmutzig violett; das rührt von den heranreifenden Sporen her. Die Lamellen sind zunächst weißlich, bald verfärben sie sich violett, später purpurbraun, an den Schneiden sind sie weiß. Sie stehen dicht und sind verhältnismäßig schmal und kurz angewachsen. Die Lamellenschneide ist mit großen farblosen, oft zylindrischen und dünnwandigen Cheilozystiden besetzt. Der Stiel ist 3–8 cm lang, 2–5 mm dick, hohl, weiß, glatt und glänzend. Das Fleisch ist fast geruchlos, sein Geschmack ist mild. Der Sporenstaub ist purpurbraun.

Der Behangene Faserling wächst für gewöhnlich in größeren Gruppen um alte Stubben oder am Fuß lebender Bäume, häufig an Robinien, doch kann er auch einzeln auf vermodernden Zweigen vorkommen. Er wächst vom Mai bis in den Herbst und ist eßbar, wegen seiner Sprödigkeit aber ziemlich bedeutungslos.

Sporen: 7–8 × 3–4,5 µm, elliptisch, glatt, rotbraun

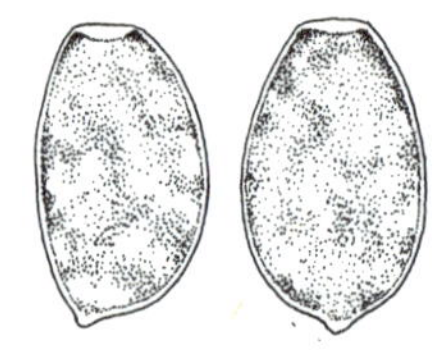

Cheilozystiden

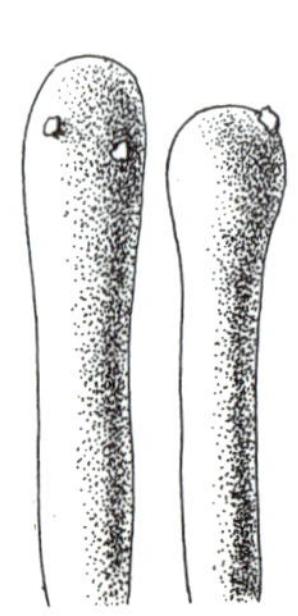

Tränender Saumpilz

Psathyrella velutina (PERS. ex FR.) SING.

Der Tränende Saumpilz ist ein verhältnismäßig großer Pilz. Er hat einen 6–10 cm breiten, hygrophanen, hellrostbraunen oder rostig gelben, bei Trockenheit fast mirabellenfarbenen, runzeligen, geschuppten Hut. Bei jungen Fruchtkörpern ist der Hutrand mit dem Stiel durch einen gelblichen Haarschleier verbunden, der am Stiel Reste in Gestalt von zerrissenen Fetzen und einen verschwindenden Wollring hinterläßt. Der Stiel ist fast zylindrisch, bis 15 cm lang und 7–10 mm dick, hohl, schmutzig hell, rostbraun faserschuppig, oben bestäubt. Die Lamellen stehen ziemlich dicht, am Stiel ausgeschnitten oder abgerundet angesetzt, sind dunkelbräunlich, schwärzlich rostfarben bis fleckig schokoladenbraun, schließlich fast schwarz. Die Lamellenschneide ist weiß, bewimpert und trägt auffällige Tröpfchen (daher „Tränend"). Sie besteht aus farblosen breit keulen- bis walzenförmigen Cheilozystiden. Das Fleisch ist gelblich, in der unteren Stielpartie bräunlich, hat einen schwachen Erdgeruch und einen zusammenziehenden Geschmack. Der Sporenstaub ist braunschwarz.

Der Tränende Saumpilz wächst einzeln oder in kleinen Büscheln eher außerhalb des Waldes an Wegen; häufig kommt er in Parks vor. Er wächst im Spätsommer und Herbst. Zum Sammeln für Speisezwecke empfiehlt er sich nicht, manchen Mykologen zufolge ist er verdächtig, möglicherweise auch schwach giftig. Der Tränende Saumpilz hat bewarzte Sporen. Deshalb reihen ihn manche Fachleute nicht in die Gattung *Psathyrella*, sondern in die selbständige Gattung *Lacrimaria* ein.

Der Wäßrige Saumpilz – *P. hydrophila* (BULL ex MÉRAT) R. MRE. ist ein büschelwüchsiger Pilz, der auf Holz wächst und dessen Hut bei Feuchtigkeit kaffee- bis kastanienbraun, bei Trockenheit semmelfarben ist. Der Fuß ist weiß. Diese Art ist eßbar.

Cheilozystiden

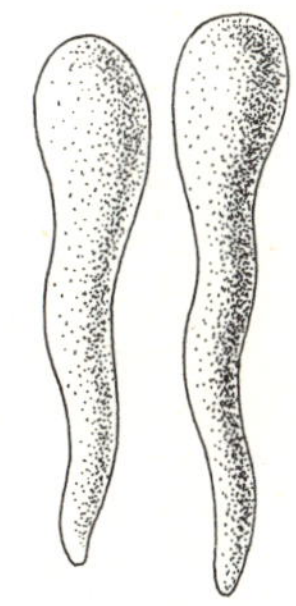

Sporen des Tränenden Saumpilzes:
8–11 × 5–6 µm, mandelförmig, warzig,
schwarzbraun mit farbloser Keimpore und Apikulus

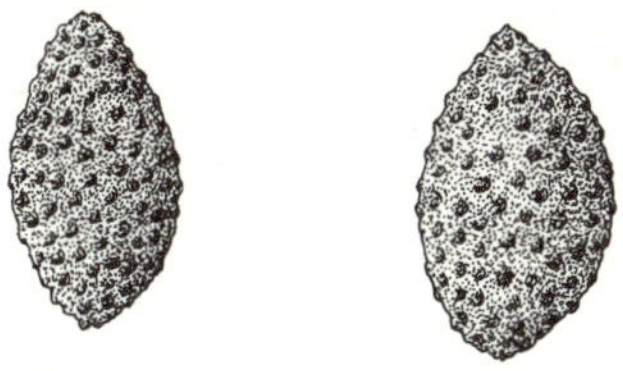

Wassertröpfchen an den Lamellen

Wäßriger Saumpilz

Tränender Saumpilz

Goldmistpilz

Bolbitius vitellinus (PERS.) FR.

Auf faulendem Stroh, das manchmal auf Feldern oder an Wegen im Gras liegengeblieben ist, findet man häufig bereits im Frühjahr auffällige dotter- oder zitronengelbe Pilze mit einem zunächst ei-, dann kegel- bis glockenförmigen, zuletzt ausladenden 2–6 cm breiten sehr dünnen, fast häutigen Hut. Auf der Oberseite ist dieser bis in die Mitte strahlenförmig gerieft, bei Feuchtigkeit klebrig-schleimig, im Alter verblassend. Der Stiel ist bis zu 10 cm lang, 2–5 cm dick, weich, hohl, oben verjüngt, weiß und auf der ganzen Länge bereift. Die Lamellen stehen ziemlich dicht, sind dünn und niedrig, zunächst blaß lehmfarben, dann hellrostgelb bis ockerbräunlich. Das Fleisch ist geruchlos und hat einen milden Geschmack. Der Sporenstaub ist rostbraun.

Der Goldmistpilz ist ungenießbar. In seiner Gesamterscheinung erinnert er an Tintlinge, hat aber (außer anderen Unterscheidungsmerkmalen) rostbraunen Sporenstaub; bei den Tintenpilzen ist dieser dunkelbraun bis schwarz. Er erscheint den ganzen Sommer über stets unmittelbar nach Regenfällen, entwickelt sich rasch und verschwindet im Lauf von 1–2 Tagen spurlos. Für gewöhnlich wächst er einzeln oder in kleinen Gruppen und bevorzugt ein stickstoffreiches Substrat. Manchmal wächst er unmittelbar auf Tierdung, Mist oder frisch gedüngtem Boden in Feldern, Wiesen oder auf Kompost.

Der Lila-Mistpilz – *B. aleuriatus* (FR.) SING. ist ein kleinerer Holzpilz mit schleimigem Hut, er wächst vorwiegend auf Buchenstubben. Dies ist ebenfalls ein Vertreter der Mistpilzfamilie, zu der u. a. noch die Gattungen der Erdschüpplinge *(Agrocybe)* und Sammethäubchen *(Conocybe)* gehören. Ihr gemeinsames Merkmal sind die goldbraunen Sporen und der Feinbau der Oberhaut, die aus kugeligen, balg- oder birnenförmigen Zellen zusammengesetzt ist.

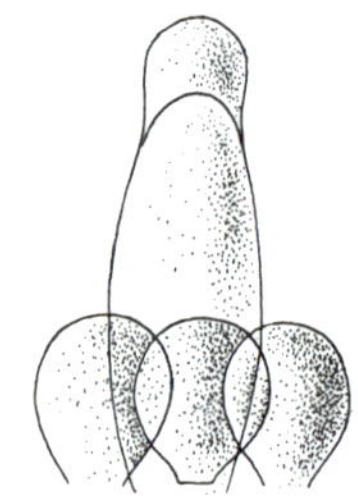

Hymeniumteil mit Basidiolen und Cheilozystiden.

Sporen des Goldmistpilzes: 12–13 × 6–7 μm, elliptisch, kahl, mit Keimpore, rostbraun

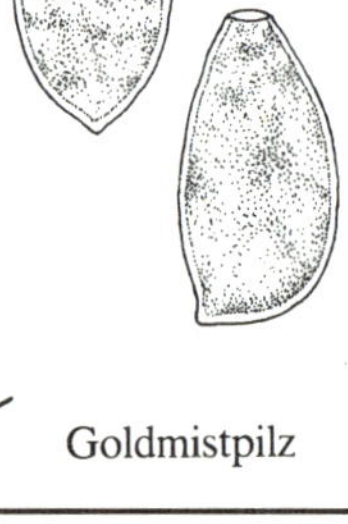

Goldmistpilz

Lila-Mistpilz

Rissiger Ackerling, Weißer Ackerling

Agrocybe dura (BOLT. ex FR.) SING.

Der Rissige Ackerling ist ein enger Verwandter des Frühen Erdschüpplings. Oft wird er mit diesem verwechselt, ja manche Mykologen halten ihn überhaupt nicht für eine selbständige Art, sondern nur für eine Unterart des Frühen Erdschüpplings. Der Rissige Ackerling hat fleischige und zähe Fruchtkörper, einen nicht hygrophanen, trockenen, bräunlichen oder elfenbeinfarbenen Hut, der im Reifestadium manchmal gefeldert aufgeplatzt ist. Am Stiel sitzt ein flockiger Ring, der aber bald verschwindet (der Frühe Erdschüppling hat einen Hautring). Die Lamellen sind zunächst hell, dann blaß violettgrau, zuletzt hellkaffeebraun, an den Schneiden weiß bewimpert. Das Fleisch hat im Gegensatz zum Frühen Erdschüppling keinen Mehlgeschmack und ist schwach bitter.

Der Rissige Ackerling kommt hauptsächlich auf bestellten Böden, in Gärten und auf Feldern, besonders auf kalkreichem Grund vor. Manchmal wächst er auch auf Holz wie z. B. auf Sägemehlhaufen. Er wächst im Sommer und Herbst, also später als der Frühe Erdschüppling.

Eine weitere, dem Frühen Erdschüppling ebenfalls sehr nahe stehende Art ist *A. paludosa* (J. LGE.) KÜHN. et ROMAGN. Das ist ein schlanker zierlicher Pilz mit hygrophanem, nur 1–4 cm breitem Hut und einem dünnen (2–4 mm), stark verlängertem Stiel. Er wächst ausschließlich auf sumpfigen Wiesen in feuchtigkeitsliebender Vegetation, hauptsächlich im Torfmoos. Alle diese Erdschüpplingsarten sind eßbar.

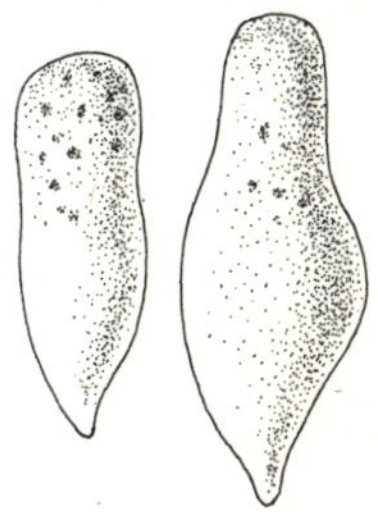

Zystiden

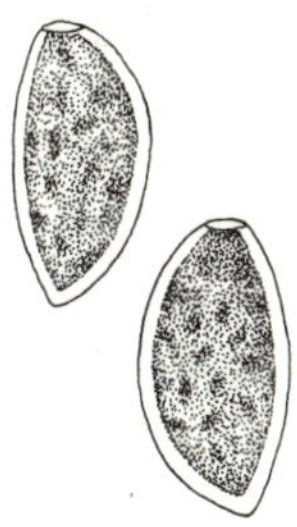

Sporen des Rissigen Ackerlings: 10–12 × 5–6 μm, mandelförmig, honigbraun

A. paludosa

Rissiger Ackerling

Früher Erdschüppling, Voreilender Ackerling

Agrocybe praecox (PERS. ex FR.) FAY.

Der Frühe Erdschüppling gehört zu den vorwiegend außerhalb des Waldes wachsenden Frühjahrspilzen. Bei günstiger Witterung findet man ihn bereits im April, regelmäßig aber im Mai und Juni an grasigen Standorten auf Weiden, an Waldrändern und Feldwegen, in Gärten und Parks. Er wächst aber auch an lichten Stellen in trockeneren, durchsonnten Wäldern oder auf Lichtungen. Als eßbarer und verhältnismäßig schmackhafter Pilz stellt er eine willkommene Bereicherung des Speisezettels im Frühjahr dar. Er läßt sich leicht erkennen und nur schwer mit irgendeiner giftigen Art verwechseln. Sein Hut ist 2–8 (ausnahmsweise 10 cm) breit, in der Jugend halbkugel- oder glockenförmig gewölbt, bald flach ausladend, bei Feuchtigkeit hellkaffeefarben. Durch Austrocknung oder im Alter geht diese Färbung in ein helles Ocker- oder Cremegelb über. Bei trockener Witterung neigt die Haut zum Aufplatzen. Die Lamellen sind an den Stiel angewachsen und laufen in einem kurzen Zahn auf ihn herab. Sie stehen ziemlich dicht und sind zuerst weißlich, dann braun. Der verhältnismäßig dünne Stiel kann 12 cm lang werden, ist unten von gleicher Stärke oder nur ein wenig breiter, ganz weiß oder cremegelblichgefärbt mit einem verschwindenden Hautring. Dieser Ring ist ein Rest der Schleierhülle, die bei den ganz jungen Fruchtkörpern die Lamellen bedeckt. Das Fleisch ist weiß oder gelblich und hat einen auffälligen Mehlgeruch und -geschmack. Der Sporenstaub ist braun.

Zur Gattung *Agrocybe* gehören heute einige Arten mit hymeniformer Hutoberhaut und tabakbraunem Sporenstaub, die früher zur Gattung *Pholiota* aus der Familie der Schuppenpilze gezählt wurden.

Spore und Zystide:
9–12 × 5–6 µm,
elliptisch, graugelblich, glatt, mit Keimpore

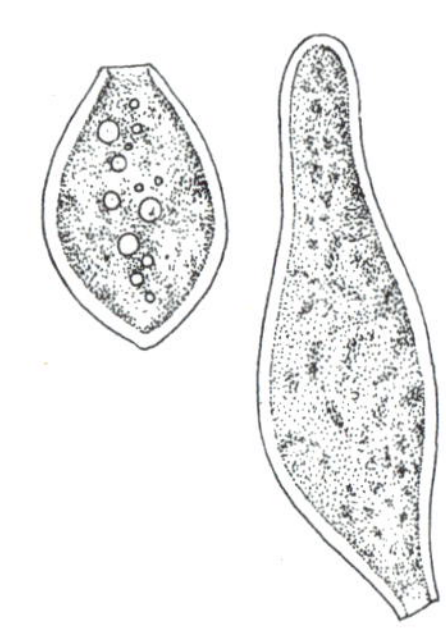

Ausgefallener Sporenstaub

Rotbrauner Riesenträuschling

Stropharia rugosoannulata FARLOW ex MURR.

Das ist bislang der einzige eßbare Pilz, den man mit Erfolg auch im eigenen Garten auf einem Beet züchten kann. Es ist der Verdienst von Champignonzüchtereien in der DDR, daß es nach Laboratoriumsversuchen in den 60er Jahren gelungen ist, die ersten Beetkulturen von diesem Pilz anzulegen. Die Ergebnisse waren überraschend – der Durchschnittsertrag machte 3–4,3 kg Fruchtkörper pro Quadratmeter Versuchsfläche aus. Von dort wurden dann 1969 erstmalig Keimlinge dieses Träuschlings in den Handel gebracht. Seine Zucht ist viel einfacher als die von Champignons. Als Substrat dient das Stroh verschiedener Getreidearten bzw. Flachsstengel. Das entspricht dem ursprünglichen Substrat des Pilzes, denn er kommt auch wild auf fauligem Stroh vor. Er wächst von Juni bis November.

Ursprünglich wurde diese Art in Nordamerika und später unter dem Namen *S. ferrii* in Italien beschrieben, wobei nicht ausgeschlossen ist, daß es sich um zwei geographische Rassen ein und derselben Art handelt. Im Laufe der Veredelung wurden Stämme mit verschiedenfarbigen Hüten erzielt. Am häufigsten wird der ertragreiche cv. 'Winnetou' mit einem hellrotbraunen Hut, graublauen Lamellen und gelbweißem Stiel gezüchtet.

Die typische, in freier Natur vorkommende Form hat einen meist 8–15 cm, seltener bis 25 cm breiten, zunächst graubraunen, schmutzig gelbbraunen, im Reifestadium rot- oder kastanienbraunen Hut mit blaßviolettem Ton, der später ausbleicht und stark klebrig ist. Am Stiel sitzt ein Doppelring, der auf der Oberseite weiß und gerieft, auf der Unterseite gelbweiß ist. Das Fleisch hat einen schwachen Geruch nach Radieschen und einen milden Geschmack, doch ist es verhältnismäßig zäh. Der Sporenstaub ist purpurbraun bis schwarzbraunviolett.

In freier Natur begegnet man oft auch dem Halbkugeligen Träuschling – *S semiglobata* (BATSCH ex FR.) QUÉL., der auf altem Pflanzenfresserdung wächst.

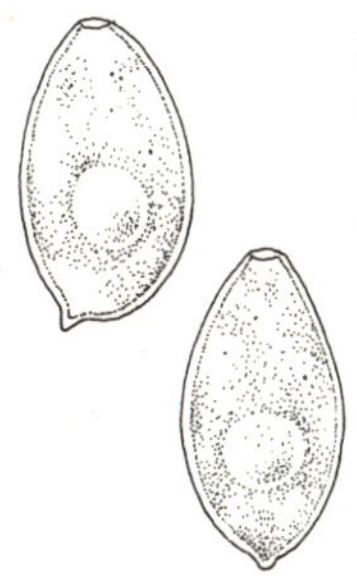

Sporen
des Rotbraunen Riesenträuschlings:
11–13 × 7,5–8 µm,
elliptisch, glatt, lilaviolett.

Sporen des Halbkugeligen Träuschlings:
15–19 × 8–10 µm,

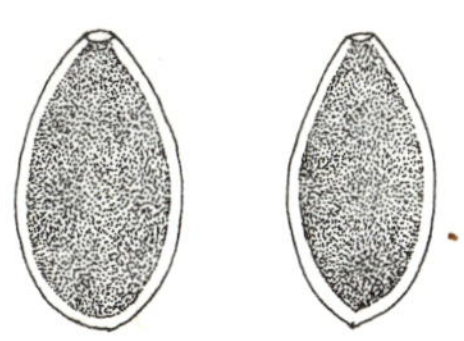

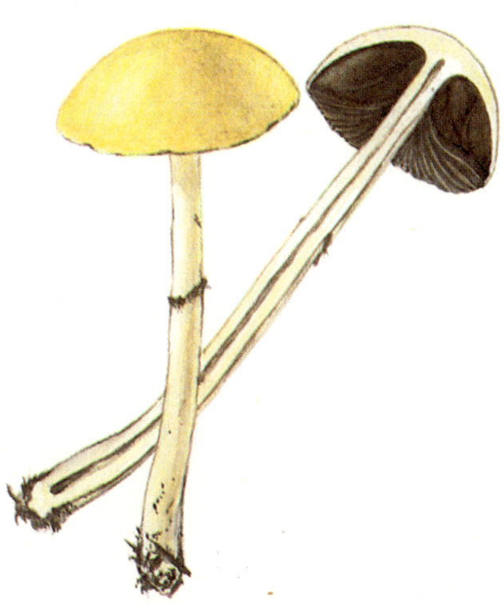

Halbkugeliger Träuschling

Rotbrauner Riesenträuschling

Grünspanträuschling

Stropharia aeruginosa (CUR. ex FR.) QUÉL.

Einige Träuschlingsarten *(Stropharia)* erinnern an kleine Champignons. Gemeinsam mit diesen haben sie die Farbe des Sporenstaubs (braun oder violettschwarz) und die Teilhülle, die auf dem Fuß einen Ring hinterläßt.

Der allerhäufigste Träuschling ist der Körnchenträuschling – *S. coronilla* (BULL. ex FR.) QUÉL. Sein Hut hat 6 cm im Durchmesser, ist gelblichweißlich bis hellocker. Die Lamellen sind schokoladenbraun, der Fuß ist verhältnismäßig kurz und trägt einen gerieften Ring. Er wächst nach Regenfällen auf trockeneren Rasen, Weiden und an Feldrainen.

Zu den auffällig gefärbten Arten gehört der Grünspanträuschling, dessen 3–10 cm breiter grünspanfarbener, später ins Ocker verblassender Hut mit einer Schleimschicht überzogen ist. Der grüne oder grünblaue Stiel ist ebenfalls schleimig, 4–8 cm lang und 0,3–0,6 cm stark, weiß geschuppt und im Oberteil mit einem kragenartigen Ring ausgestattet. Das bläulichgrüne Fleisch hat einen eigenartigen, an Gerbstoffe oder faulenden Rettich erinnernden Geruch, der zusammen mit der Farbe und der schleimigen Haut nicht besonders zum Sammeln lockt. Bis vor kurzem wurde der Pilz für eßbar gehalten, neueren Forschungen zufolge ist er aber verdächtig, wahrscheinlich sogar schwach giftig.

Die Fruchtkörper des Grünspanträuschlings wachsen von August bis November auf Holz und Zweigresten, die auf dem Boden liegen oder dicht unter der Oberfläche verborgen sind. Ansonsten kommen sie auch auf morschen Laub- und Nadelholzstubben vor. Man trifft sie vorwiegend in Mischwäldern, Gärten, Feldern, Parks, Gebüschen usw. an.; bisweilen erscheinen sie sogar auf fauligem Stroh.

Blaugrün ist auch der Grüne Anistrichterling – *Clitocybe odora* gefärbt, doch hat er keinen Schleier, duftet nach Anis und hat weißen Sporenstaub.

Sporen: 7–9 × 4–5 µm, elliptisch, schwarzbraun

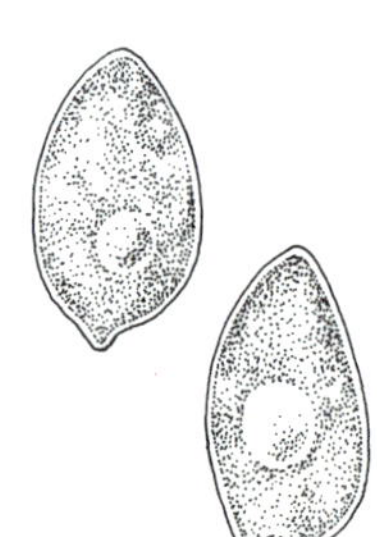

Hyalinweißer Träuschling

Stropharia albonitens (FR.) KARST.

Durch seine weiße Färbung unterscheidet er sich beträchtlich von den übrigen, gelb- oder grüngefärbten Träuschlingen *(Stropharia)*. Sein Hut ist 1,5–4 cm breit, manchmal auch breiter, dünnfleischig, in der Jugend stumpf kegel- bis glockenförmig, bald flach ausladend mit einem kleinen Höcker in der Mitte. Bei Feuchtigkeit ist er stark schleimig, bei Trockenheit glatt und kahl, weiß, nur auf dem Höcker manchmal gelblichgefärbt. Im Reifestadium hat er einen Hauch von Lila von den durchschimmernden Lamellen. Der Stiel ist lang, 3–5 cm stark, oft gekrümmt, fest und elastisch, weiß oder ein wenig gelblich, körnig bestäubt. In seinem Oberteil trägt er einen ungerieften Hautring. Die Lamellen stehen dicht, sind recht schmal, am Stiel ausgeschnitten, zunächst weiß, dann fliederfarben, violettgraubraun, später schwarzgrau und an den Schneiden weiß. Der Sporenstaub ist purpurdunkelbraun. Die Lamellenschneiden bestehen aus zahlreichen kurz flaschenförmigen gekrümmten Cheilozystiden. Das Fleisch ist fast geruch- und geschmacklos. Der Hyalinweiße Träuschling wächst an feuchteren Stellen im Gras von Wäldern, z. B. in Erlenbeständen, aber auch außerhalb des Waldes.

Der Schwarzblättrige Träuschling – *S. melasperma* (BULL. ex FR.) QUÉL. hat einen ebenso gefärbten Hut, der in der Jugend schleimig ist, aber bald austrocknet und häufig gefeldert aufplatzt. Sein Ring ist wenigstens zum Teil gerieft. Er kommt an ähnlichen grasbewachsenen Stellen auf Wiesen und Weiden vor. Beide Arten sind ungenießbar.

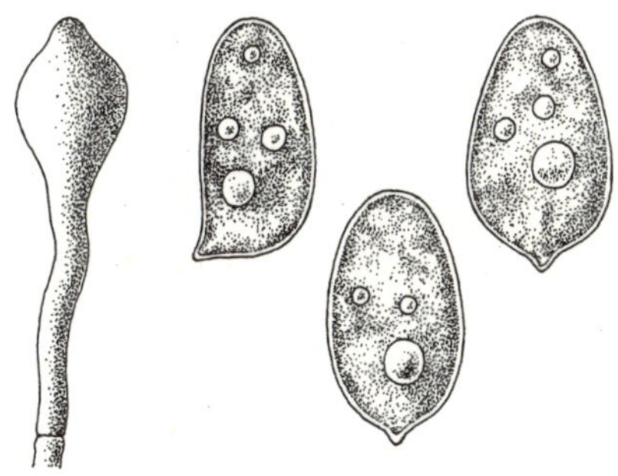

Cheilozystide und Sporen
des Hyalinweißen Träuschlings:
8–9 × 4–5 µm, elliptisch, glatt, violettbraun

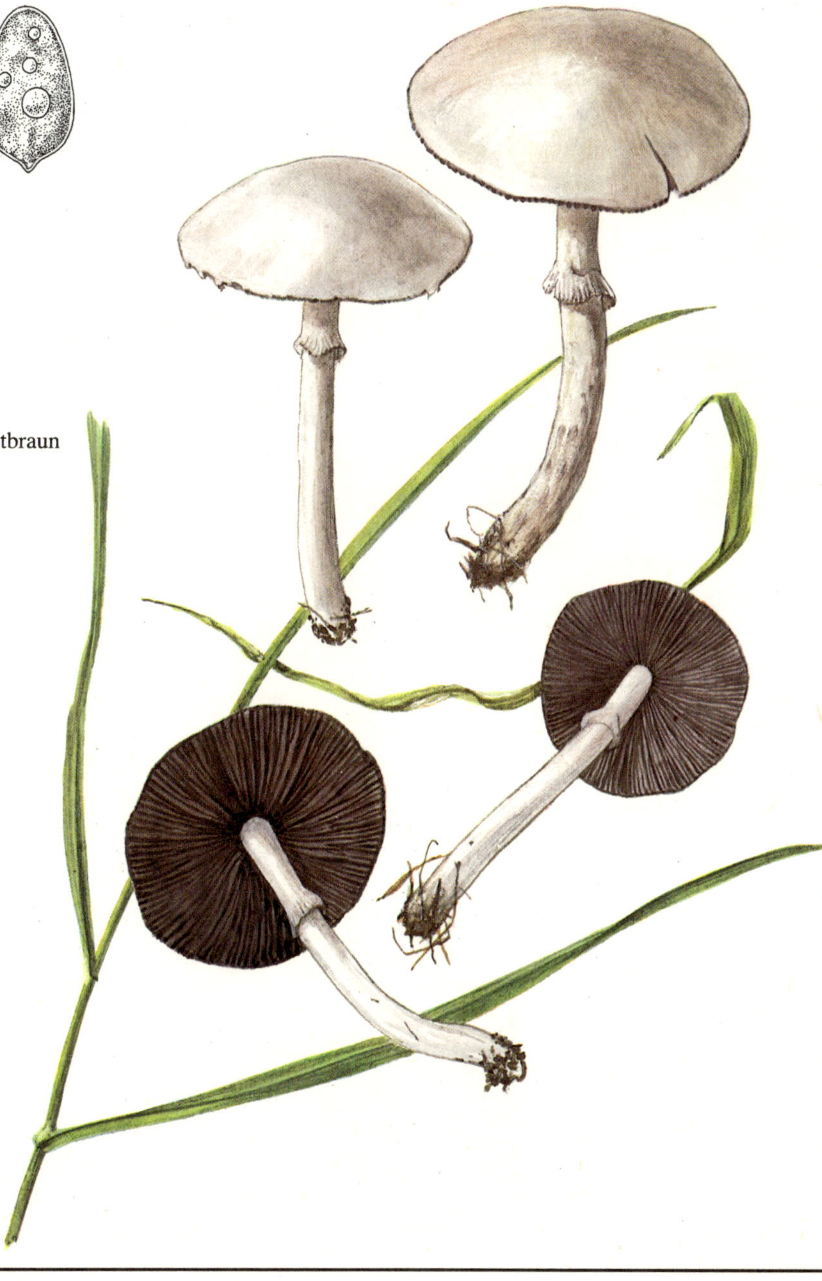

Ziegelroter Schwefelkopf

Hypholoma sublateritium (FR.) QUÉL.

Der Ziegelrote Schwefelkopf wächst normalerweise in größeren oder kleineren Büscheln. Manchmal findet man auch Einzelpilze, die aber dann sehr robust ausfallen. Vom Frühsommer bis zum Frosteintritt wächst der Pilz aus morschen Stubben, vor allem von verschiedenen Laubhölzern. Er hat einen bitteren Geschmack, ist aber nicht so widerlich und stark bitter wie der Grünblättrige Schwefelkopf. Das Fleisch im Stieloberteil ist weißlich, beim Grünblättrigen Schwefelkopf ist es im ganzen Stiel schwefelgelb. Der Hut des Ziegelroten Schwefelkopfs ist in der Mitte hellrötlich, manchmal fast ziegelfarben; am Rand ist er heller und geht ins Orange oder Gelbe über. Er ist 3–10 cm breit und in der Jugend mit schuppigen oder faserig-spinnwebartigen Resten des weißlichen oder gelblichen Schleiers bedeckt, der bei den ganz jungen Fruchtkörpern Hutrand und Stiel verbindet. Diese Schleierreste werden vom Regen abgespült oder verschwinden während des Wachstums, so daß bei ausgewachsenen Fruchtkörpern die Hutoberseite kahl ist. Der 7–12 mm dicke Stiel ist meist gekrümmt, festfleischig, später hohl, gelblich, unten rostbraun, faserschuppig, mit Schleierresten in Form von weißlichen oder gelblichen Fasern, die von herausfallendem schwarzgrauem Sporenstaub überpudert sind. Die Lamellen stehen dicht, sind mit einem Zahn am Stiel verwachsen und zunächst gelblich, dann gelblichbraun, im reifen Zustand sind sie oliv- bis rußig schwarzbraungefärbt. Der Sporenstaub ist oliv dunkelbraun.

Aus zwei Gründen ist das Sammeln des bedingt eßbaren Ziegelroten Schwefelkopfs nicht zu empfehlen: zum einen ist er bitter, zum anderen besteht die Verwechslungsmöglichkeit mit dem giftigen Grünblättrigen Schwefelkopf.

Ziegelroter Schwefelkopf

Sporen und Zystiden des Ziegelroten Schwefelkopfes: 6–8 × 3–4 µm, elliptisch, mit Keimpore, violettgrau

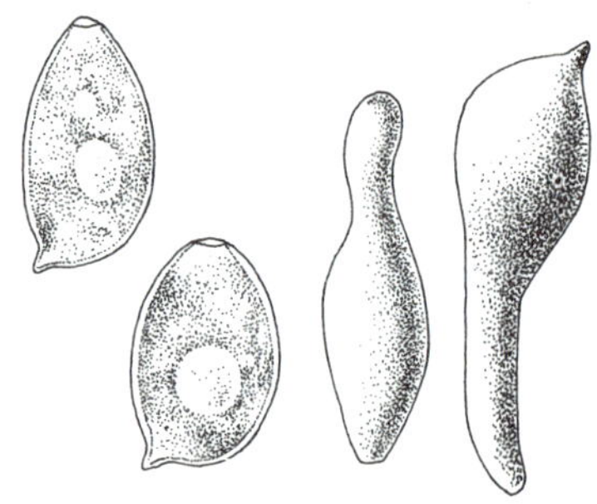

Fruchtkörper des Grünblättrigen Schwefelkopfs

Grünblättriger Schwefelkopf, Bitterer Schwefelkopf

Hypholoma fasciculare (HUDS. ex FR.) KUMM.

Das ist einer der verbreitetsten und häufigsten Blätterpilze, die auf Holz wachsen. Er ist fast ganzjährig vom Tiefland bis in die Berge in- und außerhalb des Waldes auf Stubben und abgestorbenen Wurzeln, von verschiedenen Bäumen und Sträuchern sowie auf faulenden Holzresten im Boden anzutreffen. Sein Hut kann bis 6 cm breit werden und hat am Rand Reste des Haarschleiers. Ansonsten ist er kahl und glatt, in der Mitte orange rotbraun bis orangegelb, zum Rand hin geht diese Färbung ins Schwefelgelbe über. Die Lamellen stehen dicht, sind niedrig und mit einem Zahn am Stiel angewachsen, in der Farbe zunächst schwefelgelb, dann grün, dunkelgrauoliv, zuletzt schokoladenbraun bis fast schwarz. Der Stiel ist meist länger als der Hutdurchmesser, 3–5 mm stark, festfleischig, glatt, zuletzt hohl, mit Überresten des gelben Schleiers, die aber später verschwinden. Das Fleisch ist im ganzen Fruchtkörper klar schwefelgelb, nur an der Stielbasis bräunlich. Es schmeckt sehr bitter. Der Sporenstaub ist violettschwarzbraun. An den Lamellenschneiden sitzen zylindrische, oben keulig verbreiterte farblose Cheilozystiden.

Der Grünblättrige Schwefelkopf ist ein Giftpilz, den Sammler mit dem Stockschwämmchen oder mit dem Hallimasch verwechseln. Man kann ihn jedoch durch sein schwefel- oder grüngelbes, bitteres Fleisch unterscheiden. Der Genuß kann zu Vergiftungen ähnlich wie beim Grünen Knollenblätterpilz führen.

Sporen: 6–8 × 4–5 μm, elliptisch, mit Keimpore, glatt, blaßgrau-gelbbraun

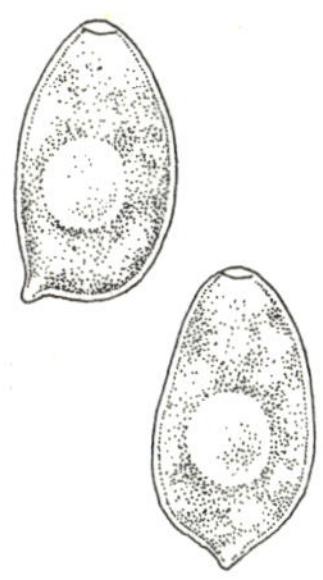

Chrysozystiden

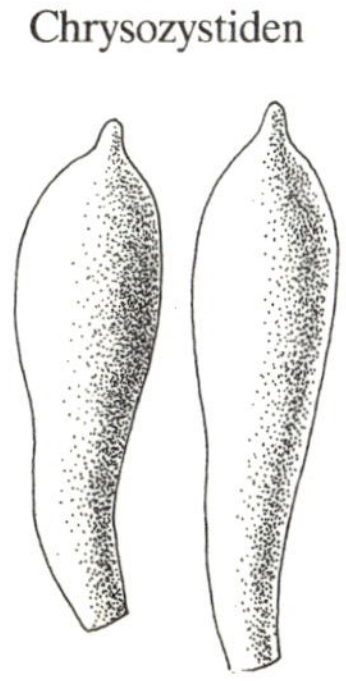

Rauchblättriger Schwefelkopf, Milder Schwefelkopf

Hypholoma capnoides (FR. ex FR.) KUMM.

Der Rauchblättrige Schwefelkopf gehört zu den häufigeren Arten der Gattung, auch wenn er weitaus seltener als der Grünblättrige oder Ziegelrote Schwefelkopf erscheint. Er wächst in Büscheln auf Stubben und abgestorbenen Wurzeln verschiedener Nadelhölzer, hauptsächlich von Kiefern und Fichten, vorwiegend im Bergvorland und Gebirge. Er setzt seine Fruchtkörper in der kühleren Jahreszeit an, so daß man ihn sowohl im Spätherbst als auch zeitig im Frühjahr finden kann. In Gesamtbild, Größe und Färbung ähnelt er dem Grünblättrigen Schwefelkopf. Er unterscheidet sich aber durch die Fleischfarbe, die im Stiel und Hut weiß oder weißlich, nur unten in der Fußbasis rostgelblich, aber nie schwefelgelb ist. Auch sein Geschmack ist nicht bitter, sondern mild. Sein Fleisch ist fast ohne Geruch oder riecht schwach nach Jodoform. Die Lamellen sind in der Jugend mohnfarben graublau, später werden sie lila. Das ist für diese Art charakteristisch. Der Stiel ist oft verbogen, oben weißlich, sonst gelblich, unten rostig, fein seidenfaserig mit weißen Faserresten des Schleiers. Der Hut kann 5 cm breit werden, ist gelborangeocker, an der Spitze dunkel, später verbleichend und trägt an den Rändern verschwindende Schleierfasern. Der Sporenstaub ist bräunlich-purpurviolett. In der Fruchtschicht sitzen ähnlich wie bei allen Schwefelköpfen Chrysozystiden.

Der Rauchblättrige Schwefelkopf ist eßbar; manche Sammler halten ihn, vor allem in Essig eingelegt, für einen schmackhaften Pilz. Man darf ihn aber nicht mit dem Grünblättrigen oder Ziegelroten Schwefelkopf verwechseln.

Sporen: 7–9 × 4–5 μm, elliptisch, violettbraun, mit Keimpore

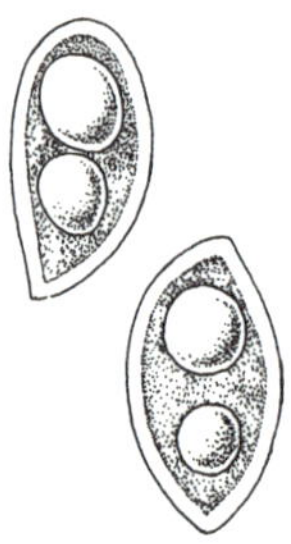

Chrysozystiden, davon eine im optischen Schnitt

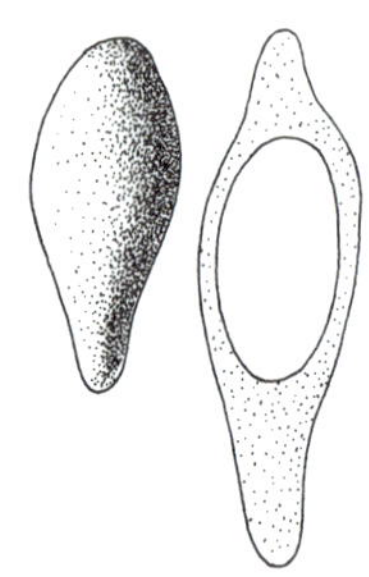

Rauchblättriger Schwefelkopt

Längsschnitt durch den Fruchtkörper des Grünblättrigen Schwefelkopfes

Spitzkegeliger Kahlkopf

Psilocybe semilanceata (FR.) QUÉL.

Die Gattung der Kahlköpfe *Psilocybe* wurde zusammen mit den verwandten Gattungen der Düngerlinge *(Panaeolus)* und Träuschlinge *(Stropharia)* vor allem nach der Entdekkung von halluzinogenen Stoffen, die aus zahlreichen mexikanischen Kahlkopfarten gewonnen wurden, bekannt. Analysen haben gezeigt, daß auch einige europäische Kahlkopfarten Stoffe mit halluzinogener Wirkung enthalten. Allerdings sind die Mengen wesentlich geringer, so daß die Symptome nach ihrem Genuß weit schwächer auftreten.

Der Spitzkegelige Kahlkopf ist ein zierlicher Pilz, der leicht übersehen wird. Sein Hut ist 1–2 cm hoch, stets höher als breit, auffällig lanzettlich zugespitzt oder schmal kegelförmig, oft mit einer aufgesetzten Warze, dünnfleischig, hygrophan, bei Feuchtigkeit schleimig oder klebrig, dunkel olivgraubraun oder gelbbraun, bei Trockenheit ledergelb, glatt, kahl, grünlich gefleckt. Der Stiel ist sehr lang, nur 2–3 mm dick, fest und zäh, gebogen, blaß oder bräunlich, seidenglänzend, an der Basis häufig blaugrün, mit seinem blaugrünen Myzel am Substrat festgewachsen. Die Lamellen sind am Stiel breit angewachsen, olivgrau oder bräunlich mit einem Lilaton, später rot- bis schwarzbraun, an der Schneide weiß bewimpert. An den Lamellenschneiden sitzen zahlreiche Cheilozystiden. Das Fleisch hat weder einen besonderen Geruch noch Geschmack. Der Sporenstaub ist dunkelbraun.

Der Spitzkegelige Kahlkopf wächst in Grashorsten auf Weiden und Waldwegen von August bis Oktober. Der Pilz ist nicht besonders häufig und wird eher im Bergvorland angetroffen. Wegen seiner Halluzinogenstoffe ist er ungenießbar.

Sporen: 12–16 × 6–8 µm,
elliptisch, mit Keimpore, glatt, braun

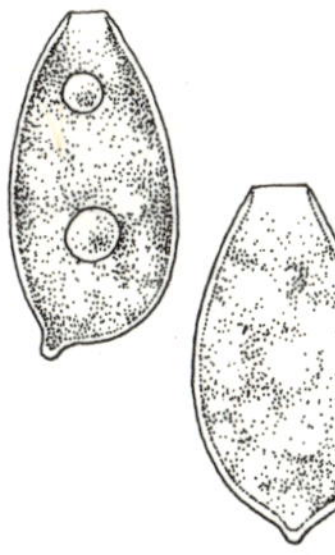

Cheilozystiden

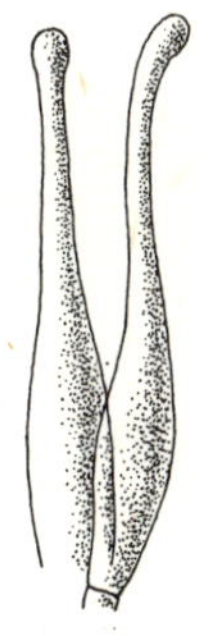

Schnitt durch den Fruchtkörper
des Spitzkegeligen Kahlkopfes

Pappelschüppling

Pholiota destruens (BROND.) QUÉL.

Auf gefällten Pappelstämmen, die längere Zeit auf dem Boden liegen geblieben sind, erscheinen oft in riesigen Büscheln die Fruchtkörper des Pappelschüpplings. Er ist als einer der größten seiner Gattung ein stattlicher, festfleischiger Pilz. Seine 5–20 cm breiten, in der Jugend gewölbten, später ausladenden, schmutzig semmelfarbenen bis hellbraunen Hüte sind mit verstreuten weißen Schuppen bedeckt. Bei Feuchtigkeit sind sie klebrig. Der Hutrand von jungen Fruchtkörpern ist durch einen weißlichen Schleier mit dem Stiel verbunden und später mit dessen unregelmäßigen Fetzen gesäumt. Auf dem Stiel hinterläßt der Schleier einen verschwindenden Ring. Der Stiel ist stark, blaß, geschuppt, 5–15 cm lang und 1–3 cm breit, unten oft verdickt und wurzelnd. Die bräunlichen Lamellen haben eine gewölbte, unregelmäßig gezackte Schneide.

Der Pappelschüppling ist ungenießbar. Er hat ein bitteres, ziemlich zähes Fleisch, das einen nahezu unangenehmen Pilzgeruch ausströmt. Die Hüte dieses Schüpplings erscheinen von August bis November nicht nur auf abgestorbenen Stämmen und Stubben, sondern auch ziemlich häufig auf lebenden Bäumen, vor allem auf Pappeln und Weiden.

Im gegenwärtigen Pilzsystem wird die Sektion der Flämmlinge *(Flammula)* mit der Gattung der Schüpplinge *(Pholiota)* vereinigt. Früher wurde sie selbständig als Gattung geführt. Sie wurde von den Schüpplingen eigentlich nur deswegen getrennt, weil bei ihren Arten der Schleier nur schwach entwickelt war und bald verschwand. Die meisten Flämmlinge bilden keine so fleischigen und in großen Büscheln wachsenden Fruchtkörper wie die Schüpplinge.

Sporen: 7,5–8 × 5–5,5 µm, zylindrisch-elliptisch rostbraun

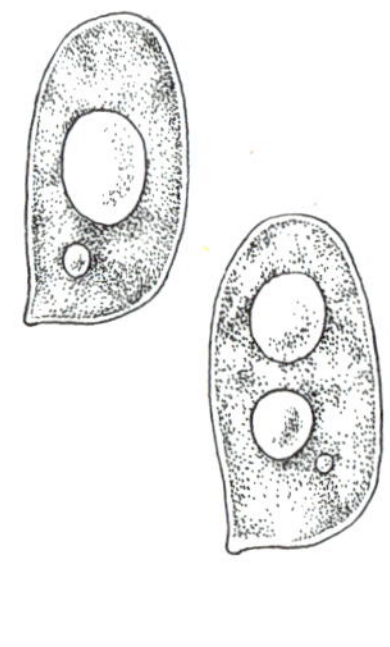

Sparriger Schüppling

Pholiota squarrosa (PERS. ex FR.) KUMM.

Den Sparrigen Schüppling erkennt man leicht an den auffälligen Schuppen auf Hut und Stiel. Er wächst in reichen Büscheln auf abgestorbenem Holz, hauptsächlich auf Stubben und gestürzten Stämmen sowohl von Laub- als auch von Nadelbäumen. Nicht selten schädigt er als Parasit lebende Stämme oder Wurzeln, in die er durch Frostrisse oder mechanische Verletzungen, etwa durch Schnitt oder Abrieb gelangt ist. Er wächst vorwiegend im Herbst. Unerfahrene Pilzsammler verwechseln diesen Schüppling manchmal mit dem Hallimasch, der sich aber unter anderem durch seinen weißen Sporenstaub wesentlich unterscheidet. Der Hut des Sparrigen Schüpplings erreicht einen Durchmesser von 12–15 cm und ist in verschiedenen Gelbtönen gefärbt. Die Schuppen an seiner Oberfläche sind rostbraun, an den Enden angehoben oder sogar rückwärts gekrümmt und meist zu dichten Kreisen angeordnet. Der zähe Stiel ist auf blaßgelblichem Untergrund ebenfalls mit rostbraunen Schuppen bedeckt. In der Jugend ist er mit dem Hutrand durch einen dicken ledrigen Schleier verbunden, der am Stiel als wollfilziger Ring zurückbleibt. Die Lamellen sind an den Stiel angewachsen bis kurz herablaufend, stehen ziemlich dicht, sind verhältnismäßig schmal und zunächst hellolivgelblich, dann bräunlich gelb, zuletzt rostbraungefärbt. Das Fleisch ist gelblich, hat einen ziemlich angenehmen würzigen Geruch und milden oder schwach zusammenziehend herben bis bitteren Geschmack. Der Sporenstaub ist rostbraun. Der Sparrige Schüppling eignet sich zwar zum Einlegen in Essig, doch wegen des zähen Fleisches sammeln ihn viele Pilzfreunde nicht.

Sporen: 6–8 × 3,5–4 μm,
elliptisch, glatt, gelbbraun

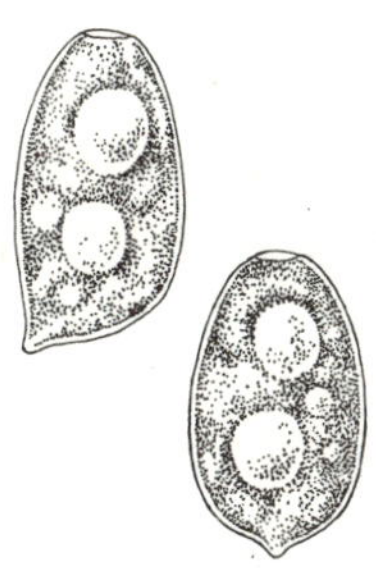

Längsschnitt durch den Fruchtkörper
des Sparrigen Schüpplings

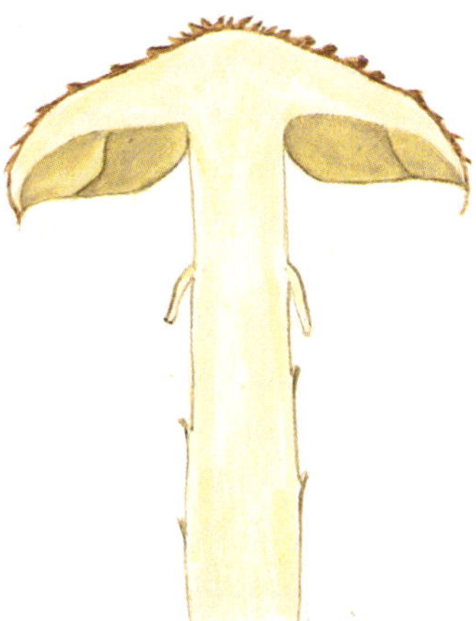

Kohlenschüppling

Pholiota carbonaria (FR.) SING.

Auf alten Feuer- und Brandstätten innerhalb und außerhalb des Waldes hat man die Möglichkeit, vom Frühjahr bis in den Herbst eine Reihe interessanter anthrakophiler Pilze kennenzulernen, deren Vorkommen ausschließlich an solche Lebensräume gebunden ist. Zu den verbreitetsten gehört der Kohlenschüppling, der oft mit unzählige Fruchtkörpern die ganze Fläche einer ehemaligen Feuerstelle bedeckt.

Der 1,5–6 cm breite Hut ist anfänglich halbkugelig, dann ausladend, am Rand schmal nach unten eingerollt und dünnfleischig. Die Haut ist bei Feuchtigkeit klebrig, bei Trockenheit glänzend glatt und kahl, braungelb bis trüb rotorange oder rostgelb. Oft ist sie durch Erdreich oder verkohltes Holz verschmutzt. Der Stiel ist normalerweise genau so lang wie der Hutdurchmesser, ziemlich dünn (2–5 mm), hellgelb, oben weißlich, über die ganze Länge fein geschuppt, bei jüngeren Fruchtkörpern mit bald verschwindenden weißen Schleierfasern bedeckt. Die Lamellen sind mäßig dicht, am Stiel ausgeschnitten und in einem Zahn angewachsen, zuerst hell- oder ockergelb, später olivbraun, an den Schneiden fein weiß bewimpert. An den Lamellenschneiden sitzen zahlreiche zylindrische, farblose Cheilozystiden. Das Fleisch ist hellgelb, hat einen bitteren Geschmack und einen schwach säuerlichen Geruch. Der Sporenstaub ist rostbraun.

Der Kohlenschüppling ist ungenießbar. Die Fruchtkörper wachsen einzeln oder in lockeren Büscheln entweder aus verkohltem Holz oder oft unmittelbar auf nackten, vom Feuer versengten Boden. Früher wurde der Kohlenschüppling zur Gattung Flämmlinge *(Flammula)* gezählt, die im heutigen System nur noch als Sektion der Gattung *Pholiota* gewertet wird.

Der Nadelschüppling – *P. spumosa* (FR.) SING. wächst auf dem Boden in Nadel-, hauptsächlich in Kiefernwäldern, nie auf Feuerstellen. Er ist ebenfalls nicht eßbar.

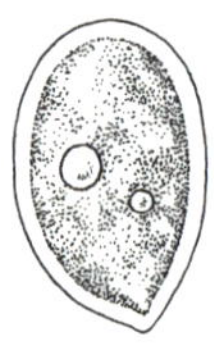

Spore: 6–7 × 3–4 μm, elliptisch, glatt, hellgelb

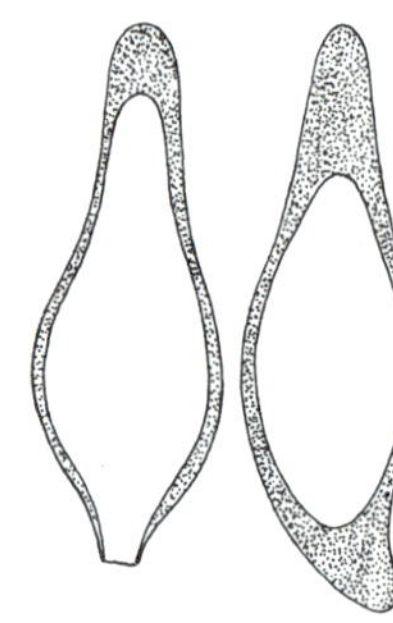

Cheilozystiden

Kohlenschüppling

Nadelschüppling

Beringter Flämmling

Gymnopilus spectabilis (FR.) SING.

Die Gattung *Gymnopilus* umfaßt größere, fleischige, okkerfarbene bis orangegelbe Pilze. Diese haben bei Feuchtigkeit leicht schleimige Hüte, eine Haut, die bei Laugeneinwirkung schwarz wird, rostbraunen Sporenstaub, warzige Sporen und Zystiden, die sich bei Kontakt mit Baumwollblau grün verfärben. Sie sind holzbewohnend.

Der Beringte Flämmling ist einer der stattlichsten Pilzen, dessen Hut 10 cm breit, in Ausnahmen auch größer wird. Er ist fast samtfilzig, glanzlos und nicht schleimig, halbkugelig gewölbt, später ausladend, ohne Höcker oder nur mit einer ganz flachen, stumpfen Erhebung in der Mitte, im Alter häufig gefeldert aufgeplatzt und stellenweise mit einem Purpurton. Der Stiel ist blaßgelb, zylindrisch, unten oft keulig verbreitert und wurzelartig verlängert, bis zu 20 cm lang, 1–3 cm dick, voll, dunkler gefasert oder geflockt, unten rotbraun und im Oberteil mit einem gelblichen nicht verschwindenden Hautring versehen, über dem er weißlich ist. Die Lamellen sind blaß gelbbraun, später fast goldgelb-bräunlich, ziemlich niedrig, sie stehen dicht und sind abgerundet angesetzt oder ausgeschnitten und ein wenig herablaufend. Das Fleisch ist gelblich, schmeckt sehr bitter und riecht stark aromatisch, bisweilen sogar nach Rettich.

Der Beringte Flämmling ist ein auffälliger, schön gefärbter Pilz, der gewöhnlich im Herbst büschelweise aus Stubben, Wurzeln oder Stammfüßen von Laubbäumen, besonders Eichen wächst. Etwas häufiger kommt er in wärmeren Gebieten eher außerhalb des Waldes an Wegen, in Parks usw. vor. Man kann ihn mit älteren oder vom Regen abgewaschenen Fruchtkörpern des Sparrigen Schüpplings verwechseln. Beide Arten sind ungenießbar.

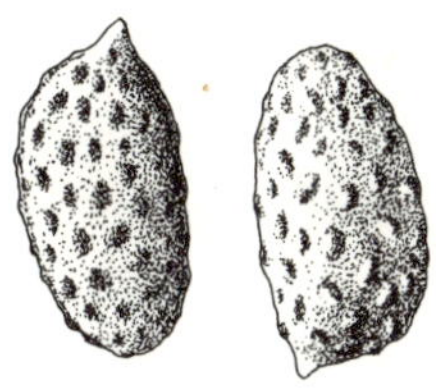

Sporen: 8–10 × 5–6 µm, elliptisch-mandelförmig, dicht warzig, gelbrostfarben

Sparriger Schüppling

Beringter Flämmling

Tannenflämmling

Gymnopilus sapineus (FR.) R. MRE.

Auf modernden Stubben oder abgestorbenen Stämmen von Nadelbäumen findet man im Sommer und Herbst Büschel (seltener Einzelexemplare) von auffälligen, meist rostbraunen Blätterpilzen. Diese Pilze gehören meist zur Gattung *Gymnopilus,* die ebenfalls aus der nicht mehr gültigen Gattung *Flammula* ausgegliedert wurde. Die Pilze der Gattung *Gymnopilus* haben eine rostige, oft lebhaft gelbe oder orangebraune Färbung, die durch die Einwirkung von Laugen ganz schwarz wird. Am Stiel sitzt in der Regel ein Ring.

Gegenüber dem stattlichen Beringten Flämmling ist der Tannenflämmling wesentlich kleiner. Sein Hut ist nur 3–5 cm breit, zuerst halbkugelig gewölbt, breit ausladend, mit einer trockenen, auf goldgelbem Untergrund faserigen bis fein seidig geschuppten Haut. Der Stiel ist 4–7 cm lang, 5–10 mm dick, zylindrisch, oft in einer wurzelartigen, weiß befilzten Basis endend, die im modernden Holz sitzt. Die Stieloberfläche ist seidenglänzend faserig, hellgelb oder nur gelblich. Die Lamellen stehen ziemlich dicht, sind mit einem Zahn am Stiel festgewachsen, zuerst hellgelb, dann gold- bis dunkelgelb, mit rostbraunem Sporenstaub bestäubt; auf Druck werden sie langsam rostig. Das gelbliche Fleisch hat bitteren Geschmack.

Aus der Verwandtschaft des Tannenflämmlings wurden einige Arten beschrieben, deren Unterscheidung mit Schwierigkeiten verbunden und nur durch ein eingehendes Mikroskopstudium möglich ist. Keine dieser Arten ist eßbar.

Sporen: 7–10 × 4–5 µm, elliptisch-mandelförmig, fein warzig, gelbbraun.

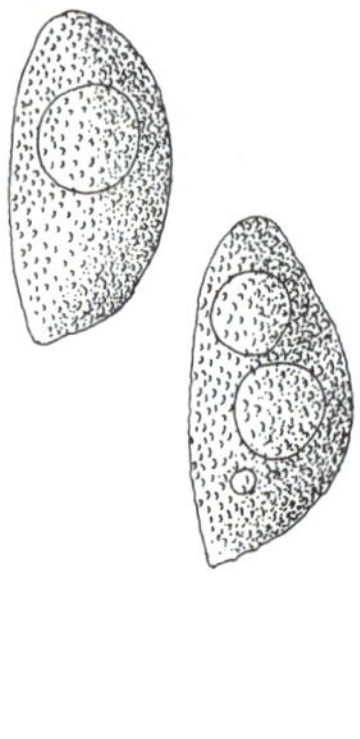

Zystiden

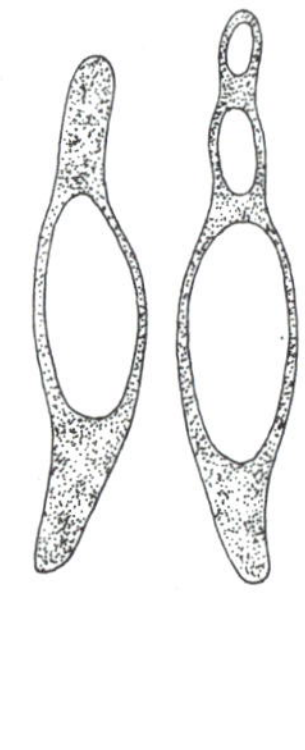

Stockschwämmchen

Kuehneromyces mutabilis (SCHAEFF. ex FR.) SING. et SMITH

Das Stockschwämmchen gehört mit zu den beliebtesten eßbaren Pilzen, die auf Holz wachsen. Seine manchmal aus vielen Dutzend Einzelfruchtkörpern bestehenden Büschel wachsen vom Frühjahr bis in den Herbst, vorwiegend aber in der kühleren Jahreszeit auf Stubben, gefallenen Stämmen oder am Fuß bzw. in den Höhlungen lebender Laubbäume, vorwiegend auf Linden und Birken. Gesammelt werden nur die Hüte junger Fruchtkörper, da das Fleisch der Stiele zu zäh ist. Ein wichtiges Merkmal des Stockschwämmchens ist der stark hygrophane Hut. Bei Feuchtigkeit ist er rostzimtbraun mit dunkleren Lamellenstreifen, bei Trockenheit ist er wesentlich heller, hellhoniggelb, wobei während des Trocknens die dunklere Farbe am längsten in der Randzone erhalten bleibt. Der Hut kann 7 cm breit werden. Seine Haut ist kahl und glatt und erscheint fettig. Die Lamellen sind am Stiel angewachsen oder laufen kurz an ihm herunter, stehen dicht und sind hellbräunlich bis zimtbraungefärbt. Der sie in der Jugend bedeckende Hautschleier ist weißlich. Der Stiel wird bis zu 10 cm lang, 5–8 mm dick, ist hohl, aber zäh, braun, unten schwarzbraun, oben mit einem winzigen schuppigen braunen Ring, unter dem die Stieloberfläche dunkelbraun geschuppt ist. Das Hutfleisch ist weißlich, weich bis wäßrig fleischig, im Stiel ist es rostbraun, hat einen angenehm würzigen Geruch nach frischem feuchtem Holz; sein Geschmack ist mild. Der Sporenstaub ist rostbraun.

Unerfahrene Pilzsammler könnten das Stockschwämmchen mit einigen Schwefelkopfarten *(Hypholoma)* verwechseln, doch sind diese gelber, haben meist ein bitteres Fleisch und schwärzlichen Sporenstaub.

Sporen: 6–7 × 3–4,5 µm, elliptisch, glatt, rostbraun, mit großer Keimpore

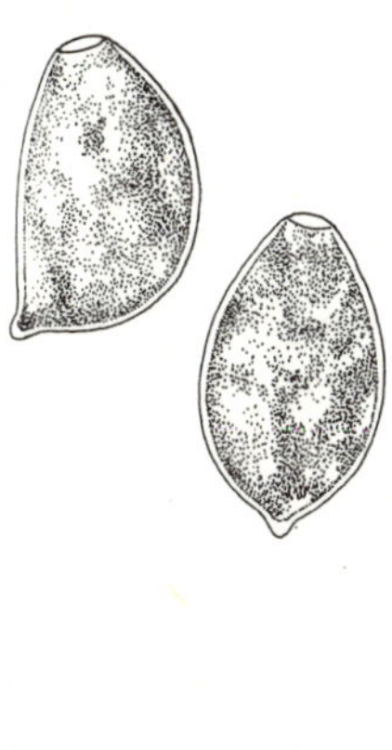

Fleckiger Trompetenschnitzling

Tubaria conspersa (PERS. ex FR.) FAY.

Auf nacktem, feuchtem, von Bäumen oder Sträuchern beschattetem Boden, manchmal aber auch auf abgestorbenen Pflanzenresten erscheinen im Sommer und Herbst kleine, unscheinbare und meist monoton zimtbraungefärbte Pilze, die besonders durch ihr gesellschaftliches Auftreten auffallen. Das sind sehr oft verschiedene Schnitzlingsarten der Gattung *Tubaria.* Ihre genaue Bestimmung ist nur mit Kenntnis von Mikromerkmalen möglich.

Der Fleckige Trompetenschnitzling ist einer der häufigsten. Die satt zimtbraune Grundfärbung des Huts ist von einem feinen, grauweißlichen Filz überdeckt, dessen Fasern später schuppenartig auseinandergehen. Bei den ganz jungen Fruchtkörpern ist der Hutrand mit dem Stiel durch einen Haarschleier verbunden. Der dünnfleischige Hut ist nur 8–25 mm breit, in der Jugend fast halbkugelig, dann niedrig bis rundlich gewölbt, in der Mitte flach eingedrückt, am Rand in großen Abständen gerieft. Der Stiel ist 2–3,5 cm lang, 1,5–3 mm dick, heller als der Hut, unten von einem weißen filzartigen Pilzgeflecht umgeben. Die Lamellen sind breit am Stiel angewachsen und laufen kurz an ihm herab, stehen schütter, sind hoch und satt zimtbraungefärbt. Das Fleisch riecht nicht und hat einen milden Geschmack. Der Sporenstaub ist braun. Die Cheilozystiden sind zylindrisch bis keulig, manchmal unregelmäßig gekrümmt. Der Fleckige Trompetenschnitzling ist ungenießbar.

Im Gras auf Feldern und an Wegrändern, vorwiegend außerhalb des Waldes begegnet man hauptsächlich nach milden Wintern zeitig im Frühjahr sehr ähnlichen Schnitzlingsarten, dem Frühlings-Trompetenschnitzling – *T. pellucida* (BULL. ex Fr.) GILL. (ss. LGE.) und dem Winter-Trompetenschnitzling – *T. furfuracea* (PERS. ex TR.) GILL. Ohne Mikroskop kann man diese Arten aber nicht mit Sicherheit voneinander unterscheiden.

Sporen: 6,5–9 × 4,5–5,5 µm,
asymmetrisch eirund-elliptisch, blaß gelblich,
glatt, sehr dünnwandig

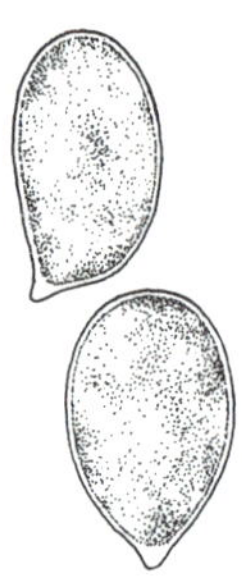

Cheilozystiden

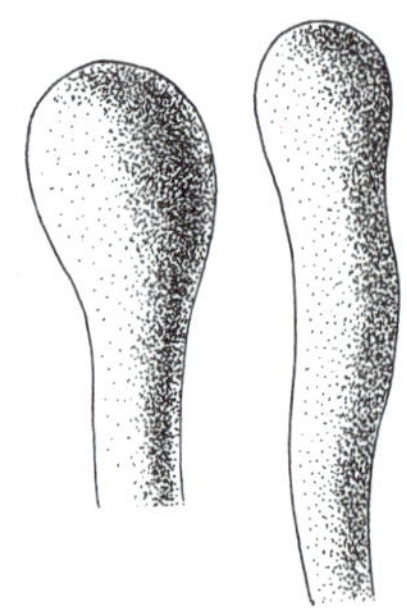

Gemeines Stummelfüßchen

Crepidotus variabilis (PERS. ex FR.) KUMM.

Untersucht man in Laub- und Mischwäldern nach Sommerregen heruntergefallene, an feuchteren Stellen liegende Zweige, kann man zierliche weiße, nur 0,5–3 cm große, ohne Stiele auf dem Substrat sitzende Hütchen entdecken. Sie wachsen gewöhnlich in größerer Zahl beieinander und sind rundlich bis nierenförmig; die lappenartigen Fruchtkörper umspannen die Stelle, an der sie festgewachsen sind. Ihre Oberfläche ist schneeweiß und fein befilzt bis wattig beflaumt. Auf der Hutunterseite befinden sich Lamellen, die zuerst weißlich, durch die heranreifenden Sporen dann aber bald graurosa werden; im Alter geht ihre Farbe eher ins Braune. Die Lamellen stehen ziemlich lokker, sie sind dünn und laufen an einer gemeinsamen Stelle zusammen, die gewöhnlich nicht in der Mitte des Fruchtkörpers liegt. Der Sporenstaub ist braun.

Das Gemeine Stummelfüßchen ist der häufigste Vertreter seiner Gattung. Unter günstigen Bedingungen kann es mit seinen Hütchen eine Fläche von mehreren Quadratmetern bedecken. Von den Zweigen geht es auch auf die umliegenden Blätter, abgestorbenes Gras, Stengel und Kräuter über. Die Stummelfüßchenarten gehören überwiegend zu den selteneren Pilzen und ihre genaue Bestimmung ist nicht ohne Mikroskop möglich. Sie sind klein und haben deshalb für den praktischen Pilzsucher keine große Bedeutung.

Der Schneeweiße Zwergseitling – *Pleurotellus chioneus* (PERS. ex FR.) KÜHN. ähnelt im Aussehen dem Gemeinen Stummelfüßchen weitgehend, unterscheidet sich aber durch seine weißen, nur schwach gelblichen Lamellen und die glatten, geringfügig größeren Sporen.

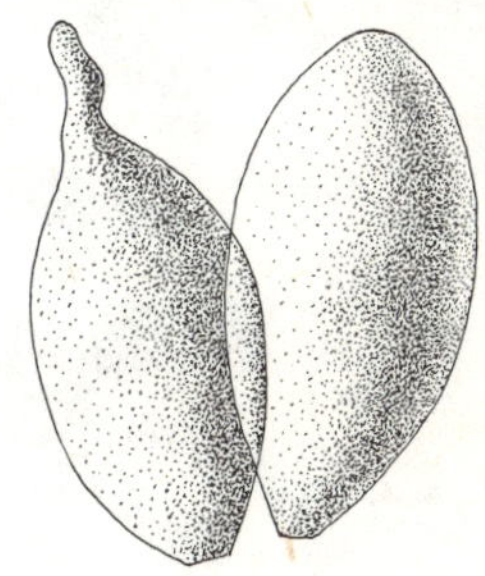

Cheilozystiden

Spore: 5,5–7 × 2,8–3,5 μm,
zylindrisch-elliptisch, sehr fein stachelig-warzig,
blaß bräunlich

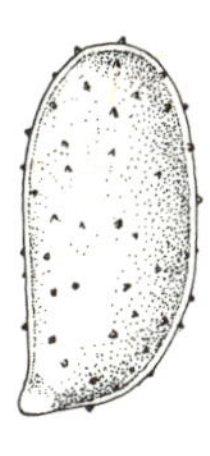

Ziegelroter Rißpilz, Mairißpilz

Inocybe patouillardii BRES.

Die Rißpilze *(Inocybe)* sind, was die Artenzahl angeht, eine der reichsten Blätterpilzgattungen. Ein Großteil der Arten sind Giftpilze, einige sind sogar hochgiftig. Das gilt auch für den Ziegelroten Rißpilz, der um so gefährlicher ist, da seine großen fleischigen Fruchtkörper einen verlokkenden Eindruck machen und er in einer Zeit zum Sammeln verlockt, wenn an ähnlichen Standorten auch der eßbare Mairitterling wächst. Daher kommt es alljährlich immer wieder zu Vergiftungsfällen.

Die Fruchtkörper des Ziegelroten Rißpilzes haben bis zu 10 cm breite, zunächst kegelig-glockenförmige, später flach ausladende Hüte mit einem Mittelhöcker, deren Ränder meist lappig gewölbt sind. Die seidenfaserige Haut des Huts ist zunächst weiß oder weißlich, doch bekommt sie bald, besonders nach Druckverletzung, ziegelrote Flecken. Diese Rotfärbung ist für den Ziegelroten Rißpilz sehr charakteristisch und erscheint nicht nur am Hut, sondern am Stiel, den Lamellen und auch das urspünglich weiße Fleisch wird beim Anschnitt im Stiel rot, im Hut rosa. Ältere Fruchtkörper sind völlig braunrot bis bräunlich. Der Stiel ist zylindrisch, bis zu 12 cm lang, 1–1,5 cm dick, unten verbreitert. Die Lamellen sind zuerst weiß, dann olivbräunlich. Der Sporenstaub ist braun. An den Lamellenschneiden sitzen zylindrische bis keulige kahle Cheilozystiden. Das Fleisch hat einen schwachen Obstgeruch und einen milden Geschmack.

Der Ziegelrote Rißpilz wächst ab Mai, vor allem aber in Juni und Juli unter Laubbäumen, oft in Parks und Alleen, auf kalkreichen Böden. Er ist tödlich giftig, da er fünfhundertmal mehr Muscarin als der Rote Fliegenpilz enthält.

Der Rötende Rißpilz – *I. godeyi* GILL. wächst im Sommer vorwiegend auf Kalkböden in Laubwäldern. Haut und Fleisch werden im Alter und nach Verletzung ebenfalls rot. Er ist zwar ungenießbar, aber nicht tödlich giftig.

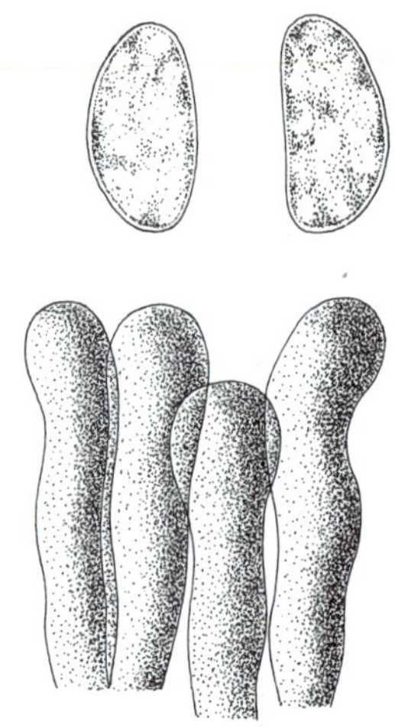

Sporen und Cheilozystiden des Ziegelroten Rißpilzes: 9–14 × 5–8 µm, eirund-bohnenförmig, hellbraun

Ziegelroter Rißpilz

Rötender Rißpilz

Kegeliger Rißpilz

Inocybe fastigiata (SCHFF. ex FR.) QUÉL.

Zu den häufigsten Rißpilzarten gehört unter anderen der Kegelige Rißpilz. Er ist farblich sehr variabel. Sein wichtigstes Merkmal ist der anfangs kegelförmige 2–8 cm breite Hut mit einem kegeligen zentralen Höcker, der auch dann noch zu sehen ist, wenn sich der Hut flach ausbreitet. Die Haut ist ausgeprägt strahlenförmig aufgerissen, von ockergelb über gelbbraun bis dunkelbraungefärbt. Die Lamellen sind am Stiel frei, bauchig, hellolivgelb, allmählich braun werdend an der Schneide weißlich. Der zylindrische, oft stark gestreckte 3–8 mm dicke Stiel ist weißlich oder hellgelb, oben dunkler bestäubt. Das Fleisch ist unveränderlich weiß, riecht nach Pelargonien und hat einen unangenehmen Geschmack. Der Sporenstaub ist ockerbraun. An den Lamellenschneiden sind farblose balgförmige Cheilozystiden entwickelt; flaschenförmige Zystiden kommen bei dieser Art nicht vor.

Der Kegelige Rißpilz wächst in Laub- und Nadelwäldern, vor allem auf dem nacktem Boden von Wegen und Grabenwänden vom Sommer bis in den Herbst. Er ist giftig, denn seine Fruchtkörper enthalten Muscarin in größeren Mengen. Die als var. *umbrinella* bezeichnete Abart hat einen dunkelgraubraunen bis umbrabraunen Hut. Sie ist weniger häufig, aber genau so giftig wie die typische Form. Es kommt leider vor, daß der Kegelige Rißpilz von leichtsinnigen Pilzsammlern, die die einzelnen Pilzarten nicht genau kennen, zu Speisezwecken gesammelt wird.

Sporen: 8–18 × 5–7,5 μm, elliptisch, glatt, hellockerbraun

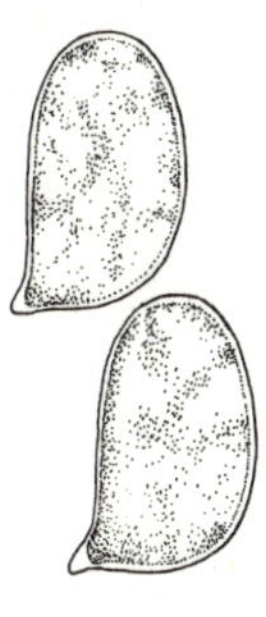

Cheilozystiden

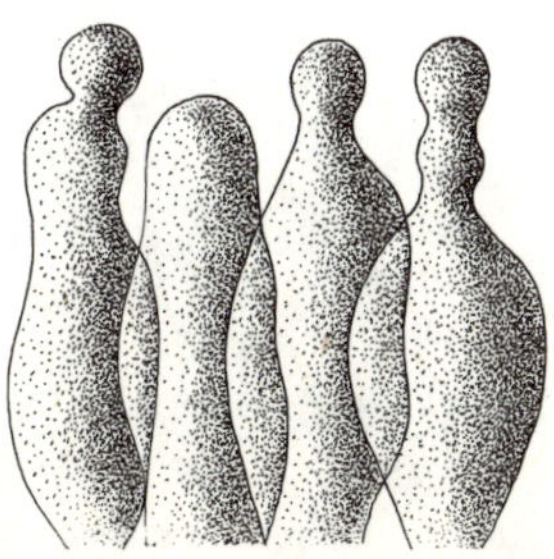

Weißlicher Rißpilz

Inocybe argillacea (PERS. ex PERS.) SING.

Der Weißliche Rißpilz wächst recht häufig im Sommer und Herbst in allen Waldarten, hauptsächlich auf feuchteren kahlen Böden, aber auch in der Nadelstreu, wo manchmal ganze Scharen seiner Fruchtkörper auftauchen. Sein 2–4 cm breiter Hut ist zuerst eiförmig und durch einen weißen Haarschleier mit dem Stiel verbunden; dann wird er kegelig, im Alter ausladend und hat einen niederen Höcker in der Mitte. Die Haut ist seidenfaserig, bei regnerischer Witterung schwach schleimig, weiß oder weißlich, an der Spitze wird sie erst im Alter gelb. Die Lamellen am Stiel stehen frei und dicht; ursprünglich weiß, werden sie bei der Reife braun und sind an der Schneide weiß bewimpert. An der Lamellenschneide sitzen charakteristische flaschenförmige, dickwandige Zystiden mit Kristallen an der Spitze, wie sie aber auch bei vielen anderen Rißpilzarten entwickelt sind. Der Stiel ist bis zu 6 cm lang, 2–7 mm dick, an der Basis vorwiegend leicht zwiebelig verdickt, über die ganze Länge fein faserig weiß und nur unter der Lupe erkennbar bestäubt. Das Fleisch ist weiß; es riecht und schmeckt unangenehm. Der Sporenstaub ist graubraun.

Der eng verwandte Erdblättrige Rißpilz – *I. geophylla* (SOW. ex FR.) KUMM. wurde früher nur als eine Farbspielart (var. *violacea*) des Weißlichen Rißpilzes angesehen. Sie hat gleiche Form und Größe wie dieser, doch ist der Hut fliederfarben bis dunkelviolett. Im Alter verblaßt er und geht nur an der Spitze ins Gelbe über. Der Fuß ist hellviolett, das Fleisch violettweiß. *I. geophylla* ist genau so häufig wie *I. argillacea* und vor allem in Laubwäldern verbreitet. Beide Rißpilzarten sind tödlich giftig, sie enthalten nämlich große Mengen Muscarin. Allerdings sind Vergiftungsfälle selten, da kaum jemand diese kleinen, unangenehm riechenden Pilze zu Speisezwecken mitnimmt.

Zystiden und Sporen des Weißlichen Rißpilzes: 8–12 × 5–7 µm, elliptisch, glatt, hellbraungelb.

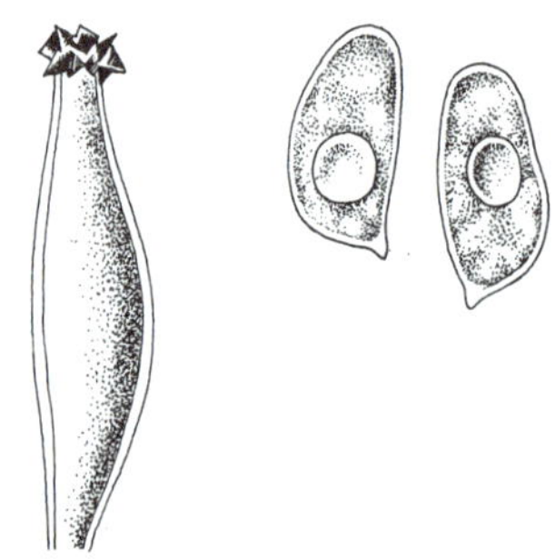

Weißlicher Rißpilz

Erdblättriger Rißpilz

Gemeiner Wirrkopf, Struppiger Rißpilz

Inocybe lacera (FR.) KUMM.

Das ist der zeitigste Rißpilz, der bereits im Mai auf kahlem Waldboden an Wegen und auf Lichtungen an Stellen, die eher trocken und besonnt sind, auftaucht, vor allem in Nadelwäldern auf saurerer Unterlage. Daher findet man ihn auch am häufigsten auf Heideflächen und in Kiefernwäldern auf Sandgrund, wo er überall bis in den Herbst ein häufiger Pilz ist. Man erkennt ihn gut an der uniformen, ziemlich dunklen, braunen Färbung von Hut und Stiel. Der Hut ist 2–5 cm breit, auf der Oberseite weiß filzig gefasert, um den Scheitel herum fast schuppig. Der Stiel ist ziemlich lang und schlank, 2–4 mm dick, verhältnismäßig fest, an seiner lehmgraubraunen Oberfläche über die ganze Länge gefasert. Die Lamellen stehen dicht, am Stiel fast frei, sind bauchig, erst weißlich, dann blaß lehmfarben, später braun gefärbt und an den Schneiden weiß bewimpert. Auf Schneide und Fläche der Lamellen sitzen sehr viele flaschenförmige Zystiden mit Hütchen aus farblosen scharfkantigen Kristallen. Das dünne Fleisch im Hut ist weißlich, im Stiel bräunlich. Geruch und Geschmack sind ziemlich unangenehm. Der Sporenstaub ist hellbraun.

Der Gemeine Wirrkopf ist stark giftig und enthält wie die meisten anderen Rißpilze Muscarin. Zwar ist er ziemlich veränderlich, doch erkennt man ihn immer an den charakteristischen Sporen. Nur aus reiner Unkenntnis oder durch grobe Fahrlässigkeit kann er mit dem Feldschwindling verwechselt werden.

Der Bittersüße Rißpilz – *I. dulcamara* (ALB. et SCHW. ex PERS.) KUMM. wächst vorwiegend unter Nadelbäumen. Er ist stattlicher, in seiner Färbung überwiegt Gelb und Oliv.

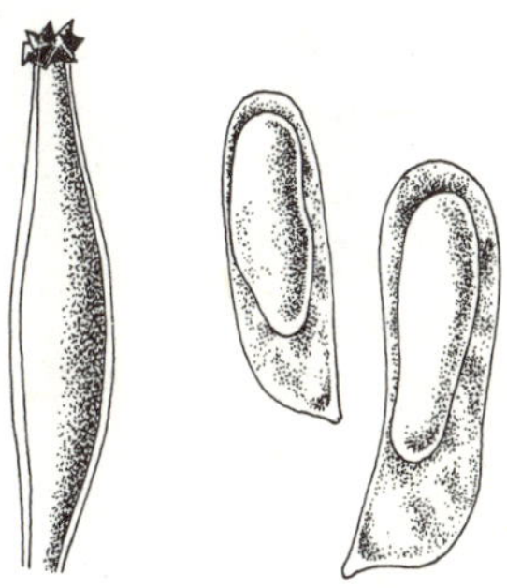

Zystide und Sporen
des Gemeinen Wirrkopfes:
10–18 × 4,5–7,5 µm,
auffällig groß, lang zylindrisch,
glatt, blaß bräunlich

Längsschnitt durch den
Fruchtkörper des Gemeinen Wirrkopfes

Bittersüßer Rißpilz

Gemeiner Wirrkopf

Wurzelnder Fälbling, Marzipanfälbling

Hebeloma radicosum (BULL. ex FR.) RICKEN

Die Pilze der Gattung Fälblinge *(Hebeloma)* lassen sich auf den ersten Blick leicht erkennen. Die Bestimmung der einzelnen Arten ist jedoch für den erfahrenen Mykologen eine harte Nuß. Zwar wurden viele Arten beschrieben, doch haben nur wenige solch charakteristische Merkmale oder Eigenschaften, anhand derer man sie augenblicklich identifizieren könnte. So eine Ausnahme stellt gerade der Wurzelnde Fälbling dar. Es ist ein großer Pilz, der einen bis zu 12 cm breiten, niedrigen, flach gewölbten festfleischigen Hut hat. Dessen Oberhaut ist bei Feuchtigkeit klebrig, bei Trockenheit glatt, kahl, blaß lehmiggefärbt und hat am Rand feine faserige Haarschleierreste. Die Lamellen sind am Stiel ausgeschnitten, mit einem Zahn angewachsen, zuerst weiß, dann lehmbraun, in der Reifezeit der Sporen sogar rotbraun. Das wichtigste Merkmal ist der starke festfleischige bis zähe Stiel, der im Unterteil verbreitert ist und sich im Erdreich wieder zu einer langen, wurzelartig gestreckten Basis verjüngt. Oben trägt er einen abstehenden Ring, unter dem die weißliche Oberfläche locker beschuppt ist. Das Fleisch ist weißlich, im Stiel rostbraun und riecht angenehm nach Bittermandeln. Der Sporenstaub ist helllehmbraun.

Der Wurzelnde Fälbling wächst meist einzeln aus stark vermoderten Stubben oder Baumwurzeln in Laubwäldern. Nimmt man den Fruchtkörper aus dem Substrat, reißt normalerweise der lange wurzelartige Teil des Stieles ab. Der Wurzelfälbling ist ungenießbar und sollte nicht mit dem Wurzelnden Schwefelkopf – *Hypholoma radicosum* LGE. verwechselt werden, der einen ebenfalls wurzelnden Stiel hat, allerdings schlanker ist und nach Jodoform riecht.

Sporen des Wurzelnden Fälblings: 8–10 × 5–6 μm, mandelförmig, fein warzig, ockergelb

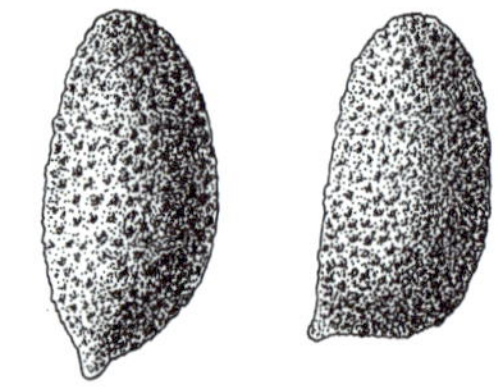

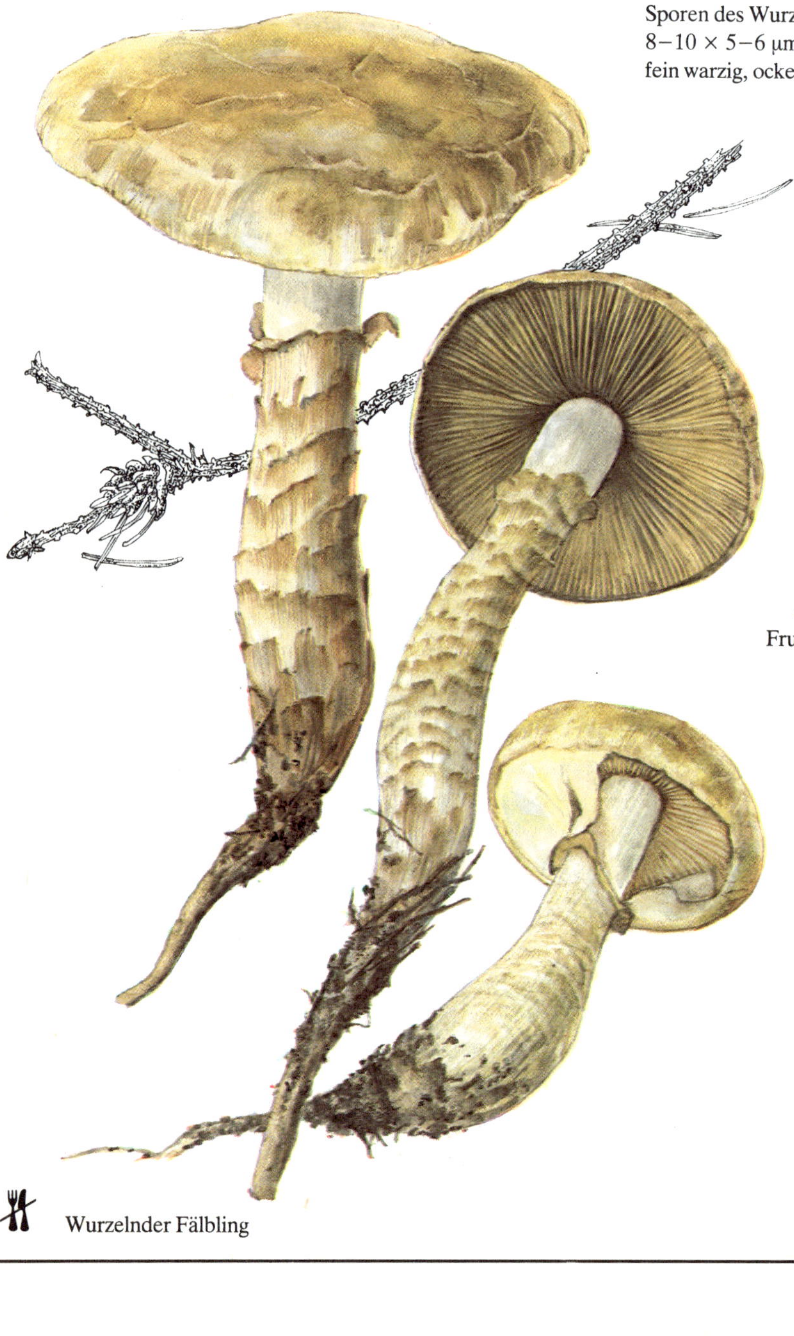

Wurzelnder Fälbling

Fruchtkörperbüschel des Wurzelnden Schwefelkopfs

Verbreitung des Wurzelnden Fälblings in Europa

Tonblasser Fälbling, Tongrauer Fälbling

Hebeloma crustuliniforme (BULL. ex FR.) QUÉL.

In der gängigen mykologischen Literatur wird der Tonblasse Fälbling am häufigsten als Beispiel für die Gattung *Hebeloma* angeführt. Da die Fälblinge einander aber insgesamt recht ähnlich sehen, wird diese Art nicht immer richtig bestimmt.

Die mittelgroßen Fruchtkörper haben einen 4–8 cm breiten, recht fleischigen, blaß ledergelblichen, am Rand fast weißlichen Hut mit einer bei Feuchtigkeit schleimigen, bei Trockenheit glatten glanzlosen Haut. Der Rand des Huts, der zuerst eiförmig-glockig aussieht, ist deutlich eingerollt. Der Stiel von etwa der Länge des Hutdurchmessers ist 4–6 mm dick, an der Basis verbreitert, weiß, faserig, unter den Lamellen mit weißen Körnchen besetzt (das ist übrigens für die meisten Fälblinge bezeichnend). Die Lamellen stehen dicht, sind in einem Zahn angewachsen und zunächst weißlich, dann lehmfarben bis graubräunlich, an der Schneide weiß bewimpert. In frischem Zustand scheiden sie Wassertröpfchen ab. Die Cheilozystiden sind zylindrisch, oben sogar keulig verdickt. Das Fleisch ist weiß und hat einen spezifischen kräftigen Rettichgeruch und einen milden Geschmack. Der Schleier ist nur bei den ganz jungen Fruchtkörpern ausgebildet und verschwindet bald spurlos. Der Sporenstaub ist braun.

Der Tonblasse Fälbling wächst vom Spätsommer bis in den Spätherbst, also zu einer Zeit, in der die Wälder von den verschiedenen Arten dieser Gattung voll sind. Er kommt sowohl in Laub- als auch in Nadelwaldungen vor, doch ist er unter Laubhölzern etwas häufiger. Er wächst auch unter Sträuchern und nicht selten auch auf moosigen Waldwiesen. Seine Fruchtkörper bilden Gruppen oder Hexenringe. Der Pilz gilt als schwach giftig.

Sporen: 10–12 × 5,5–6,5 μm, mandelförmig, fein warzig, hellbraun

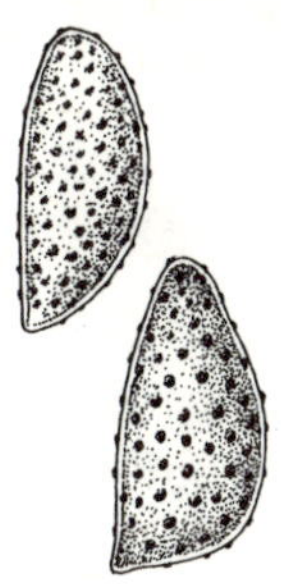

Cheilozystiden

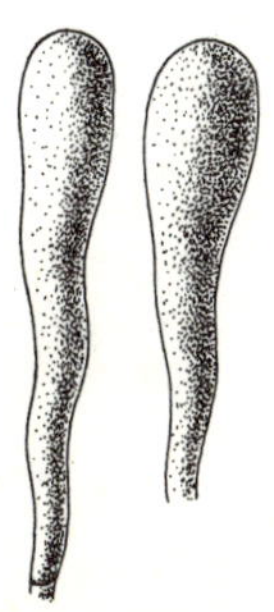

Rettichfälbling

Hebeloma sinapizans (PAULET ex FR.) GILL.

Dies ist ein größerer, stark nach Rettich riechender Fälbling. Der Schleier ist höchstens an den ganz jungen Fruchtkörpern zu sehen; sobald sich der Hut ausbreitet, verschwindet er. An den Lamellenschneiden von frischen Fruchtkörpern sind Wassertröpfchen zu sehen. Die Sporen reifen gleichmäßig heran, so daß bei reifen Fruchtkörpern die ganze Lamellenfläche einheitlich braungefärbt, keinesfalls gesprenkelt aussieht. Der 8–12 cm breite Hut ist flach gewölbt, rundlich, im Alter fast platt, glatt, kahl, bei Feuchtigkeit ein wenig schleimig, ockerbraun, gelblich-rostfarben bis rötlichblond, manchmal aber auch schmutzig braun. Der Stiel ist 5–10 cm lang, 1,5–2,5 cm dick, fest, zäh, zylindrisch, weißlich, faserig und oben weiß geschuppt. Am Stiel sind die dicht stehenden Lamellen tief ausgeschnitten wie Milchkaffee gefärbt, später zimtbraun, an der Schneide weiß bewimpert. Dieser Fälbling wächst vorwiegend im Herbst auf Humusböden in Laub- und Nadelwäldern. Wie der Tonblasse Fälbling, so wird auch dieser mit anderen Arten verwechselt, denn die Unterschiede zwischen den einzelnen Fälblingsarten sind, wenigstens was die Makromerkmale angeht, meist gering, so daß sie der Pilzsammler im Gelände kaum feststellen kann.

Ein Fälbling, den man auch ohne gründliches Studium der Mikromerkmale erkennen kann, ist der Süßriechende Fälbling – *H. sacchariolens* QUÉL. Ihn verrät sein auffällig starker, an Fruchtbonbons oder Orangenblüten errinnernder Geruch. Er ist kleiner als der Rettichfälbling und kommt hauptsächlich auf feuchten oder nassen Standorten unter Laubbäumen vor. Keine der Fälblingsarten eignet sich zu Speisezwecken, einige sind sogar schwach giftig.

Sporen des Rettichfälblings:
10–12 × 6–8 µm, mandelförmig, fein warzig, braun

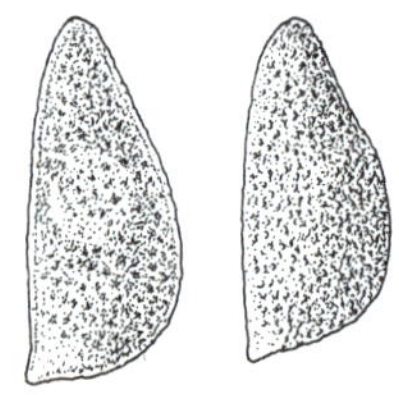

Fruchtkörper des Rettichfälblings im Schnitt

☠ Rettichfälbling

Süßriechender Fälbling ☠

Zimthautkopf

Dermocybe cinnamomea (L. ex FR.) WÜNSCHE

Die Hautköpfe der Gattung *Dermocybe* haben normalerweise eine trockene, eingewachsen faserige Oberhaut und sind häufig gelb, rot, orange oder grünlich gefärbt. Diese Färbung rührt vorwiegend vom Anthrachinon-Farbstoff her. Außerdem sitzen in den Hyphenwänden bzw. als Inkrustierung auf deren Oberfläche gleichfalls braune Pigmente.

Bei der Bestimmung von Hautköpfen dieser Gattung ist sowohl die Kenntnis der allerjüngsten Stadien als auch der reifen Fruchtkörper unerläßlich; trotzdem ist die Identifizierung der einzelnen Exemplare vielfach unsicher.

Der Zimthautkopf, wie er ursprünglich von den Mykologen zu Beginn des Jahrhunderts eingestuft wurde, stellt heute nach einer allgemein akzeptierten Ansicht eine Gruppe von selbständigen Arten dar, die aufgrund der Farbkombinationen von Lamellen, Hut, Stiel, Fleisch, Schleier sowie nach Sporengröße und Ökologie unterschieden werden. Der eigentliche Artname wurde auf einen Pilz beschränkt, dessen Hut in den verschiedenen Brauntönen (z. B. hasel-, oliv-, umbra-, seltener rötlichbraun) erscheint, einen 1,5 cm breiten, zimtbraun lamellierten, grünlichen bis gelbgrünlichen Stiel hat, der in seinem Unterteil mit braunen Fasern überzogen ist und ein zitronen- oder grünlichgelbes Fleisch hat.

Dem eigentlichen Zimthautkopf kommen die Arten *D. cinnamomeolutea* (ORTON) MOS. mit zunächst gelben, dann olivbraunen Lamellen und *D. cinnamomeobadia* (R. HRY.) MOS. mit fast orangegelben, später rostgelbbraunen Lamellen am nächsten. Alle wachsen in sämtlichen Waldarten, vor allem auf kalkfreien Böden und sind schwach giftig.

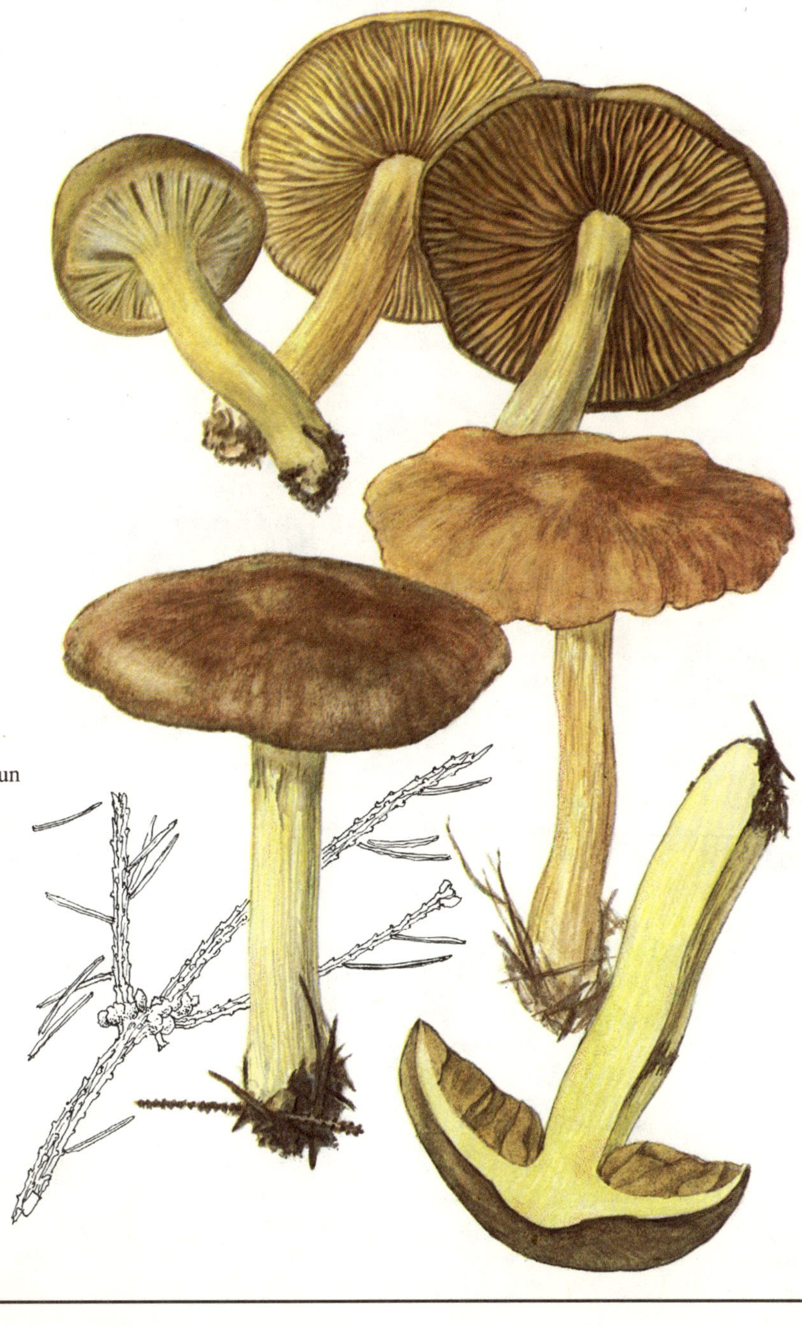

Sporen des Zimthautkopfes:
7–9 × 5–6 µm, warzig, gelbbraun

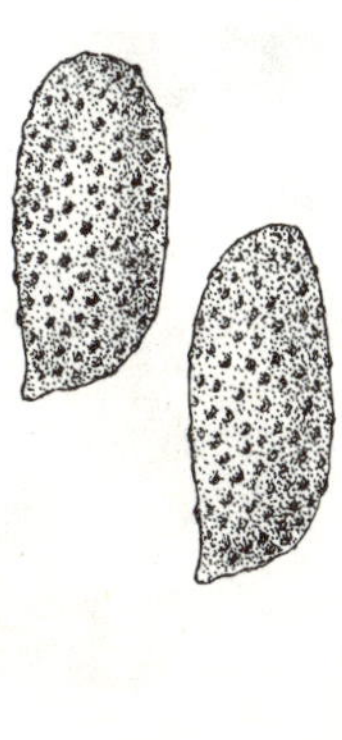

Bluthautkopf

Dermocybe sanguinea (WULF. ex FR.) WÜNSCHE

Von den übrigen Hautköpfen kann man diese Art ganz leicht durch die dunkle blut- oder karminrote Färbung von Hut, Stiel, Lamellen und Fleisch unterscheiden. Vor allem die Lamellen der jungen Fruchtkörper sind herrlich satt karminrot. Sobald sie sich nach und nach mit rostbraunem Sporenstaub überziehen, verschwindet die ursprüngliche Farbe und bleibt nur noch an den Lamellenschneiden erhalten. Die dicken Lamellen stehen locker, sind am Fuß ausgeschnitten und mit einem Zahn angewachsen; ihre Schneiden sind ziemlich uneben. Das Fleisch hat einen unangenehmen Geruch nach Kartoffelkeller. Der Hut ist 2–4 cm breit, breit rundlich gewölbt, fein und dicht gezeichnet, trocken, schwach glänzend und glatt. Der Stiel ist 3–5 cm lang, 3–5 mm dick, grob längsgefasert und an der Basis von einem hellzinnoberroten Filz eingehüllt.

Der Bluthautkopf wächst selten vom Spätsommer bis in den Herbst in feuchten und nassen Nadelwäldern, hauptsächlich in Fichtenwäldern der Vorgebirgs- und Berglagen auf kalkfreiem Untergrund.

In Europa kommen noch einige andere, wenigstens teilweise rotgefärbte Hautkopfarten vor. Zu den auffälligsten gehört der Zinnoberrote Hautkopf – *D. cinnabarina* (FR.) WÜNSCHE, der in Buchenwaldungen wächst. In der Jugend ist er schön zinnober- bis kirschrot, die alten Fruchtkörper verfärben sich schmutzig braunrot. Sein Hut ist hygrophan und bis zu 7 cm breit. In Nadelwäldern ist der Blutblättrige Hautkopf – *D. semisanguinea* (FR.) MOS. häufiger. Er hat blutrote Lamellen, einen schwach olivumbrabraunen Hut sowie einen nur im Unterteil rötlichen, ansonsten chromgelben Stiel. Alle genannten Arten sind wahrscheinlich schwach giftig.

Sporen des Bluthautkopfes:
6–9 × 4–5 µm, breit elliptisch,
fein warzig, rostbraun

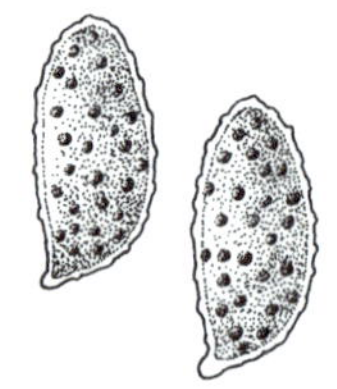

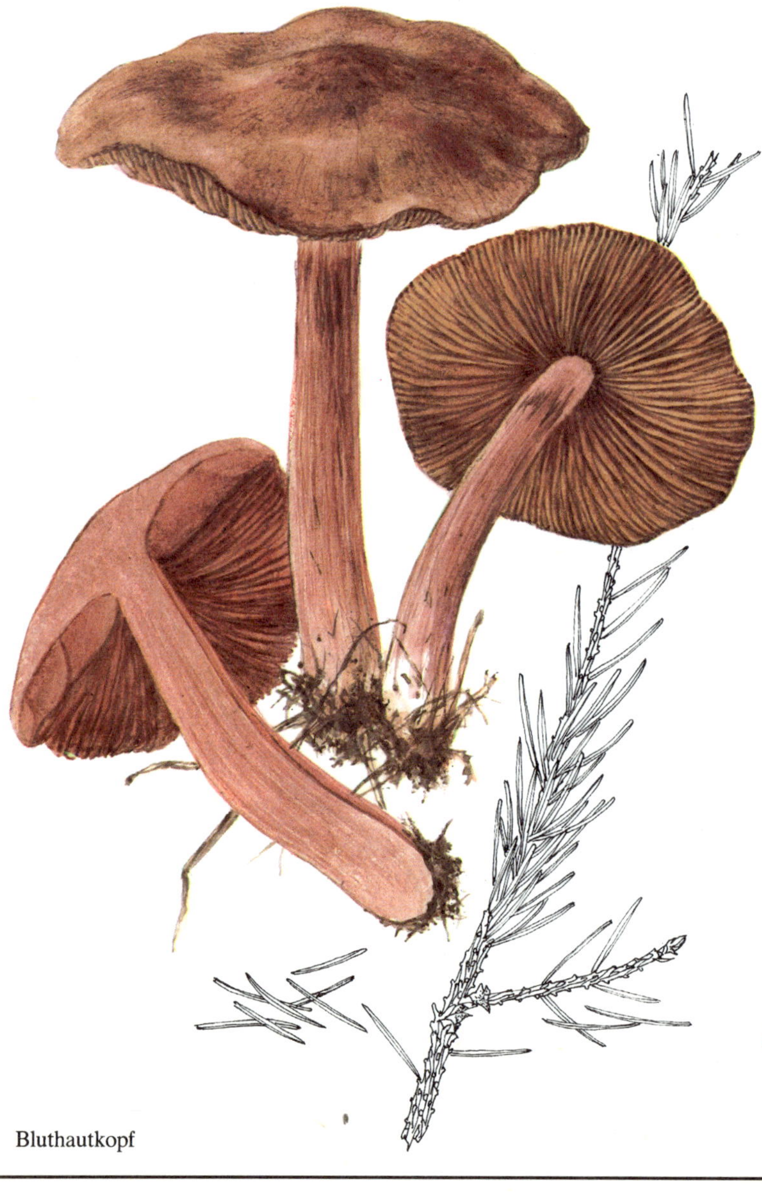

Bluthautkopf

Blutblättriger Hautkopf

Gifthautkopf, Orangefuchsiger Hautkopf

Cortinarius orellanus (FR.) FR.

Der Gifthautkopf hat einen 3–7 cm breiten glockenförmigen, später flach gewölbten, geringfügig breit gehöckerten, mäßig fleischigen, fein und dicht befilzten, später kahlen Hut mit überwiegendem Orangeton. Der Stiel ist 5–8 cm lang, 9–15 mm dick, festfleischig, unten entweder leicht verbreitert oder verjüngt, längsgefasert, hellgelb bis blaßorangegelb, später bräunlichgelb. Die Stielbasis liegt im Erdreich und ist von einem blaßrosafarbenen Myzel umhüllt. Die Lamellen stehen schütter, sind mit einem Zahn angewachsen, 6–7 mm hoch, die Farbe ist satt orangebraun, an der gebogenen Schneide heller. Die Lamellenflächen ausgewachsener Fruchtkörper sind mit reifen rostbraunen Sporen bestäubt. Das Fleisch im Hut und Stiel ist hellgelb.

Dieser wärmeliebende, sehr ansehnliche Pilz kommt von Juli bis September hauptsächlich in trockenen, durchsonnten Mischwäldern auf kalkfreiem Untergrund vor. Er wächst unter Eichen, Hainbuchen, Birken und Buchen, im Süden auch unter der Hopfenbuche, namentlich an Stellen mit Kiefernbeimischung. Er ist ein tödlich giftiger Pilz, dessen Toxin an Heimtücke dem des Grünen Knollenblätterpilzes in nichts nachsteht, denn die Zeit zwischen Pilzgenuß und ersten Vergiftungssymptomen ist verhältnismäßig lang 2–17 Tage. Der Gifthautkopf enthält Orellanin, ein Gemisch aus etwa zehn Verbindungen, die noch giftiger sind als die Toxine des Grünen Knollenblätterpilzes und hauptsächlich die Nieren angreifen. Zum Glück ist der Gifthautkopf verhältnismäßig selten und unterscheidet sich deutlich von ähnlichen eßbaren Pilzen. Eine Verwechslung kann nur einem ausgesprochen leichtsinnigen oder unaufmerksamen Sammler unterlaufen.

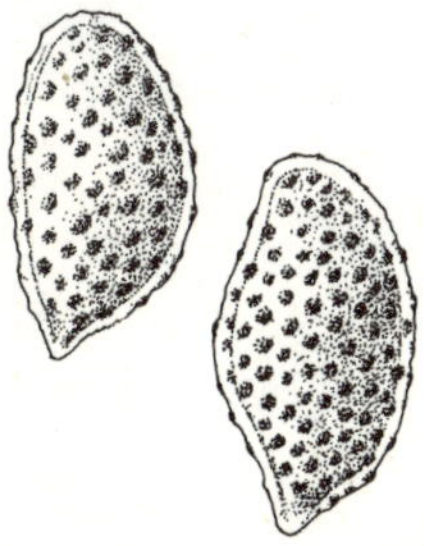

Sporen: 8–12 × 5,5–7 μm, mandelförmig, fein warzig, gelbbraun

Spitzbuckliger Orangeschleierling

Cortinarius speciosissimus KÜHN. et ROMAGN.

Dies ist eine in Aussehen und Färbung recht auffällige *Cortinarius*-Art, die in moosreichen Nadelwäldern auf sauren Böden, oft im Heidelbeerunterwuchs wächst. Sie gedeiht aber auch an moorigen Stellen in der Nähe von Nadelhölzern. Der Pilz ist tödlich giftig; er enthält ähnliche Toxine wie der Gifthautkopf. Sein Hut ist 2–6 cm breit, in der Jugend meist spitzkegelig oder hoch glockenförmig, später ist er gewölbt, aber auch dann bleibt die kegelförmige Spitze erhalten. Er ist lebhaft orangegelb oder orangebraun mit einem Rotton gefärbt, auf der Oberfläche fein filzfaserig, später kahl. In der Jugend trägt er am Rand häufig Spuren eines zitronengelben Haarschleiers. Der Stiel ist 5–10 cm lang, 6–12 mm dick, zylindrisch, unten häufig keulig verdickt oder im Gegenteil verjüngt, heller als der Hut, mit einem oder mehreren ocker- bis zitronengelben Schleierresten. Die Lamellen sind dick, stehen schütter, sind angewachsen oder im Bogen angesetzt und fast genau so gefärbt wie der Hut, nur ein wenig mehr ins Zimtfarbene, später ins Rostbraune gehend. Das Fleisch ist blaßorangeocker, später in der Mitte gelblich, in der Rindenschicht bräunlich. Es riecht aromatisch und hat einen milden Geschmack.

Sowohl der Gifthautkopf als auch der Spitzbucklige Orangeschleierling enthalten einen orangebraunen bzw. rotbraunen Farbstoff sowie Stoffe, die im Ultraviolettlicht blau oder blaugrün fluoreszieren. Andere ähnliche Hautkopfarten enthalten gelb oder gelbbraun fluoreszierende Substanzen.

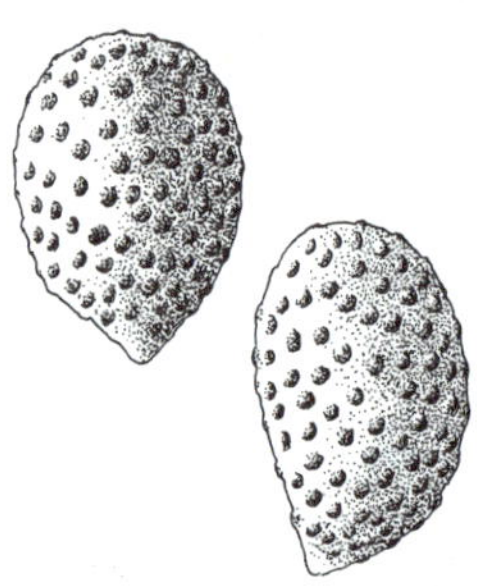

Sporen: 8,5–13 × 6,5–8,5 µm, breit mandelförmig, fast kugelig, fein warzig, gelbbraun

Heidenschleimfuß

Cortinarius mucosus (BULL. ex FR.) FR.

Die Gattung *Cortinarius* ist die artenreichste Gattung der Blätterpilze. Alle haben einen Sporenstaub in den verschiedenen Schattierungen von rostgelb bis braun, die Fruchtkörper haben einen Schleim- oder Haarschleier (Cortina), der am Stiel Spuren in Form von Fasern oder Ringen hinterläßt. Charakteristisch ist auch ihr Geruch, der an rohe Kartoffeln erinnert. Die Lamellen haben in der Jugend eine andere Farbe als im Alter, dann wird nämlich ihre ursprüngliche Färbung vom reifen Sporenstaub verdeckt. Die *Cortinarius*-arten werden in mehrere Untergattungen und Sektionen eingeteilt, die früher z. T. als selbständige Gattungen anerkannt waren. Der Heidenschleimfuß gehört in die Sektion und Untergattung *Myxacium,* für die eine schleimige Haut von Hut und Stiel charakteristisch ist. Er wächst von August bis Oktober zahlreich in Kiefernwäldern. Der Pilz hat einen 5–12 cm breiten, gelb- bis hellkastanienbraunen Hut, einen weißen Stiel, der gelegentlich einen bläulichen Ton aufweist, 6–15 cm hoch und 1–2 cm dick ist und einen Schleimring trägt. Die Lamellen sind hellocker, später zimtfarben.

In Fichtenbeständen wächst der ähnliche Blaustiel-Schleimfuß – *C. collinitus* FR., doch hat dieser einen hellvioletten Stiel. Beide Arten kann man zu Speisezwecken sammeln, doch haben sie keinen sonderlich guten Geschmack. Zum Essen kann man wohl nur den Ziegelgelben Schleimfuß – *C. varius* FR. empfehlen. Die übrigen Arten meidet man lieber, da es unter den *Cortinarius*-Arten eine größere Anzahl stark giftiger Pilze gibt. Der Ziegelgelbe Schleimfuß hat einen schleimigen, gelbbraunen bis braunrostigen Hut, in der Jugend bläuliche, später rostige Lamellen, sein weißer Stiel ist knollig verdickt. Er wächst zahlreich in Nadel-, hauptsächlich Fichtenwäldern.

Sporen: 12–14 × 5,5–6,5 µm,
elliptisch zugespitzt, fein warzig, rostbraun

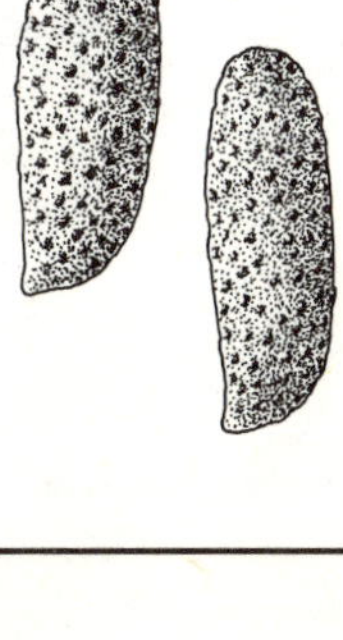

Blaustiel-Schleimfuß

Cortinarius collinitus FR.

Der Blaustiel-Schleimfuß wurde früher nur als eine Varietät des Heidenschleimfußes mit blauem Stiel angesehen. Heute wird er als selbständige Art eingestuft. Er gehört zur Sektion *Defibulati* in der Untergattung *Myxacium*. Hut und Stiel sind von einer dicken Schleimschicht überzogen, die vor allem bei Regenwetter und bei frisch gewachsenen Fruchtkörpern auffällt.

Der 5–12 cm breite Hut ist niedrig gewölbt, hellocker- und gelbbraun- bis dunkelrostbraun- oder fast orangebraungefärbt. Der Stiel ist länger als der Hutdurchmesser, 1–2 cm dick, gleichmäßig zylindrisch, blau, violett oder bläulichgefärbt und später an der Oberfläche in Querstreifen aufgeplatzt. Die gewölbten Lamellen sind zunächst weißlich, dann grauocker, schließlich rostbraun, an der Schneide heller. Das Fleisch ist blaß und hat weder einen besonderen Geruch noch Geschmack.

Der Blaustiel-Schleimfuß wächst im Sommer und Herbst, stellenweise sogar recht häufig, vorwiegend in Fichtenwaldungen. In Kiefernwäldern kommt sein Doppelgänger vor, der typische Heidenschleimfuß. Er unterscheidet sich vom Blaustiel-Schleimfuß nur durch den weißen oder weißlichen Fuß, der keine Spuren von Violett aufweist. Beide Arten sind eßbar.

Manche Mykologen verstehen unter dem Namen *C. collinitus* eine Art, die in der gegenwärtigen Literatur als *C. trivialis* J. LGE. geführt wird; dieser Natternstielige Schleimfuß hat einen mehr oder weniger olivangehauchten Hut; die Haut unter der farblosen Schleimschicht ist in zahlreiche schuppige Querbänder aufgesprungen, die Lamellen sind zunächst blaßviolett, der Fuß gelblich oder bläulich. Er wächst in Wäldern aller Art, hauptsächlich unter Espen und ist ebenfalls eßbar.

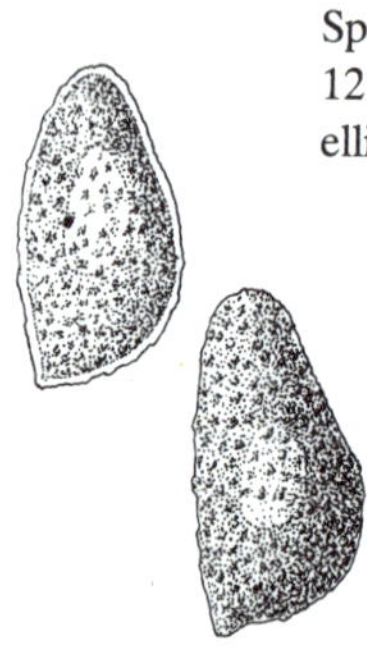

Sporen des Blaustiel-Schleimfußes: 12–13 × 7–8 µm, spindelförmig elliptisch, warzig, rostbraun

Natternstieliger Schleimfuß

Blaustiel-Schleimfuß

Heidenschleimfuß

Weißgestiefelter Schleimkopf

Cortinarius claricolor FR.

Dieser große, fleischige Schleimkopf gehört in die Untergattung *Phlegmacium.* Sein Hut ist bis zu 12 cm breit, dick und festfleischig, jung gewölbt, später ausladend, manchmal mit einem fast eingedrückten Zentrum. Seine Farbe ist hellokker oder blaßgelblich mit einem hellen rostigen Ton. Zuerst ist er schleimig, bei Trockenheit glänzend, flockig bereift, wobei sich die Flöckchen vor allem um den Rand konzentrieren; in der Mitte ist er oft gefeldert aufgeplatzt. Der Hutrand ist nach unten eingerollt und blaß. Der weiße Stiel ist hart, voll, manchmal keulig, gewöhnlich aber in der Mitte am dicksten (bis zu 5 cm) und nach unten verjüngt. Unter dem Haarschleier ist er zunächst mit in Ringen angeordneten, schnell verschwindenden Flocken besetzt, unter den Lamellen mehlartig bestäubt bis geschuppt. Die Lamellen stehen dicht und fast frei, sind erst weißlichcremefarben, dann blaßfleisch- bis hellehmfarben und an der Schneide gezackt. Das Fleisch ist fest, blaßcremegelb, am Schnitt langsam und schwach ins Rostige übergehend, ohne einen besonderen Geschmack oder Geruch. Der Sporenstaub ist hellgelb rostig.

Der Weißgestiefelte Schleimkopf wächst meist einzeln auf Bergwiesen in der Nähe von Nadelhölzern oder auf Waldlichtungen. Er ist überall selten.

In Färbung und Größe ähnelt ihm der Rasige Schleimkopf – *C. turmalis* FR., der sich hauptsächlich durch den zylindrischen, keinesfalls keuligen Stiel und das konstant weiße Fleisch unterscheidet; er kommt gesellschaftlich oder büschelweise in Laub- und Nadelwäldern vor. Einigen Mykologen zufolge ist er nur eine Varietät von *C. claricolor.* Beide Arten sind eßbar und werden sogar als schmackhaft bezeichnet, was bei den *Cortinarius*-Arten eine seltene Ausnahme darstellt.

Sporen: 8–9,5 × 4–4,5 µm, spindelig, fein warzig

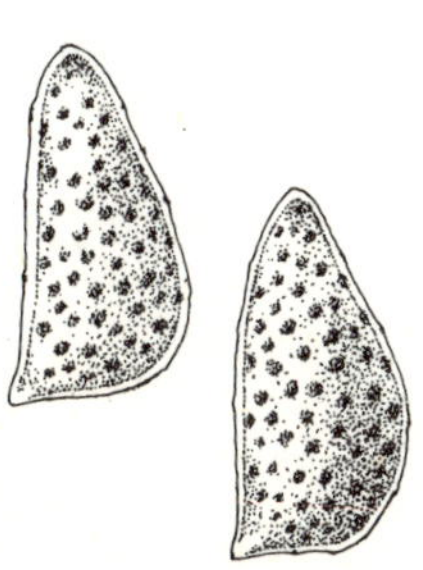

Schleiereule

Cortinarius praestans (CORD.) GILL.

Die Schleiereule ist eine der größten europäischen *Cortinarius*-Arten. Die jungen Fruchtkörper haben im Vergleich zu den auffällig verbreiterten Füßen relativ kleine Hüte, die mit der Fußoberfläche durch einen Hautschleier verbunden sind. Später vergrößert sich der Hut beim ausgewachsenen Pilz bis auf 10–20 cm Durchmesser. Am Rand ist er normalerweise gerieft oder gerunzelt und eingerollt. Bei Feuchtigkeit ist die Haut nur wenig schleimig und kastanien- oder schokoladenbraun mit einem violetten oder violett-kupfernen Ton, eingewachsen faserig und mit kleinen Flöckchen, die über die ganze Oberfläche verteilt sitzen. Die Lamellen stehen dicht, sind zunächst weißlich mit einem Violett-Ton, dann gelblich-graubräunlich, zuletzt rostig; ihre Schneide ist gewöhnlich gewellt oder gekerbt. Der Stiel ist keulig, unten oft zu einer fast herzförmigen, aber nicht scharf abgesetzten Knolle verbreitert, voll, 10–15 cm lang, 3–5 cm dick, zuerst blaßviolett-weißlich, später blasser bis gelblich. Er ist mit einem hellvioletten oder weißlichen Haarschleier überzogen, der einen Schuh bildet und in mehrere schuppenartige oder unklar begrenzte Bänder aufplatzt. Das Fleisch ist weiß, später gelblich, unveränderlich, mit mildem Geschmack und ohne Geruch. An den Lamellenschneiden sind sterile farblose dünnwandige Zellen von 4–6 µm Breite entwickelt, die 20–40 µm über die Basidien hinausragen.

Die Schleiereule wächst in Laubwäldern, bevorzugt auf Kalksteinuntergrund. In Westeuropa ist die Art beispielsweise im Schweizer Jura etwas häufiger. Die Art ist eßbar.

Sporen: 12–16 × 8–9 µm, spindel-zitronenförmig, grobwarzig

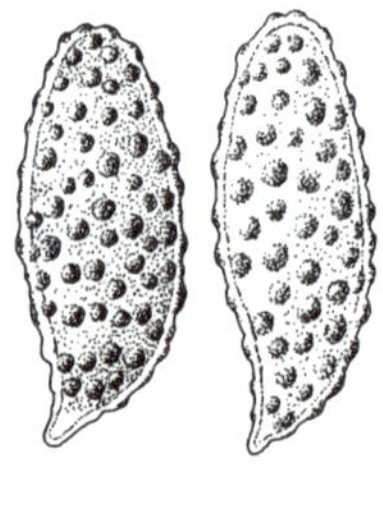

Blauer Klumpfuß

Cortinarius coerulescens (SCHFF. ex SECR.) FR.

Unter den schöngefärbten Haarschleierpilzen der Untergattung *Phlegmacium* kann man diese Art leicht an der auffälligen, vorwiegend blauvioletten Färbung erkennen, obwohl die Farbintensität oft stark schwankt. Der 6–10 cm breite Hut wird schnell ziemlich flach, manchmal sogar in der Mitte durchgedrückt; sein nach unten eingerollter Rand ist beflaumt und in der Jugend weißlich. Die Haut ist blauviolett, später geht sie ins Ocker bis Bräunliche über, ist schwach eingewachsen faserig und bei Feuchtigkeit schleimig. Die Lamellen stehen ziemlich dicht, sind nicht besonders bauchig, bei jungen Fruchtkörpern schön amethystfarben oder blauviolett, im Erwachsenenstadium zwar rostbraun, doch bleibt die violette Färbung noch lange an den Schneiden erkennbar. Der Stiel ist 5–7 cm lang, 1,5–2 cm dick und voll. Bemerkenswert ist der mächtig abgesetzte, gekerbte, bis zu 3,5 cm breite knollige Basalteil. Die Stieloberfläche ist weißlich, später blaßockergefärbt. Ansonsten ist die Oberfläche azur-amethystfarben, später grau und an der Basis bräunlich fein gefasert. Der reich entwickelte Haarschleier ist blaßviolett, ähnlich wie das Fleisch, dessen violette Färbung bei älteren Fruchtkörpern verlorengeht und ockerbraun wird.

Der Blaue Klumpfuß erscheint in Laubwäldern auf Kalksteingrund, wesentlich seltener auch in Nadelwäldern. Der Pilz wächst von Juli bis Oktober, ist eßbar, hat aber keinen besonders guten Geschmack. Von anderen violettgefärbten Pilzen kann man ihn mit Sicherheit am rostbraunen Sporenstaub und der abgesetzten Knolle an der Stielbasis unterscheiden. Der in die Untergattung *Cortinarius* gehörende *C. hercynicus* (PERS.) MOS. ist ganz dunkelviolett. Er hat einen trockenen, fein filzig geschuppten Hut, wächst in Nadelwäldern und ist ungenießbar.

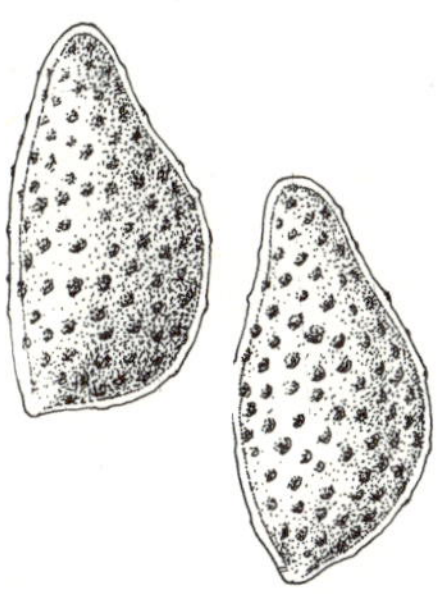

Sporen des Blauen Klumpfußes:
10–13 × 6–7 µm,
elliptisch-mandelförmig,
fein warzig, hellockergelb

C. hercynicus

Blauer Klumpfuß

Anisklumpfuß

Cortinarius odorifer BRITZ.

Der Anisklumpfuß ist sowohl wegen seiner hübschen Färbung als auch durch den spezifischen Geruch bemerkenswert. Er riecht sehr intensiv angenehm nach Anis. Daran unterscheidet man ihn augenblicklich von allen übrigen ähnlichen Arten. Der Hut kann 10 cm im Durchmesser erreichen, ist flach gewölbt, später breit ausladend, kahl, bei Feuchtigkeit schleimig, in der Mitte rostfarben mit einem Kupferton, zum Rand hin ins Gelbrostige bis Gelbgrünliche, Gelbolive oder fast Zitronengelbe übergehend. Die ganze Hutoberfläche, vor allem aber die Mittelpartie ist mit rotbraunen schuppigen Areolen bedeckt, die später verschwinden. Der Stiel ist verhältnismäßig kurz und kräftig (bis zu 2 cm dick), und verbreitert sich unten zu einer bis zu 2,5 cm starken deutlich abgesetzen und gesäumten Knolle, ist ganz blaß- grüngelblichgefärbt und in der Jugend von Haarschleierfasern überzogen, die weißlich oder gelbgrünlich sind und später vom Sporenstaub rostfarben überpudert werden. Die Lamellen stehen dicht, sind mit einem Zahn angewachsen, ziemlich hoch, zuerst gelb mit einem grünlichen Ton, dann olivgelb, später oliv-zimtfarben, an den Schneiden gekerbt. Das Fleisch ist blaß-gelbgrünlich, unveränderlich, an der Fußbasis später bräunlich, mit ausdruckslosem Geschmack.

Der Anisklumpfuß wächst vorwiegend in Nadel-, seltener Laubwäldern, vor allem auf Kalksteinuntergrund sowohl in tieferen Lagen als auch im Gebirge. In den Alpen ist er z. B. von 1000–1800 m ü. M. am häufigsten. Der Blutrote Klumpfuß – *C. orichalceus* FR. wächst im Herbst auf Kalkböden; er ist allerdings selten. Beide Arten sind ungenießbar.

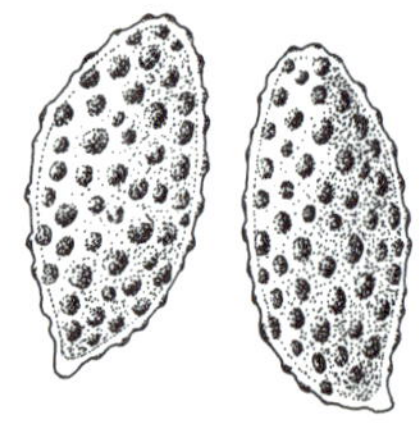

Sporen des Anisklumpfußes:
11–13 × 6,5–7,5 µm,
elliptisch-mandelförmig, warzig, rostgelb

Anisklumpfuß

Blutroter Klumpfuß

Violettroter Klumpfuß

Cortinarius rufoolivaceus FR.

Die Haarschleierpilze der Untergattung *Phlegmacium* sind vorwiegend Pilze mit robuster Gestalt und größeren Ausmaßen. Sie besitzen einen niedrig gewölbten fleischigen Hut und einen kurzen, kräftigen, oft unten zu einer auffälligen Knolle verdickten Stiel. Die Haut von frisch gewachsenen Fruchtkörpern und älteren Exemplaren ist bei Regen von einer Schleimschicht bedeckt. Manche Mykologen nennen die *Phlegmacium*-Arten die „Orchideen unter den Pilzen." Der Grund dafür liegt in der oft überraschend bunten Färbung ihrer Fruchtkörper.

Zu den wirklich wunderschön gefärbten Haarschleierpilzen, die sich diesen Vergleich verdienen, gehört der Violettrote Klumpfuß. Er hat einen 5–12 cm breiten, purpurroten oder kupferrostigen bis weinroten Hut mit einem satt fliederfarbenen Rand. Im Alter geht der Hut ins Braunrote über. Sein Stiel hat unten eine kugelige, scharf gerandete, bis zu 4 cm dicke Knolle von annähernd Herzform. Er ist zuerst weißlich, doch nimmt er bald verschiedene Violett-Töne an und ist an der Basis schmutzig wein- oder kupferrot, manchmal mit einem Stich ins Gelbgrüne. Der Stiel ist seidenfaserig. Der Haarschleier ist zunächst weißlich, bald violett bis blaßrosa, zuletzt von den Sporen rostig bestäubt. Die Lamellen sind zuerst grüngelb, später olivgrün bis rostbraun. Das Fleisch ist gleichfalls auffällig verschiedenfarben: in Hut und Knolle ist es fast weinviolett, unter der Oberhaut lila, dann gelblich bis rötlich, durch Laugen verfärbt es sich schwefelgelb bis oliv. Das Fleisch hat einen zuerst säuerlichen, dann bitteren Geschmack und süßlichen Duft.

Der Violettrote Klumpfuß wächst im August und September in Laubwäldern auf Kalkuntergrund, seltener auf kalkfreien Böden und ist ungenießbar.

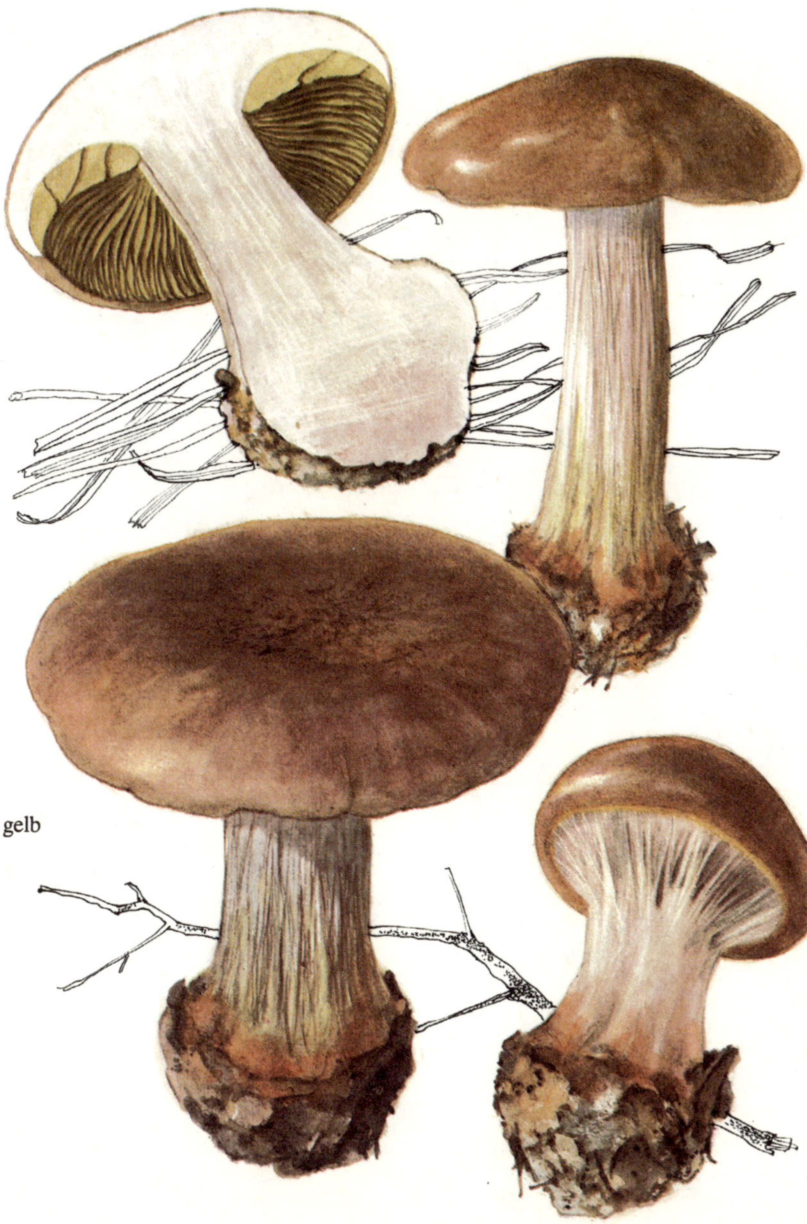

Sporen: 11–14 × 7–8 µm,
elliptisch-mandelförmig, warzig, gelb

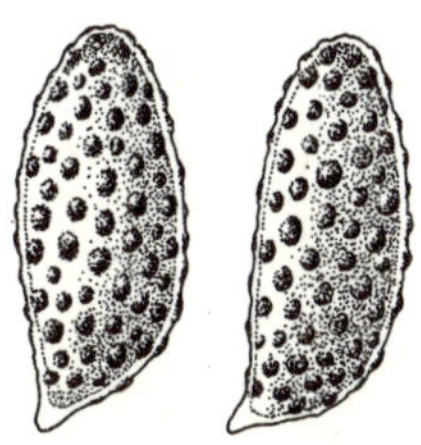

Lila Dickfuß

Cortinarius traganus FR.

Sein Aussehen ähnelt den *Phlegmacium*-Arten, doch hat der Hut keine schleimige Haut; sie ist auch bei Feuchtigkeit trocken, seidig glänzend, am Rand fast filzig und bei Trockenheit aufplatzend. Der Lila Dickfuß ist ein stattlicher, fleischiger Pilz mit einem bis 14 cm breiten, blaß azurvioletten bis blaßlila Hut. Bei älteren Pilzen ist der Hut lederbräunlich oder rostbraun. Der Fuß ist zähfleischig, dick, mit mehreren Bändern, unten zwiebelartig verbreitert (bis 5 cm dick), im Oberteil lebhaft violett und unten blaß. Die Lamellen sind mäßig dicht, hoch, breit angewachsen, schwach ausgeschnitten und in einem Zahn am Stiel herablaufend, anfänglich schmutzig violett oder blaßbraun mit einem schwachen Violetthauch, später braun und safranocker bestäubt, an der Schneide heller und gekerbt. Das Fleisch im Stieloberteil ist trüb violett, ansonsten safrangelbbraun. Der ganze Fruchtkörper ist sehr bitter und riecht unangenehm nach Azetylen bzw. Ziegenbock.

Der Lila Dickfuß kommt zahlreich in Nadel-, besonders Fichtenwäldern auf armen, sauren Böden vor. Oft wächst er gesellschaftlich vom Spätsommer bis in den Herbst. Der Pilz ist ungenießbar, möglicherweise auch giftig. Junge Exemplare sind recht dekorativ, alte unansehnlich.

Nur ein unaufmerksamer Sammler könnte diesen Haarschleierpilz mit einem eßbaren violetten Pilz verwechseln (z. B. mit dem Violetten Rötelritterling). Den Lila Dickfuß erkennt man zuverlässig sowohl am charakteristischen Geruch als auch an der Färbung des Fleisches und dem rostbraunen Sporenstaub.

Sporen 8–10 × 5–6 µm, elliptisch, fein warzig, rostigbraungelb

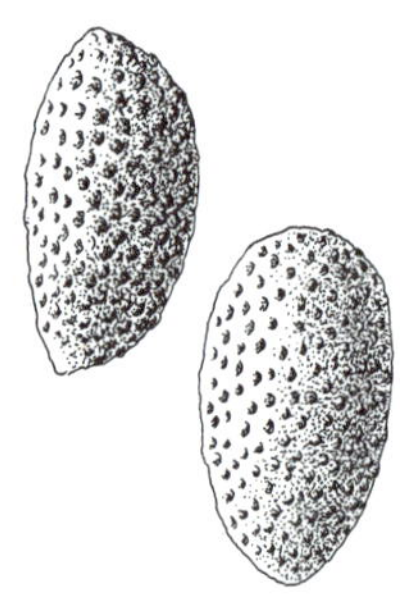

Längsschnitt durch einen jungen Fruchtkörper

Hirschbrauner Wasserkopf
Erdigriechender Gürtelfuß

Cortinarius hinnuleus FR.

Der Hirschbraune Wasserkopf gehört in die artenreiche Untergattung *Telamonia.* Den Hirschbraunen Wasserkopf kann man leicht am charakteristischen Geruch und den weißen Bändern um den Stiel erkennen. Der Hut ist 3–6 cm breit, kegel- oder glockenförmig gewölbt, am Rand eingerollt, später flach ausladend mit einem breiten, abgerundeten Höcker in der Mitte, hygrophan, bei Feuchtigkeit rostbraun, bei Trockenheit hell bis satt gelb-rotbraun, zum Rand hin eher gelb und faserig-filzig bis aufgesprungen und am Rand mit Haarschleierresten. Bei trockener Witterung kann die Oberhaut (ausgenommen der Höcker) auch schuppig aufgesprungen sein. Der Fuß wird bis zu 12 cm lang, 1–1,5 cm dick, ist zylindrisch, unten ein wenig verjüngt, zäh und fest, manchmal ein wenig gebogen. Auf hellrotgelblichem oder gelblichem Untergrund ist er grob bräunlich gefasert und trägt im oberen Drittel das breit anliegende Band aus dem weißen Schleier. Die Lamellen stehen ziemlich schütter, sind bis zu 1 cm hoch, zuerst rostgelb, dann satt zimtfarbenrostig, an den Schneiden gebogen und nur geringfügig heller, am Stiel angewachsen, ausgeschnitten und nur in einem kurzen Zahn an ihm herablaufend. Das Fleisch im Hut und Stiel ist hell- oder gelbbräunlich und hat einen sehr starken, charakteristischen Geruch, der an feuchtes Erdreich oder Moder erinnert. Der Hirschbraune Wasserkopf wächst im September und Oktober in allen Waldarten. *C. candelaris* FR. hat einen nur 2–3 cm breiten Hut und einen dünnen, leicht spindelförmigen Stiel. Er wächst vorwiegend in Nadelwäldern. Beide Arten sind ungenießbar.

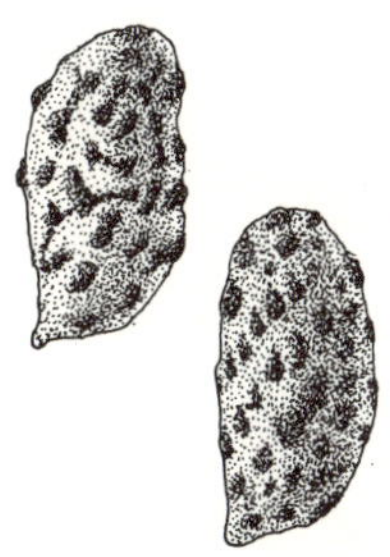

Sporen des Hirschbraunen Wasserkopfes: 6,5–9 × 4,5–6,5 μm, eirund-elliptisch, fein warzig, hellrostgelb

C. candelaris

Hirschbrauner Wasserkopf

Geschmückter Gürtelfuß

Cortinarius armillatus (FR.) FR.

Der Geschmückte Gürtelfuß ist ein sehr hübscher Pilz, den man auf den ersten Blick leicht erkennt. Die verhältnismäßig stattlichen und hohen Fruchtkörper dieses Haarschleierpilzes haben ziegelrote oder rot-rostbraune Hüte, gelbliche, später zimtbraune Lamellen und einen nach unten keulig verdickten Fuß, der auf braunem Untergrund mit auffällig zinnoberroten unvollständigen Gürteln aus Haarschleierresten verziert ist. Diese roten Bänder auf dem Stiel sind für die Art typisch und schließen jede Verwechslung aus. Der Hut ist 4–10 cm breit, zuerst glockenförmig und ziegelrot, später mit einem breiten Höcker in der Mitte und abwärts gebogenem rotbraunem Rand. Der Fuß ist 7–15 cm lang und 1–3 cm stark. Das Fleisch ist rötlich und hat keinen besonderen Geruch oder Geschmack.

Der Geschmückte Gürtelfuß begleitet Birken in Mischwäldern auf saureren Böden. Seine Fruchtkörper wachsen von August bis Oktober gewöhnlich gruppenweise aus Moospolstern oder aus der verrottenden Laub- oder Nadelstreu. Die jungen Fruchtkörper des Geschmückten Gürtelfußes ähneln in Form und Färbung ein wenig den jungen Rotkappen, die ebenfalls unter Birken wachsen. Der Gürtelfuß gilt als eßbar, doch wird er, wie übrigens die meisten Haarschleierpilze, nur wenig gesammelt.

Der Geschmückte Gürtelfuß wird zur Untergattung *Telamonia* gezählt. Diese Untergattung umfaßt eine große Artenzahl von verschiedener Größe und Färbung. Die meisten haben einen hygrophanen Hut, der bei Feuchtigkeit satter und etwas anders gefärbt ist als nach dem Trocknen. Am Stiel tragen sie einen mehr oder weniger deutlichen Gürtel (Haarschleierrest) oder Ringe. Oberhalb des Gürtels befinden sich noch faserige Bänder, die Schleierüberreste.

Sporen: 7–12 × 5–7 µm, breit ellipsoid bis mandelförmig, warzig, hellrostbraun

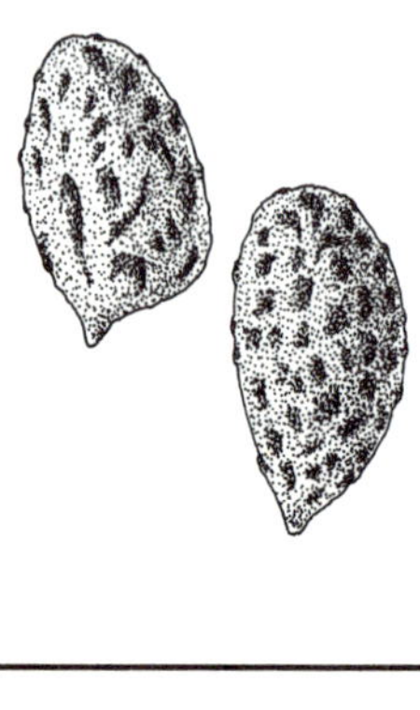

Knolliger Schleierritterling

Leucocortinarius bulbiger (ALB. et SCHW. ex FR.) SING.

Diese Art sieht wie ein typischer Haarschleierpilz aus der Untergattung *Phlegmacium* aus, hat aber einen gelblich-weißlichen, nahezu weißen Sporenstaub. Der 4–10 cm breite Hut ist fleischig, flach gewölbt, am Rand eingerollt, ganz rötlichgelb bis fleischfarben, am Rand blasser, bei Feuchtigkeit schleimig, fein geschuppt, in der Mitte mit zahlreichen weißen Schorfflocken und in der Jugend mit dem Stiel durch einen weißen Haarschleier verbunden. Der Stiel ist kurz, an der Basis zu einer scharf abgesetzten und abgeteilten Knolle mit gesäumtem Oberrand verbreitert, auf der ganzen Oberfläche weiß faserig. Die Lamellen stehen ziemlich dicht, sind am Stiel tief ausgeschnitten, zunächst weiß, dann schmutzig bräunlich bis rötlich-bräunlich. Das Fleisch ist weißlich, unveränderlich, fast geruchlos und mild schmeckend. Eine Sulphoformol-Lösung läßt es grünblau werden. Der Sporenstaub ist gelbweißlich, fast weiß.

Der Knollige Schleierritterling wächst meist gesellschaftlich im Humus von trockeneren Nadel- oder Laubwäldern eher in wärmeren Gebieten vom Spätsommer bis in den Herbst. Er ist eßbar.

Sehr lange wurde der Pilz für einen Ritterling *(Tricholoma)* gehalten oder zur Gattung *Cortinellus* gestellt. In Wirklichkeit ist sein Platz aber in der Familie der Haarschleierpilze, denn er ist mit diesen eng verwandt. Die Gattung *Leucocortinarius* ist monotypisch; dieser Pilz ist ihre einzige bisher bekannte, nur in Europa verbreitete Art.

Sporen: 7–8 × 4–5 µm,
eirund-elliptisch,
glatt, leicht dickwandig, farblos

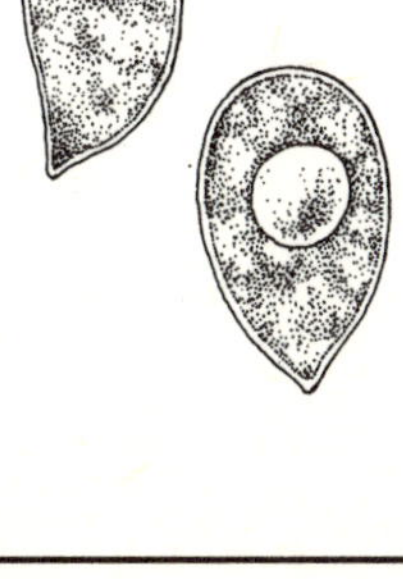

Reifpilz, Zigeuner

Rozites caperata (PERS. ex FR.) KARST.

Die Gattung *Rozites* umfaßt nur zwei Arten, die beide auf der Nordhalbkugel verbreitet sind. Sie wachsen auf dem Boden von Wäldern und ihr Pilzgeflecht bildet eine ektotrophe Mykorrhiza mit verschiedenen Hölzern. Die Gattung *Rozites* zeichnet sich durch den mikroskopischen Bau der Hutoberhaut und die Form der Hülle aus, die sowohl als innerer Hautschleier, aber auch als Außenring entwickelt ist, der an der Fußbasis einen fest angewachsenen, nicht immer gut sichtbaren Schuh bildet.

Der Hauptvertreter der Gattung, der Reifpilz, ist von mittlerer bis stattlicher Größe. Sein Hut ist 4–10 cm breit, relativ fleischig, in der Jugend ganz geschlossen, so daß er keulig aussieht, später breit glockenförmig mit einem abgerundeten Mittelhöcker. Bei Feuchtigkeit ist er mit einem weißen, feinen Belag bereift, später kahl, lehmgelb. Bei Trockenheit ist er charakteristisch faltig gerunzelt und am Rand aufgeplatzt. Der Fuß ist zylindrisch, länger als der Hutdurchmesser, 1–2 cm dick, ganz weißlich, über dem Hautring mit Doppelschneide fein geschuppt. Dieser Ring fällt meist bald ab. Die Lamellen stehen dicht, sind lehmfarben und an den Schneiden unregelmäßig gezahnt. Das Fleisch ist weiß, mit schwachem Aroma und ausdruckslosem Geschmack. Der Sporenstaub ist rostbraun.

Der Reifpilz wächst von August bis Oktober in Nadelwäldern, namentlich in Kiefernforsten auf Sandgrund. Er ist ein wohlschmeckender Speisepilz.

Sporen: 11–14 × 7–9 μm, mandelförmig, hellhonigbraun, mit winzigen dunkleren Warzen bedeckt, ohne Keimpore

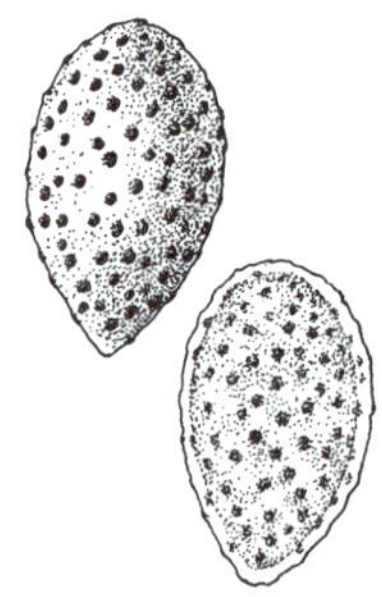

Zystide

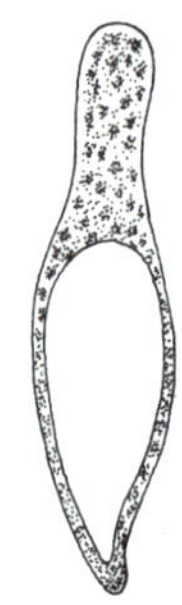

Verbreitung des Reifpilzes in Europa

Olivgrüner Wurzelschnitzling

Phaeocollybia festiva (FR.) HEIM

Die Gattung *Phaeocollybia* umfaßt eine größere Anzahl von Arten, die ursprünglich zu den Schnitzlingen der Gattung *Naucoria* gezählt wurden. In Europa wachsen sie selten; häufiger sind sie in Nordamerika. Die Pilze der Gattung *Phaeocollybia* erkennt man auf den ersten Blick an der Hutform, die fast immer lang und schmal kegelig ist. Für gewöhnlich ist der Hut mit einem scharfen, spitzen Höcker versehen. Alle Arten besitzen einen sehr langen, meist tief im Erdreich wurzelnden Stiel, der in einem langen, sich allmählich verdünnenden Basalteil endet. Der ganze Fruchtkörper ist knorpelig fest.

Der Olivgrüne Wurzelschnitzling hat einen 2–6 cm breiten, olivgrünen oder olivbraunen, ins Olivgelbliche verblassenden Hut, der bei Feuchtigkeit schleimig-klebrig, bei Trockenheit glänzend glatt und kahl ist. Der Stiel ist 7–9 cm lang und 5–8 mm dick, blaßoliv, kahl und glatt, zu einer lang spindelförmigen Wurzel ausgezogen. Die Lamellen stehen schütter, sind am Stiel ausgeschnitten und in einem Zahn am Stiel herablaufend, zunächst blaßoliv, dann rötlichgefärbt und an den Schneiden fein weiß bewimpert. An den Lamellenschneiden sind große, 6–9 breite farblose Cheilozystiden entwickelt. Das Fleisch riecht schwach nach Radieschen.

Ähnlich wie die übrigen Arten dieser Gattung erscheint auch dieser Pilz selten in Nadelwäldern, hauptsächlich in Fichtenbeständen in höheren Lagen auf saueren Böden. Alle Arten der Gattung *Phaeocollybia* sind ungenießbar.

In einigen Gebieten – auch in tieferen Lagen – ist der Gemeine Wurzelschnitzling – *P. lugubris* (FR.) HEIM häufiger. Er hat einen größeren Fruchtkörper, einen rostgelben, stark schmierig-schleimigen Hut, einen ockerorange-gefärbten Stiel mit wächsern-glasiger Oberfläche und blaßlehm- bis ockerfarbene rostfleckige Lamellen.

Der Spindelige Rübling – *Collybia fusipes* (BULL. ex FR.) QUÉL. hat auch einen lang wurzelnden, dazu spindelartig verdickten Stiel. Er wächst um Baumstümpfe in Laubwäldern.

Spore des Wurzelschnitzlings:
7–9 × 4–5 μm, mandelförmig, fein warzig, rostbraun

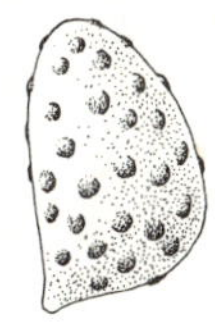

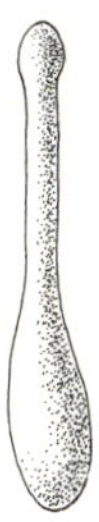

Cheilozystide

Spindeliger Rübling

Olivgrüner Wurzelschnitzling

Nadelholzhäubling

Galerina marginata (FR.) KÜHN.

Der Nadelholzhäubling enthält Toxine, vor allem Alpha-Amanitin, die tödliche Vergiftungen hervorrufen können. Daher ist es wichtig, diesen Pilz gut zu kennen, obwohl es sich um keine besonders häufige, doch recht einfach zu unterscheidende Art handelt. Er ist ein Pilz, der besonders auf morschen Stubben, aber auch Ästen, Rinden und anderen Nadelholzresten, hauptsächlich von Fichten und Kiefern, wächst. Der 1,5–5 cm breite Hut ist gewölbt, später fast flach, dünnfleischig, hygrophan, bei Feuchtigkeit mäßig schleimig, am Rand gerieft, hellocker, ocker- oder gelbbraun. Der 2–6 cm lange und 2–6 mm dicke Stiel ist ähnlich wie der Hut gefärbt, nur unten fast dunkelbraun; oben sitzt ein abfallender Hautring. Die schmalen Lamellen stehen ziemlich dicht, sind zimtbraungefärbt und an den Schneiden fein weiß bewimpert. Zystiden sind an Schneiden und Lamellenfläche ausgebildet. Das Fleisch riecht und schmeckt deutlich gurkig-mehlig. Der Sporenstaub ist rostbraun.

Der Nadelholzhäubling wächst im Sommer und Herbst in kleinen Büscheln oder auch einzeln.

Auf vermoderndem Holz wachsen auch zwei weitere Häublingsarten. Der Buntstielige Häubling – *G. badipes* (FR.) KÜHN. ist zierlicher und der Ring ist nur durch weiße Fasern am Stiel angedeutet. Solche Fasern sitzen auch am Hutrand, bei älteren Fruchtkörpern gehen sie jedoch verloren. Der Einfarbige oder Trichterberingte Häubling – *G. unicolor* (FR.) SING. ist ebenfalls klein, sein Hut hat bis zu 3 cm im Durchmesser, ist rötlich bis orangebräunlich, bei Trockenheit lehmockerfarben. Eine genaue Unterscheidung der beiden Arten ist nur anhand der Mikromerkmale möglich. Beide sind ungenießbar.

Das Stockschwämmchen, mit dem man die Häublinge verwechseln kann, ist wesentlich größer, hat einen braun geschuppten zähen Stiel und ein Fleisch ohne Mehlgeschmack und -geruch.

Cheilozystiden und Sporen des Nadelholzhäublings: 8–10,5 × 5–6 µm, eirund-mandelförmig, fein warzig, gelblich

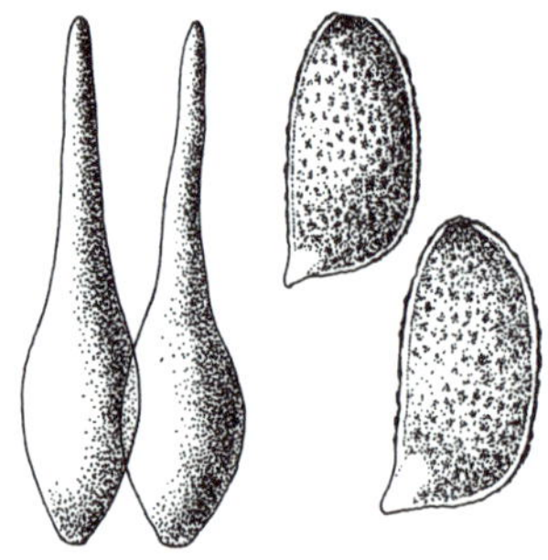

Nadelholzhäubling

Stockschwämmchen

Judasohr, Ohrlappenpilz

Hirneola auricula-judae (L. ex FR.) BERK.

Die Ohrlappenartigen Pilze (Auriculariales) ähneln in ihrer gallertartigen Konsistenz den gallertpilzartigen Pilzen (Tremellales), doch unterscheiden sie sich von diesen durch eine andere Basidienform. Die Basidien sind lang zylindrisch und quergekammert, die Sporen entstehen normalerweise an langen Stielchen (Sterigmata), die an einer Seite der einzelnen Zellen wachsen. In der gemäßigten Zone ist diese Ordnung nur spärlich vertreten; mehr Arten findet man in den Tropen und Subtropen. In Europa gibt es nur zwei Gattungen mit größeren Fruchtkörpern, die Gattungen *Hirneola* und *Auricularia.*

Erstere ist hauptsächlich auf Holunder und Robinien allgemein verbreitet, kommt aber auch auf anderen Laubhölzern vor. Die 8–12 cm breiten Fruchtkörper des Judasohres haben in der Jugend Kelch-, Muschel- oder Schüsselform, später sind sie rundlich gefaltet, unregelmäßig gekrümmt und gelappt. An der Außenseite sind sie samtig beflaumt, olivgrau, während die vom Hymenium bedeckte Innenfläche kräftig runzelig geädert ist; seine Farbe ist hell- oder dattel- bis kastanienbraun. Der ganze Fruchtkörper ist gallertartig elastisch, bei Trockenheit dunkler, schwarz- oder graubraun, hart und stark gekrümmt. Der Sporenstaub ist weiß.

Das Judasohr kann man das ganze Jahr über auf abgestorbenen Stämmen und Ästen, manchmal auch in Frostrissen lebender Bäume sammeln. Normalerweise nimmt man es für Pilzmischgerichte. Einige verwandte Arten gehören in China und Japan zu beliebten und häufig verwendeten Speisepilzen. Unsere europäische Art zeichnet sich aber nicht durch einen sonderlichen Wohlgeschmack aus.

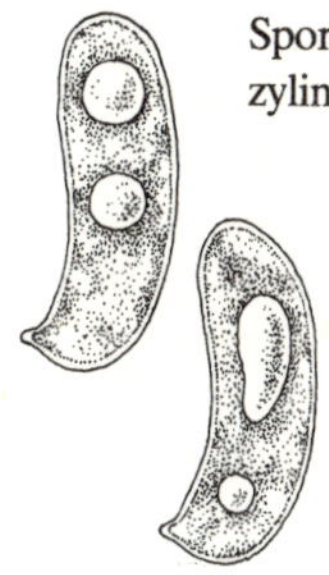

Sporen: 17–23 × 5–8 µm, zylindrisch-gebogen, farblos

Basidie mit Querwänden und Sterigmata

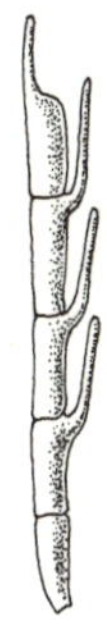

Verbreitung des Judasohres in Europa

Goldgelber Zitterling, Gallertzitterpilz

Tremella mesenterica RETZ. ex FR.

Gallertpilze haben sehr unterschiedliche Fruchtkörper, deren Form von halbkugeligen Höckern und auseinanderfließenden Überzügen bis zu scheiben- oder schüsselförmigen, hirnartig gewundenen bzw. blattförmigen, lappigen Gebilden reicht. Frisch gewachsene Exemplare haben für gewöhnlich eine elastische, gallertartig weiche Konsistenz. Häufig sind sie kräftig-, meist gelbefärbt. Beim Trocknen verändern sie sich stark und schrumpfen zu einer gestaltlosen unansehnlichen Haut oder fest am Substrat sitzenden Kruste zusammen. Nach dem Anfeuchten mit Wasser quellen sie schnell wieder auf und nehmen fast ihre ursprüngliche Form und Größe wieder an. Charakteristisch aus mikroskopischer Sicht sind die kugel- oder eiförmigen Basidien, die durch zwei aufeinander senkrecht stehende Ebenen in vier (oder zwei) Teile längsgeteilt sind, aus denen lange Sterigmata mit den Basidiosporen hervorwachsen. Die Basidien sitzen im Hymenium zusammen, das bei den Gallertpilzen die ganze Fruchtkörperfläche bedeckt.

Der Goldgelbe Zitterling ist 2–4 cm breit, rundlich, hirnartig gewunden, goldgelb oder orangegefärbt. Er wächst in der kühleren und feuchteren Jahreszeit, auf abgestorbenen Laubholzzweigen, vor allem auf Hainbuchen.

Von den anderen Arten erscheint hauptsächlich auf Eichen- und Buchenholz der Blattartige oder Rotbraune Zitterling – *T. foliacea* PERS. ex FR. Er wird bis zu 15 cm breit, ist hellbraun, manchmal schwach violett und besteht aus großen gekräuselten Lappen.

Der Warzige Drüsling oder die Hexenbutter – *Exidia glandulosa* BULL. ex FR. hat 3–10 cm große, fast schwarze, hirnartig gewundene Fruchtkörper, auf denen kleine Warzen sitzen und ein nur im Oberteil entwickeltes Hymenium. Bei Trockenheit verwandelt er sich in einen dünnen, glasigen, lichtbrechenden Überzug. Die Hexenbutter ist auf totem Eichen- und Buchenholz häufig zu finden.

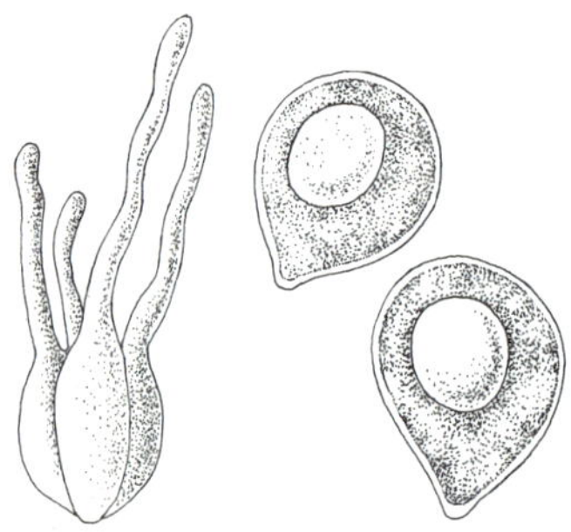

Zystiden und Sporen des Goldgelber Zitterlings: 7–12 × 6–10 μm, eirund-kugelig, farblos

Goldgelber Zitterling

Blattartiger Zitterling

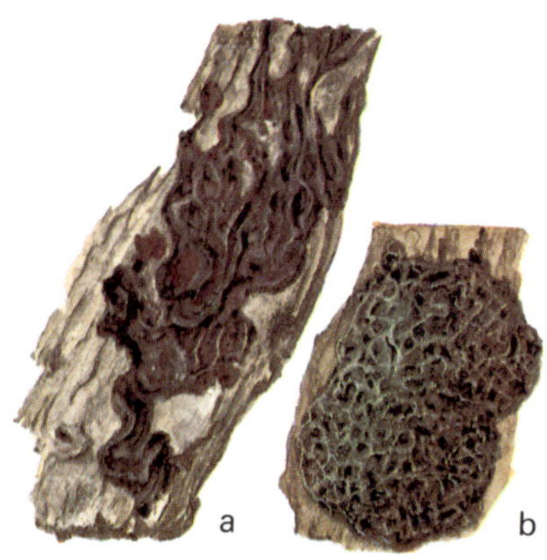

Hexenbutter bei Trockenheit **(a)** und wieder angefeuchtet **(b)**

Gallertartiger Zitterzahn, Eispilz

Pseudohydnum gelatinosum (SCOP. ex FR.) KARST.

Unter den Gallertpilzen existieren auch Formen, deren Hymenophor, ähnlich wie bei der Gattung *Hydnum,* in Gestalt von Stacheln entwickelt ist. In der europäischen Mykoflora ist das beispielsweise die Gattung *Pseudohydnum.*

Der Gallertartige Zitterzahn hat 2–8 cm breite und bis 1 cm dicke Fruchtkörper von Zungen- oder Fächerform, die seitlich oder mit ihrem verjüngten Unterteil aus dem abgestorbenen Holz von Stubben oder vermodernden Stämmen von Nadelhölzern herauswachsen. In frischem Zustand sind die Fruchtkörper meist milchweiß, manchmal auch bläulich, gallertartig weich und transparent. Bei Trockenheit schrumpfen sie stark zusammen und werden hornig hart. Ihre Färbung ist ziemlich variabel, sie ändert sich von Weiß oder Bläulich über ein blasses Violettgrau und Grau bis zu Dunkelbraun. Die Fruchtkörperfläche ist kurz samtig behaart oder befilzt, die Stacheln an der Unterseite sind 1 mm bis 1 cm lang, dünn kegelförmig, gerade und einfach. Der Sporenstaub ist weiß.

Dem Gallertartigen Zitterzahn kann man eher in feuchteren Nadelwäldern im Bergvorland und in den Bergen begegnen. In tieferen Lagen tritt er seltener auf. Er wächst von Juli bis November besonders an Fichten und Kiefern einzeln oder in kleinen Büscheln. Manche Pilzsucher sammeln ihn zu Speisezwecken, doch verlockt sein Gesamtbild nicht besonders. Überdies ist er völlig geschmacklos.

Sporen: 5–8 × 4,5–6,5 μm, fast kugelig, farblos

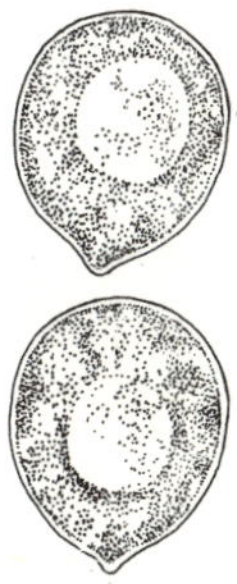

Basidie

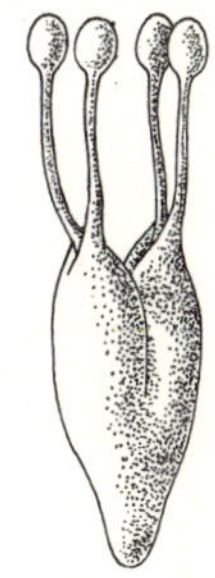

Die Stacheln an der Unterseite bilden das Hymenophor

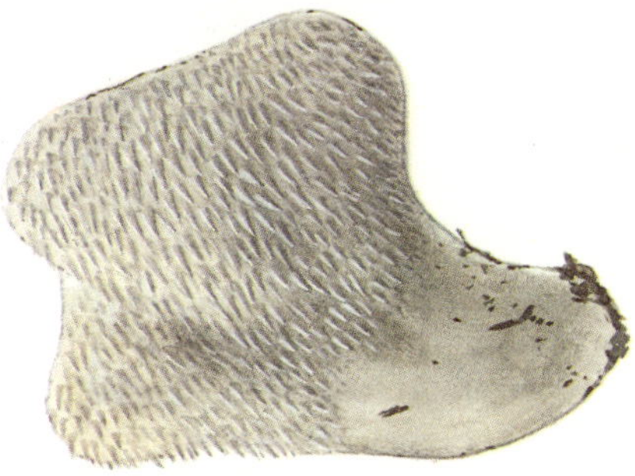

Verbreitung des Gallertartigen Zitterzahns in Europa

Rötlicher Gallerttrichter, Rotbrauner Gallertpilz

Guepinia helvelloides DC. ex FR.

Der Rötliche Gallerttrichter bringt Fruchtkörper von 5–15 cm Höhe und 3–7 cm Breite in Schaufel- bis Zungenform hervor, die fast tüten- oder trichterartig zusammengedreht, auf der einen Seite ausgefranst, am Rand oft gewellt, 2–4 mm dick und elastisch gallertartig sind. An der glatten, später etwas gerunzelten oder geäderten Außenfläche sind sie vom Hymenium überzogen, das vom Sporenstaub weißlich bereift ist. An der Unterseite verjüngen sich die Fruchtkörper zu einem deutlich zylindrischen oder zusammengedrückten seitlichen Stiel, der an der Basis von weißem Myzel befilzt ist. Der ganze Fruchtkörper ist transparent, rotorange- bis fleischrosagefärbt und glanzlos. Die Unterseite ist manchmal etwas satter eingefärbt. Trocknende Fruchtkörper sind braunpurpurn oder bräunlich. Das Fleisch ist gallertartig, in der Oberpartie weicher als im Stiel, wo es eher knorpelig ist. Es hat ein schwaches Aroma und einen ausdruckslosen Geschmack. Der Sporenstaub ist weiß.

Die Fruchtkörper wachsen scheinbar aus dem Erdreich, in Wirklichkeit aber aus verrottendem Holz, fast ausschließlich Nadelholz. Dieser sehr auffällige Pilz bevorzugt Kalksteinböden, auf denen er meist in Fichten- oder Mischwäldern vorkommt und auch oft an freien Stellen im Gras von Waldwiesen und an den Ufern von Bergbächen gedeiht. Er wächst von Juli bis September. Sein Vorkommen ist über die ganze gemäßigte Zone der Nordhalbkugel verstreut; in manchen Gebieten fehlt er. Etwas häufiger ist er nur in den Gebirgen Mitteleuropas. Der Rötliche Gallerttrichter ist eßbar.

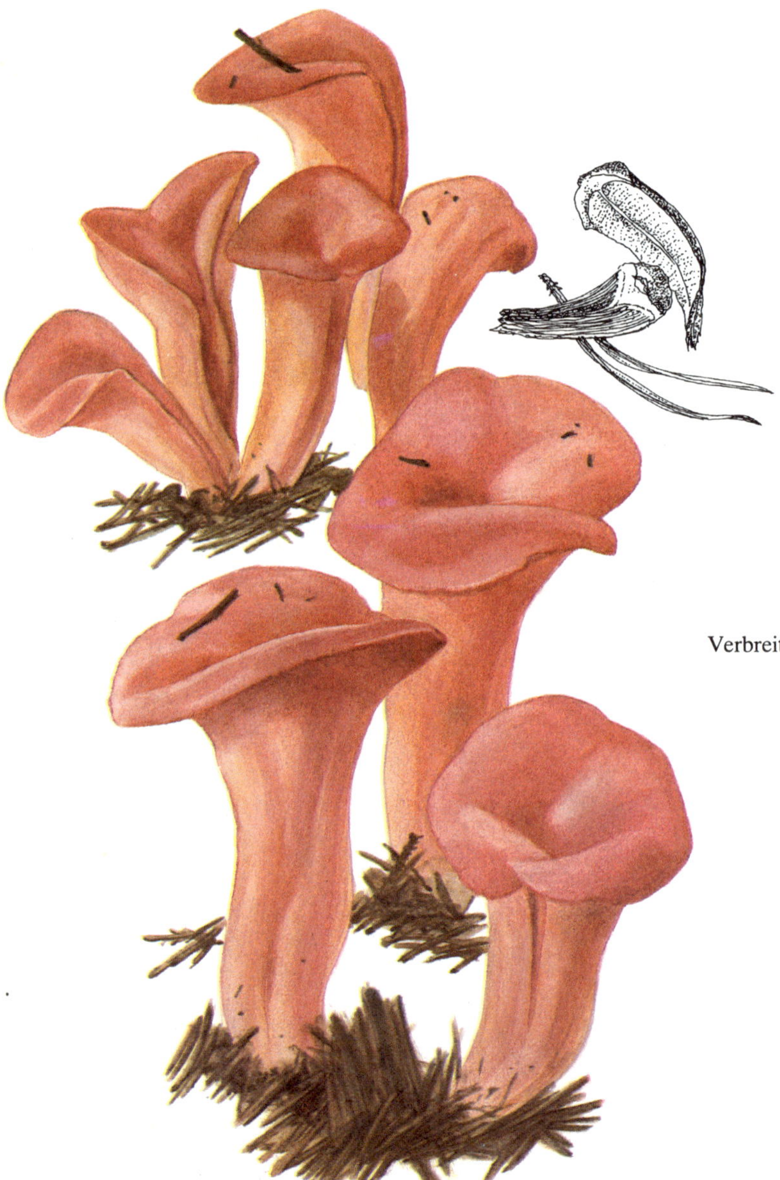

Sporen: 9–12 × 4,5–6 μm,
zylindrisch bis länglich-elliptisch, farblos

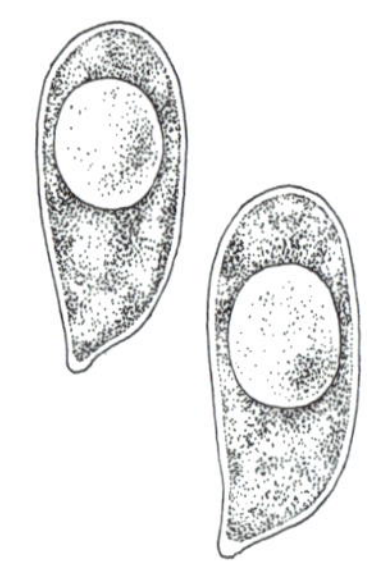

Verbreitung des Rötlichen Gallerttrichters in Europa

Klebriger Hörnling, Schönhorn

Calocera viscosa (PERS. ex FR.) FR.

Auf den Stubben von Nadelbäumen, besonders von Fichten, wachsen schon im Frühsommer nach Regenfällen bis zu 10 cm hohe, aufrechte, dünn zylindrische und verzweigte Fruchtkörper. Sie fallen durch ihre satt goldgelbe oder orange Färbung und große Biegsamkeit auf. Ihr Gesamtbild ähnelt den Keulenpilzen, vor allem den Korallen *(Ramaria)*, mit denen sie manchmal verwechselt werden; sie sind jedoch überhaupt nicht mit diesen verwandt, sondern gehören entsprechend ihrer Basidienbildung in die Ordnung Proctoclavariales.

Die Fruchtkörper des Klebrigen Hörnlings wachsen aus einem, manchmal bis zu 25 cm langen, wurzelartigen Ausläufer hervor, der tief ins Holz eingesenkt ist. Die zylindrischen oder ein wenig abgeplatteten Ästchen sind schütter verzweigt, an den Enden zugespitzt und klebrig. Die elastischen, nicht brechenden Fruchtkörper werden nach dem Trocknen hornartig hart und verfärben sich in ein sattes Orange. Der Sporenstaub ist hellockergelb. Die Sporen entstehen an gabelförmigen, in zwei lange Arme geteilten Basidien. Dies ist ein wesentlicher Unterschied gegenüber den zylindrisch-keuligen einfachen Basidien bei den Keulenpilzen *(Clavariaceae)*. Der Klebrige Hörnling ist eine häufige Art, die so gut wie ganzjährig wächst.

Etwas weniger häufig findet man den kleineren *C. cornea* PERS. ex FR., dessen einfache bzw. nur einfach verzweigte dünne, nur 5–15 mm hohe Fruchtkörper wie kurze Hörner gesellschaftlich, aus dem abgestorbenen Holz umgestürzter Stämme oder stärkerer Äste von Laubbäumen wachsen. Beide Arten sind ungenießbar.

Sporen und Basidie des Klebrigen Hörnlings:
8–12 × 3,5–4,5 µm, zylindrisch, farblos

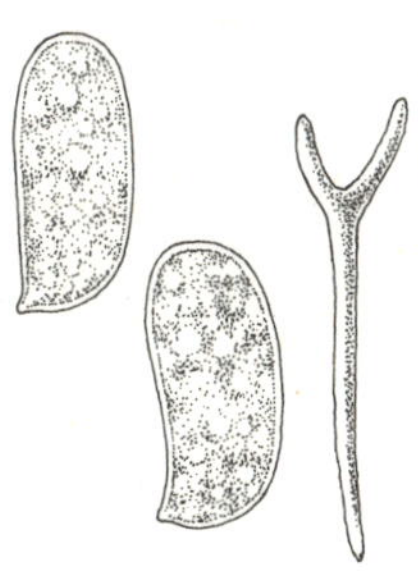

C. cornea

Klebriger Hörnling

Gelber Schichtpilz, Striegeliger Schichtpilz

Stereum hirsutum (WILLD.) PERS.

Die Schichtpilze sind auf Holz wachsende Pilze mit ledrigen oder korkigen Fruchtkörpern, die entweder wie ans Substrat gedrückte Bezüge aussehen (deren Rand ringsherum angehoben sein kann), oder die als seitlich angewachsene Hüte vom Substrat abstehen. Das Hymenium ist glatt, ohne Auswüchse und besteht neben den Basidien aus plasmagefüllten Zystiden. Der Sporenstaub ist weiß.

Der Gelbe Schichtpilz bildet meist halb zerfließende oder kleinhütige, seitlich angewachsene Fruchtkörper. Diese sind 3–5 cm breit, oft wie kleine Dächer dicht übereinander angeordnet, dünn ledrig, in lebendem Zustand elastisch, ausgetrocknet hingegen hart. Auf der Oberseite sind sie deutlich beborstet oder lang abstehend behaart, manchmal auch kahl, gelblichocker, bisweilen auch weißlich oder grau bis bräunlichgefärbt. Im Alter verblassen sie, der scharfe Rand bleibt aber meist gelb. Das Hymenium ist in der Jugend häufig orange oder dottergelb; später verblaßt es in Hellocker oder Ockergrau.

Den in Form und Färbung stark veränderlichen Gelben Schichtpilz kann man an der dünnen gelben Schicht erkennen, die sich unter der Lupe im Querschnitt durch den Fruchtkörper zeigt. Man findet ihn das ganze Jahr über an Rinde und Holz verschiedener Laubbäume; an Nadelhölzern ist er sehr selten. Sporen produziert er von Juli bis November. An Laubbäumen wächst ebenfalls sehr häufig der Runzelige Schichtpilz – *S. rugosum* PERS. Seine frischen Fruchtkörper verfärben sich nach Verletzung schnell rot. Beide Arten sind ungenießbar.

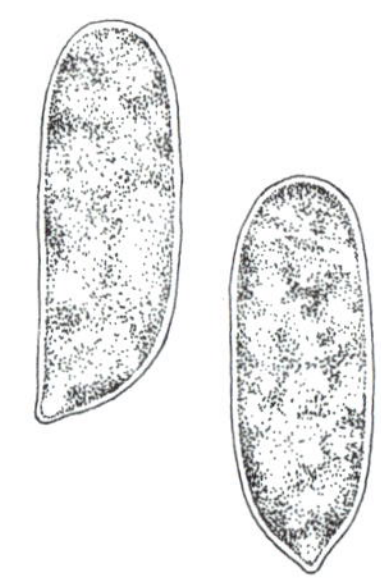

Sporen des Gelben Schichtpilzes: 5–8 × 2,5–3,5 µm, zylindrisch glatt, farblos

Gelber Schichtpilz

Runzeliger Schichtpilz

Gemeiner Spaltblättling

Schizophyllum commune FR. ex FR.

Spaltblättlinge sind kleine, zu Lebzeiten weichledrige holzbewohnende Pilze. Ihre Hüte sind 1–3 cm breit, muschel- oder fächerförmig, grau behaart, bei Feuchtigkeit elastisch. Sie sitzen seitlich am Substrat an. Charakteristisch ist das elastische lamellenartige Hymenophor, dessen Schneide längs in zwei Hälften geteilt und bei Trockenheit nach unten eingedreht ist. Es handelt sich aber um keine echten Lamellen wie bei den Blätterpilzen. Der Sporenstaub ist weiß.

Der Gemeine Spaltblättling ist ein sehr häufiger und verbreiteter Pilz, der mit seinen Hütchen oft ganze Flächen auf abgestorbenen oder absterbenden Stämmen der verschiedenen Baumarten, auf abgefallenen Ästen oder auch Stümpfen bedeckt. Sein Myzel dringt ins Splintholz ein und zersetzt es zu einer filzigen Masse. Trockene Fruchtkörper bleiben noch lange an ihren Standorten und man kann sie daher das ganze Jahr über antreffen. Der Spaltblättling ist über die ganze Welt verbreitet. Er ist so charakteristisch, daß man ihn nicht mit einer anderen Pilzart verwechseln kann. Im Pflanzenschutz hat er eine beträchtliche Bedeutung als Schädling auf verschiedenen Kulturpflanzen und -hölzern; er dringt beispielsweise an verletzten Stellen als Sekundärinfektion ins lebende Holz eines Wirts ein und zerstört ihn nach und nach. Er befällt sogar Wurzelstöcke von krautigen Pflanzen und zersetzt bearbeitetes und behandeltes Holz. Einen Ausnahmefall stellt der Fund von Spaltblättlingsmyzel im menschlichen Körper dar. Eine Ausnahme deshalb, weil es sich um einen höheren Pilz handelt; Infektionen durch niedere Pilze, etwa durch Hefen sind ja häufig. Das Spaltblättlingsmyzel war Urheber einer als Basidioneuromykose bezeichneten Erkrankung und wurde aus der Hirnflüssigkeit eines Menschen isoliert. Zu diesem Fall kam es in Brasilien.

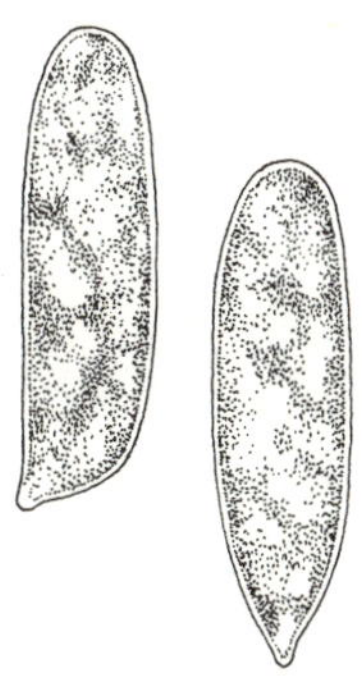

Sporen: 3–4 × 1–1,5 μm,
zylindrisch, glatt, farblos, nicht amyloid

Hymenophorschneide – Detail

Erdwarzenpilz, Erdlederpilz, Nierenförmiger Wärzling

Thelephora terrestris EHRH. ex FR.

Auf saureren Böden und Sanden kann man auf dem kahlen Erdreich oder in der Nadelstreu an Waldwegen und Grabenwänden sehr häufig niedrige, braune, dünnblättrige bis flach ausgebreitete, ledrig zähe Fruchtkörper antreffen, die aus oft zerlaufenden, rundlichen, 3–6 cm großen Hüten bestehen. Diese Hüte sitzen entweder seitlich am Boden, auf der Laubstreu oder an Zweigen an, bzw. sind auf der Unterseite zu einem Stielchen zusammengezogen, durch das sie mit dem Substrat verbunden sind. Die Hutränder sind heller, wimperig befranst, seltener ganzrandig. Die Hutoberseite ist behaart, oft kreisrund, die Fläche an der Hutunterseite ist fein gewarzt oder radial gerunzelt, graubraungefärbt und vom Hymenium bedeckt.

Die Fruchtkörper wachsen meist im Sommer und Herbst heran. Manchmal bilden sie völlig auseinanderfließende (resupinate) Formen, in anderen Fällen sind sie nur halb zerflossen, hutförmig oder bringen pinselartige bzw. bäumchenförmige Gebilde hervor. Am zuverlässigsten erkennt man den Erdwarzenpilz am mehr oder weniger warzigen oder verschieden gerunzelten, braunen oder kakaofarbenen Hymenium. Unter dem Mikroskop ist er an den kantigen, fein stacheligen, bräunlichen Sporen zu identifizieren. Die völlig zerlaufenen Fruchtkörper kann man leicht mit den Arten der Gattung *Tomentella* verwechseln, die mit der Gattung *Thelephora* eng verwandt sind. Dieser Pilz ist ungenießbar.

Sehr dekorativ ist die Blumenartige Lederkoralle – *T. anthocephala* (BULL.) FR. Sie hat tief becher- oder trichterförmige Fruchtkörper, die nur 1–2 cm breit, am Rand stark gefranst und an der Unterseite zu einem dünnen Stielchen zusammengezogen sind. Sie wächst auf lehmigem Boden innerhalb und außerhalb des Waldes, ist wesentlich seltener als der Erdwarzenpilz und ebenfalls ungenießbar.

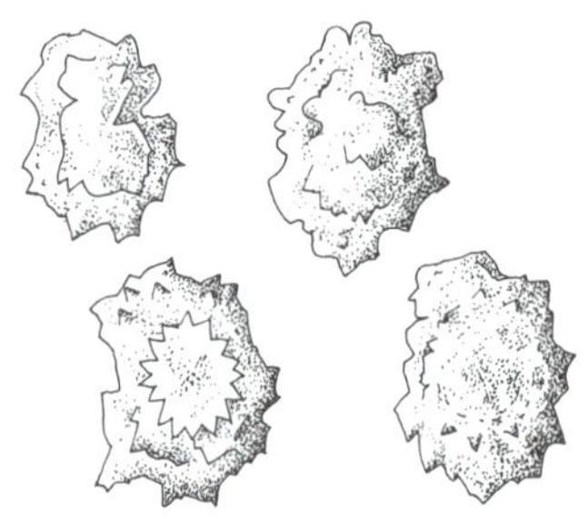

Sporen des Erdwarzenpilzes: 7–12 × 5–9 µm, unregelmäßig kantig, klein bestachelt, gelbbraun

Fruchtkörperdetail

Habichtspilz, Rehpilz, Hirschpilz

Sarcodon imbricatus L. ex FR.

Neben dem Semmelstoppelpilz ist diese Art der häufigste und bekannteste Vertreter der Pilze mit stacheligem Hymenophor. Im gegenwärtigen System der Pilze wird er zur Familie der *Thelephoraceae* gezählt, da er mit den übrigen Gattungen dieser Familie gemeinsame Mikromerkmale hat. Das sind in erster Linie der braungefärbte Sporenstaub und die stacheligen bräunlichen Sporen.

Der 10–25 cm breite Hut ist zäh und dickfleischig, flach gewölbt, später in der Mitte nebelartig eingedrückt, grau- bis umbrabraun. Er ist mit auffällig groben, mehr oder weniger abstehenden, braunen bis schwarzbraunen Schuppen bedeckt. An der Hutunterseite sitzen dichte 5–10 mm lange, grau bis graubraungefärbte am Stiel herablaufende spröde, leicht abbrechende Stacheln. Der kurze (3–6 cm) und starke (1–3 cm) zentrale Stiel ist zäh, glatt, hellbraun oder graubraun, an der Basis normalerweise verbreitert. Das Fleisch ist weißlich, später weißgrau oder bräunlich, hat einen würzigen Geruch und einen angenehmen milden Geschmack.

Der Habichtspilz ist in der ganzen gemäßigten Zone der Nordhalbkugel verbreitet. Er wächst ab August, hauptsächlich aber im Herbst in Nadelwäldern und bevorzugt Sandböden. Am häufigsten findet man ihn in Kiefer- ggf. auch Fichtenbeständen. Häufig wächst er gesellschaftlich, oft in großen Gruppen. Noch vor einigen Jahrzehnten war er in vielen Landschaften häufig, jetzt wird er immer seltener und ist stellenweise schon völlig verschwunden. Junge Fruchtkörper sind eßbar, ältere sind zu zäh und haben einen leichten Bittergeschmack. Zu Pulver zerstoßene getrocknete Pilze lassen sich als Gewürz verwenden.

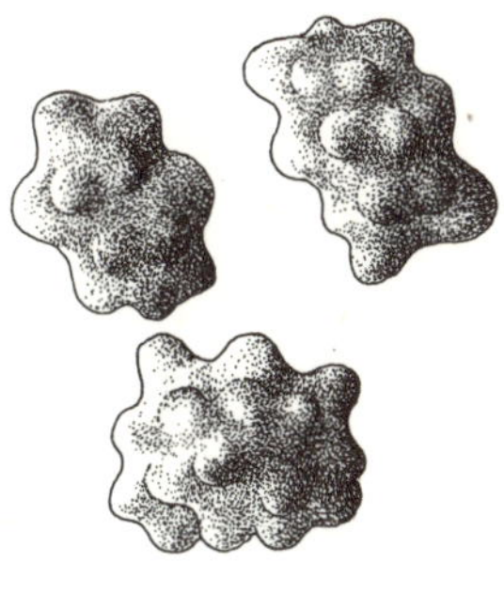

Sporen: 5,5–7 × 5–6 µm,
kugelig-kantig, bestachelt, hellgelbbraun

Hut im Längsschnitt

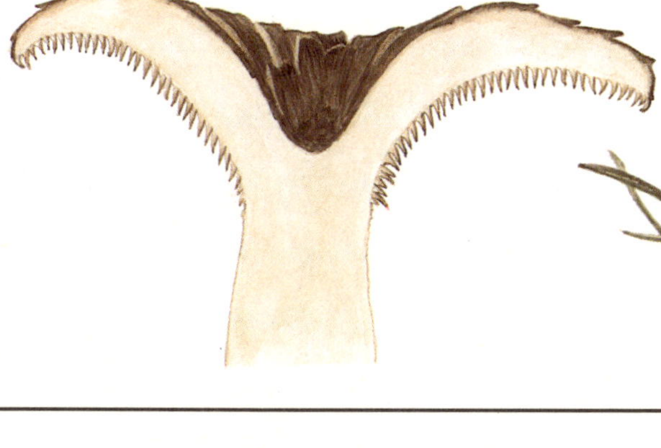

Echter Hausschwamm

Serpula lacrymans (WULF. ex FR.) SCHROET.

Das ist der gefürchtetste Holzschädling an Häusern und Bauten. Er wächst aber nur dort, wo ständig Feuchtigkeit herrscht und keine frische Luft zugeführt wird. Das ist hauptsächlich in Scheunen, Stallungen oder nur selten benutzten Wochenendhütten in Holzbauweise der Fall, wo der Hausschwamm in solchen Bedingungen das ganze Jahr über wachsen kann und sein Myzel nach und nach Holzvorräte, Holzkonstruktionen, Balken usw. befällt und sich von dort auf Wände, Decken, Fußböden und andere Holzgegenstände ausbreitet. Er bewirkt eine intensive würfelige braune Holzfäule, durch die das Holz zerbröselt und zerfällt. Nur durch radikale Beseitigung aller befallenen Holzteile, eine gründlich durchgeführte Isolierung, die jeden Wasserzutritt verhindert (also auch der Unterlage, auf der der Bau steht), die Schaffung einer trockenen Umgebung und regelmäßige Lüftung sind wirksame Maßnahmen gegen diesen Pilz.

Die eigentlichen Fruchtkörper des Hausschwamms sind flach auseinanderfließend, dünn, weich fleischig, zunächst rundlich, später bis zu einigen -zig Quadratzentimeter Fläche ausgedehnt, häufig gelappt, am Rand weiß oder violett filzig. Auf der Oberfläche tragen sie ein grubenartiges, gelbrostig- bis rostbraunes Hymenophor.

Weitere häufige Holzschädlinge sind die Pilze der Gattung *Coniophora.* Sie bewirken ebenfalls eine Holzzersetzung, sind aber nicht so gefährlich wie der Echte Hausschwamm und kommen meist in der freien Natur vor. Auf bearbeitetem Holz ist der Kellerschwamm – *C. cerebella* ALB. et SCHW. ex FR. – am häufigsten, der ein runzeliges oder warziges olivbraunes Hymenium hat.

Sporen: 9–13 × 4–6 μm,
zylindrisch,
gekrümmt, glatt, braungelb

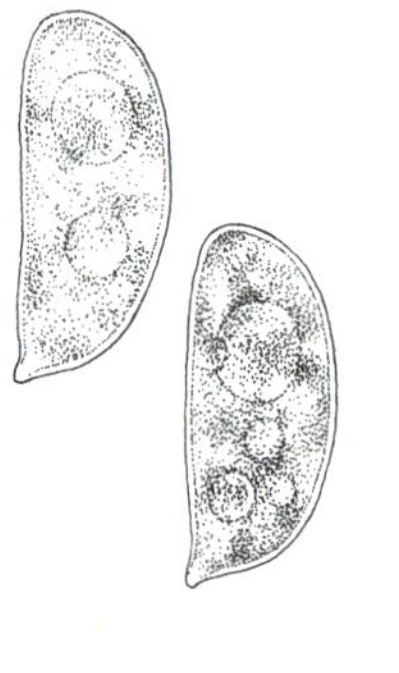

Abgestutzte Keule

Clavariadelphus truncatus (QUÉL.) DONK

Unter den Keulenpilzen ist die Abgestutzte Keule besonders auffällig. Ihre Fruchtkörper werden 7–15 cm hoch, 2–8 cm dick und haben die Form einer oben gekappten, massiven Keule. Im reifen Zustand ist ihr Scheitel oft ausgehöhlt bis vertieft und am Rand durch einen Wall gesäumt. Weiter nach unten hin verjüngt sich die Keule und ihre ganze Fläche ist, mit Ausnahme des Scheitels und der 5–15 mm dicken untersten Fußpartie, mit dem Hymenium bedeckt. Dieser fruchtbare Teil der Keule ist unregelmäßig gerunzelt, bereift, ockerorange bis orange-fleischfarben, manchmal mit einem Violett-Ton. Der gekappte Scheitel ist gelb, orange oder ocker. Das weiße leicht ockerfarbige Fleisch verändert sich im Anschnitt schwach ins Rotbraune mit einem Hauch von Violett; es ist faserig fleischig, später wattig, geruchlos und süß schmeckend. Der Sporenstaub ist gelblich.

Die Abgestutzte Keule ist eine insgesamt seltene Art, die in den Nadelwäldern des Bergvorlandes und der Gebirge vorkommt. Etwas häufiger ist sie nur in manchen Gegenden wie z. B. im Schweizer Jura. Ihre Verbreitung erstreckt sich über die gemäßigten Zonen beider Halbkugeln. In Nordafrika wächst die Art unter Zedern. Die Abgestutzte Keule ist eßbar.

In Laubwäldern findet man verhältnismäßig oft die eßbare Herkuleskeule – *C. pistillaris* (L. ex FR.) DONK. Sie ist 10–30 cm hoch, ihre Fruchtkörper sind zylindrisch oder keulig und auf der ganzen Oberfläche, also auch auf dem Scheitel, vom Hymenium bedeckt. Noch häufiger ist die Zungenkeule – *C. ligula* (SCHFF. ex FR.) DONK. mit ihren nur 3–8 cm hohen, gestreckt keuligen, hellockergelben Fruchtkörpern. Die Art wächst stets dicht beieinander in der Fichtennadelstreu. Wegen ihres Bittergeschmacks ist sie wenig schmackhaft.

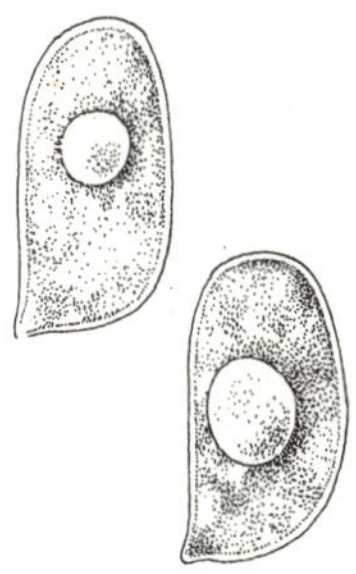

Sporen: 9–13 × 5–7 µm, länglich zylindrisch-elliptisch mit breitem Apikulus, fast farblos, zahlreiche Tröpfchen im Innern

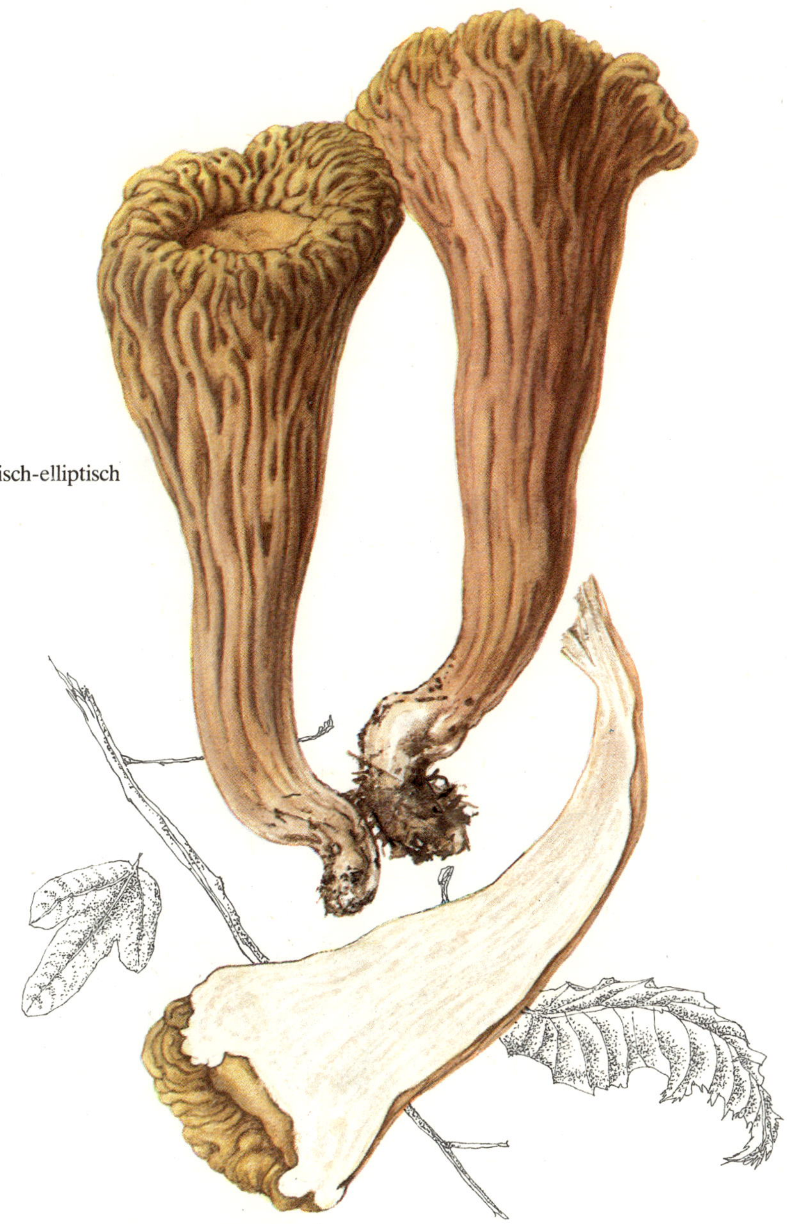

Krause Glucke, Fette Henne

Sparassis crispa (WULF. ex FR.) FR.

Die Krause Glucke ist ein in Form und Aussehen auffälliger Pilz. Ihre Fruchtkörper haben einen fast kugeligen Umriß und sind reich in blattartige, teils miteinander verwachsene Zweige gegliedert, deren Fläche beidseitig vom Hymenium bedeckt ist. Die Größe dieser Fruchtkörper ist manchmal ganz beträchtlich. Sie können über 30 cm im Durchmesser erreichen und bis zu 6 kg wiegen, meist wird man aber nur wesentlich kleinere Exemplare antreffen. Der Basalteil der Fruchtkörper ist kurz und dick stielartig zusammengezogen, schwärzlich, wurzelartig gestreckt, manchmal aber nur wenig differenziert, so daß er dicht über dem Substrat in unzählige blättähnliche, krause, gewellte oder gelappte platte Zweige übergeht, die vielfach verästelt sind und einen unregelmäßig gezackten Rand haben. Die Ästchen sind zuerst weißlich, dann gelblich, werden im Alter braun und sind vom ausfallenden Sporenstaub orange überpudert. Das Fleisch ist weiß, faserig, elastisch und von wächserner Konsistenz. Es hat einen stark würzigen Geruch und einen angenehmen, manchmal ein wenig brennenden Nußgeschmack. Der Sporenstaub ist ocker oder orangeocker.

Das Myzel der Krausen Glucke lebt in den Wurzeln von Kiefern, die Fruchtkörper wachsen am Fuß von lebenden Stämmen oder in deren unmittelbarer Nähe und erscheinen an infizierten Exemplaren wiederholt mehrere Jahre hindurch. Sie wachsen von August bis Oktober. Die Krause Glucke ist in der ganzen gemäßigten Zone der Nordhalbkugel verbreitet, allerdings nicht besonders häufig. Sie ist ein schmackhafter Speisepilz.

Im Aussehen ähnelt die Stinkende Lederkoralle – *Thelephora palmata* entfernt der Krausen Glucke. Diese Art bildet aber stattlichere, dicht verzweigte dunkelbraune Büschel, die unangenehm riechen. Sie wachsen in Nadelwäldern auf dem Boden.

Sporen: 6–7 × 4–5 µm, kurz elliptisch, glatt, gelblich, mit einem großen Öltropfen

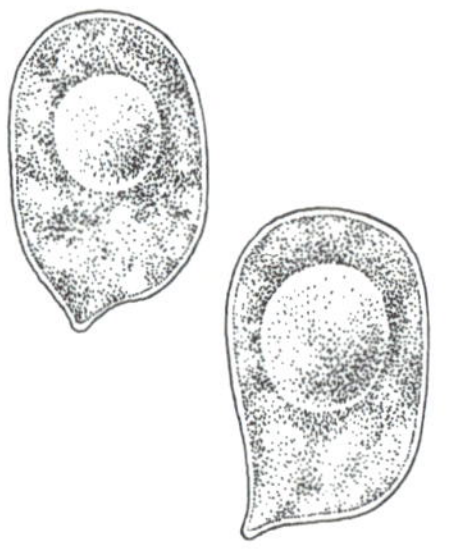

Schweinsohr

Gomphus clavatus (PERS. ex FR.) S. F. GRAY

Die Fruchtkörper der Gattung *Gomphus* haben das Aussehen von dicken, violett- bis bräunlichgefärbten oben angeschnittenen Pfifferlingen. Das Hymenium sitzt auf den dicken, unregelmäßigen Leisten an der Hutaußenseite (Unterseite).

Die fleischigen Fruchtkörper des Schweinsohres sind gekappt keulig, im Längsschnitt fast gestreckt dreieckig, bis zu 12 cm hoch und 8 cm breit. Ihr Scheitel ist eben, später leicht eingedrückt bis becherförmig, da die Ränder sich anheben. Der Rand ist scharf, verbogen und gefurcht lappig. In der Jugend sind die Fruchtkörper ganz violett, später verblassen sie zu einem blassen Violett, fleischfarben oder schmutzigen Ocker. Die niedrigen Leisten sind zahlreich, geädert, reich verästelt, quer miteinander verbunden, amethyst-violettrötlich, später schmutzig ockerfarben. Der Fuß ist nicht deutlich abgesetzt. Er ist voll, kegelförmig, und nach unten verjüngt. Das Fleisch ist ziemlich zäh, weiß und hat einen angenehmen Geschmack und Geruch. Der Sporenstaub ist rostocker.

Das Schweinsohr wächst im Spätsommer und im Herbst gesellschaftlich und häufig büschelweise auf schwereren Lehmböden, vor allem unter Tannen in den Wäldern des Bergvorlandes und der Gebirge. Es ist kein häufiger Pilz und fehlt in einigen Gebieten völlig. Das Schweinsohr ist ein ausgezeichneter Speisepilz mit feinem Geschmack.

Es gehört in dieselbe Familie wie die Gattung der Korallen *(Ramaria)*. Die Korallen haben aber strauchartig verästelte Fruchtkörper.

Sporen: 10–12 × 4–5 µm, zylindrisch-elliptisch, sehr fein warzig, rostig-ocker

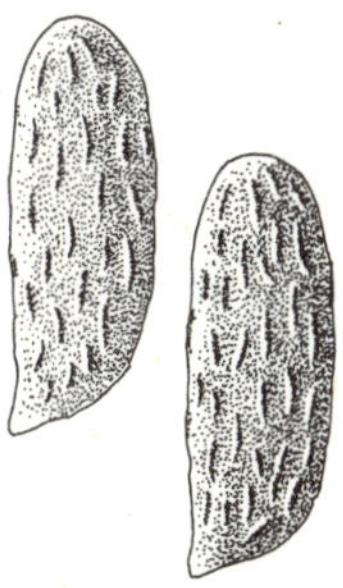

Verbreitung des Schweinsohres in Europa

Goldgelbe Koralle, Orangegelbe Koralle

Ramaria aurea (SCHFF. ex FR.) QUÉL.

In der Gattung der Korallen *(Ramaria)* ist eine größere Anzahl Pilze zusammengefaßt, deren gemeinsames Merkmal die reich verästelten strauchartigen Fruchtkörper sind, deren Äste aus einer kurzen, verdickten, fleischigen Basis wachsen. Der Sporenstaub ist in verschiedenen Gelbschattierungen getönt, die Sporen sind dickwandig, gelblich, meist fein bewarzt, gestachelt oder längsgestreift. Die Korallen wachsen auf dem Boden oder auf verrottendem Holz. Die meisten Arten sind schwach giftig, nur einige wenige eßbar.

Zu den eßbaren Arten gehört die Goldgelbe Koralle, deren mittelgroße bis stattliche Fruchtkörper 15 cm Höhe und Breite erreichen können. Die kurze, 2–5 cm dicke Basis verzweigt sich in rundliche, ungeriefte, sehr kurze und blumenkohlähnlich dicht stehende primelgelbe oder ockergelbgefärbte Äste, an deren Enden goldgelbe kegelige Zacken sitzen. Das Fleisch ist weich, hat in der Jugend oft wäßrige Flecken, innen weiß, dicht unter der Oberfläche gelblich. Sein Geschmack und Geruch sind angenehm. Der Sporenstaub ist ockergelb.

Die Goldgelbe Koralle wächst vom Spätsommer bis Herbst hauptsächlich in Laub-, weniger in Nadelwäldern auf dem Boden. Sie ist in der ganzen gemäßigten Zone der Nordhalbkugel verbreitet und eßbar.

Der Goldgelben Koralle ähnelt die Schwefelgelbe Koralle – *R. flava* VITT., die aber schwefel- oder zitronengelbe, später ockergelbe Äste hat; ihr Basalteil nimmt an verletzten Stellen eine braunrote Farbe an. Die Art wächst am häufigsten in Buchenwaldungen, ist aber ungenießbar.

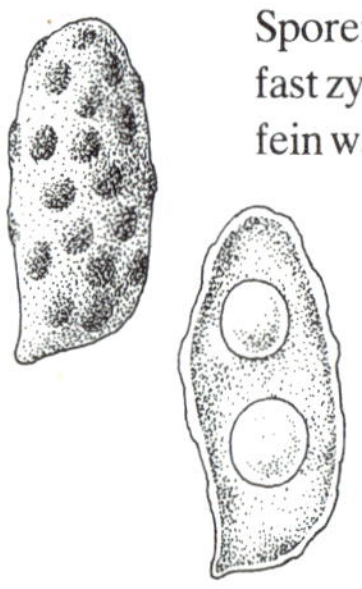

Sporen der Goldgelben Koralle: 8–15 × 3–6 µm, fast zylindrisch, an der Basis schräg zugespitzt, fein warzig, blaßockergelb

Fruchtkörperteil der Schwefelgelben Koralle

Goldgelbe Koralle

Schwefelgelbe Koralle

Schöne Koralle, Dreifarbige Koralle, Buchenziegenbart

Ramaria formosa (PERS. ex FR.) QUÉL.

Die Schöne Koralle erkennt man in der Jugend leicht am charakteristischen orangerosa oder lachsrosa Ton, der am besten an den Hauptästen und dem Basisoberteil zur Geltung kommt, während die Spitzen der Endzweige sattgelb sind. Bei älteren Fruchtkörpern gehen sowohl die Orange- und Lachsfarbe als auch das Gelb verloren, so daß der ganze Fruchtkörper ockergelb erscheint. In diesem Stadium läßt er sich nur schwer von ähnlichen Arten wie etwa der Goldgelben Koralle oder von der Rötlichen Koralle unterscheiden.

Die Schöne Koralle ist ein verhältnismäßig stattlicher Pilz, der 20 cm hoch und 15 cm breit werden kann. Der fleischige Stiel ist 2–3 cm dick, teilweise in den Boden eingesenkt, manchmal fast wurzelnd. Nach oben hin verzweigt er sich reich in gestreckte Ästchen, die in gegabelten oder gezackten Zweigen enden. Die Astoberfläche ist glatt oder gerieft. Das weiße Fleisch hat in der Jugend einen Lachston, nach Verletzung wird es manchmal rot. Sein Geschmack ist bitter. Der Sporenstaub ist gelb.

Die Schöne Koralle erscheint im Sommer und Herbst recht häufig vor allem in Nadelwäldern, gewöhnlich gruppenweise. Sie ist in der ganzen gemäßigten Zone der Nordhalbkugel verbreitet. Die Schöne Koralle ist schwach giftig. Vor allem die Zweigenden haben eine abführende Wirkung.

Eine der häufigsten Korallenarten ist die Kiefernkoralle – *R. abietina* FR. mit nur 4–8 cm hohen langen schlanken ockergelben Ästen. Diese wachsen aus einem reich gefaserten weißen Pilzgeflecht im Humus der Nadelwälder. Sie ist wegen ihrer Zähigkeit ungenießbar.

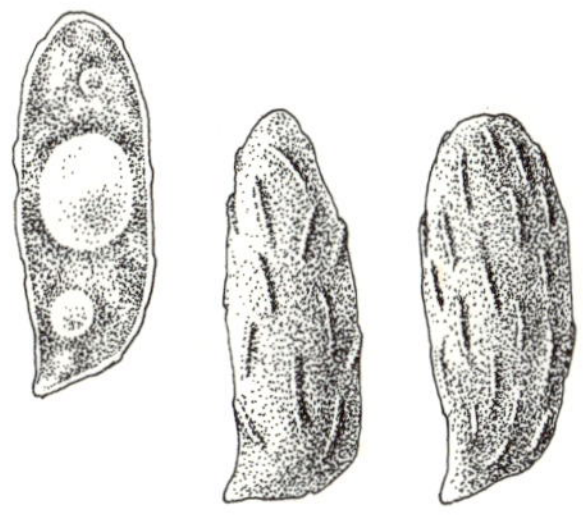

Sporen der Schönen Koralle:
8–15 × 4–6 μm,
fast zylindrisch, an der Basis schräg zugespitzt,
fein warzig, ockergelb

Kiefernkoralle

Schöne Koralle

Hahnenkamm, Bärentatze, Rötliche Koralle

Ramaria botrytis (PERS. ex FR.) RICKEN

Der Hahnenkamm hat einen unregelmäßig kugeligen Umriß von maximal 15 cm Durchmesser. Die kurze und kräftige Basis verzweigt sich in eine größere Anzahl kräftiger Äste, die sich wieder vielfach unregelmäßig in feine, aufrechte Zweige teilen, die in kurzen Stacheln enden. Die Stacheln und Zweigenden sind in der Jugend intensiv weinrot bis fleischfarben, später jedoch verblassend. Die Hauptäste sind zuerst weißlich oder blaß, dann hell-lehmokkerfarben. In der Reifezeit ist der ganze Fruchtkörper durch den Sporenstaub hellockergefärbt, die Zweigenden sind bräunlich. Das Fleisch ist spröde, weißlich oder gelblich, in den Zweigspitzen rötlich. Es riecht schwach und hat einen milden Geschmack; im Alter ist es schwach bitter oder säuerlich. Der Sporenstaub ist blaß gelblichocker.

Der Hahnenkamm wächst ziemlich häufig im Sommer und Herbst in Laub-, seltener in Nadelwäldern. Er kommt in der ganzen gemäßigten Zone der Nordhalbkugel vor. In den letzten Jahren verschwindet er zunehmend aus den Wäldern und wird immer seltener. Der Pilz ist eßbar, doch wenn es sich auch um den schmackhaftesten Korallenpilz handelt, kann er sich doch nicht mit den meisten übrigen Speisepilzen messen. Die häufig schwach bitteren Zweigenden müssen vor dem Kochen entfernt werden. Da ältere Fruchtkörper von allen Korallenarten eine ähnliche Färbung annehmen und außerdem noch von Sporenstaub bedeckt sind, verschwinden die Unterscheidungsmerkmale, die an jungen Pilzen zu sehen sind. Daher ist es besser, ausgereifte Fruchtkörper nicht zum Essen zu sammeln.

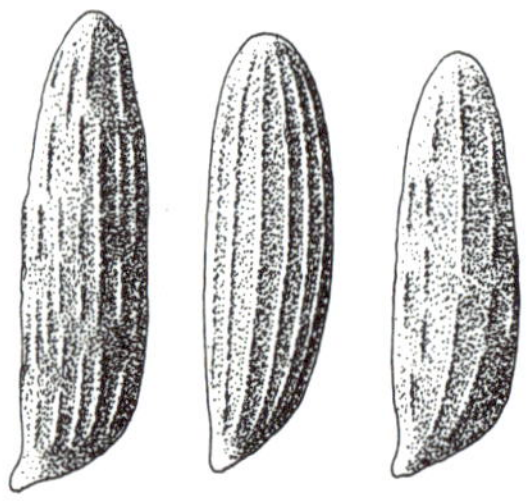

Sporen: 11–18 × 4–6 μm,
lang zylindrisch,
an der Basis schräg zugespitzt,
undeutlich längsgestreift,
hellocker

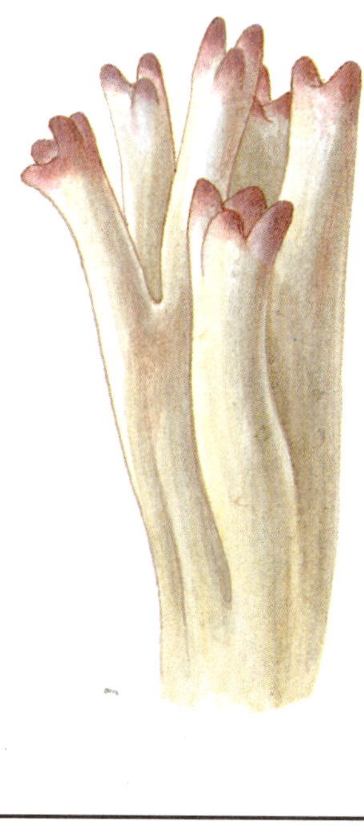

Semmelstoppelpilz

Hydnum repandum L. ex FR.

Bei allen Stachelpilzen hat das Hymenophor die Gestalt von Stacheln, die von der Hutunterseite herabhängen und meist am Stiel herablaufen.

Der Semmelstoppelpilz hat einen 3–15 cm breiten, dickfleischigen, ziemlich zähen, aber spröden, zunächst gewölbten, später flachen, meist lappig verbogenen, von hell-semmelfarbenen über cremeocker bis orange getönten Hut. Bei trockener Witterung und an sonnigen Stellen gewachsene Fruchtkörper sind heller und bleicher, manchmal fast weiß. Der Stiel sitzt häufig exzentrisch, nur gelegentlich zentral, ist zylindrisch, fest, unten meist verbreitert, weißlich oder cremegelb, manchmal schwach rostfleckig, bis zu 7 cm lang und 1–3 cm dick. Die Stacheln sind anfänglich kurz und blaß gelblich, dann gestreckt und ähnlich wie der Hut gefärbt, im reifen Stadium abgerundet, kegelig, bei älteren Exemplaren lamellenartig zusammengedrückt und leicht abzubrechen. Das Fleisch ist fast weiß bis weißgelblich, angenehm duftend und ein wenig säuerlich schmeckend. Der Sporenstaub ist weiß.

Der Semmelstoppelpilz wächst häufig und meist gesellschaftlich auf dem Boden aller Waldarten, im Sommer und Herbst. Seine Verbreitung reicht über die ganzen gemäßigten Zonen beider Hemisphären. Er ist eßbar, jedoch wegen seiner zäheren Konsistenz schwer verdaulich und von minderer Güte.

Der eng verwandte Rotgelbe Stoppelpilz – *H. rufescens* PERS. ist schlanker, hat einen dünnen, gestreckten, gelborange-rostigen Fruchtkörper. Er wächst auf dem Boden von Fichtenwäldern und ist gleichfalls eßbar.

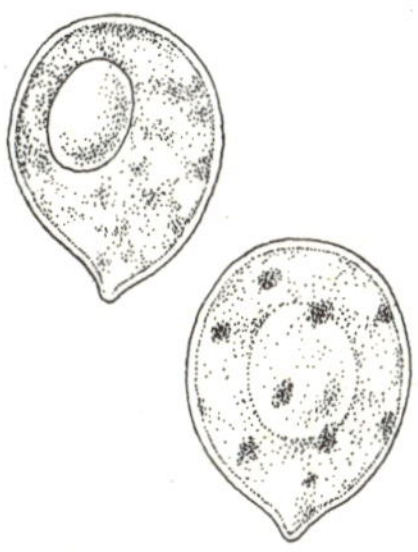

Sporen des Semmelstoppelpilzes: 6–9 µm, fast kugelig mit kurzem Apikulus, fast glatt, farblos oder gelblich

Rotgelber Stoppelpilz

Semmelstoppelpilz

Flacher Lackporling

Ganoderma applanatum PERS. ex FR.

Dieser Porling gehört in eine Familie, die sich hauptsächlich durch zweiwandige Sporen auszeichnen; die Sporen sind also von einer glatten und farblosen, an der Spitze gekappten Außenhaut und einer warzig oder netzförmig ornamentierten braunen Innenhaut umgeben.

Der Flache Lackporling bringt seitlich angewachsene, 5–50 cm (und mehr) breite, 2–7 cm dicke platte, halbkreisförmige, auf der Oberfläche stark gefurchte und gehöckerte Fruchtkörper hervor, die graubraun und oft von kakaobraunem Sporenstaub überpudert sind. Diese tragen oben eine glatte, blaßgraue bis rostbraune, ziemlich elastische Rinde, die bei größerem Druck platzt. Der abgerundete Fruchtkörperrand ist zunächst weiß, dann blaßgrau bis braun. Die Röhren sind weiß oder weißlich, in Schichten angeordnet, 8–25 mm lang; die Poren sind klein und werden auf Druck schnell braun. Das Fleisch ist ziemlich weich, jedoch fest, hellzimtbraun, an der Bruchstelle faserig filzig.

Die Fruchtkörper wachsen einzeln oder zu mehreren dachartig übereinander an abgestorbenen, seltener an lebenden Bäumen. Meist sitzen sie an umgestürzten Stämmen und Stubben von Laubhölzern, seltener von Nadelbäumen. Es ist ein sehr häufiger, über die ganze Welt verbreiteter Porling, der eine intensive Weißfäule des Holzes hervorruft.

Der Glänzende Lackporling – *G. lucidum* (LEYSS. ex FR.) KARST. hat einen stark glänzenden, wie lackiert aussehenden zunächst orange, dann kastanien-rotbraunen Hut auf einem seitlichen oder exzentrischen, ähnlich glänzenden und gefärbten Stiel. Er wächst vor allem in wärmeren Gebieten auf Stümpfen und Wurzeln von Laubhölzern.

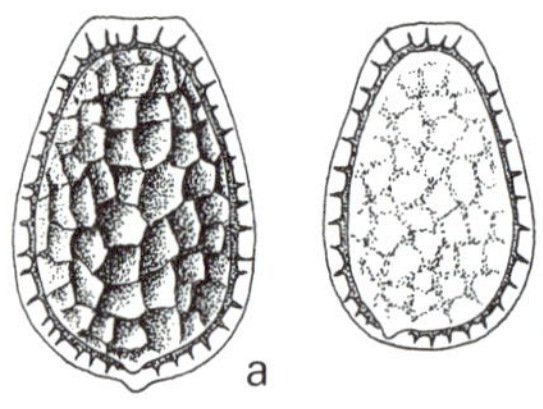

Sporen des Flachen Lackporlings:
7–9 × 5–6,5 µm, eirund-kugelig, feines Punkt-Netzmuster

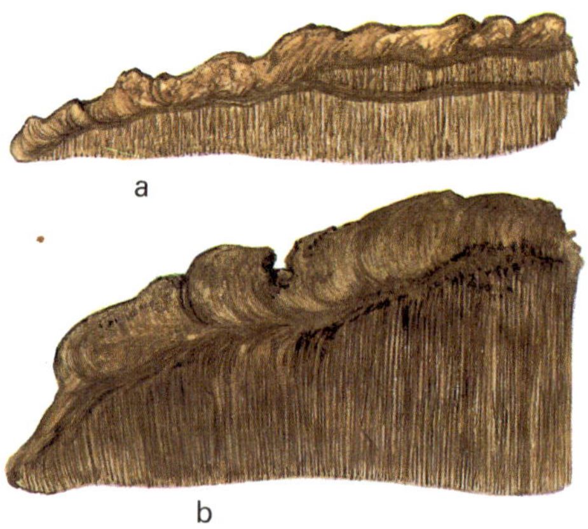

Schnitt durch den Fruchtkörper von *G. adspersum* **(a)** und *G. applanatum* **(b)**

Flacher Lackporling

Glänzender Lackporling

Birkenporling

Piptoporus betulinus (BULL. ex FR.) KARST.

Manche Porlinge sind an eine einzige Holzart gebunden und wachsen auf anderen überhaupt nicht. Ein Beispiel dafür ist der verbreitete Birkenporling. Auf lebenden und abgestorbenen Birkenstämmen ist er der häufigste Pilz. Befallene Stämme gehen ein, denn der Birkenporling führt zu einer intensiven rötlichen Holzfäule; das Holz ist dann sehr spröde, zunderartig und zerfällt zu feinem Pulver. In den Birkenwäldern mancher Länder, z. B. in Nordeuropa, richtet der Birkenporling große Schäden an. Er ist über die ganze gemäßigte Zone der Nordhalbkugel verbreitet, sein Areal ist mit dem der Birke identisch. Er wächst auch im Gebirge, in kühleren Gegenden ist er sogar etwas häufiger.

Der 5–20 cm breite, dicke, hufförmige Fruchtkörper ist mit einer stielartig verengten Seite am Stamm angewachsen. Am Rand hat er einen deutlichen sterilen Wulst. Die Oberfläche ist glatt und kahl, hellocker- oder graubraungefärbt und von einer dünnen, festen, papierartigen Haut überzogen, die sich an alten Exemplaren stückweise ablöst. Die Röhren sind spröde, weißlich, ihre Mündungen sind sehr klein, weißlich, blaßgrau, später ockerfarben. Das Fleisch ist in frischem Zustand weich, saftig-fleischig, bei älteren Pilzen trocken und fest, nicht mehr faserig, weiß. Sein Geschmack ist nach einiger Zeit bitter, der Geruch säuerlich. Der Sporenstaub ist farblos.

Zur Porlingsgattung *Piptoporus* gehören nur einige wenige Arten; dies ist die häufigste. Die Fruchtkörper sind einjährig, doch überdauern sie bis zum nächsten Frühling. Alte Fruchtkörper mit einer auffällig verblaßten und aufgeplatzten Haut findet man an Birkenstämmen das ganze Jahr hindurch.

Sporen: 5–7 × 1–3 μm, zylindrisch, glatt, farblos, nicht amyloid

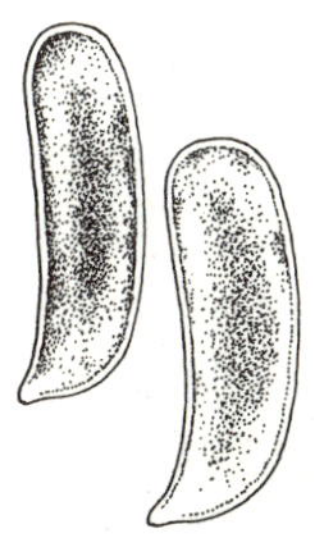

Ziegenfußporling

Albatrellus pes-caprae (PERS. ex FR.) POUZ.

In der reichen Porlingsfamilie überwiegen die holzbewohnenden Pilze, die terrestrischen Arten sind stark in der Minderzahl. Zu ihnen gehört u. a. die Arten der Gattung *Albatrellus*.

Die Fruchtkörper des Ziegenfußporlings ähneln ein wenig denen der Röhrlinge. Sie wachsen einzeln oder in kleinen Büscheln von 2–3 Exemplaren. Der Hut ist 4–10 cm breit, fleischig, spröde, oft ziemlich fest und elastisch, halbkreis- bis fast nierenförmig, gewölbt, oft verbogen und gelappt, kastanien- oder olivbraun, bis aufs weiße Fleisch in anliegende Schuppen aufgesprungen. Der Stiel ist meist exzentrisch, manchmal seitlich angesetzt, verhältnismäßig kurz und kräftig (2–4 cm), gebogen, unten häufig knollig verdickt und gelblich bis grünlich, oben weiß mit einem groben Netzornament. Dieses Netz ist die Fortsetzung der am Stiel herablaufenden kurzen weißlichen Röhren. Die Poren sind auffällig groß (bis zu 1,5 mm Durchmesser), kantig, weißlich, später gelblich, bei Verletzung grün anlaufend. Das Fleisch ist weiß, dann gelblich, spröde. Der Sporenstaub ist weiß.

Der Ziegenfußporling kommt in allen Waldarten, hauptsächlich aber in den Nadelwäldern des Bergvorlandes vor. Der Pilz ist in den gemäßigten Zonen auf beiden Halbkugeln verbreitet. Er ist überall selten und fehlt in manchen Ländern völlig. In Europa kommt er nur in einigen Alpengebieten von Frankreich und Italien etwas häufiger vor, wo er von den Pilzsuchern als eßbar gesammelt wird.

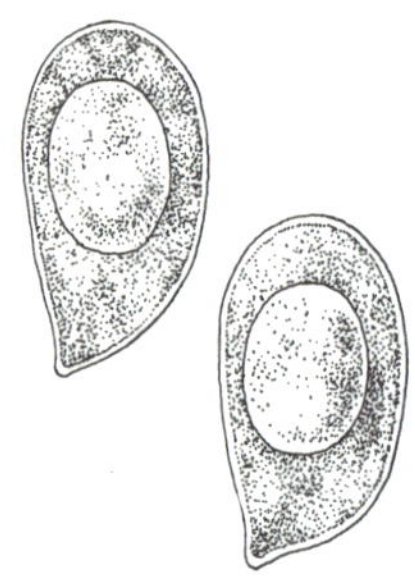

Sporen: 7–10 × 5–7 µm,
eirund-kugelig
bis elliptisch-birnenförmig,
glatt, farblos,
hat normalerweise einen großen
Öltropfen, nicht amyloid

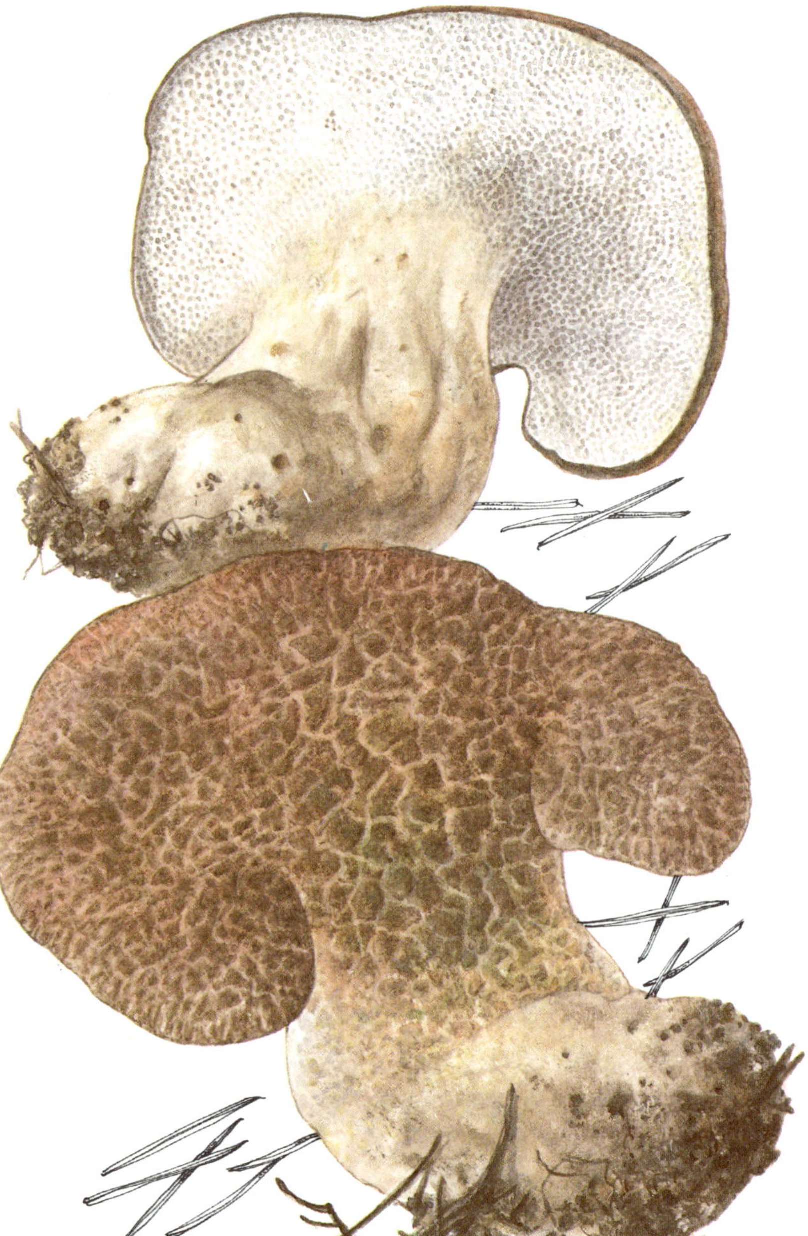

Semmelporling

Albatrellus confluens (ALB. et SCHW. ex FR.) KOTL. et POUZ.

Von den am Boden wachsenden fleischigen einjährigen Porlingen ist der Semmelporling wohl am häufigsten. Er bildet wulstige, ausgedehnte, bis zu 50 cm breite Büschel, deren einzelne Hüte teilweise oder ganz verbunden sind und miteinander verwachsen. Man kann aber auch Einzelfruchtkörper finden. Der Hut ist 3–8 cm breit, halbkreisförmig bzw. unregelmäßig gerundet, zusammengedrückt und meist verformt, auf der Oberseite kahl, glatt oder gehöckert, später aufgeplatzt, semmelfarben mit einem rötlichen oder fleischigen Ton, oft auch rotbräunlich oder nur ockerfarben. Das Fleisch ist fest und ziemlich dick, allerdings brüchig. Der Fuß ist kurz und dick, unregelmäßig; manchmal verwachsen mehrere Füße miteinander. Die Oberfläche ist weiß, oft vor allem im Unterteil mit einem Hauch von Rot oder leichter Rostfarbe. Die Röhren laufen kurz am Stiel herunter und haben dünne Wände, sind weiß mit sehr kleinen Poren. Diese haben nur 0,2–0,3 mm im Durchmesser, sind rundlich, zuerst kreideweiß, dann weißlich oder cremegelblich. Das Fleisch ist weiß, fleischig, bei Trockenheit rötlich oder safranrötlich, durch Eisenvitriollösung ziegelrot verfärbend. Der Geruch ist ausdruckslos, der Geschmack erweist sich nach einer Weile als bitter-säuerlich. Der Sporenstaub ist weiß.

Der Semmelporling wächst im Spätsommer und im Herbst häufig am Boden von Nadelwäldern, besonders im Bergvorland und im Gebirge. Er ist eßbar, allerdings ziemlich zäh und von minderer Güte.

An ähnlichen Standorten wächst auch der Schafporling – *A. ovinus* (SCHFF. ex FR.) KOTL. et POUZ. Sein Fleisch und die Röhrenmündungen werden im Alter und bei Verletzung zitronengelb.

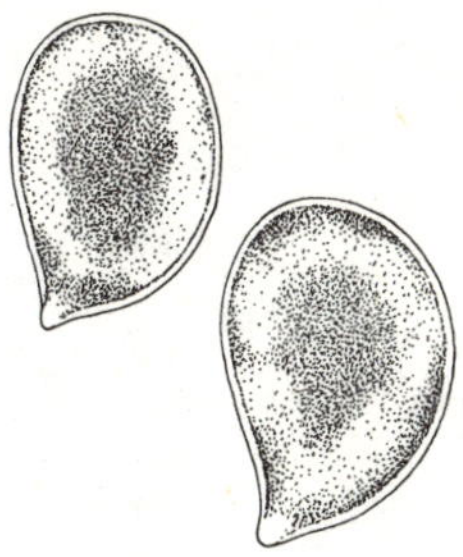

Sporen des Semmelporlings:
4,5–5 × 3–3,5 µm,
eirund, glatt, farblos, normalerweise
mit einem Öltropfen, amyloid

Schafporling

Semmelporling

Eichhase, Ästiger Büschelporling

Polypilus umbellatus (PERS. ex FR.) KARST.

Der Eichhase ist ein in Aussehen und Größe bemerkenswerter Pilz. Er bringt große Büschel hervor, die unter günstigen Bedingungen 50 cm im Durchmesser erreichen und über 4 kg wiegen. Sie wachsen aus einem unterirdischen schwarzen Sklerotium rings um den Fuß von einzelnen Laubbäumen, hauptsächlich an Eichen und Buchen, selten auch an Ahorn oder Hainbuchen. Der ganze Fruchtkörper sieht wie ein fleischiger, dunkelgefärbter Blumenkohlkopf aus. Er besteht aus einem kräftigen Hauptstiel, der sich nach und nach vielfach verästelt. Die Zweigenden laufen in rundliche, oft ledrig-fleischige, in der Mitte eingedrückte, 1,5–4 cm breite geschuppte Hütchen aus, die grau, hellgrau oder blaßgrau-semmelfarben sind. In einem einzigen Büschel können sich bis zu 200 Hütchen befinden. An der Hutunterseite sitzen niedrige, weit am Stiel herablaufende Röhren, so daß dieser fast ganz mit ihnen bedeckt ist. Die Röhrenmündungen sind sehr klein und kantig. Das Fleisch ist saftig, weiß und duftet angenehm nach Fenchel. Der Sporenstaub ist weiß.

Der Eichhase ist zwar über die ganze gemäßigte Zone der Nordhalbkugel verbreitet, meist aber sehr selten, nur in einigen Gegenden etwas häufiger. Er tritt vorwiegend in wärmeren Gebieten im Sommer und Herbst auf. Er ist jung ein guter, wenn auch wenig aromatischer Speisepilz und wird von den Sammlern manchmal irrigerweise als Krause Glucke angesprochen.

Der ähnliche Laubporling oder Klapperschwamm – *P. frondosus* (DICKS. ex FR.) KARST. bildet manchmal Büschel aus, die sogar 100 cm Durchmesser haben können. Die Hütchen an seinen Zweigenden sind aber nicht rundlich wie beim Eichhasen, sondern flach und keilförmig. Der Laubporling wächst meist an den Füßen alter Eichen und ist jung gleichfalls eßbar.

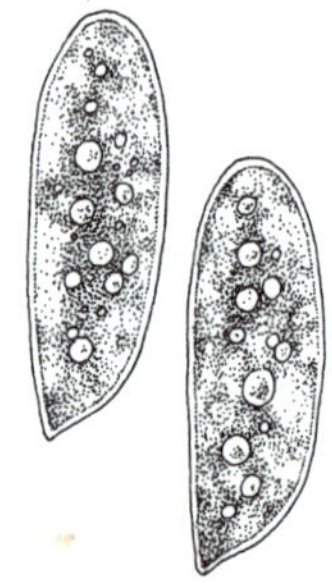

Sporen des Eichhasen: 7–10 × 2,5–4 µm, zylindrisch, an der Basis schräg zusammengezogen, glatt, farblos

Eichhase

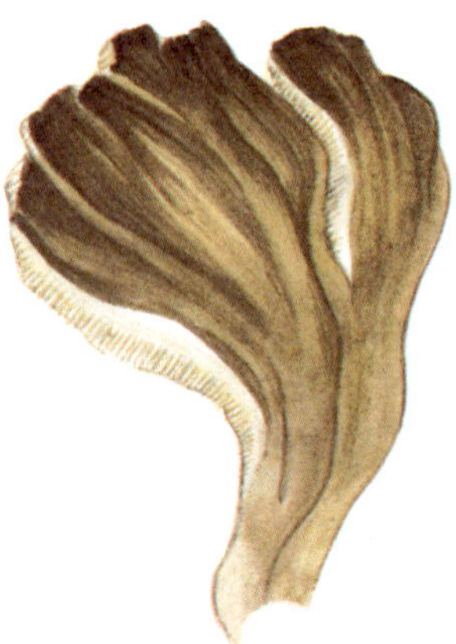

Fruchtkörperteil des Laubporlings

Schwefelporling

Laetiporus sulphureus (BULL. ex FR.) MURRILL

Der Schwefelporling hat eine charakteristische, schon von weitem sichtbare schwefelgelbe bis orange Farbe mit einem Hauch von Rosa. Seine einjährigen Fruchtkörper wachsen vom Mai bis September sehr schnell nach Regengüssen an lebenden, seltener abgestorbenen Laubbaumstämmen. Ganz selten kommt er auch an Nadelhölzern, z. B. an Tannen, Fichten und Lärchen vor. Die Fruchtkörper sind 10–40 cm breit, ohne Stiel, seitlich angesetzt, dick, saftig und fleischig, an den Rändern gekrümmt. Sie bilden fast waagerecht übereinander sitzende Kolonien, deren einzelne Fruchtkörper miteinander verwachsen. Auf der Oberfläche lebender Fruchtkörper werden manchmal Tröpfchen einer farblosen Flüssigkeit ausgeschieden (Guttation). Die ursprünglich satte Färbung wird durch Alter und Austrocknen bleicher bis ins Weißliche. Die Röhren sind kurz, schwefelgelb, mit kleinen rundlichen Poren. Das Fleisch von frischen Fruchtkörpern ist fast weiß, sehr mürbe bis bröselnd. Die frischen Exemplare haben einen säuerlichen Geschmack und einen kräftigen aromatischen Geruch. Der Sporenstaub ist gelblich.

Der Schwefelporling ist eher in wärmeren Gebieten verbreitet. Er wächst hauptsächlich an Eichen, Weiden und Pappeln, in deren Kernholz sein Pilzgeflecht eine intensive Fäule hervorruft. Das befallene Holz verfärbt sich rotbraun und zerfällt würfelig. In Holzrissen kann man das weißliche Myzel in Form von Häuten, Schnüren oder Wattebäuschen entdecken. Ein befallener Baum sieht zunächst ganz gesund aus und wächst auch weiter. Nach Jahren bricht er, meist in der Vegetationszeit, plötzlich unter der Last der belaubten Krone zusammen.

Junge Fruchtkörper sind eßbar, paniert und als Schnitzel gebraten gelten sie als Leckerbissen.

Sporen: 5–7 × 3,5–4,5 µm, breit elliptisch, glatt, farblos

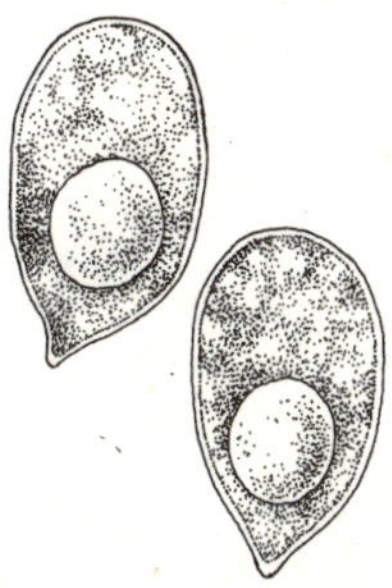

Eichenwirrling, Eichentramete

Daedalea quercina (L.) ex FR.

Wenn man auf seinen Streifzügen durch die Wälder den Eichenstubben ein wenig Aufmerksamkeit widmet, findet man an ihnen bestimmt die korkig-zähen, ausdauernden Fruchtkörper des häufigen Eichenwirrlings. Sie wachsen einzeln oder dachartig übereinander, sind 5–25 cm breit, 2–5 cm dick, seitlich angesetzt, nur selten teilweise oder ganz ans Holz angeschmiegt (d. h. effusoreflex oder resupinat). Auf der Oberseite sind sie höckerig, undeutlich gebändert, kahl, gelblich wie das Holz oder korkfarben bis grau, im Alter noch dunkler. An den Rändern sind die Fruchtkörper stumpf. Die Röhren haben gestreckte und breite Mündungen, die manchmal gekrümmt, gewunden und unregelmäßig gebogen, labyrinthartig, gekantet oder gerundet und dickwandig sind. Das Hymenium ist bereift. Das Fleisch ist nußgelblich oder hellockerfarben, biegsam wie Kork, an Bruchstellen faserig. Der Sporenstaub ist weiß. Meist findet man sterile, nicht sporende Fruchtkörper.

Zwar ist der Eichenwirrling ein mehrjähriger Pilz, doch ist sein Hymenium nicht schichtweise aufgebaut wie bei anderen ausdauernden Porlingen. Das Myzel dieses Pilzes bewirkt eine starke rötliche Eichenholzfäule und das nicht nur an Stubben oder lebenden Bäumen, sondern auch an bearbeitetem Holz. Der Eichenwirrling ist fast ausschließlich auf Eichen spezialisiert (wie sein Name andeutet) und somit sehr zahlreich in der ganzen gemäßigten Zone der Nordhalbkugel verbreitet. Er fehlt fast nirgends an Orten mit Eichenbeständen.

Die ähnliche Rötliche Tramete – *D. confragosa* (BOLT. ex FR.). PERS. hat ein fast lamellenartiges Hymenophor, das auf Druck rosa wird. Sie kommt vor allem an Weiden und Birken vor. Beide Arten sind ungenießbar.

Sporen des Eichenwirrlings: 5–7,5 × 2,5–3,5 µm, zylindrisch, an der Basis schräg zugespitzt, farblos

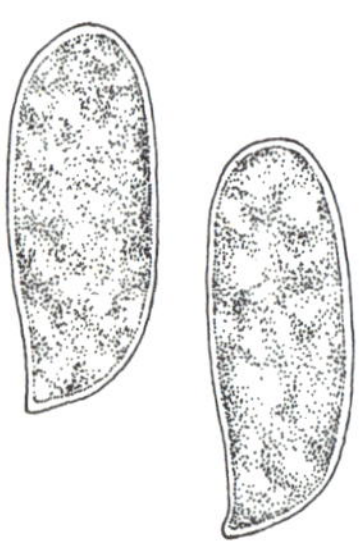

Fruchtkörper des Eichenwirrlings im Längsschnitt

Echter Zunderschwamm, Echter Zunderpilz

Fomes fomentarius (L. ex FR.) KICKX

Das ist wohl der auffälligste Porling, den jeder bemerkt, auch wenn er sich sonst überhaupt nicht für Pilze interessiert. Seine Fruchtkörper bedecken vor allem alte Buchenstämme in Bergwäldern. Sie sind mehrjährig, seitlich angewachsen, huf- oder halbkreis-hutförmig, bis zu 50 cm breit. Auf der Oberseite sind sie blaßgrau, graubraun oder schmutzig gelbbraun und mit einer harten, harzigen Rinde bedeckt, die deutlich gerieft und gebändert ist. Diese Rinde ist bis zu 2 mm dick, im Anschnitt schwarz und glänzend. Der Fruchtkörperrand ist abgerundet und etwas heller, die Röhren sind schichtweise angeordnet. Im Schnitt erkennt man, daß fast der ganze Fruchtkörper aus diesen schichtweise angeordneten Röhren besteht, die etwas dunkler als das Fleisch sind, wobei jede Schicht 2–6 mm dick ist. Die Poren sind klein, rundlich, mit ziemlich dicken, bereiften Wänden, die zunächst weißlich, dann bräunlich sind. Das Fleisch ist faserig, fest, trocken und hart, ocker-rostig oder hellrostbraun. Der Sporenstaub ist weiß.

Der Echte Zunderschwamm ist nicht nur auf Buchen häufig, sondern tritt auch an lebenden und abgestorbenen Stämmen von anderen Laubhölzern auf. In tieferen Lagen wächst er beispielsweise an Birken, Linden, Nußbäumen und Pappeln. Er ruft eine intensive Weißfäule des Holzes hervor, das zu Blättchen und Fäden zerfällt. Er ist einer der berüchtigsten Holzschädlinge in Bergbuchenwäldern. In manchen Gegenden wurde er früher zur Herstellung von Zunder benutzt oder es wurden leichte, warme Mützen aus ihm gemacht.

Sporen: 14–20 × 5–8 μm, zylindrisch, glatt, farblos

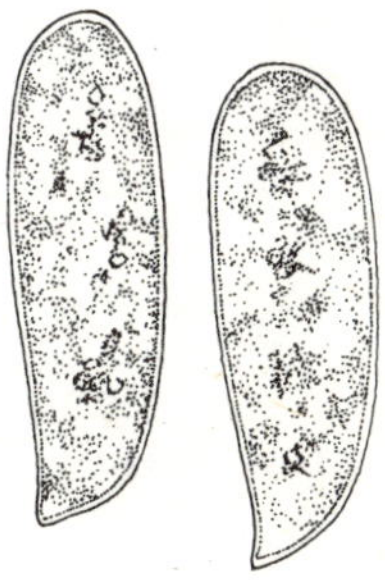

Buchenstamm mit Zunderschwämmen

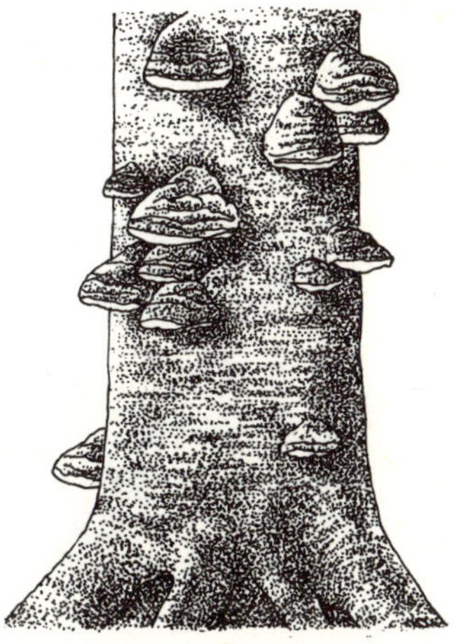

Agaricum officinale (VILL. ex FR.) DONK

Der lateinische Artenname dieses Porlings bedeutet „heilend“ und weist auf seine Verwendung als Droge bei der Behandlung verschiedener Krankheiten hin. Die abführende Wirkung der Fruchtkörper war schon von alters her bekannt und getrocknete, gemahlene Fruchtkörper wurden in einer ganzen Reihe europäischer Länder gehandelt. Später geriet er in Vergessenheit, gegenwärtig wird ihm aber im Zusammenhang mit der Suche nach neuen Wirkstoffen für die Pharmazeutik wieder Aufmerksamkeit geschenkt.

Die Fruchtkörper von *A. officinale* sind seitlich angewachsen, meist hufförmig bis halbkugelig, manchmal auch kegelförmig oder in unregelmäßigen Haufen miteinander verwachsen. Sie können ein Ausmaß von über 20 cm Breite und 60 cm Höhe erreichen und bis 7 kg wiegen. Ihre Konsistenz ist bei lebenden Pilzen fleischig-korkartig, ausgetrocknet hart und spröde. Die Oberfläche ist stark gewölbt, schmutzig gelb-weißlich mit unregelmäßigen dunkleren Ringen und von einer Rinde überzogen. Die Oberfläche alter Fruchtkörper ist verwittert und unregelmäßig aufgeplatzt. Im Fleisch sitzen oft kleine Rindenbruchstükke, Steinchen und andere Fremdkörper, die der Pilz bei seinem schnellen Wachstum einverleibt hat. Die Röhren sind 5–10 mm lang und haben rundliche bis kantige, weiße, auf Druck braun werdende Poren. Die Trama ist weiß, hart, aber spröde und leicht. Sie schmeckt bitter. Der Sporenstaub ist weiß. Die Fruchtkörper sind sehr oft steril und haben nur unvollkommen entwickelte Röhren.

A. officinale ist mehrjährig und wächst nur auf Nadelhölzern, vorwiegend auf Lärchen in der gesamten gemäßigten Zone der Nordhalbkugel. Am häufigsten ist er im Norden der Sowjetunion; in Europa kommt er besonders in den Alpen und Karpaten vor.

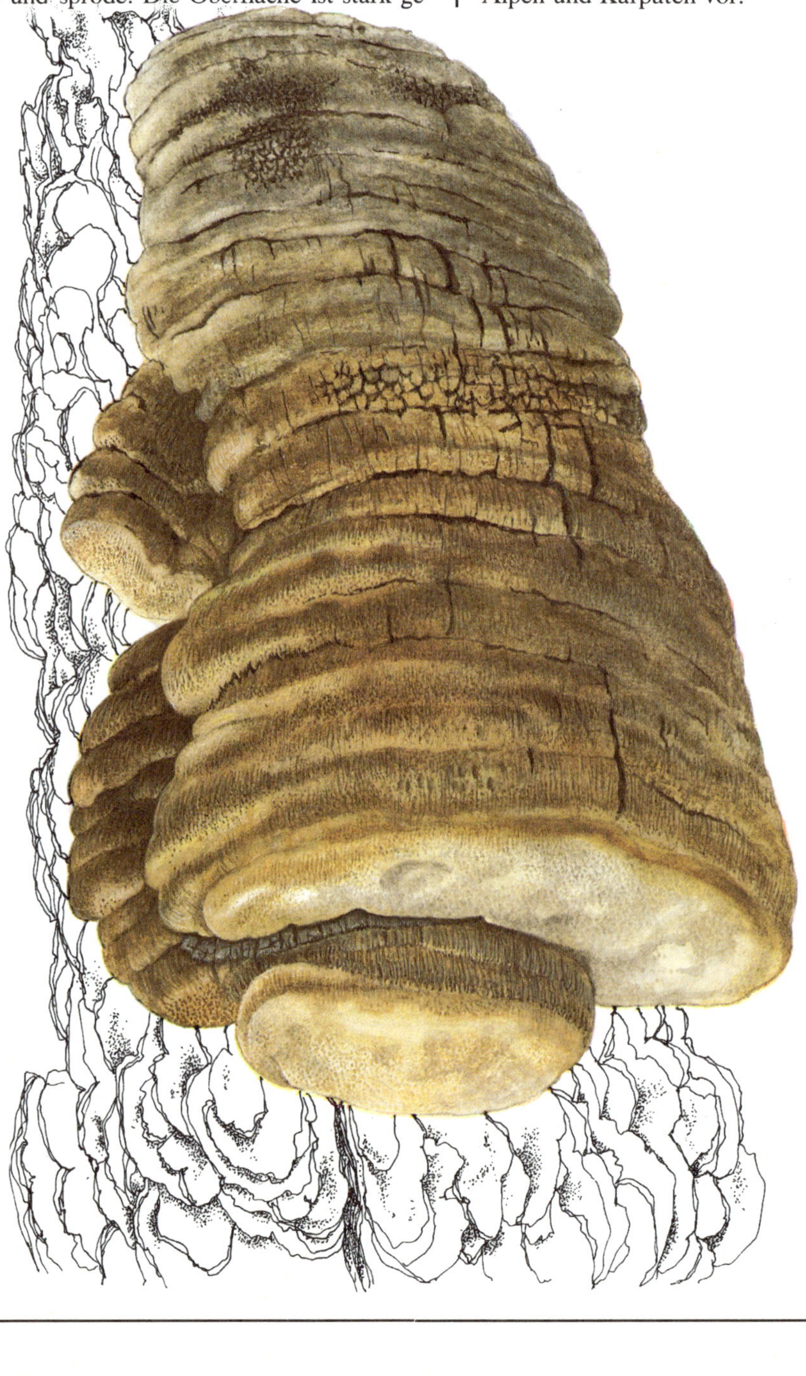

Sporen: 4–5,5 × 2,5–4 µm, elliptisch, glatt, farblos

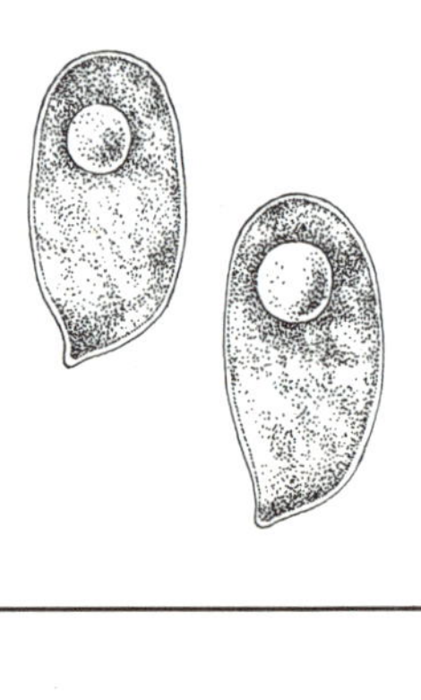

Schmetterlingsporling, Bunte Tramete

Coriolus versicolor (L. ex FR.) QUÉL.

Das ist der gewöhnlichste Porling der europäischen Wälder. Seinen bunten Fruchtkörpern kann man das ganze Jahr über auf Stubben, abgestorbenen Ästen und Stämmen von verschiedenen Laubhölzern, selten auch von Nadelbäumen begegnen. Der Pilz ist fast über die ganze Welt verbreitet. Seine Fruchtkörper sitzen seitlich am Holz und sind normalerweise dachartig übereinanderstehend zu einer Rosette angeordnet. Die Hüte sind 3–8 cm breit, nur 1–3 mm dick, ledrig, auf der Oberseite lebhaft gefärbt: meist in verschiedenen Tönen von Braun, Rotbraun, Grau, aber auch Bläulich bzw. Gelb. Die Fruchtkörperoberseite ist samtig bis anliegend behaart, dekorativ durch deutlich sichtbare Ringe geziert. Die Röhren sind nur 0,5–2 mm lang, weiß, weißlich, manchmal auch gelblich. Die Poren sind ebenso gefärbt, rundlich bis kantig und sehr klein (meist 3–5 Poren auf 1 mm). Das ledrige Fleisch ist weiß.

Der Schmetterlingsporling ist sehr veränderlich (hauptsächlich in der Färbung), doch haben die Farbvariationen keinen Systemwert, denn sie ändern sich im Laufe der Jahre selbst an einem einzigen Stamm. An der Unterseite von liegenden Stämmen oder Ästen entstehen zerfließende, fast hutlose Formen, die nur am Rand schmal abstehen. Auf Holz, das in der Dunkelheit liegt (Bergwerke, Keller) wachsen fast weiße, stärker behaarte Fruchtkörper.

Der Striegelige Porling – *C. hirsutus* (WULF.) QUÉL. hat Fruchtkörper mit grob abstehend behaarten Oberseiten. Beim Schmetterlingsporling sind die Haare fein und eher anliegend. Der Striegelige Porling kommt häufig auf abgestorbenen Laubhölzern vor. Beide Arten sind ungenießbar.

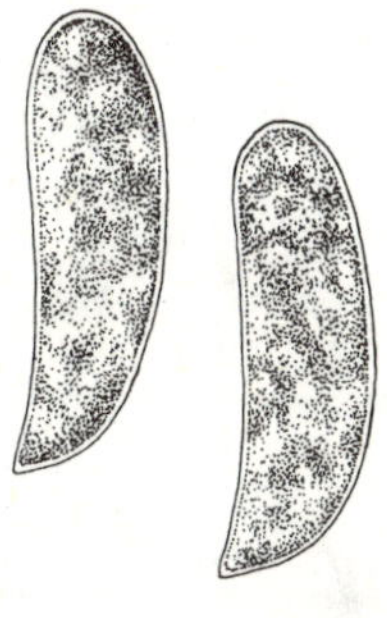

Sporen des Schmetterlingsporlings:
5–7 × 1,5–2,5 µm, zylindrisch, schwach gekrümmt

Fruchtkörper im Längsschnitt

Striegeliger Porling (Aufsicht und Schnitt)

Schmetterlingsporling

Leberpilz, Ochsenzunge, Leberreischling

Fistulina hepatica SCHFF. ex FR.

Dieser merkwürdige Pilz ähnelt nach dem Zerschneiden einer rohen Zunge. Die seitlich angewachsenen oder zu einem seitlichen Stiel ausgezogenen Fruchtkörper haben eine gestreckt zungenförmige, aber auch Nieren- oder Halbkugelform, sind saftig und dickfleischig. In der Jugend scheiden sie an der Oberseite Tröpfchen eines roten Safts aus, der beim Zusammendrücken auch aus dem Fleisch rinnt. Die Pilzmasse ist fleischrot und wie marmoriert von weißlichen Adern durchzogen. Die Fruchtkörper sind 6–20 cm lang, 3–6 cm dick, auf der Oberseite dick gallertartig, strahlenförmig gezeichnet, in der Jugend bewarzt, später kahl und ein wenig schleimig. Seine Farbe ist zuerst orangerot, dann blutig fleisch- bis purpurrot. Das Hymenophor hat die Form von lang-zylindrischen, schmalen Kelchen, deren Inneres vom Hymenium ausgekleidet ist. Diese Kelche sind zuerst weißlich oder blaß gelblich, auf Druck rot verfärbend, später rötlich bis rostbraun. Diese freien Kelche entstehen in der Jugend auf dem ganzen Fruchtkörper, doch verkümmern sie auf der Oberseite bald und lassen nur eine warzige Fläche entstehen, während sie sich auf der Unterseite zu röhrenförmigen Gebilden weiterentwickeln. Das Fleisch hat einen säuerlichen Geschmack, sein Geruch ist ausdruckslos. Der Sporenstaub ist blaß rostbraun.

Der Leberpilz ist ein eßbarer saftiger Pilz, der aber keinen besonders guten Geschmack hat. Er wächst an alten Stämmen von Eichen oder Kastanien, hauptsächlich in wärmeren Gebieten. Die Fruchtkörper wachsen von Juli bis Oktober am Fuß lebender Stämme oder lebender Stümpfe. Ihr Myzel dringt ins Holz ein und färbt es braun.

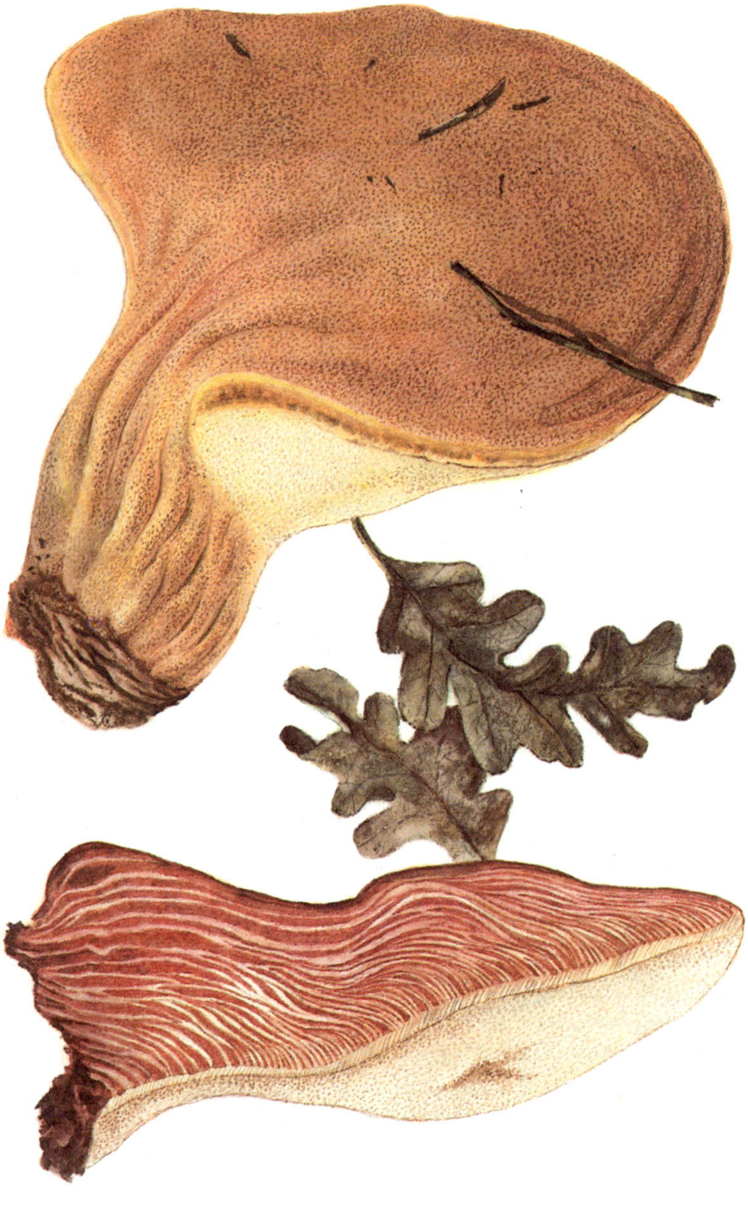

Sporen: 4–5,5 × 3–4 μm, eirund bis fast kugelig, glatt, rosagelblich, fast farblos

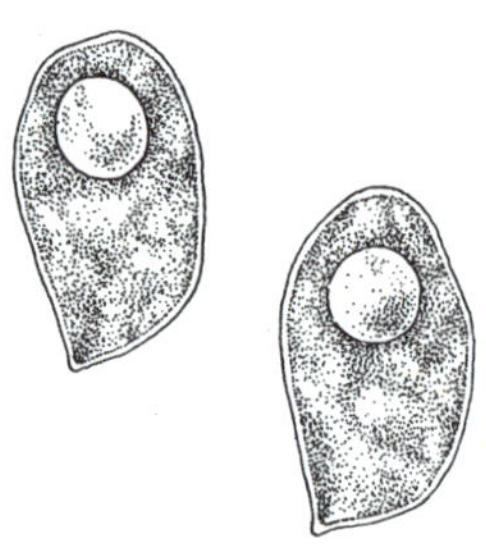

Verbreitung des Leberpilzes in Europa

Pfifferling, Eierschwamm

Cantharellus cibarius FR. ex FR.

Der Pfifferling gehört zu den bekanntesten Speisepilzen. Er ist so typisch, daß er kaum mit einer anderen Art verwechselt werden kann. Der ganze Fruchtkörper ist satt dottergelbgefärbt, manchmal verblassend, der Hut 1–7 cm breit (seltener noch größer) und fleischig, kahl, glanzlos, zuerst manchmal schwach gewölbt, dann flach bis trichterförmig. Der Hutrand ist gelappt oder gewellt bis gekräuselt. Das Hymenophor an der Unterseite hat die Form von Adern oder dicken, verhältnismäßig niedrigen gegabelten und quer verbundenen Leisten, die weit am Stiel herablaufen. Der Stiel ist oben am breitesten und geht allmählich in den Hut über. Manchmal ist er ziemlich kurz und dick, in anderen Fällen wieder gestreckt. Das Fleisch ist blasser als der Hut, fest, angenehm nach Obst duftend und schwach nach Pfeffer schmeckend. Der Sporenstaub ist hellgelb.

Der Pfifferling erscheint scharenweise im Sommer und Herbst. Noch vor kurzem gehörte er wenigstens in einigen europäischen Ländern zu den gängigsten Pilzarten und erschien massenhaft vor allem in moosreichen Fichtenwaldungen ohne Unterwuchs, aber auch in Kiefern- und Mischwäldern. Gegenwärtig verschwindet er immer mehr aus diesen Wäldern und ist in einigen Gebieten schon zur Seltenheit geworden. Der Pilz ist in der ganzen gemäßigten Zone der Nordhalbkugel verbreitet. Er ist ein guter Speisepilz, auch wenn er wegen seiner zäheren Konsistenz schwerer verdaulich ist. Sein Vorzug besteht darin, daß er nicht von Insektenlarven befallen wird und den Transport gut übersteht.

Im Aussehen und Färbung ähnelt der Falsche Pfifferling dem Eierschwamm. In Laubwäldern wächst der fleischigere, aber blasse bis fast weiße *C. pallens* FR.

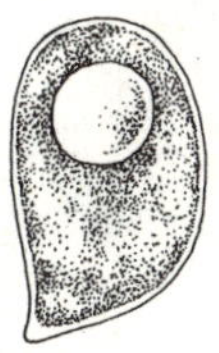

Spore: 8–11 × 5,5–6,5 µm, elliptisch,
mit einem oder mehreren Öltröpfchen, glatt, farblos

Falscher Pfifferling

Pfifferling

Trompeten-Pfifferling

Cantharellus tubaeformis BULL. ex FR.

Dieser Pfifferling hat einen 2–6 cm breiten, unregelmäßigen tief trichterförmigen, im Reifestadium am Rand stark gelappten oder gekräuselten, ockerbraunen bis gelblichrauchgrauen Hut, der bei Feuchtigkeit dunkler wird. Dieser ist schütter mit dunkleren eingewachsenen Schuppen besetzt und meist faltig gerieft. Die Leisten sind grau, gelbgrau, manchmal gelblich, im Alter ganz grau bereift. Sie laufen runzelig am Stiel herunter. Dieser ist 4–6 cm lang, 0,5–1 cm dick, gelb, oben blaßgrau, meist zusammengedrückt und faltig. Der Fruchtkörper ist bis zur Basis hohl. Das Fleisch ist verhältnismäßig dünn, graugelblich, geruchlos und mild schmeckend. Der Sporenstaub ist weiß.

Der Trompeten-Pfifferling kommt eher auf feuchterem Boden in Nadelwäldern, hauptsächlich in Fichten- und Kiefernforsten vor. Ziemlich häufig wächst er aus stark vermoderten, moosüberzogenen Stubben. Man findet ihn vom August bis in den Spätherbst, praktisch bis zum ersten Frost. Er wächst eher auf saureren Unterlagen, daher ist er auf Kalksteinböden nicht so häufig. Er ist ein recht schmackhafter Speisepilz.

In der Fachliteratur, aber auch in Pilzhandbüchern, stößt man auf den Namen des Trichterförmigen Pfifferlings – *C. infundibuliformis* SCOP., unter dem viele andere Autoren *C. tubaeformis* verstehen. Andere bezeichnen mit dem Namen *C. tubaeformis* eine weitere Art, die mit der Gelben Kantharelle – *C. lutescens* PERS. identisch ist. Diese hat aber lebhaft orange lamellenartige Leisten und einen goldgelborangefarbenen Stiel. Sie ist viel seltener und kommt in nassen Nadelwäldern vor.

Sporen: 9–10 × 7,5–8 µm,
kugelig eirund bis fast kugelrund, glatt, farblos

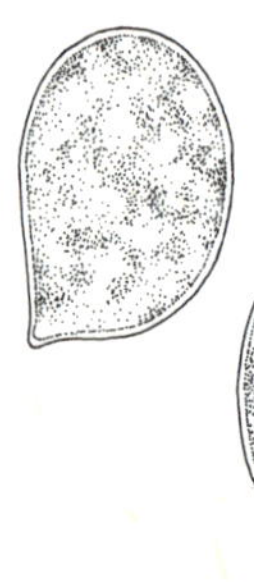

Füllhorn, Herbsttrompete, Totentrompete, Kraterpilz

Craterellus cornucopioides (L. ex FR.) PERS.

Das Füllhorn ist ein eigenartiger, etwas düster aussehender Pilz. Seine Fruchtkörper wachsen ab Juli, hauptsächlich aber erst im Herbst, für gewöhnlich in einer größeren Anzahl zusammen in der Streu von Laub- oder Mischwäldern, seltener auch in Nadelwäldern. Am häufigsten erscheint der Pilz in Buchen- oder Eichenbeständen, wo seine Fruchtkörpergruppen vielfach große Hexenringe bilden. Die trichterförmigen Fruchtkörper sind bei Feuchtigkeit innen braunschwarz, bei Trockenheit heller; sie verfärben sich im Alter zu Dunkelgrau bis Schwarz. Sie sind 5–12 cm hoch, 3–8 cm breit, oben weit trichterförmig geöffnet, geschuppt mit einem gewellten, umgeschlagenen und meist gelappten Rand. Die Fruchtkörperaußenseite mit dem Hymenium ist graubraungefärbt, fast glatt, später gerunzelt oder mit Gruben besetzt, häufig blauschwarz und von den Sporen weiß bereift oder bestäubt. Die Fruchtkörper sind über die ganze Länge bis in die Basis hohl. Das Fleisch ist sehr spröde, ein wenig knorpelig, grauschwarz, im Alter schwarz werdend mit ausdruckslosem Geschmack, aber angenehmen Geruch. Getrocknete Fruchtkörper sind schwarz und spröde. Der Sporenstaub ist weiß.

Das Füllhorn ist ein Speisepilz von guter Qualität, auch wenn er nicht besonders ansehnlich ist. In der Küche wird der Pilz am besten getrocknet und pulverisiert als Suppen- und Soßengewürz verwendet, im frischen Zustand eignet er sich für alle Zubereitungsarten.

Sporen: 12–15 × 7–8,5 µm, eirund, glatt, im Inneren ein großer Öltropfen, farblos

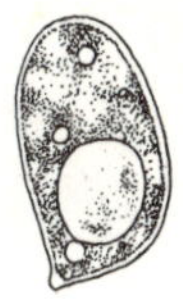

Basidie mit zwei Sporen

Ohrlöffelstacheling

Auriscalpium vulgare KARST.

Eine interessante Mykoflora findet man auf abgestorbenen, abgefallenen Kiefernzapfen. Die hier häufigsten Blätterpilzarten stammen aus der Gattung der Nagelschwämme *(Strobilurus),* die zeitig im Frühjahr wächst. Von den übrigen größeren Pilzen findet man hier höchstens die Fruchtkörper des Ohrlöffelstachelings. Das ist ein unscheinbar gefärbter Pilz, der meist einzeln aus alten, frei auf dem Boden liegenden oder häufiger unter einer Humusschicht bzw. in der Nadelstreu liegenden Zapfen wächst.

Der lange, aufrechte, verhältnismäßig dünne und zähe, elastische Stiel endet in einem dünnen ledrigen Hütchen, das nur 1–2 cm breit, seitlich angesetzt, halbkreis- oder nierenförmig braun bis schwarz, auf der Oberseite gerunzelt und mit kurzen braunen Borsten besetzt ist. Der Hut ist genau so zäh und elastisch wie der Stiel. An seiner Unterseite wachsen zähe, graubraune, bereifte und ziemlich lange Stacheln. Die Stachelspitzen sind dunkler. Der Stiel ist 5–8 cm lang, 1–2 mm dick, dunkel- bis schwarzbraun, bewimpert und mit groben abstehenden Borsten besetzt. Er wächst auf einem braunen Myzel. Das Fleisch im Stiel ist schwarz, der Sporenstaub weiß.

Der Ohrlöffelstacheling wächst das ganze Jahr über vom Frühjahr bis in den Herbst, hauptsächlich in feuchteren, vermoosten Kiefernwaldungen.

Die Gattung der Ohrlöffelpilze *(Auriscalpium)* ist monotypisch (sie enthält nur eine einzige Art) und wurde in eine selbständige Familie gestellt, weil sie sich stark von allen anderen Nichtblätterpilzfamilien unterscheidet. In manchen Handbüchern wird der Pilz unter dem jüngeren (folglich synonymen) Namen *Pleurodon* geführt und in die Familie der Stachelpilze *(Hydnaceae)* eingeordnet.

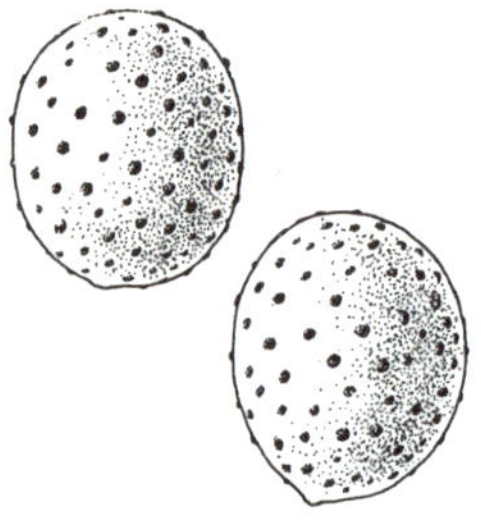

Sporen: 4–5 × 3,5–4 µm, eirund-kugelig, fein warzig, stark amyloid

Hutdetail unter der Lupe

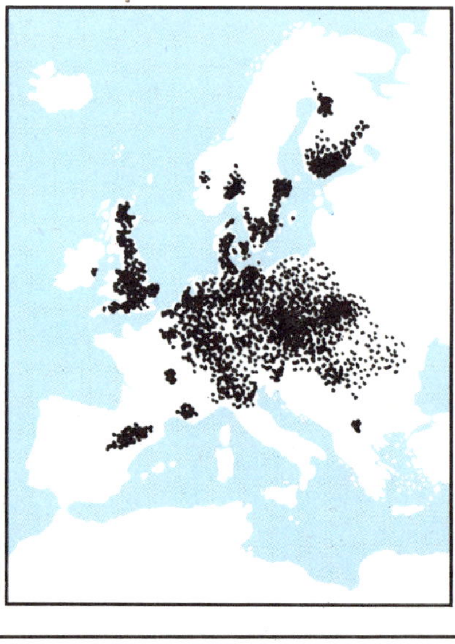

Verbreitung des Ohrlöffelstachelings in Europa

Fruchtkörper im Anschnitt

Aniszähling

Lentinellus cochleatus (PERS. ex FR.) KARST.

Die Familie der Zählinge enthält überwiegend holzbewohnende Pilze, die manchmal wie *Lentinus*-Arten aussehen, jedoch breite, stets amyloide Sporen haben. Einigen Autoren zufolge handelt es sich um Pilze, die – obwohl sie ein Hymenium in Lamellenform haben – nicht in die Ordnung der Blätterpilze gehören, sondern zu den Nichtblätterpilzen zählen.

Die Fruchtkörper des Aniszählings wachsen meist in dichten Büscheln, die aus ledrig-elastischen und ziemlich dünnfleischigen, becherförmigen Hüten von 3–8 cm Breite bestehen. Die blättrigen Hüte sind oft unregelmäßig schaufelförmig bis trichterartig zusammengedreht. Sie sitzen seitlich an einem meist exzentrischen, manchmal aber auch zentralen Stiel. Der Stiel ist gelblich bis rotbraun, faltig gerippt, 2–8 cm lang und 5–10 mm dick, unten verjüngt, elastisch und häufig mit dem Nachbarstiel teilweise verwachsen. Die Lamellen sind dicht, lang herablaufend, blaß, dann fleisch- bis rostfarben. Das Fleisch ist ledrig bis weißlich, besitzt meist einen angenehmen Anisgeruch oder ist geruchlos, und hat einen angenehmen Pilzgeschmack. Der Sporenstaub ist weiß.

Die Büschel des Aniszählings wachsen im Sommer und Herbst aus im Erdreich verborgenem morschem Holz, häufig also scheinbar aus dem Boden, aus dem Fuß von Laubholzstämmen, deren Wurzeln oder Stubben. Am häufigsten erscheinen sie an Eichen und Buchen, aber auch an Erlen und Weiden. Das Myzel lebt vorwiegend im abgestorbenen unterirdischen Wurzelwerk. Der Aniszähling ist jung eßbar und recht schmackhaft, jedoch von etwas zäher Konsistenz.

Sporen: 4–5 × 3,5–4,5 μm, kugelig oder fast kugelig, warzig, mit einem großen Tropfen, farblos, klar amyloid

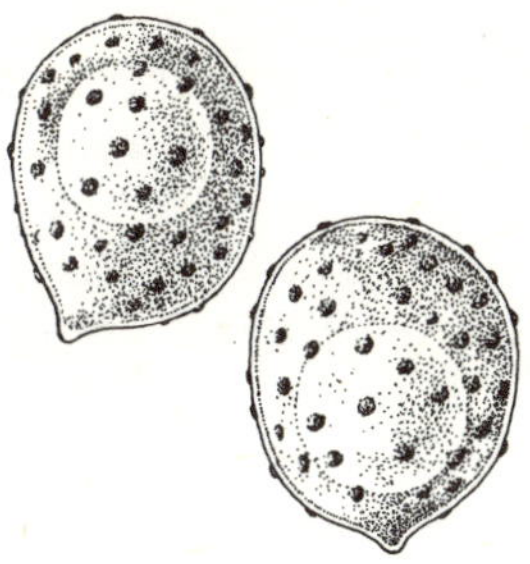

Fruchtkörper im Anschnitt

Schuppiger Porling

Polyporus squamosus HUDS. ex FR.

Der Schuppige Porling ist ein einjähriger Pilz, dessen auffällige halbkreisförmige Fruchtkörper, deren Oberfläche mit anliegenden braunen Schuppen verziert ist, zu den größten Porlingen gehören. Der Hut ist 5–60 cm breit, halbkreis- bis fächerförmig, scharfrandig, zwischen den Schuppen weißlich. Der kurze seitliche Stiel ist unten schwarzbraungefärbt. Die Röhren haben große, netz- bis wabenartig ausgezogene Mündungen. Das weiße, zähe, in der Jugend saftige Fleisch hat einen kräftigen Gurkenmehl-geschmack und -geruch. In Größe, Form und Färbung ist der Jugend saftige Fleisch hat einen kräftigen Gurkenmehl-

Er erscheint häufig im Frühling und Sommer sowohl auf abgestorbenen als auch lebenden Stämmen und Stubben von Laubbäumen, vor allem an Buchen, Weiden, Nußbäumen, Pappeln, Ahorn, Linden und Eschen in Wäldern, Parks, Anlagen und Alleen. Der am meisten befallene Zierbaum ist die Roßkastanie. Die Fruchtkörper wachsen häufig büschelweise nicht nur am Fuß des Stamms, sondern auch hoch oben auf den stärksten Ästen. Nach Regenfällen wachsen sie sehr schnell, so daß sie in kurzer Zeit beträchtliche Ausmaße und ein Gewicht von mehreren Kilogramm erreichen. Dieser recht schädliche Porling ist Urheber einer intensiven Weißfäule.

Der Schuppige Porling ist eine der wenigen eßbaren Porlingsarten, deren junge Fruchtkörper von manchen Pilzsammlern sogar für sehr schmackhaft gehalten und bevorzugt gesammelt werden. Ältere Fruchtkörper sind zu zäh und eignen sich nicht mehr zum Verzehr.

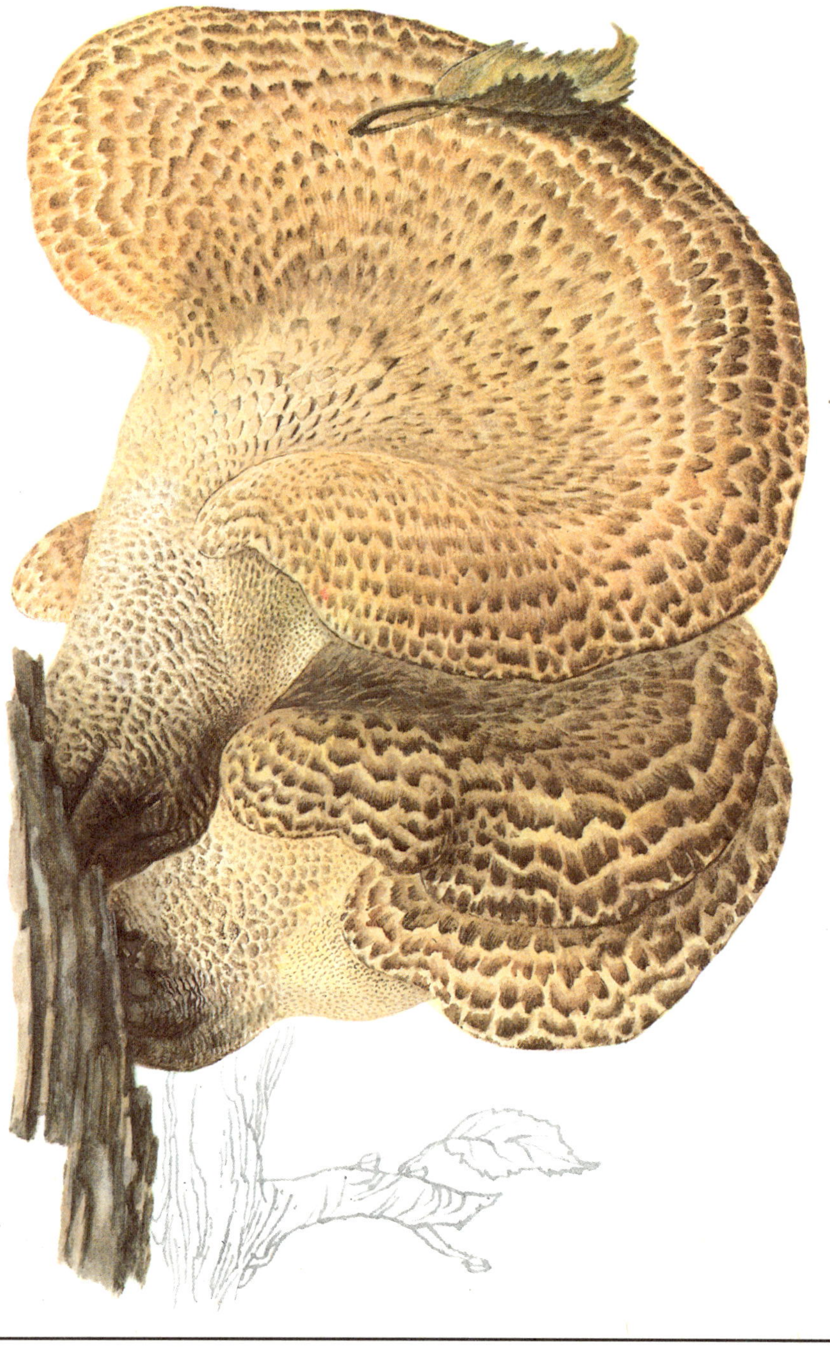

Sporen: 10–14 × 4–5 μm, glatt, zylindrisch, farblos

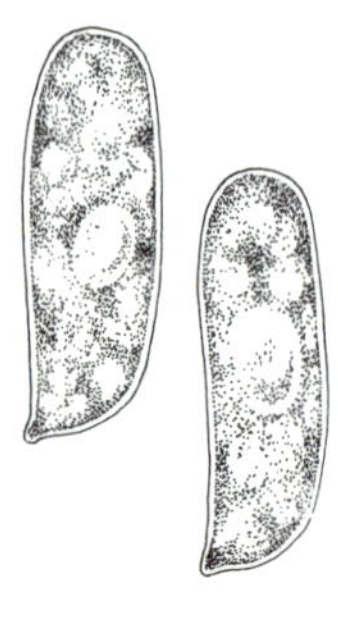

Austernseitling

Pleurotus ostreatus (JACQ. ex FR.) KUMM.

Gegenwärtig steht der Austernseitling im Vordergrund des Interesses von Pilzsammlern und auch von solchen Pilzfreunden, die sich nicht nur mit dem Sammeln in den Wäldern zufriedengeben wollen, sondern auch gern Speisepilze züchten möchten. In einigen europäischen Ländern werden Versuche unternommen, den Austernseitling industriell zu züchten. In freier Natur findet man ihn an Stämmen und Stubben verschiedener Hölzer, vor allem an Laubbäumen. Form- und hauptsächlich Farbabweichungen wurden aufgrund von genetischen Versuchen zu vier selbständigen Arten erhoben: zum Taubenblauen Seitling – *P. columbinus* QUÉL., Rillstieligen Seitling – *P. cornucopiae* (PAULET ex PERS.) SACC., Austernseitling – *P. ostreatus* und Löffelförmiger Seitling – *P. pulmonarius* FR.

Der typische Austernseitling bringt büschelartig übereinander angeordnete Hüte hervor. Sie sind meist blauviolett, doch haben sie bisweilen auch einen Braun- bzw. Schwarzton; im Alter verblassen sie. Dort, wo sie sich zu einem Stiel verjüngen und am Holz angewachsen sind, sind sie filzig behaart. Die selten gegabelten Lamellen sind von weiß und fliederfarben bis bräunlich. Der Stiel ist stark exzentrisch bis seitlich angesetzt. Das Fleisch hat einen milden Geschmack und manchmal einen unangenehm aromatischen Geruch. Der Sporenstaub ist bräunlich oder fliederfarben. Der Austernseitling kommt vom Tiefland bis ins Gebirge von Oktober bis Februar vor.

Der sehr ähnliche Löffelförmige Seitling wächst nur bei höheren Temperaturen von Mai bis Oktober, hat einen weißlichen oder cremegelblichen Hut mit der Tendenz zum Vergilben. Der Taubenblaue Seitling ist blaugrau oder bläulich und wächst von Oktober bis zum Frosteintritt. Der Rillstielige Seitling hat einen fast zentralen oder exzentrischen kurzen oder langen Stiel, an dem die Lamellen wie ein unregelmäßiges Netz herablaufen. Er wächst von Juli bis Herbstanfang. Alle diese Seitlinge sind eßbar und schmackhaft, ältere Fruchtkörper jedoch etwas zäh.

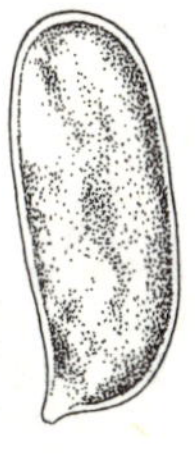

Spore des Austernseitlings:
7,5–8,5 × 3–3,5 µm,
fast zylindrisch, farblos

Löffelförmiger Seitling

Austernseitling

Schuppiger Sägeblättling, Anissägeblättling

Lentinus lepideus BUXBAUM ex FR.

Der Schuppige Sägeblättling ist einer der weitverbreitetsten Pilze der Nordhalbkugel, die auf bearbeitetem Holz wachsen: auf Balken, Pfosten, Eisenbahnschwellen. Bevorzugt sitzen sie auf Fichten-, Kiefern-, Tannen- und Lärchenholz. Der 5–15 cm breite Hut ist zuerst gewölbt, dann ausladend, in der Mitte vertieft und hat in der Jugend einen eingerollten, filzigen Rand, ist dick und elastisch fleischig mit großen, zunächst ockerfarbenen, dann braunen Schuppen besetzt. Der Stiel wird bis zu 7 cm lang, 1–1,5 cm dick, ist voll, zäh und elastisch, genau so wie der Hut gefärbt, unten normalerweise wurzelartig verjüngt und schwärzlich. Er ist mit zahlreichen abstehenden bräunlichen Faserschuppen besetzt, häufig aber auch kahl. Oben ist er kahl und glatt. Der Ring ist schuppenförmig, umgestülpt und außen gerieft; normalerweise ist er nur angedeutet. Die Lamellen sind breit angewachsen, fast herablaufend, hoch und locker stehend, zuerst weiß, dann strohgelblich, am Hutrand bis zitronengelb, an der Schneide unregelmäßig gezackt. Das Fleisch ist weiß, in der Jugend verhältnismäßig weich, dann fest ledrig, bei Trockenheit knochenhart. Er riecht angenehm aromatisch oder nach Anis, hat aber einen ausdruckslosen Geschmack. Der Sporenstaub ist weiß.

Der Schuppige Sägeblättling ist ein in der Form recht veränderlicher Pilz. Die in der Dunkelheit (z. B. in Bergwerken) gewachsenen Exemplare haben einen verkümmerten oder gar keinen Hut. Der Schuppige Sägeblättling ist ungenießbar.

Der Getigerte Knäueling – *Panus tigrinus* (BULL. ex FR.) SING. ist ein seltener Pilz, er wächst hauptsächlich an Weiden- und Pappelstümpfen in Auwäldern.

Sporen des Schuppigen Sägelblättlings: 8–15 × 3,5–5,5 µm, zylindrisch oder zylindrisch-elliptisch, glatt, farblos, nicht amyloid

Schuppiger Sägeblättling

Getigerter Knäueling

Literaturverzeichnis

Ainsworth, G. C. – Bisby, G. R. Dictionary of the Fungi, 5. ed. Kew

Alexopoulos, C. J., Einführung in die Mykologie, Jena 1966

Birkenfeld-Herschel, Morphologisch-anatomische Bildtafeln für die praktische Pilzkunde 1–13, Hanau, 1962–1968

Bourdot, H. – Galzin, A., Hymenomycetes de France, 1927/28

Bresadola, G., Iconographia mycologica Bd. 1–26, 1927–1933

Buller, Researches on Fungi, 1–7, 1909–1950

Dennis, R. W. G., British Ascomycetes, 1978

Dermek, A., Pilze, Hanau 1981

Gäumann, Die Pilze, Entwicklungsgeschichte und Morphologie, 2.A., Basel 1949

Greis, H., Lebensweise der Pilze, Allgem. Teil, 1943

Gramberg, Pilze der Heimat I/II, Leipzig 1913

Haas, H. – Gossner, G., Pilze Mitteleuropas, Stuttgart 1964

Hawksworth, D. L., Mycologist's Handbook, 1974

Horak, E., Synopsis Generum Agaricalium, 1968

Kavina, K. – Pilát, A., Atlas hub evropských, 1–6, 1934–1948

Kern, Die Röhrlinge, 1945

Konrad, P. – Maublanc, A., Icones selectae Fungorum, 1–6, 1924–37

Kühner, R. – Romagnesi, H., Flore analytique des champignons superieure, 3. ed. 1974

Lange, J., Flora aqaricina danica, Bd. 1–5, 1935–1940

Lindau, G. – Sydow, Pl, Thesaurus litteraturae mycologicae et lichnologicae, Bd. 1–5, 1908–1917; Supplement von Cifferi, R., 1957–1960

Michael, E. – Henning, B., Handbuch für Pilzfreunde, B. 1–6 Jena 1958–1975

Moser, M., Ascomycetes (Schlauchpilze), Stuttgart 1963

Moser, M., Basidiomycetes II, Die Röhrlinge und Blätterpilze, Stuttgart 1978

Müller, E. – Löffler, W., Mykologie, 2. A. 1971

Pilát, A., Gasteromycetes, Prag 1958

Pilát, A., Pleurotas, 1935

Pilát, A. – Ušák, O. Pilztaschenatlas, 11. A., Hanau 1978

Pilát, A. – Ušák, O., Naše houby I/II, Prag 1952/59

Poelt, J. – Jahn, H., Mitteleuropäische Pilze, Hamburg 1963

Saccardo, P. A., Sylloge Fungorum Omnium hucusque Cognitorum, Bd. 1–25, 1882–1931

Singer, R., The Agaricales (Mushrooms) in modern taconomy, 3. A.

Svrček, M. – Kubička, J. – Erhart, M., Pilzführer, 1972

Walty, H., Schweizer Pilztafeln I–IV, Bern 1954–1962

Webster, J., Introduction to Fungi, 2. A., 1980

Zeitschriften

Zeitschrift für Pilzkunde 1922–42 und seit 1948, Darmstadt, dann Karlsruhe (Botan. Institut)

Deutsche Blätter für Pilzkunde, 1–6 (1937–44), danach eingestellt.

Schweizerische Zeitschrift für Pilzkunde, seit 1923, monatlich

Sydowia, seit 1947, Wien, (früher Annales Mycologici Bd. 1–41, 1902–43)

Westfälische Pilzbriefe, seit 1963, jährlich

Abstracts of Mycology, seit 1967, monatlich, GB

Bulletin Trimestriel de la Société mycologique de France, Paris, seit 1884/85, vierteljährlich, mit schönen Farbtafeln, F

Česká mykologie (seit 1947, früher Mycologia (seit 1924) Prag, CS

Farlowia, seit 1943, Cambridge/Mass.

Frisia Nordisk Mykologisk Tidsskrift, seit 1931, Kopenhagen, DK

Index of Fungi, seit 1924, halbjährlich, GB

Karstenia, seit 1950, Helsinki

Mycologia, seit 1904, 2-monatl., New York, seit 1909

Persoonia, seit 1965, jährlich

Revue de Mycologie, seit 1963, jährlich

Transaction of the British Mycological Society, 2-monatl., seit 1917, behandelt vor allem die niederen Pilze

Register der deutschen Namen

Register der lateinischen Namen

Inhalt